普通高等学校"十一五"规划教材

Higher Mathematics

高等数学

上 册

费为银　王传玉　项立群　万上海　编著

中国科学技术大学出版社

内 容 简 介

本《高等数学》分上、下两册出版,上册内容为:函数与极限,导数与微分,微分中值定理与导数的应用,不定积分,定积分,定积分的应用,向量代数与空间解析几何.结构严谨,内容丰富,语言流畅,适合高等院校"高等数学"课程教学需要,也可供相关自学者、工程技术人员参考、使用.

图书在版编目(CIP)数据

高等数学. 上册/费为银等编著. —合肥:中国科学技术大学出版社,2009.9(2014.1重印)

ISBN 978-7-312-02582-2

Ⅰ.高⋯ Ⅱ.费⋯ Ⅲ.高等数学—高等学校—教材 Ⅳ.O13

中国版本图书馆 CIP 数据核字(2009)第 138658 号

出版	中国科学技术大学出版社 安徽省合肥市金寨路96号,邮编:230026 网址:http://press.ustc.edu.cn
印刷	合肥市宏基印刷有限公司
发行	中国科学技术大学出版社
经销	全国新华书店
开本	710 mm×960 mm 1/16
印张	20.75
字数	415 千
版次	2009 年 9 月第 1 版
印次	2014 年 1 月第 7 次印刷
定价	28.00 元

《高等数学》编审委员会

主　任　殷志祥　费为银

委　员　（按姓氏笔画排序）

　　　　万上海　王传玉　许　峰

　　　　李　勇　周继振　费为银

　　　　赵前进　项立群　殷志祥

前　言

数学是研究客观世界数量关系与空间形式的一门科学. 高等数学因为科学技术的发展而有了更加丰富的内涵和外延,它内容丰富,理论严谨,应用广泛,影响深远,是高等学校中最重要的基础课之一.

本《高等数学》以教育部非数学专业数学基础课教学指导委员会制定的最新"高等学校工科本科基础课教学要求"和"高等教育面向21世纪教学内容和课程体系改革计划"为依据,以"必需、够用"为原则确定内容和深度,参考近年"全国硕士研究生入学统一考试大纲"编写而成.

结合长期的教学实践经验,我们努力在本《高等数学》中体现以下特点：

(1) 直观性. 对重要概念的引入重视几何与实际背景,基本概念的叙述准确,基本定理的证明简明易懂,基本方法的应用详细易学.

(2) 应用性. 注重高等数学的思想和方法在解决实际问题方面的应用,既培养学生抽象思维和逻辑思维能力,更培养学生综合利用所学知识分析和解决问题的能力.

(3) 通俗性. 语言简明通俗,叙述详略得当,例题丰富全面,配备大量各种难度与类型的习题,增强可接受性,期望能较好地培养学生的自学能力.

(4) 完整性. 注重与中学知识的衔接,增加了极坐标与参数方程的介绍,也注重本课程知识间的前后呼应,使结构更严谨;在深入挖掘传统精髓内容的同时,力争做到与后续课程内容的结合,使内容具有近代数学的气息.

(5) 方便性. 优化了部分章节的知识点顺序,使内容更紧凑,难点分散,也使教与学双方在使用上更方便,从讲述和训练两个层面体现因材施教的原则.

(6) 文化性. 对重要的数学家与数学方法做了简单介绍,提高阅读兴趣的同时,也可对数学文化的传播产生潜移默化的影响.

本《高等数学》是安徽省高等学校"十一五"省级规划教材,是安徽省精品课程"工科高等数学系列课程"的研究成果,分上、下两册出版. 上册第1、2章由费为银编写,第3章由王传玉编写,第4、5、6章由项立群编写,第7章由万上海编写;下册第8章由周继振编写,第9章由许峰编写,第10章由李勇编写,第11章由赵前进编写,第12章由殷志祥编写. 全书由殷志祥和费为银统稿.

本《高等数学》是在安徽工程大学与安徽理工大学全体数学教师的鼎力支

持下才得以编写完成的,同时参考了众多专家学者编著的微积分教材与大学数学教材,在此谨向他们表示衷心的感谢.

限于编者水平,教材中的不妥之处与错误之处在所难免,欢迎广大专家、同行及读者批评指正.

编著者

2009 年 5 月

目 录

前言 ·· (ⅰ)

第1章 函数与极限 ··· (1)

  1.1 函数 ·· (1)

    1.1.1 集合、常量与变量 ·································· (1)

    1.1.2 函数的定义 ··· (2)

    1.1.3 函数的几种特性 ····································· (5)

    1.1.4 反函数与复合函数 ·································· (7)

    1.1.5 基本初等函数 ·· (9)

    1.1.6 初等函数 ·· (10)

    1.1.7 参数方程与极坐标 ·································· (11)

    习题 1-1 ·· (14)

  1.2 数列极限 ·· (15)

    习题 1-2 ·· (19)

  1.3 函数极限 ·· (20)

    习题 1-3 ·· (26)

  1.4 无穷小与无穷大 ··· (27)

    1.4.1 无穷小 ··· (27)

    1.4.2 无穷大 ··· (28)

    习题 1-4 ·· (30)

  1.5 极限的运算法则 ··· (31)

    习题 1-5 ·· (35)

  1.6 极限存在准则 两个重要极限 ··························· (36)

    习题 1-6 ·· (40)

  1.7 无穷小的比较 ·· (41)

    习题 1-7 ·· (43)

  1.8 函数的连续性 ·· (44)

    1.8.1 连续性概念 ··· (44)

    1.8.2 间断点及其分类 ····································· (46)

    习题 1-8 ·· (47)

1.9 连续函数的运算与闭区间上连续函数的性质 …………………… (48)
 1.9.1 连续函数的运算与初等函数的连续性 ………………………… (48)
 1.9.2 闭区间上连续函数的性质 ……………………………………… (50)
 习题 1-9 ………………………………………………………………… (52)
复习题 1 …………………………………………………………………… (53)

第 2 章 导数与微分 ………………………………………………………… (56)

2.1 导数概念 ……………………………………………………………… (56)
 2.1.1 引例 ……………………………………………………………… (56)
 2.1.2 导数的定义 ……………………………………………………… (57)
 2.1.3 求导数举例 ……………………………………………………… (59)
 2.1.4 导数的几何意义 ………………………………………………… (60)
 2.1.5 函数的可导性与连续性的关系 ………………………………… (61)
 习题 2-1 ………………………………………………………………… (62)
2.2 函数的求导法则 ……………………………………………………… (63)
 2.2.1 导数的四则运算 ………………………………………………… (64)
 2.2.2 反函数的导数 …………………………………………………… (66)
 2.2.3 复合函数的导数 ………………………………………………… (67)
 2.2.4 常用初等函数的导数公式 ……………………………………… (70)
 习题 2-2 ………………………………………………………………… (71)
2.3 高阶导数 ……………………………………………………………… (73)
 习题 2-3 ………………………………………………………………… (76)
2.4 隐函数及由参数方程所确定的函数的导数　相关变化率 ………… (76)
 2.4.1 隐函数的导数 …………………………………………………… (76)
 2.4.2 由参数方程所确定的函数的导数 ……………………………… (79)
 2.4.3 相关变化率 ……………………………………………………… (81)
 习题 2-4 ………………………………………………………………… (81)
2.5 函数的微分及其计算 ………………………………………………… (83)
 2.5.1 微分的定义 ……………………………………………………… (83)
 2.5.2 微分的几何意义 ………………………………………………… (85)
 2.5.3 基本初等函数的微分公式与微分运算法则 …………………… (85)
 2.5.4 微分在近似计算中的应用 ……………………………………… (88)
 习题 2-5 ………………………………………………………………… (90)
复习题 2 …………………………………………………………………… (91)

第3章 微分中值定理与导数的应用 (93)

3.1 中值定理 (93)
3.1.1 罗尔定理 (93)
3.1.2 拉格朗日中值定理 (94)
3.1.3 柯西中值定理 (96)
习题 3-1 (97)

3.2 洛必达法则 (98)
习题 3-2 (101)

3.3 泰勒公式 (102)
习题 3-3 (106)

3.4 函数单调性与曲线的凹凸性 (107)
3.4.1 函数单调性的判定法 (107)
3.4.2 曲线的凹凸与拐点 (109)
习题 3-4 (112)

3.5 函数的极值与最大值、最小值 (113)
3.5.1 函数的极值及其求法 (113)
3.5.2 最大值最小值问题 (115)
习题 3-5 (118)

3.6 函数图形的描绘 (119)
习题 3-6 (124)

3.7 曲率 (124)
3.7.1 弧微分 (124)
3.7.2 曲率及其计算公式 (125)
3.7.3 曲率圆与曲率半径 (127)
习题 3-7 (127)

复习题 3 (128)

第4章 不定积分 (132)

4.1 不定积分的概念与性质 (132)
4.1.1 原函数与不定积分的概念 (132)
4.1.2 基本积分公式 (134)
4.1.3 不定积分的性质 (135)
习题 4-1 (138)

4.2 换元积分法 (139)
4.2.1 第一类换元法 (139)

  4.2.2 第二类换元法 ·· (144)

  习题 4-2 ··· (147)

 4.3 分部积分法 ·· (148)

  习题 4-3 ··· (152)

 4.4 几种特殊类型函数的积分 ·································· (154)

  4.4.1 有理函数的积分 ·· (154)

  4.4.2 三角函数有理式的积分 ······································ (155)

  4.4.3 简单无理函数的积分 ·· (156)

  习题 4-4 ··· (158)

 4.5 积分表的使用 ·· (159)

  习题 4-5 ··· (160)

 复习题 4 ·· (161)

第 5 章 定积分 ·· (163)

 5.1 定积分的概念与性质 ··· (163)

  5.1.1 引例 ··· (163)

  5.1.2 定积分定义 ·· (165)

  5.1.3 定积分的几何意义 ·· (166)

  5.1.4 定积分的性质 ·· (168)

  习题 5-1 ··· (169)

 5.2 微积分基本公式 ··· (171)

  5.2.1 变上限积分及其导数 ·· (171)

  5.2.2 牛顿—莱布尼兹公式 ·· (174)

  习题 5-2 ··· (176)

 5.3 定积分的换元法和分部积分法 ······························ (179)

  5.3.1 定积分的换元法 ·· (179)

  5.3.2 定积分的分部积分法 ·· (182)

  习题 5-3 ··· (184)

 5.4 反常积分 ··· (186)

  5.4.1 无穷限反常积分 ·· (186)

  5.4.2 无界函数的反常积分 ·· (187)

  习题 5-4 ··· (188)

 5.5 反常积分的审敛法 Γ 函数 ································ (189)

  5.5.1 无穷限反常积分的审敛法 ···································· (189)

  5.5.2 无界函数反常积分的审敛法 ································ (192)

  5.5.3   Γ函数 ································ (192)
 习题 5-5 ····································· (193)
 复习题 5 ····································· (194)

第 6 章   定积分的应用 ························ (197)
 6.1   定积分的元素法 ························ (197)
 6.2   定积分在几何学上的应用 ················ (198)
  6.2.1   平面图形的面积 ···················· (198)
  6.2.2   体积 ······························ (203)
  6.2.3   平面曲线的弧长 ···················· (206)
 习题 6-2 ····································· (209)
 6.3   定积分在物理学上的应用 ················ (211)
  6.3.1   变力沿直线所做的功 ················ (211)
  6.3.2   水压力 ···························· (213)
  6.3.3   引力 ······························ (213)
 习题 6-3 ····································· (215)
 复习题 6 ····································· (216)

第 7 章   向量代数与空间解析几何 ················ (218)
 7.1   空间直角坐标系 ························ (218)
  7.1.1   空间直角坐标系 ···················· (218)
  7.1.2   空间两点间的距离 ·················· (219)
 习题 7-1 ····································· (220)
 7.2   向量代数 ······························ (221)
  7.2.1   向量的概念 ························ (221)
  7.2.2   向量的线性运算 ···················· (222)
  7.2.3   向量的坐标 ························ (225)
  7.2.4   向量的数量积、向量积与混合积 ······ (230)
 习题 7-2 ····································· (236)
 7.3   空间平面及其方程 ······················ (237)
  7.3.1   平面方程的概念 ···················· (237)
  7.3.2   两平面的夹角 ······················ (240)
  7.3.3   点到平面的距离 ···················· (242)
 习题 7-3 ····································· (243)
 7.4   空间直线及其方程 ······················ (244)
  7.4.1   空间直线方程的概念 ················ (244)

  7.4.2 两直线之间的夹角 ··· (245)
  7.4.3 直线与平面的夹角 ··· (246)
 习题 7-4 ··· (248)
 7.5 空间曲面及其方程 ··· (249)
  7.5.1 曲面方程的概念 ·· (249)
  7.5.2 旋转曲面 ··· (250)
  7.5.3 柱面 ··· (253)
  7.5.4 锥面 ··· (254)
  7.5.5 二次曲面 ··· (255)
 习题 7-5 ··· (259)
 7.6 空间曲线及其方程 ··· (260)
  7.6.1 空间曲线的一般方程 ··· (260)
  7.6.2 空间曲线的参数方程 ··· (261)
  7.6.3 空间曲线在坐标面上的投影 ···································· (262)
 习题 7-6 ··· (264)
 复习题 7 ··· (265)
习题解答与提示 ··· (267)
附录 1 二阶和三阶行列式简介 ·· (304)
附录 2 常用积分表 ··· (310)
参考文献 ·· (318)

第1章 函数与极限

函数是对现实世界中各种变量之间相互依存关系的一种抽象,也是高等数学的主要研究对象.本章将在中学数学的基础上,进一步阐明函数的一般定义、函数的简单性质以及与函数概念有关的一些基本知识,进而引入极限这一重要概念,它将贯穿高等数学的始终.本章是微积分的基础.

1.1 函 数

1.1.1 集合、常量与变量

1. 集合

所谓**集合**或**集**就是指一些特定事物的全体,其中的各个事物称为这个集的**元素**.我们常用大写字母 $A, B, C, \cdots$ 表示集,用小写字母 $a, b, c, \cdots$ 表示集中的元素.如果 a 是集 A 的元素,则称 a **属于** A,记作 $a \in A$;反之就称 a **不属于** A,记作 $a \notin A$.

例如,含元素 a, b, c 的集合可表示为 $\{a, b, c\}$,集合 $\{0, 1, 2, 3\}$ 也可表示为 $\{n \mid n \text{ 是整数}, 0 \leqslant n \leqslant 3\}$.

全体自然数组成的集 $\{0, 1, 2, 3, \cdots\}$ 称为**自然数集**,记作 $\mathbf{N}$;

全体整数组成的集 $\{0, \pm 1, \pm 2, \pm 3, \cdots\}$ 称为**整数集**,记作 $\mathbf{Z}$;

全体有理数组成的集 $\{p/q \mid p \in \mathbf{Z}, q \in \mathbf{N}, \text{且 } q \neq 0\}$ 称为**有理数集**,记作 $\mathbf{Q}$;

全体实数组成的集称为**实数集**,记作 $\mathbf{R}$.

如果集 A 的元素只有有限个,则称 A 为**有限集**;不含任何元素的集称为**空集**,记作 $\varnothing$;一个非空集,如果不是有限集,就称为**无限集**.

如果集 A 中的元素都是集 B 中的元素,则称 A 是 B 的**子集**,记作 $B \supset A$ 或 $A \subset B$,读作 B **包含** A 或 A **包含于** B.规定空集 $\varnothing$ 是任何集合的子集.如果集 A 与集 B 中的元素相同,即 $A \supset B$ 且 $B \supset A$,则称 A 与 B **相等**,记作 $A = B$.

这里我们是在实数范围内研究函数,经常用到实数集 $\mathbf{R}$ 的两类特殊子集——

区间与邻域.

设 $a, b \in \mathbf{R}$,且 $a < b$,我们把 **R** 的两个子集 $\{x \mid a < x < b\}$ 和 $\{x \mid a \leqslant x \leqslant b\}$ 分别称为以 a, b 为端点的**开区间和闭区间**,并分别记作 (a, b) 和 $[a, b]$. 从几何上看,开区间 (a, b) 表示数轴上以 a, b 为端点的线段上点的全体,而闭区间 $[a, b]$ 则表示数轴上以 a, b 为端点且包括 a, b 两端点的线段上点的全体. 如图 1-1 所示.

图 1-1

类似称 $[a, b)$ 和 $(a, b]$ 为半开半闭区间. 此外还有无限区间,例如,$[a, +\infty) = \{x \mid a \leqslant x\}$,$(-\infty, b] = \{x \mid x \leqslant b\}$,$(-\infty, +\infty) = \{x \mid \mid x \mid < +\infty\}$.

以点 a 为中心的任何开区间称为点 a 的**邻域**,记作 $U(a)$. 设 δ 是一正数,则称开区间 $(a - \delta, a + \delta)$ 为**点 a 的 δ 邻域**,记作 $U(a, \delta)$,即

$$U(a, \delta) = \{a - \delta < x < a + \delta\} = \{x \mid \mid x - a \mid < \delta\},$$

其中点 a 称为邻域的中心,δ 称为邻域的半径.

如果再把邻域中的中心 a 去掉,则称它为 a 的**去心 δ 邻域**,记作 $\overset{\circ}{U}(a, \delta)$,即

$$\overset{\circ}{U}(a, \delta) = \{x \mid 0 < \mid x - a \mid < \delta\},$$

2. 常量与变量

自然界的现象无一不在变化之中,我们在考察某个自然现象、社会经济现象或生产过程时,常常会遇到一些不同的量,如长度、面积、体积、时间、速度、温度等. 我们遇到的量一般可以分为两种,一种是在过程进行中一直保持不变,这种量称为**常量**;另一种却在过程中不断变化着,这种量称为**变量**. 例如,一个物体做匀速直线运动,则速度是常量,而时间与位移都是变量. 又如,一块金属圆板,由于热胀冷缩,在受热的过程中它的半径与面积在不断变大,冷却时又不断变小,因此,这时圆板的半径与面积都是变量,但在整个过程中,面积与半径的平方之比,即圆周率 π 始终不变,是一个常量.

通常用字母 $a, b, c, \alpha, \beta, \gamma, \cdots$ 表示常量,用字母 $x, y, z, t, u, v, \cdots$ 表示变量.

1.1.2 函数的定义

在具体研究某一自然现象或实际问题的过程中,我们还会发现问题中的变量

并不是独立变化的,它们之间往往存在着相互依赖关系.

例1 自由落体问题.

一个自由落体,从开始下落时算起经过的时间设为 t(秒),在这段时间中落体的路程(下落的高度)设为 s(米).由于只考虑重力对落体的作用,而忽略空气阻力等其他外力的影响,故从物理学知识知道 s 与 t 相依关系由公式 $s = \frac{1}{2}gt^2$ 给定,其中 g 为重力加速度(在地面附近它近似为常数,通常取 $g = 9.8$ 米/秒^2).

如果落体从开始到着地所需的时间为 T,则变量 t 的变化范围(或称变域)为 $0 \leqslant t \leqslant T$. 当 t 在变域内任取一值时,可求出 s 的对应值.

例2 图1-2是气温自动记录仪描出的某一天的温度变化曲线,它给出了时间 t 与气温 T 之间的依赖关系.

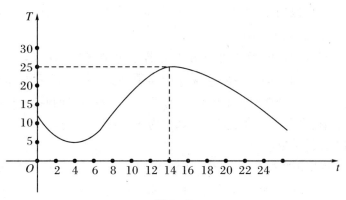

图 1-2

时间 t(小时)的变域是 $0 \leqslant t \leqslant 24$,当 t 在此范围内任取一值时,根据图1-2曲线可找出气温的对应值.例如 $t = 14$ 时,$T = 25\ ℃$,为一天中的最高温度.

以上例子所描述的问题虽各不相同,但却有共同的特征:它们都表达了两个变量之间的相互依赖关系,当一个变量在它的变域中任取定一值时,另一个变量按一定法则就有一个确定的值与之对应.把这种确定的依赖关系抽象出来,就是函数的概念.

定义 设 D 是实数集 $\mathbf{R}$ 的非空子集,f 是一个对应法则.如果对于 D 中的每一个 x,按照对应法则 f,总有惟一的实数 y 与之对应,则称 f 为定义在 D 上的**函数**.集 D 称为函数 f 的**定义域**,与 D 中 x 相对应的 y 称为 f 在 x 的**函数值**,记作 $y = f(x)$. 全体函数值的集 $W = f(D) = \{y \mid y = f(x), x \in D\}$ 称为函数 f 的**值域**.如果把 x, y 分别看作 D, $\mathbf{R}$ 中的变量,则称 x 为**自变量**,y 为**因变量**.

关于函数概念,我们作以下几点说明:

(1) 函数 f 与函数值 $f(x)$ 是两个截然不同的概念.前者是确定自变量 x 与因

变量 y 之间数值对应关系的一个法则,后者表示函数 f 在 x 的值. 但是,经常我们说 $f(x)$ 是一个函数,这要理解为 x 是变量.

(2) 表示一个函数,除了给出对应法则外,还应标明它的定义域,这是函数的两大要素. 如果提出一个函数,它的对应法则由数学式子给出,且未标明定义域时,其含义是它的定义域就是使得这个式子有意义的自变量 x 全体之集,这样的定义域也称为**自然定义域**,可以省略不写. 在实际问题中,函数的定义域往往要受到具体条件的限制,我们把由实际问题所确定的函数定义域也称为**实际定义域**.

(3) 根据函数的定义,对于定义域内的任一 x 值,函数 $y=f(x)$ 仅有一个确定的值与之对应. 如果在函数定义中,允许同一个 x 值,可以有几个甚至无穷多个确定的 y 值与之相对应,这样的函数称为**多值函数**. 而相应地把仅有一个确定值与之对应的函数称为**单值函数**. 例如,函数 $y=2x+1$ 是一个单值函数,而函数 $y=\pm\sqrt{1-x^2}$ 则是多(双)值函数.

在一定条件下,多值函数可以分裂为若干个**单值支**. 例如,双值函数 $y=\pm\sqrt{1-x^2}$ 就可以分成两个单值支: $y=\sqrt{1-x^2}$ 和 $y=-\sqrt{1-x^2}$,从而把对多值函数的讨论转化为讨论它的各个单值支. 今后凡未作特别说明时,所论函数都是指单值函数. 我们把只含一个自变量的函数称为**一元函数**,含有两个或两个以上自变量的函数称为**多元函数**.

(4) 两个函数相同或相等,是指它们有相同的定义域和相同的对应法则(即在相同的定义域中,每个 x 所对应的函数值总相同). 例如,$y=x$ 与 $y=\sqrt{x^2}$ 是不相同的两个函数,因为它们的对应法则不相同. 又如 $y=1$ 与 $y=\dfrac{x}{x}$,虽然在它们共同有定义的范围内对应法则相同,但因为它们的定义域不同,所以也是两个不相同的函数. 两个相同的函数,其对应法则的表达形式也可能不同. 例如 $y=1$ 与 $y=\sin^2 x+\cos^2 x$,从表面形式上看不相同,但却是同一个函数.

(5) 最早给"函数(function)"下定义并使用符号"$f(x)$"的是欧拉(Euler, 1707~1783,瑞士人,伟大的数学家之一,《欧拉全集》多达七十余卷). 另外,用 $\sin,\cos$ 等表示三角函数,用 e 表示自然对数的底,用 $\sum$ 表示求和,用 i 表示虚数等,都是欧拉提出并推广的. 欧拉还把 $0,1,e,\pi,i$ 这 5 个重要常数统一在一个令人叫绝的关系式中,即 $e^{\pi i}+1=0$. "函数"的中文译名由清朝数学翻译家李善兰给出.

函数的表示法就是用来确定函数的对应法则的方法. 从上面所举的例子可以看到: 例1中函数的对应法则是用一个公式或者说解析式来表示的,这种表示法称为**解析法**. 例2中函数的对应法则是通过坐标平面上的一段曲线来表示的,这种表示法称为**图像法**. 还有函数的对应法则用一张表格来表示,这种表示法称为**表格法.

一般地,我们可以把函数 $y = f(x), x \in D$ 看作是一个有序数对的集:
$$C = \{(x, y) \mid y = f(x), x \in D\},$$
集 C 中的每一个元素在坐标平面上表示一个点,从而点集 C 就描出了这个函数的**图形**(或**图像**).

以上表示函数的三种方法各有其特点,表格法可以直接查用;图像法来得直观;而解析法形式简明,便于作理论研究和数学计算.因此解析式理所当然成为我们今后表示函数的主要形式.

一个函数也可以在其定义域的不同部分用不同的解析式来表示,通常称这种形式的函数为**分段函数**.例如符号函数:
$$y = \mathrm{sgn}\, x = \begin{cases} -1, & x < 0 \\ 0, & x = 0 \\ 1, & x > 0 \end{cases}$$

和**取整函数**:
$$y = [x] = n, n \leqslant x < n + 1, n = 0, \pm 1, \pm 2, \cdots$$
都是分段函数.它们的图形如图 1-3 和图 1-4 所示.

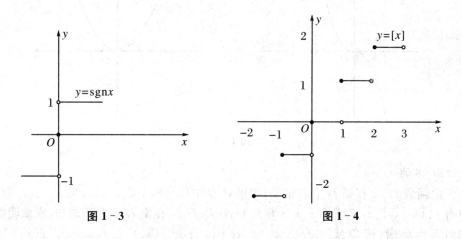

图 1-3   图 1-4

1.1.3 函数的几种特性

1. 有界性

设函数 $f(x)$ 在集 D 上有定义,若存在常数 K_1(或 K_2),使对一切 $x \in D$ 有 $f(x) \leqslant K_1$(或 $f(x) \geqslant K_2$),则称 $f(x)$ 在 D 上**有上界**(或**有下界**).若存在正数 M,使对一切 $x \in D$ 有 $|f(x)| \leqslant M$,则称 $f(x)$ 在 D 上**有界**;如果这样的 M 不存在,就称 $f(x)$ 在 D 上**无界**,即对任意给定的正数 M,总存在 $x_1 \in D$,使

$|f(x_1)| > M$.

容易证明,函数 $f(x)$ 在 D 上有界的充分必要条件是它在 D 上既有上界又有下界.

函数的有界性与集 D 有关. 例如 $f(x) = \dfrac{1}{x}$ 在 $[1, +\infty)$ 上有界,因为存在 $M = 1$,使对一切 $x \in [1, +\infty)$ 有 $\left|\dfrac{1}{x}\right| \leqslant 1$;但它在 $(0, 1)$ 内却是无界的,因为对任给的正数 $M > 1$,总存在 $x_1 = \dfrac{1}{2M} \in (0, 1)$,使 $|f(x_1)| = \left|\dfrac{1}{x_1}\right| = 2M > M$.

一个函数如果在其定义域上有界,就称它为**有界函数**. 有界函数的图形必位于两条直线 $y = M$ 与 $y = -M$ 之间. 例如,$y = \sin x$ 是有界函数,因为在它的定义域 $(-\infty, +\infty)$ 内,$|\sin x| \leqslant 1$. 又从图 1-5 不难看出,函数 $y = x^3$ 在 $(-\infty, +\infty)$ 内无界,函数 $y = x^2$ 在 $(-\infty, +\infty)$ 内仅有下界,它们都是**无界函数**.

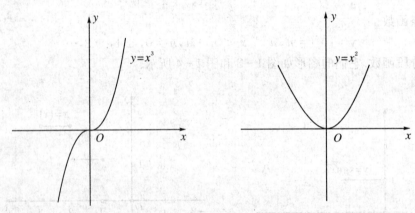

图 1-5

2. 单调性

设函数 $f(x)$ 在集 D 上有定义,如果对 D 中任意两个数 x_1, x_2,当 $x_1 < x_2$ 时,总有 $f(x_1) \leqslant f(x_2)$(或 $f(x_1) \geqslant f(x_2)$),则称 $f(x)$ 在集 D 上**单调增加**(或**单调减少**),简称**单增**(或**单减**). 若当 $x_1 < x_2$ 时,总有 $f(x_1) < f(x_2)$(或 $f(x_1) > f(x_2)$),则称 $f(x)$ 在集 D 上**严格单增**(或**严格单减**).

单增和单减的函数统称为**单调函数**,严格单增和严格单减的函数统称为**严格单调函数**. 例如,函数 $f(x) = x^3$ 在 $(-\infty, +\infty)$ 内是严格单增的;而函数 $g(x) = x^2$ 在区间 $(-\infty, 0]$ 上严格单减,在区间 $[0, +\infty)$ 上严格单增,但在整个区间内却不是单调的(图 1-5).

3. 奇偶性

设 $y = f(x), x \in D$,其中 D 关于原点对称,即当 $x \in D$ 时,有 $-x \in D$. 如果

对任意 $x \in D$,总有 $f(-x) = -f(x)$(或 $f(-x) = f(x)$),则称 $f(x)$ 为**奇函数**(或**偶函数**).

例如,$f(x) = x^3$ 是奇函数,$g(x) = x^2$ 是偶函数.又如三角函数中,正弦函数 $y = \sin x$ 是奇函数,余弦函数 $y = \cos x$ 是偶函数,而 $y = \sin x + \cos x$ 既不是奇函数也不是偶函数.在坐标平面上,偶函数的图形关于 y 轴对称,奇函数的图形关于原点对称.

4. 周期性

设函数 $y = f(x), x \in D$,若存在常数 $l \neq 0$,使对任意 $x \in D$,总有 $x + l \in D$,且 $f(x + l) = f(x)$,则称 $f(x)$ 为**周期函数**,l 称为 $f(x)$ 的一个**周期**.

显然,若 l 为 $f(x)$ 的一个周期,则 kl($k = \pm 1, \pm 2 \cdots$)也都是它的周期.所以一个周期函数一定有无穷多个周期.通常所说周期函数的周期是指**最小正周期**.例如,函数 $y = x - [x]$ 是周期为 1 的周期函数.又如三角函数中,$\sin x$ 和 $\cos x$ 是周期为 2π 的周期函数,$\tan x$ 和 $\cot x$ 是周期为 π 的周期函数.

但并非任何周期函数都有最小正周期.例如,常量函数 $f(x) = C$ 是周期函数,任何实数都是它的周期,因而不存在最小正周期.

周期函数的图形在每个区间 $[x + kl, x + (k + 1)l]$ 上都是一样的,其中 k 为任意整数,x 为 x 轴上任意一点.

1.1.4 反函数与复合函数

1. 反函数

设函数 $y = f(x)$ 的定义域为 D,值域为 W.若对 W 中每一值 y_0,D 中必有一个值 x_0,使 $f(x_0) = y_0$,则令 x_0 与 y_0 相对应,便可在 W 上确定一个函数,称此函数为函数 $y = f(x)$ 的**反函数**,记作 $x = f^{-1}(y), y \in W$.相对于反函数 $x = f^{-1}(y)$ 来说,原来的函数 $y = f(x)$ 称为**直接函数**.例如,函数 $y = x^3$ 的反函数是 $x = \sqrt[3]{y}$.

由定义可知,反函数 $x = f^{-1}(y)$ 的定义域和值域分别是它的直接函数 $y = f(x)$ 的值域和定义域,因此也可以说两者互为反函数,几何上它们表示同一条曲线.

我们所说的函数总是指单值函数,在这个意义上,并不是任何一个函数都有反函数的.例如 $y = x^2$ 就没有(单值)反函数,因为对值域 $[0, +\infty)$ 上任一正数 y,在其定义域 $(-\infty, +\infty)$ 内有两个互为相反数的 x 值与之对应.但如果把 x 限制在 $[0, +\infty)$ 上取值,则有反函数 $x = \sqrt{y}$,即 $x = \sqrt{y}$ 是函数 $y = x^2, x \in [0, +\infty)$ 的反函数,称它为 $y = x^2$ 的一个单值反函数支,另一个单值反函数支为 $x = -\sqrt{y}$(图 1 - 6).

从图 1-6 得到启示,若函数的图形与任一平行于 x 轴的直线至多有一个交点,则它有(单值的)反函数.严格单调函数就具有这种特性.

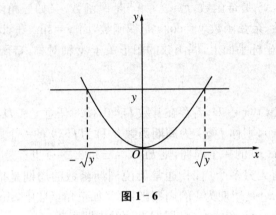

图 1-6

习惯上,我们用 x 表示自变量,用 y 表示因变量,于是 $y = f(x), x \in D$ 的反函数可改写为

$$y = f^{-1}(x), x \in W.$$

容易知道,在同一坐标平面内,$y = f(x)$ 与 $y = f^{-1}(x)$ 的图形是关于直线 $y = x$ 对称的(图 1-7).利用这个性质,由 $y = f(x)$ 的图形容易作出它的反函数 $y = f^{-1}(x)$ 的图形.

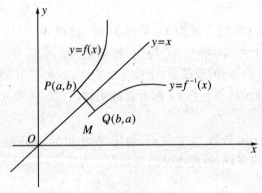

图 1-7

2. 复合函数

设函数 $y = f(u)$ 的定义域为 D_1,函数 $u = g(x)$ 在 $D(D$ 是函数 $u = g(x)$ 定义域的一个非空子集)上有定义且 $g(D) \subset D_1$,则函数 $y = f[g(x)], x \in D$ 称为由内函数 $u = g(x)$ 和外函数 $y = f(u)$ 构成的**复合函数**,它的定义域为 D,变量 u 称为中间变量.

函数 g 与函数 f 构成的复合函数通常记为 $f \circ g$, 即 $(f \circ g)(x) = f[g(x)]$.

函数 $y = \sqrt{u}$ 与 $u = 1 - x^2$ 可以复合成函数 $y = \sqrt{1 - x^2}$, 但函数 $y = \sqrt{u - 2}$ 与 $u = \sin x$ 就不能进行复合, 因为外函数的定义域 $[2, +\infty)$ 与内函数的值域 $[-1, 1]$ 不相交.

1.1.5 基本初等函数

在自然科学和工程技术中, 最常见的函数是初等函数. 而 5 种基本初等函数(幂函数、指数函数、对数函数、三角函数、反三角函数)则是构成初等函数的基础. 在中学里我们已经学习过这几种函数, 这里再予以适当回顾, 并对它们的性质略加补充.

1. 幂函数

函数 $y = x^\mu (\mu \in \mathbf{R}, \mu \neq 0)$ 叫做幂函数. 它的定义域当 μ 是正整数时为 $(-\infty, +\infty)$, 当 μ 是负整数时为不为零的一切实数. 当 μ 为有理数或无理数时, 情况比较复杂. 但不论 μ 为何值, 幂函数在 $(0, +\infty)$ 内总有定义.

2. 指数函数

函数 $y = a^x (a > 0, a \neq 1)$ 叫做指数函数. 定义域为 $(-\infty, +\infty)$. 对任意 $x \in \mathbf{R}$, 总有 $a^x > 0$, 且 $a^0 = 1$, 所以指数函数的图形位于 x 轴的上方, 且通过点 $(0, 1)$. 值域为 $(0, +\infty)$. 当 $a > 1$ 时, 为严格单增函数; 当 $0 < a < 1$ 时, 为严格单减函数. 在今后的学习中, 常用的指数函数是 $y = \mathrm{e}^x$, 其中 $\mathrm{e} = 2.718281828459045\cdots$ 为无理数.

3. 对数函数

函数 $y = \log_a x (a > 0, a \neq 1)$ 叫做对数函数. 它是指数函数 $y = a^x$ 的反函数, 所以它的定义域为 $(0, +\infty)$, 值域为 $(-\infty, +\infty)$. 当 $a > 1$ 时, 为严格单增函数; 当 $0 < a < 1$ 时, 为严格单减函数. 工程数学中常常用到以 e 为底的对数函数 $y = \log_\mathrm{e} x$, 称为**自然对数**, 并简记为 $y = \ln x$.

4. 三角函数

正弦函数:
$$y = \sin x, \quad -\infty < x < +\infty.$$

余弦函数:
$$y = \cos x, \quad -\infty < x < +\infty.$$

正切函数:
$$y = \tan x, \quad x \neq (2k+1)\frac{\pi}{2} \ (k \in \mathbf{Z}).$$

余切函数：
$$y = \cot x, \quad x \neq k\pi \quad (k \in \mathbf{Z}).$$

正割函数：
$$y = \sec x, \quad x \neq (2k+1)\frac{\pi}{2} \quad (k \in \mathbf{Z}).$$

余割函数：
$$y = \csc x, \quad x \neq k\pi \quad (k \in \mathbf{Z}).$$

5. 反三角函数

反三角函数是三角函数的反函数，由于三角函数都是周期函数，故对于其值域中的每个 y 值，与之对应的 x 值有无穷多个，因此在三角函数的定义域上，其(单值的)反函数是不存在的. 为了避免多值性，我们在各个三角函数中适当选取它们的一个严格单调区间，由此得出的反函数称之为反三角函数的**主值支**，简称**主值**.

反正弦函数：
$$y = \arcsin x, \quad x \in [-1,1], y \in \left[-\frac{\pi}{2}, \frac{\pi}{2}\right].$$

反余弦函数：
$$y = \arccos x, \quad x \in [-1,1], y \in [0,\pi].$$

反正切函数：
$$y = \arctan x, \quad x \in (-\infty, +\infty), y \in \left(-\frac{\pi}{2}, \frac{\pi}{2}\right).$$

反余切函数：
$$y = \operatorname{arccot} x, \quad x \in (-\infty, +\infty), y \in (0,\pi).$$

上述 5 种函数统称为**基本初等函数**，是最常用、最基本的函数.

1.1.6 初等函数

1. 初等函数

由基本初等函数和常数经过有限次的四则运算与有限次的函数复合所产生并且能用一个解析式表示的函数称为**初等函数**. 例如函数 $y = \sqrt{1+x^2}$，$y = 3\sin\left(2x + \frac{2}{3}\pi\right)$，$y = x2^{\sin x} - \frac{1}{x} - \log_2(1+2x^2)$ 都是初等函数.

并非所有的函数皆为初等函数，分段函数一般就不是初等函数. 不是初等函数的函数统称为**非初等函数**. 例如，符号函数 $\operatorname{sgn} x$，取整函数 $[x]$ 都是非初等函数. 但也有分段函数能用一个解析式来表示的，如函数 $f(x) = \begin{cases} x, & x \geq 0 \\ -x, & x < 0 \end{cases}$ 可以写成 $f(x) = \sqrt{x^2}$，因而它是一个初等函数.

2. 双曲函数与反双曲函数

双曲正弦函数：
$$y = \operatorname{sh} x = \frac{e^x - e^{-x}}{2}, \quad x \in (-\infty, +\infty).$$

双曲余弦函数：
$$y = \operatorname{ch} x = \frac{e^x + e^{-x}}{2}, \quad x \in (-\infty, +\infty).$$

双曲正切函数：
$$y = \operatorname{th} x = \frac{\operatorname{sh} x}{\operatorname{ch} x} = \frac{e^x - e^{-x}}{e^x + e^{-x}}, \quad x \in (-\infty, +\infty).$$

反双曲正弦函数：
$$y = \operatorname{arsh} x = \ln(x + \sqrt{x^2 + 1}), \quad x \in (-\infty, +\infty).$$

反双曲余弦函数：
$$y = \operatorname{arch} x = \ln(x + \sqrt{x^2 - 1}), \quad x \in [1, +\infty).$$

（多值函数 $y = \pm \ln(x + \sqrt{x^2 - 1})$ 取"+"号为主值）

反双曲正切函数：
$$y = \operatorname{arth} x = \frac{1}{2} \ln \frac{1+x}{1-x}, \quad x \in (-1, 1).$$

1.1.7 参数方程与极坐标

1. 参数方程

在取定的直角坐标系中，如果曲线上任意一点 $M(x, y)$ 中的 x, y 都是某个变量 t 的函数，即

$$\begin{cases} x = f(t) \\ y = g(t) \end{cases},$$

并且对于 t 的每一个允许值，由上述方程组所确定的点都在这条曲线上，那么该方程组就叫做这条曲线的**参数方程**，联系 x, y 之间的变量 t 叫做**参变量**，简称**参数**。参数方程中的参数可以是有物理、几何意义的变量，也可以是没有明显意义的变量。在中学里我们学过直线、圆和椭圆的参数方程，下面介绍两种在高等数学中要用到的曲线的参数方程。

摆线参数方程 $\begin{cases} x = a(t - \sin t) \\ y = a(1 - \cos t) \end{cases}$，它是将半径为 a 的圆沿直线滚动（无滑动），圆上一点所形成的轨迹，如图 1-8 所示（此处 $a = 3$）。

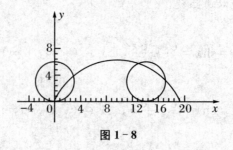
图 1-8

星形线参数方程 $\begin{cases} x = a\cos^3 t \\ y = a\sin^3 t \end{cases}$,它是半径为 $\dfrac{a}{4}$ 的圆在半径为 a 的圆上(里边)滚动而形成的轨迹,见图 1-9(此处 $a=3$).

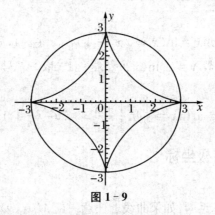
图 1-9

2. 极坐标

在平面上由一个定点和一条定轴所组成的坐标系称为**极坐标系**,其中定点称为**极点**,定轴称为**极轴**,如图 1-10 所示.极坐标系中的点 P 用有序数对 (ρ,θ) 表示,其中 ρ 表示点 P 到极点 O 的距离,θ 表示极轴正向转到射线 OP 方向所需转动的角,这里 $\rho \geqslant 0, 0 \leqslant \theta \leqslant 2\pi$ 或 $-\pi \leqslant \theta \leqslant \pi$.

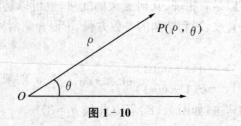
图 1-10

若将极点作为原点,极轴作为 x 轴建立直角坐标系,可以得到如下关系:

$$x = \rho\cos\theta,\ y = \rho\sin\theta,\ \rho = \sqrt{x^2 + y^2}.$$

利用极坐标有时可以很方便地表示一些曲线,如 $\rho = 1$ 即为单位圆,这比用直角坐标简单得多.

$\rho = 2\cos\theta$ 也表示一个圆,如图 1-11 所示;$\rho = a(1 + \cos\theta)$ 表示心形线,如图 1-12 所示;$\rho^2 = a^2\cos 2\theta$ 表示双纽线,如图 1-13 所示;阿基米得螺线 $\rho = a\theta$ 则如图 1-14 所示.

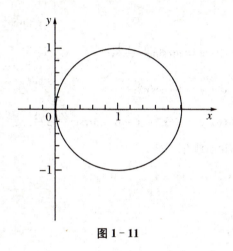

图 1-11

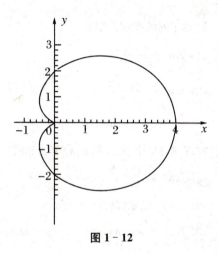

图 1-12

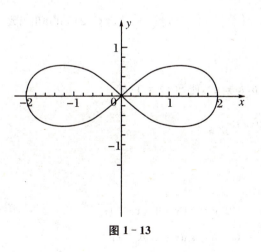

图 1-13

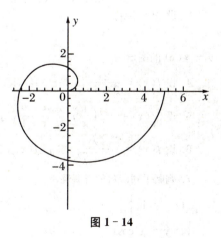

图 1-14

习题 1-1

A

1. 求下列函数的定义域.

   (1) $y = \dfrac{\sqrt{4-x^2}}{x^2-1}$；

   (2) $y = \arcsin\dfrac{x^2+1}{5}$；

   (3) $y = \dfrac{\sqrt{2x+1}}{|x|+x-1}$；

   (4) $y = \lg(\cos x)$；

   (5) $y = \cot \pi x + \arccos(2^x)$；

   (6) $y = \sqrt{x^2-x-6} + \arcsin\dfrac{2x-1}{7}$.

2. 下列各题中 $f(x)$ 和 $g(x)$ 是否相同？试说明理由.

   (1) $f(x) = \dfrac{x^2-1}{x-1}, g(x) = x+1$；

   (2) $f(x) = |x|, g(x) = \sqrt{x^2}$；

   (3) $f(x) = \arcsin x, g(x) = \dfrac{\pi}{2} - \arccos x$；

   (4) $f(x) = \sqrt{\dfrac{x-1}{x-2}}, g(x) = \sqrt{\left|\dfrac{x-1}{x-2}\right|}$.

3. 设 $\varphi(x) = \begin{cases} |\sin x|, & |x| < \dfrac{\pi}{3} \\ 0, & |x| \geqslant \dfrac{\pi}{3} \end{cases}$，求 $\varphi\left(\dfrac{\pi}{6}\right), \varphi\left(\dfrac{\pi}{4}\right), \varphi\left(-\dfrac{\pi}{4}\right), \varphi(-2)$，并作出函数 $y = \varphi(x)$ 的图形.

4. 设 $f(x) = \dfrac{2x}{2+x^2}$, a 是已知数，试求 $b(b \neq a)$，使 $f(a) = f(b)$.

5. 设 $2f(x) + x^2 f\left(\dfrac{1}{x}\right) = \dfrac{x^2+2x}{x+1}$，求 $f(x)$.

6. 设 $f(x) = \dfrac{x}{\sqrt{1+x^2}}$，求 $f[f(x)]$.

7. 判断下列函数的奇偶性.

   (1) $y = \lg\dfrac{1-x}{1+x}$；

   (2) $y = x(x-1)(x+1)$；

   (3) $y = x^4 \cos x$；

   (4) $y = \sin x - \cos x + 1$；

   (5) $y = \log_3(x - \sqrt{x^2-1})$；

   (6) $y = \dfrac{a^x + a^{-x}}{2}$.

8. 求圆心在 $A(0, R)$、半径为 R 的圆的极坐标方程.

9. 将极坐标方程 $\rho = 3$ 化为直角坐标方程.

10. 将直角坐标方程 $x^2 + y^2 - 4x = 0$ 化为极坐标方程.

11. 将用参数方程表示的圆 $\begin{cases} x = x_0 + R\cos\theta \\ y = y_0 + R\sin\theta \end{cases}$ 分别用直角坐标和极坐标表示.

B

1. 求下列函数的反函数.

(1) $y = \log_a(x + \sqrt{x^2 + 1})$;

(2) $y = \begin{cases} x^2 - 4, & 0 \leqslant x \leqslant 2 \\ x^2, & -2 \leqslant x \leqslant 0 \end{cases}$.

2. 下列各函数中,哪些是周期函数?指出周期函数的周期.

(1) $y = \sin^2 x$; (2) $y = |\sin x|$;

(3) $y = \cos\dfrac{x}{4} + 3\sin\dfrac{x}{3}$; (4) $y = \sin x + \dfrac{1}{2}\sin 2x + \dfrac{1}{3}\sin 3x$.

3. 下列函数在定义域内是否有界?

(1) $y = \ln|\sin x|$; (2) $y = \dfrac{1}{x + \dfrac{1}{x}}$;

(3) $y = \sin\dfrac{1}{x} + \arcsin x$; (4) $y = \dfrac{1 + 2x|x|}{2 + x^2}$.

1.2 数 列 极 限

一个以正整数集(记作 $\mathbf{N}^+$)为定义域的函数 $y = f(n), n \in \mathbf{N}^+$,当自变量 n 按正整数增大的顺序依次取值时,我们特别把对应的函数值 $f(n)$ 记作 $a_n(n = 1, 2, 3, \cdots)$,所得到的一列有序的数

$$a_1, a_2, \cdots, a_n, \cdots$$

称为**数列**,记作 $\{a_n\}$,其中的每一个数称为这个数列的**项**,a_n 称为它的**一般项**或**通项**. 例如 $\dfrac{1}{2^n}, 1 + \dfrac{(-1)^{n-1}}{n}, n^3, (-1)^n$ 所对应的数列分别为

$$\dfrac{1}{2}, \dfrac{1}{4}, \dfrac{1}{8}, \cdots, \dfrac{1}{2^n}, \cdots;$$

$$2, \dfrac{1}{2}, \dfrac{4}{3}, \cdots, 1 + \dfrac{(-1)^{n-1}}{n}, \cdots;$$

$$1, 8, 27, \cdots, n^3, \cdots;$$

$$-1, 1, -1, \cdots, (-1)^n, \cdots.$$

不难看出,当 n 不断增大时,数列 $\left\{\dfrac{1}{2^n}\right\}$ 无限地接近于 0. 但是不论 n 多么大,$\dfrac{1}{2^n}$ 总不等于 0. 考察数列 $\left\{1+\dfrac{(-1)^{n-1}}{n}\right\}$,随着 n 的无限增大,一般项 $1+\dfrac{(-1)^{n-1}}{n}$ 无限地接近于 1. 这两个数列其实也反映了一类数列的某种公共特性,即对于数列 $\{a_n\}$,存在某个常数 a,随着 n 的无限增大,a_n 无限地接近于这个常数 a. 换句话说,要使 a_n 与 a 的差的绝对值 $|a_n-a|$ 任意地小,只要正整数 n 足够地大. 我们称这类数列为**收敛数列**,a 为它的极限. 我们用 ε 表示任意小的正数,用 N 表示足够大的正整数,运用 ε-N 的数量关系就能对数列极限作如下定义.

定义 设 $\{a_n\}$ 是一个数列,a 是一个确定的数,若对任给的正数 ε,相应地存在正整数 N,使得当 $n>N$ 时,总有
$$|a_n-a|<\varepsilon,$$
则称数列 $\{a_n\}$ **收敛**于 a,a 称为它的**极限**,记作
$$\lim_{n\to\infty}a_n=a \quad \text{或} \quad a_n\to a(n\to\infty).$$

如果数列 $\{a_n\}$ 没有极限,则称它是**发散的**或**发散数列**.

对于数列极限的定义应注意以下几点:

(1) **ε 的任意性** ε 是任意给定的正数,用来衡量 a_n 与 a 接近的程度,究竟小到什么程度是没有限制的. 只有正数 ε 可以任意小(一般总认为 $\varepsilon<1$),才能使不等式 $|a_n-a|<\varepsilon$ 精确地刻画出 a_n 无限接近于 a 的实质.

(2) **N 的存在性** N 是与 ε 有关的正整数,用来刻画保证不等式 $|a_n-a|<\varepsilon$ 成立需要 n 有多大的程度. 一般来说,ε 愈小,N 愈大. N 的取值不是惟一的,存在即可.

(3) **收敛数列的简明图形** 如果用数轴上的点来表示收敛数列 $\{a_n\}$ 的各项,就不难发现:对于 a 的任何 ε 邻域 $U(a,\varepsilon)$(无论它多么小),总存在正整数 N,使得所有下标大于 N 的一切 a_n,即点 a_{N+1},a_{N+2},⋯ 都落在邻域 $U(a,\varepsilon)$ 内,而只有有限个点(至多 N 个)在这个邻域之外(图 1-15).

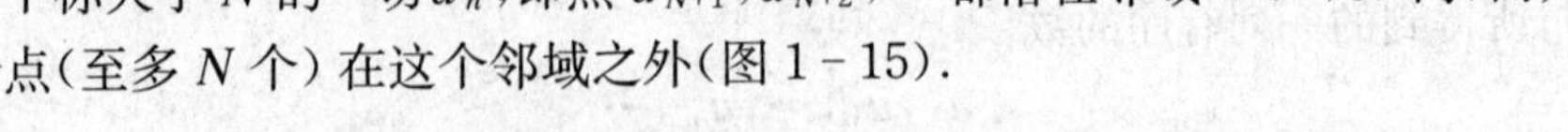

图 1-15

利用数列的简明图形不难推测数列 $\{n^3\}$ 与 $\{(-1)^n\}$ 都是发散的,因为它们不是几乎全体的点(至多有限个点除外)都能聚集在某一个点的任意小邻域内.

为了表达方便,引入记号"$\forall$"表示"对于任意给定的"或"对于每一个",引入记号"$\exists$"表示"存在".

下面举例说明怎样根据定义验证数列极限,具体求极限的方法我们在后面还

将陆续介绍.

例1 证明数列 $2, \dfrac{3}{2}, \dfrac{4}{3}, \cdots, \dfrac{n+1}{n}, \cdots$ 收敛于 1.

证 $\forall \varepsilon > 0$,要使得 $\left|\dfrac{n+1}{n} - 1\right| = \dfrac{1}{n} < \varepsilon$,只需 $n > \dfrac{1}{\varepsilon}$,所以取 $N = \left[\dfrac{1}{\varepsilon}\right]$,当 $n > N$ 时,有 $\left|\dfrac{n+1}{n} - 1\right| = \dfrac{1}{n} < \varepsilon$,所以 $\lim\limits_{n \to \infty} \dfrac{n+1}{n} = 1$.

例2 设 $|q| < 1$,证明 $1, q, q^2, \cdots, q^{n-1}, \cdots$ 的极限为 0,即 $\lim\limits_{n \to \infty} q^{n-1} = 0$.

证 若 $q = 0$,结论是显然的.

现设 $0 < |q| < 1$,对任意 $\varepsilon > 0$(因为 ε 越小越好,不妨设 $\varepsilon < 1$),要使得 $|q^{n-1} - 0| < \varepsilon$,即 $|q|^{n-1} < \varepsilon$,只需两边取对数后,$(n-1)\ln|q| < \ln \varepsilon$ 成立就行了. 因为 $0 < |q| < 1$,所以 $\ln|q| < 0$,所以 $n - 1 > \dfrac{\ln \varepsilon}{\ln|q|} \Rightarrow n > 1 + \dfrac{\ln \varepsilon}{\ln|q|}$.

取 $N = 1 + \left[\dfrac{\ln \varepsilon}{\ln|q|}\right]$,所以当 $n > N$ 时,有 $|q^{n-1} - 0| < \varepsilon$ 成立,即此时有 $\lim\limits_{n \to \infty} q^{n-1} = 0$.

综上所述,$\lim\limits_{n \to \infty} q^{n-1} = 0$.

例3 证明 $\lim\limits_{n \to \infty} \dfrac{\sqrt{n^2 + a^2}}{n} = 1$.

证 $\forall \varepsilon > 0$,由于

$$\left|\dfrac{\sqrt{n^2 + a^2}}{n} - 1\right| = \dfrac{\sqrt{n^2 + a^2} - n}{n} = \dfrac{a^2}{n(\sqrt{n^2 + a^2} + n)} < \dfrac{a^2}{n},$$

要使 $\left|\dfrac{\sqrt{n^2 + a^2}}{n} - 1\right| < \varepsilon$,只要 $\dfrac{a^2}{n} < \varepsilon$ 或 $n > \dfrac{a^2}{\varepsilon}$. 取 $N \geqslant \left[\dfrac{a^2}{\varepsilon}\right]$,则当 $n > N$ 时,有

$$\left|\dfrac{\sqrt{n^2 + a^2}}{n} - 1\right| < \varepsilon.$$

所以

$$\lim_{n \to \infty} \dfrac{\sqrt{n^2 + a^2}}{n} = 1.$$

例4 证明 $\lim\limits_{n \to \infty} \sqrt[n]{n} = 1$.

证 令 $\sqrt[n]{n} - 1 = a_n$,则 $a_n \geqslant 0$,且当 $n \geqslant 2$ 时,

$$n = (1 + a_n)^n = 1 + na_n + \dfrac{n(n-1)}{2!}a_n^2 + \cdots + a_n^n > \dfrac{n(n-1)}{2}a_n^2,$$

从而有

$$0 < a_n < \sqrt{\frac{2}{n-1}}.$$

因此对任给 $\varepsilon > 0$,可取 $N = \max\left\{2, \left[\dfrac{2}{\varepsilon^2} + 1\right]\right\}$,则当 $n > N$ 时,有

$$|\sqrt[n]{n} - 1| = a_n < \sqrt{\frac{2}{n-1}} < \varepsilon.$$

所以
$$\lim_{n \to \infty} \sqrt[n]{n} = 1.$$

在例4的放大过程中,先取 $n \geqslant 2$,使不等式得以简化,然后在确定 N 时考虑这个条件,而取 $N = \max\{2, \cdots\}$,这是一种常用的简化方法.

下列三个定理说明有关收敛数列的性质.

定理 1(惟一性) 数列 $\{a_n\}$ 不能收敛于两个不同的极限.

证 用反证法.假设当 $n \to \infty$ 时同时有 $a_n \to a$ 及 $a_n \to b$,且 $a < b$.取 $\varepsilon = \dfrac{b-a}{2}$,则分别存在正整数 N_1 及 N_2,使得当 $n > N_1$ 时,有

$$|a_n - a| < \frac{b-a}{2}; \tag{1}$$

而当 $n > N_2$ 时,有

$$|a_n - b| < \frac{b-a}{2}. \tag{2}$$

今取 $N = \max\{N_1, N_2\}$,则当 $n > N$ 时,(1),(2) 两式同时成立.但由(1) 有 $a_n < \dfrac{b+a}{2}$,而由(2) 又有 $a_n > \dfrac{b+a}{2}$,这是一个矛盾.所以证得本定理的断言.

定理 2(有界性) 若数列 $\{a_n\}$ 收敛,则它是有界的,即存在正数 M,使对一切正整数 n,总有 $|a_n| \leqslant M$.

证 设 $\lim\limits_{n \to \infty} a_n = a$.根据极限定义,当取 $\varepsilon = 1$ 时,应存在相应的 N,使对一切正整数 $n > N$,总有 $|a_n - a| < 1$,于是

$$|a_n| = |a_n - a + a| \leqslant |a_n - a| + |a| < 1 + |a|.$$

令 $M = \max\{|a_1|, |a_2|, \cdots, |a_N|, 1 + |a|\}$,则对一切正整数 n,都有
$$|a_n| \leqslant M.$$

所以 $\{a_n\}$ 是有界数列.

利用收敛数列的有界性可推出数列 $\{n^3\}$ 是发散数列.

但有界只是数列收敛的必要条件,并非充分条件.例如数列 $\{(-1)^n\}$ 有界,但它并不收敛.

定理 3(收敛数列的保号性) 如果数列 $\{x_n\}$ 收敛于 a,且 $a > 0$(或 $a < 0$),那

么存在正整数 N,当 $n > N$ 时,有 $x_n > 0$(或 $x_n < 0$).

证 仅就 $a > 0$ 的情形证明. 由数列极限的定义,对 $\varepsilon = \dfrac{a}{2} > 0, \exists N \in \mathbf{N}^+$,当 $n > N$ 时,有
$$|x_n - a| < \dfrac{a}{2},$$
从而有
$$x_n > a - \dfrac{a}{2} = \dfrac{a}{2} > 0.$$

推论 如果数列 $\{x_n\}$ 从某项起有 $x_n \geqslant 0$(或 $x_n \leqslant 0$),且数列 $\{x_n\}$ 收敛于 a,那么 $a \geqslant 0$(或 $a \leqslant 0$).

证 仅就 $x_n \geqslant 0$ 情形证明. 设数列 $\{x_n\}$ 从 N_1 项起,即当 $n > N_1$ 时有 $x_n \geqslant 0$. 现在用反证法证明,若 $a < 0$,则由定理 3 知,$\exists N_2 \in \mathbf{N}^+$,当 $n > N_2$ 时,有 $x_n < 0$. 取 $N = \max\{N_1, N_2\}$,当 $n > N$ 时,按假定有 $x_n \geqslant 0$,按定理 3 有 $x_n < 0$,这引起矛盾. 所以必有 $a \geqslant 0$.

最后介绍子数列的概念以及关于收敛的数列与其子数列之间关系的一个定理.

子数列 在数列 $\{x_n\}$ 中任意抽取无限多项并保持这些项在原数列中的先后次序,这样得到的一个数列称为原数列 $\{x_n\}$ 的子数列.

例如,数列 $\{x_n\}: 1, -1, 1, -1, \cdots, (-1)^{n+1}, \cdots$ 的一个子数列为 $\{x_{2n}\}: -1, -1, -1, \cdots, (-1)^{2n+1}, \cdots$.

定理 4(收敛数列与其子数列间的关系) 如果数列 $\{x_n\}$ 收敛于 a,那么它的任一子数列也收敛,且极限也是 a.

证 设数列 $\{x_{n_k}\}$ 是数列 $\{x_n\}$ 的任一子数列,因为数列 $\{x_n\}$ 收敛于 a,所以 $\forall \varepsilon > 0, \exists N \in \mathbf{N}^+$,当 $n > N$ 时,有 $|x_n - a| < \varepsilon$. 取 $K = N$,则当 $k > K$ 时,$n_k \geqslant k > K = N$,于是 $|x_{n_k} - a| < \varepsilon$. 这就证明了 $\lim\limits_{k \to \infty} x_{n_k} = a$.

习题 1-2

A

1. 观察下列数列的变化趋势,对存在极限的数列,写出它的极限.

   (1) $x_n = (-1)^n \dfrac{1}{n}$; (2) $x_n = 2 + \dfrac{1}{n^2}$;

(3) $x_n = \dfrac{\sin n}{n}$; (4) $x_n = \dfrac{n-1}{n+1}$;

(5) $x_n = \sin\left(\dfrac{\pi}{2} + 2n\pi\right)$; (6) $x_n = \cos n\pi$;

(7) $x_n = n(-1)^n$; (8) $x_n = \sqrt{n} + 1$;

(9) $x_n = \begin{cases} \dfrac{2n-1}{n}, & n \text{ 为奇数} \\ \dfrac{2n+1}{n}, & n \text{ 为偶数} \end{cases}$.

2. 求下列极限.

(1) $\lim\limits_{n\to\infty} \dfrac{3n-1}{2n+1}$; (2) $\lim\limits_{n\to\infty} \dfrac{(n+1)(n+2)(n-3)}{3n^3}$;

(3) $\lim\limits_{n\to\infty}\left(1 + \dfrac{1}{2} + \dfrac{1}{2^2} + \cdots + \dfrac{1}{2^{n-1}}\right)$;

(4) $\lim\limits_{n\to\infty}(1 + x + x^2 + x^3 + \cdots + x^{n-1})\ (|x|<1)$.

3. 用定义证明 $\lim\limits_{n\to\infty} \dfrac{n}{a^n} = 0\ (a>1)$.

B

1. 求下列极限.

(1) $\lim\limits_{n\to\infty}\left(1 + \dfrac{1}{1+2} + \dfrac{1}{1+2+3} + \cdots + \dfrac{1}{1+2+3+\cdots+n}\right)$;

(2) $\lim\limits_{n\to\infty}\left(\dfrac{1}{3} + \dfrac{1}{15} + \cdots + \dfrac{1}{4n^2-1}\right)$.

2. 设数列 $\{x_n\}$ 有界, 又 $\lim\limits_{n\to\infty} y_n = 0$, 证明 $\lim\limits_{n\to\infty} x_n y_n = 0$.

3. 对于数列 $\{x_n\}$, 若 $x_{2k-1} \to a(k\to\infty)$, $x_{2k} \to a(k\to\infty)$, 证明 $x_n \to a(n\to\infty)$.

1.3 函数极限

本节我们比照数列极限来研究函数极限. 可以想到, 两者虽然在形式上有所差异, 但在本质上, 即在极限观点上应该是一致的.

设函数 $f(x)$ 定义在 $[a, +\infty)$ 上, 类似于数列的情形, 研究当 x 无限增大时, 对应的函数值 $f(x)$ 是否无限地接近于某一定数 A. 例如, 数列 $a_n = \dfrac{1}{n}(n=1,2,\cdots)$, 当 $n \to \infty$ 时, $a_n \to 0$. 类似地, 函数 $f(x) = \dfrac{1}{x}(x>0)$ 当 x 趋于正无穷大时, 对应的函数值 $f(x)$ 也必然地无限接近 0. 确切地说, 就是对任给的 $\varepsilon > 0$, 无论多么小,

总存在足够大的正数 $X=\dfrac{1}{\varepsilon}$,只要 $x>X$,就有 $\left|\dfrac{1}{x}-0\right|=\dfrac{1}{x}<\varepsilon$.

自变量趋于无穷大时,函数极限的定义如下:

定义 1 设 $f(x)$ 是定义在 $x\geqslant a$ 上的函数,A 是一个确定的数.若对任给的正数 ε,总存在某一个正数 X,使得当 $x>X$ 时,有
$$|f(x)-A|<\varepsilon,$$
则称函数 $f(x)$ 当 $x\to+\infty$ 时以 A 为**极限**,记作
$$\lim_{x\to+\infty}f(x)=A \quad \text{或} \quad f(x)\to A(x\to+\infty).$$

定义 1 的几何意义如图 1-16 所示.

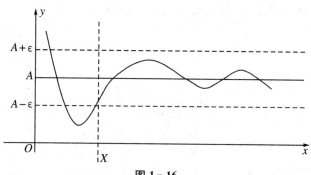

图 1-16

对于任给的 $\varepsilon>0$,作平行于直线 $y=A$ 的两条直线 $y=A+\varepsilon$ 与 $y=A-\varepsilon$,得一宽为 2ε 的带形区域.不论这带形区域多么狭窄,总能找到 x 轴上的一点 X,使得曲线 $y=f(x)$ 在直线 $x=X$ 右边的部分完全落在这带形区域之内.

类似定义函数 $f(x)$ 当 $x\to-\infty$ 及 $x\to\infty$ 时的极限,只要把上述定义中的 $x\geqslant a$ 分别改为 $x\leqslant a$ 及 $|x|\geqslant a$,把 $x>X$ 分别改为 $x<-X$ 及 $|x|\geqslant X$ 即可,且分别记作
$$\lim_{x\to-\infty}f(x)=A \quad \text{或} \quad f(x)\to A(x\to-\infty),$$
及
$$\lim_{x\to\infty}f(x)=A \quad \text{或} \quad f(x)\to A(x\to\infty).$$

例 1 证明 $\lim\limits_{x\to\infty}\dfrac{1}{x}=0$.

证 因为 $\forall\varepsilon>0$,$\exists X=\dfrac{1}{\varepsilon}>0$,当 $|x|>X$ 时,有 $|f(x)-A|=\left|\dfrac{1}{x}-0\right|=\dfrac{1}{|x|}<\varepsilon$,所以 $\lim\limits_{x\to\infty}\dfrac{1}{x}=0$.

我们把直线 $y=0$ 称为函数 $y=\dfrac{1}{x}$ 的图形的水平渐近线.

一般地,若 $\lim\limits_{x\to\infty}f(x)=c$,则直线 $y=c$ 称为函数 $y=f(x)$ 的图形的**水平渐近线**.

例 2 证明 $\lim\limits_{x\to\infty}\dfrac{2x+1}{3x+2}=\dfrac{2}{3}$.

证 当 $|x|>2$ 时,有
$$|3x+2|\geqslant 3|x|-2>2|x|,$$
从而有
$$\left|\dfrac{2x+1}{3x+2}-\dfrac{2}{3}\right|=\dfrac{1}{3|3x+2|}<\dfrac{1}{6|x|}.$$
$\forall \varepsilon>0$,可取 $X=\max\left\{2,\dfrac{1}{6\varepsilon}\right\}$,则当 $|x|>X$ 时,有
$$\left|\dfrac{2x+1}{3x+2}-\dfrac{2}{3}\right|<\varepsilon.$$
所以
$$\lim\limits_{x\to\infty}\dfrac{2x+1}{3x+2}=\dfrac{2}{3}.$$

例 3 证明 $\lim\limits_{x\to-\infty}\arctan x=-\dfrac{\pi}{2}$, $\lim\limits_{x\to+\infty}\arctan x=\dfrac{\pi}{2}$.

证 任给 $0<\varepsilon<\dfrac{\pi}{2}$,取 $X=\tan\left(\dfrac{\pi}{2}-\varepsilon\right)>0$,当 $x<-X$ 时,
$$x<-\tan\left(\dfrac{\pi}{2}-\varepsilon\right)=\tan\left(-\dfrac{\pi}{2}+\varepsilon\right),$$
从而有
$$\arctan x<-\dfrac{\pi}{2}+\varepsilon.$$
又对一切 $x\in\mathbf{R}$,总有
$$\arctan x>-\dfrac{\pi}{2}>-\dfrac{\pi}{2}-\varepsilon.$$
于是,只要 $x<-X$,就有
$$\left|\arctan x-\left(-\dfrac{\pi}{2}\right)\right|<\varepsilon,$$
所以
$$\lim\limits_{x\to-\infty}\arctan x=-\dfrac{\pi}{2}.$$
类似可证:
$$\lim\limits_{x\to+\infty}\arctan x=\dfrac{\pi}{2}.$$

例3的结果也表明:函数 $f(x) = \arctan x$ 当 $x \to \infty$ 时极限不存在.

下面考察自变量趋于有限值时的函数极限.

对函数 $f(x) = \dfrac{x^2-4}{3(x-2)}$,作出其函数图形如图1-17所示,考察当 x 趋于2时的变化趋势.

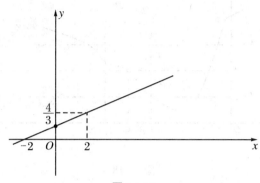

图1-17

从图1-17不难看出,虽然 $f(x)$ 在 $x=2$ 处无定义,但当 $x \neq 2$ 而趋于2时,对应的函数值 $f(x) = \dfrac{1}{3}(x+2)$ 能无限地接近于定数 $\dfrac{4}{3}$.因为当 $x \neq 2$ 时有

$$\left| f(x) - \frac{4}{3} \right| = \left| \frac{1}{3}(x+2) - \frac{4}{3} \right| = \frac{1}{3}|x-2|,$$

所以,要使 $\left| f(x) - \dfrac{4}{3} \right|$ 小于任给的无论多么小的正数 ε,只要 $\dfrac{1}{3}|x-2| < \varepsilon$ 或 $|x-2| < 3\varepsilon$ 即可.这里 3ε 是描述 x 与2的接近程度的,通常记作 δ,因它与 ε 有关,有时也记作 $\delta(\varepsilon)$.现给出自变量趋于有限值时函数极限的定义.

定义2 设函数 $f(x)$ 在 x_0 的某去心邻域内有定义,A 是一个确定的数.若对任给的正数 ε,总存在某一正数 δ,使得当 $0 < |x-x_0| < \delta$ 时,有

$$|f(x) - A| < \varepsilon,$$

则称 $f(x)$ 当 $x \to x_0$ 时以 A 为**极限**,记作

$$\lim_{x \to x_0} f(x) = A \quad \text{或} \quad f(x) \to A(x \to x_0).$$

以下几点是对定义的补充说明:

(1) **ε 的任意性与 δ 的存在性** δ 是用来衡量自变量 x 与定数 x_0 的接近程度的,应要求它足够小.一般说来,ε 愈小,δ 也相应地更小些.但 δ 也不是由 ε 所惟一确定.重要的依然是 δ 的存在性.

(2) **x_0 的去心 δ 邻域** $\overset{\circ}{U}(x_0, \delta)$ 定义中只要求不等式 $|f(x) - A| < \varepsilon$ 对 $x \in$

$\overset{\circ}{U}(x_0,\delta)$，即 $0<|x-x_0|<\delta$ 成立，也就是说我们只研究 $x \to x_0$（但 $x \neq x_0$）时函数的变化趋势．

(3) 定义的几何意义如图 1-18 所示．

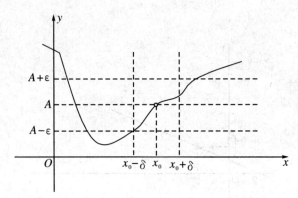

图 1-18

任意画一个以直线 $y=A$ 为中心线、宽为 2ε 的水平带域（无论多么窄），总存在以 $x=x_0$ 为中心线、宽为 2δ 的垂直带域，使落在垂直带域内的函数图形全部落在水平带域内，但点 $(x_0,f(x_0))$ 可能例外（或不存在）．

例 4 证明 $\lim\limits_{x\to 1}(2x-1)=1$.

证 $\forall \varepsilon>0$，$\exists \delta=\dfrac{\varepsilon}{2}$，当 $0<|x-1|<\delta$ 时，有
$$|f(x)-A|=|2x-1-1|=2|x-1|<\varepsilon,$$
故 $\lim\limits_{x\to 1}(2x-1)=1$.

例 5 设在 x_0 的某去心邻域内 $f(x)>0$，证明：若 $\lim\limits_{x\to x_0}f(x)=A>0$，则 $\lim\limits_{x\to x_0}\sqrt{f(x)}=\sqrt{A}$.

证 任给 $\varepsilon>0$，由 $\lim\limits_{x\to x_0}f(x)=A>0$ 可知，存在 $\delta>0$，当 $0<|x-x_0|<\delta$ 时有 $|f(x)-A|<\sqrt{A}\varepsilon$，随之有
$$\left|\sqrt{f(x)}-\sqrt{A}\right|=\dfrac{|f(x)-A|}{\sqrt{f(x)}+\sqrt{A}}<\dfrac{|f(x)-A|}{\sqrt{A}}<\varepsilon,$$
所以 $\lim\limits_{x\to x_0}\sqrt{f(x)}=\sqrt{A}$.

上面我们给出了函数 $f(x)$ 当 $x \to x_0$ 时的极限定义，其中自变量 x 是以任意方式趋于 x_0 的．但在有些问题中，函数仅在 x_0 的某一侧有定义，或者函数虽在 x_0 的两侧皆有定义，但两侧的表达式不同，这时函数在这些点上的极限问题只能单侧地

加以讨论.

如果函数 $f(x)$ 当 x 从 x_0 的左侧(即 $x < x_0$)趋于 x_0 时以 A 为极限,则 A 称为 $f(x)$ 在 x_0 的**左极限**.记作
$$\lim_{x \to x_0^-} f(x) = f(x_0^-) = f(x_0 - 0) = A.$$

如果函数 $f(x)$ 当 x 从 x_0 的右侧(即 $x > x_0$)趋于 x_0 时以 A 为极限,则 A 称为 $f(x)$ 在 x_0 的**右极限**.记作
$$\lim_{x \to x_0^+} f(x) = f(x_0^+) = f(x_0 + 0) = A.$$

左极限与右极限皆称为**单侧极限**,它们与函数极限有如下关系:$\lim_{x \to x_0} f(x) = A$ 的充要条件是 $f(x_0 - 0) = f(x_0 + 0) = A$.(证明留作练习)

至此,我们已经定义了 6 种类型的函数极限:$\lim_{x \to +\infty} f(x)$,$\lim_{x \to -\infty} f(x)$,$\lim_{x \to \infty} f(x)$,$\lim_{x \to x_0} f(x)$,$\lim_{x \to x_0^+} f(x)$,$\lim_{x \to x_0^-} f(x)$.这些极限都具有与数列极限相类似的一些定理.下面只讨论其中的第 4 种类型,其他类型的定理可以类似地阐述并加以证明,只要在相应的部分作适当的修改即可.

定理 1(惟一性) 若极限 $\lim_{x \to x_0} f(x)$ 存在,则它是惟一的.

证 用反证法.假设当 $x \to x_0$ 时同时有 $f(x) \to A$ 及 $f(x) \to B$,且 $A < B$.对于 $\varepsilon = \dfrac{B-A}{2}$,应分别存在正数 δ_1 及 δ_2,使得当 $0 < |x - x_0| < \delta_1$ 时,有

$$|f(x) - A| < \frac{B-A}{2}; \tag{1}$$

当 $0 < |x - x_0| < \delta_2$ 时,有

$$|f(x) - B| < \frac{B-A}{2}. \tag{2}$$

今取 $\delta = \min\{\delta_1, \delta_2\}$,则当 $0 < |x - x_0| < \delta$ 时,(1),(2)两式同时成立.但由(1)有 $f(x) < \dfrac{A+B}{2}$,而由(2)又有 $f(x) > \dfrac{A+B}{2}$,这是一个矛盾,从而证得只有一个极限.

定理 2(局部有界性) 若 $\lim_{x \to x_0} f(x)$ 存在,则存在 x_0 的某去心邻域 $\overset{\circ}{U}(x_0)$,使得 $f(x)$ 在 $\overset{\circ}{U}(x_0)$ 内有界.

证 设 $\lim_{x \to x_0} f(x) = A$,当取 $\varepsilon = 1$ 时,存在相应的 $\delta > 0$,使对一切 $x \in \overset{\circ}{U}(x_0, \delta)$,总有
$$|f(x) - A| < 1,$$
从而推出

$$|f(x)| = |f(x) - A + A| \leqslant |f(x) - A| + |A| < 1 + |A|.$$

这就说明函数 $f(x)$ 在 $\overset{\circ}{U}(x_0, \delta)$ 内有界.

定理 3(局部保号性) 若 $\lim\limits_{x \to x_0} f(x) = A > 0$(或 < 0),则对任意正数 $r < A$(或 $r < -A$),存在 x_0 的某去心邻域 $\overset{\circ}{U}(x_0)$,使对一切 $x \in \overset{\circ}{U}(x_0)$,总有 $f(x) > r > 0$(或 $f(x) < -r < 0$).

证 设 $A > 0$,取 $\varepsilon = A - r > 0$,存在相应的正数 δ,使对一切 $x \in \overset{\circ}{U}(x_0, \delta)$,有
$$|f(x) - A| < A - r,$$
即
$$0 < r = A - (A - r) < f(x) < A + (A - r).$$

类似可证明 $A < 0$ 的情形.

定理 4 如果在 x_0 的某一去心邻域内 $f(x) \geqslant 0$(或 $f(x) \leqslant 0$),而且 $f(x) \to A(x \to x_0)$,那么 $A \geqslant 0$(或 $A \leqslant 0$).

证 用反证法.假设上述论断不成立,即设 $A < 0$,那么由定理 3 就有在 x_0 的某一去心邻域内有 $f(x) < 0$,这与 $f(x) \geqslant 0$ 的假定矛盾.所以 $A \geqslant 0$.

习题 1-3

A

1. 从函数的图形观察极限是否存在,若有极限等于什么?

(1) $\lim\limits_{x \to 0} \cos x$,$\lim\limits_{x \to \frac{\pi}{2}} \cos x$,$\lim\limits_{x \to +\infty} \cos x$,$\lim\limits_{x \to -\infty} \cos x$;

(2) $f(x) = a^x$(分 ① $a > 1$,② $0 < a < 1$ 两种情况),当 $x \to 0$,$x \to 2$,$x \to -\infty$,$x \to +\infty$,$x \to \infty$ 时;

(3) $f(x) = \begin{cases} \dfrac{1}{1-x}, & x < 0 \\ 0, & x = 0 \\ x, & 0 < x < 1 \\ 1, & 1 \leqslant x < 2 \end{cases}$,当 $x \to 0^+$,$x \to 0^-$,$x \to 0$,$x \to 1^+$,$x \to 1^-$,$x \to 1$ 时.

2. 根据函数极限的定义证明.

(1) $\lim\limits_{x \to 3}(3x - 2) = 7$;   (2) $\lim\limits_{x \to 2}(4x + 3) = 11$;

(3) $\lim\limits_{x\to-3}\dfrac{x^2-9}{x+3}=-6$;   (4) $\lim\limits_{x\to-\frac{1}{2}}\dfrac{1-4x^2}{2x+1}=2$.

3. 当 $x\to 2$ 时,$y=x^2\to 4$.问 δ 等于多少,则当 $|x-2|<\delta$ 时,$|y-4|<0.001$?

4. 证明函数 $f(x)=|x|$ 当 $x\to 0$ 时极限为 0.

5. 证明:若 $x\to+\infty$ 及 $x\to-\infty$ 时,函数 $f(x)$ 的极限都存在且都等于 A,则 $\lim\limits_{x\to\infty}f(x)=A$.

B

1. 根据函数极限的定义证明.

(1) $\lim\limits_{x\to\infty}\dfrac{1+x^3}{2x^3}=\dfrac{1}{2}$;   (2) $\lim\limits_{x\to+\infty}\dfrac{\sin x}{\sqrt{x}}=0$.

2. 若函数 $f(x)=\begin{cases}x^3+a, & x>0\\ e^x, & x<0\end{cases}$ 在 $x\to 0$ 时极限存在,求常数 a 的值.

3. 当 $x\to\infty$ 时,$y=\dfrac{x^2-1}{x^2+3}\to 1$.问 X 等于多少,则当 $|x|>X$ 时,$|y-1|<0.01$?

4. 设 $f(x)=\begin{cases}1-x, & x<0\\ A, & x=0\\ 1+x, & x>0\end{cases}$,其中 A 为任意常数.求 $\lim\limits_{x\to 0^-}f(x)$.

5. 根据函数极限的定义证明:函数 $f(x)$ 当 $x\to x_0$ 时极限存在的充分必要条件是左极限、右极限各自存在并且相等.

1.4 无穷小与无穷大

1.4.1 无穷小

以 0 为极限的变量称为**无穷小**.

例如,数列 $\left\{\dfrac{1}{n}\right\}$,$\left\{\dfrac{1}{2^n}\right\}$ 当 $n\to\infty$ 时都以 0 为极限,所以它们都是无穷小数列. 又如,函数 x^n(n 为正整数),$\sin x$,$1-\cos x$ 当 $x\to 0$ 时极限都等于 0,所以当 $x\to 0$ 时,这些函数都是无穷小.同样,函数 $1-x^2$ 是当 $x\to 1$ 时的无穷小,函数 $\dfrac{1}{x}$ 是当 $x\to\infty$ 时的无穷小.

可见,除了数列只有 $n\to\infty$ 这一种类型外,对于定义在区间上的函数而言,单说此函数是无穷小是不够的,还必须指明自变量 x 的趋向,包括 $x\to+\infty$,$x\to-\infty$,$x\to\infty$,$x\to x_0^+$,$x\to x_0^-$ 及 $x\to x_0$ 六种类型.下面仍以 $x\to x_0$ 的极限类型来讨论有关无穷小的性质和定理,其他类型(包括数列情形)可以作类似讨论,相应的结论也是成立的.

下列定理说明无穷小与函数极限的关系.

定理 1 在自变量的同一变化过程 $x \to x_0$(或 $x \to \infty$)中,函数 $f(x)$ 具有极限 A 的充分必要条件是 $f(x) = A + \alpha$,其中 α 是无穷小.

证 设 $\lim\limits_{x \to x_0} f(x) = A$,$\forall \varepsilon > 0$,$\exists \delta > 0$,使当 $0 < |x - x_0| < \delta$ 时,有
$$|f(x) - A| < \varepsilon.$$
令 $\alpha = f(x) - A$,则 α 是 $x \to x_0$ 时的无穷小,且
$$f(x) = A + \alpha.$$
这就证明了 $f(x)$ 等于它的极限 A 与一个无穷小 α 之和.

反之,设 $f(x) = A + \alpha$,其中 A 是常数,α 是 $x \to x_0$ 时的无穷小,于是
$$|f(x) - A| = |\alpha|.$$
因 α 是 $x \to x_0$ 时的无穷小,$\forall \varepsilon > 0$,$\exists \delta > 0$,使当 $0 < |x - x_0| < \delta$ 时,有
$$|\alpha| < \varepsilon,$$
即
$$|f(x) - A| < \varepsilon.$$
这就证明了 A 是 $f(x)$ 当 $x \to x_0$ 时的极限.

类似地可证明 $x \to \infty$ 时的情形.

例如,因为 $\dfrac{1 + x^3}{2x^3} = \dfrac{1}{2} + \dfrac{1}{2x^3}$,而 $\lim\limits_{x \to \infty} \dfrac{1}{2x^3} = 0$,所以 $\lim\limits_{x \to \infty} \dfrac{1 + x^3}{2x^3} = \dfrac{1}{2}$.

1.4.2 无穷大

如果当 $x \to x_0$(或 $x \to \infty$)时,对应的函数值的绝对值 $|f(x)|$ 无限增大,就称函数 $f(x)$ 为当 $x \to x_0$(或 $x \to \infty$)时的无穷大.记为
$$\lim\limits_{x \to x_0} f(x) = \infty \;(或 \lim\limits_{x \to \infty} f(x) = \infty).$$

无穷大的精确定义如下:

定义 若 $\forall M > 0$,$\exists \delta > 0 (X > 0)$,使得当 $0 < |x - x_0| < \delta (|x| > X)$ 时,有 $|f(x)| > M$,就称 $f(x)$ 为当 $x \to x_0 (x \to \infty)$ 时的无穷大,记作
$$\lim\limits_{x \to x_0} f(x) = \infty \;(\lim\limits_{x \to \infty} f(x) = \infty).$$

同理可给出 $f(x) \to -\infty$,$f(x) \to +\infty$ 时的定义.

应当注意,当 $x \to x_0$(或 $x \to \infty$)时为无穷大的函数 $f(x)$,按函数极限定义来说,极限是不存在的.但为了便于叙述函数的这一性态,我们也说"函数的极限是无穷大".很大很大的数也不是无穷大.

例 证明 $\lim\limits_{x \to 1} \dfrac{1}{x - 1} = \infty$.

证 因为 $\forall M > 0, \exists \delta = \dfrac{1}{M}$,当 $0 < |x-1| < \delta$ 时,有 $\left|\dfrac{1}{x-1}\right| > M$,所以 $\lim\limits_{x \to 1} \dfrac{1}{x-1} = \infty$.

如果 $\lim\limits_{x \to x_0} f(x) = \infty$,则称直线 $x = x_0$ 是函数 $y = f(x)$ 的图形的**铅直渐进线**.

例如,直线 $x = 1$ 是函数 $y = \dfrac{1}{x-1}$ 的图形的铅直渐近线,如图 1-19 所示.

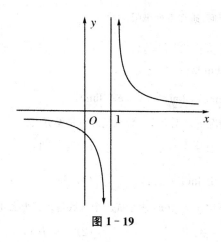

图 1-19

定理 2(无穷大与无穷小之间的关系) 在自变量的同一变化过程中,如果 $f(x)$ 为无穷大,则 $\dfrac{1}{f(x)}$ 为无穷小;反之,如果 $f(x)$ 为无穷小,且 $f(x) \neq 0$,则 $\dfrac{1}{f(x)}$ 为无穷大.

证 $\forall \varepsilon > 0$,因为 $\lim\limits_{x \to x_0} f(x) = \infty$,那么对于 $M = \dfrac{1}{\varepsilon}, \exists \delta > 0$,当 $0 < |x - x_0| < \delta$ 时,有 $|f(x)| > M = \dfrac{1}{\varepsilon}$,即 $\left|\dfrac{1}{f(x)}\right| < \varepsilon$,所以 $\dfrac{1}{f(x)}$ 为 $x \to x_0$ 时的无穷小.

$\forall M > 0$,因为 $\lim\limits_{x \to x_0} f(x) = 0$,且 $f(x) \neq 0$,那么对于 $\varepsilon = \dfrac{1}{M}, \exists \delta > 0$,当 $0 < |x - x_0| < \delta$ 时,有 $|f(x)| < \varepsilon = \dfrac{1}{M}$,由于当 $0 < |x - x_0| < \delta$ 时,$f(x) \neq 0$,从而 $\left|\dfrac{1}{f(x)}\right| > M$,所以 $\dfrac{1}{f(x)}$ 为 $x \to x_0$ 时的无穷大.

习题 1-4

A

1. 利用直观概念和图形,研究下列极限.

   (1) $\lim\limits_{x \to 2^+} \dfrac{1}{x-2}, \lim\limits_{x \to 2^-} \dfrac{1}{x-2}, \lim\limits_{x \to 2} \dfrac{1}{x-2}$;

   (2) $\lim\limits_{x \to 0^+} \ln x, \lim\limits_{x \to 1} \ln x, \lim\limits_{x \to +\infty} \ln x$;

   (3) $\lim\limits_{x \to 0^+} e^{\frac{1}{x}}, \lim\limits_{x \to 0^-} e^{\frac{1}{x}}, \lim\limits_{x \to 0} e^{\frac{1}{x}}, \lim\limits_{x \to +\infty} e^{\frac{1}{x}}, \lim\limits_{x \to -\infty} e^{\frac{1}{x}}, \lim\limits_{x \to \infty} e^{\frac{1}{x}}$.

2. 下列函数在什么情况下是无穷小?什么情况下是无穷大?

   (1) e^{-x}; (2) $\dfrac{x+2}{x^2}$; (3) $2^{\frac{1}{x}} - 1$;

   (4) $\lg x$; (5) $\ln(1+x)$; (6) $\dfrac{x+1}{x^2-1}$.

3. 当 $x \to \infty$ 时,将下列 $y = f(x)$ 表示成一个常数与无穷小之和.

   (1) $y = f(x) = \dfrac{2x^2 + 5}{x^2 - 5}$; (2) $y = f(x) = \dfrac{\sin x}{x}$;

   (3) $y = f(x) = \dfrac{2x - 1}{3x + 2}$; (4) $y = f(x) = \dfrac{1 + x^3}{2x^3}$;

   (5) $y = f(x) = \dfrac{\cos \dfrac{\pi x}{2}}{x}$.

B

1. 求下列极限.

   (1) $\lim\limits_{x \to \infty} \dfrac{3x + 2}{x}$; (2) $\lim\limits_{x \to \infty} \dfrac{\arctan x}{x}$; (3) $\lim\limits_{x \to +\infty} \dfrac{x}{\sqrt{1 + x^2}} e^{-x}$;

   (4) $\lim\limits_{x \to +\infty} \dfrac{\sin x}{\sqrt{x}}$.

2. 证明函数 $y = \dfrac{1}{x} \sin \dfrac{1}{x}$ 在区间 $(0, 1]$ 上无界,但当 $x \to 0^+$ 时,这个函数不是无穷大.

1.5 极限的运算法则

下面以 $\lim\limits_{x \to x_0} f(x)$ 的极限类型来讨论有关极限的性质和定理,其他类型(包括数列情形)可以作类似讨论,相应的结论也是成立的.

定理 1(无穷小的性质) 在自变量的相同趋向下,
(1) 有限个无穷小的和仍然是一个无穷小;
(2) 无穷小与有界函数的乘积是无穷小;
(3) 有限个无穷小的乘积仍然是一个无穷小.

证 (1) 只需考虑两个无穷小的情形.

设 α 及 β 是当 $x \to x_0$ 时的两个无穷小,而 $\gamma = \alpha + \beta$.

任意给定 $\varepsilon > 0$. 因为 α 是当 $x \to x_0$ 时的无穷小,对于 $\frac{\varepsilon}{2} > 0$ 存在着 $\delta_1 > 0$, 当 $0 < |x - x_0| < \delta_1$ 时,不等式 $|\alpha| < \frac{\varepsilon}{2}$ 成立. 因为 β 是当 $x \to x_0$ 时的无穷小,对于 $\frac{\varepsilon}{2} > 0$ 存在着 $\delta_2 > 0$,当 $0 < |x - x_0| < \delta_2$ 时,不等式 $|\beta| < \frac{\varepsilon}{2}$ 成立. 取 $\delta = \min\{\delta_1, \delta_2\}$,则当 $0 < |x - x_0| < \delta$ 时,$|\alpha| < \frac{\varepsilon}{2}$ 及 $|\beta| < \frac{\varepsilon}{2}$ 同时成立,从而 $|\gamma| = |\alpha + \beta| \leqslant |\alpha| + |\beta| < \frac{\varepsilon}{2} + \frac{\varepsilon}{2} = \varepsilon$. 这就证实了 γ 也是当 $x \to x_0$ 时的无穷小.

(2) 设 $f(x)$ 是当 $x \to x_0$ 时的无穷小,$h(x)$ 在 x_0 的某去心邻域 $\mathring{U}(x_0, \delta_0)$ 内有界,即存在正数 M,使对一切 $x \in \mathring{U}(x_0, \delta_0)$,都有
$$|h(x)| \leqslant M.$$
从而有
$$|f(x)h(x)| \leqslant M|f(x)|.$$

任给 $\varepsilon > 0$,由于 $\lim\limits_{x \to x_0} f(x) = 0$,应存在 $\delta : 0 < \delta < \delta_0$,使得 $0 < |x - x_0| < \delta$ 时,有
$$|f(x)| < \frac{\varepsilon}{M}.$$
从而推出
$$|f(x)h(x)| \leqslant M|f(x)| < \varepsilon.$$
所以

$$\lim_{x \to x_0} f(x)h(x) = 0.$$

即 $f(x)h(x)$ 是当 $x \to x_0$ 时的无穷小.

(3) 由(2) 容易导出(3) 正确.

例 1 求 $\lim\limits_{x \to 0} x\sin\dfrac{1}{x}$.

解 因为当 $x \to 0$ 时,x 是无穷小,且对一切 $x \neq 0$,总有 $\left|\sin\dfrac{1}{x}\right| \leq 1$,即 $\sin\dfrac{1}{x}$ 是有界函数,所以 $x\sin\dfrac{1}{x}$ 是当 $x \to 0$ 时的无穷小,即

$$\lim_{x \to 0} x\sin\frac{1}{x} = 0.$$

定理 2 如果 $\lim f(x) = A, \lim g(x) = B$,那么

(1) $\lim[f(x) \pm g(x)] = \lim f(x) \pm \lim g(x) = A \pm B$;

(2) $\lim[f(x) \cdot g(x)] = \lim f(x) \cdot \lim g(x) = A \cdot B$;

(3) $\lim\dfrac{f(x)}{g(x)} = \dfrac{\lim f(x)}{\lim g(x)} = \dfrac{A}{B} (B \neq 0)$.

证 (1) 因为 $\lim f(x) = A, \lim g(x) = B$,根据极限与无穷小的关系,有

$$f(x) = A + \alpha, g(x) = B + \beta,$$

其中 α 及 β 为无穷小.于是

$$f(x) \pm g(x) = (A + \alpha) \pm (B + \beta) = (A \pm B) + (\alpha \pm \beta),$$

即 $f(x) \pm g(x)$ 可表示为常数 $(A \pm B)$ 与无穷小 $(\alpha \pm \beta)$ 之和.因此

$$\lim[f(x) \pm g(x)] = \lim f(x) \pm \lim g(x) = A \pm B.$$

(2) $f(x) \cdot g(x) = (A + \alpha) \cdot (B + \beta) = AB + (A\beta + B\alpha + \alpha\beta)$,记 $\gamma = A\beta + B\alpha + \alpha\beta$,由定理 1 知 γ 为无穷小,$\lim[f(x) \cdot g(x)] = A \cdot B$.

(3) 考虑差

$$\frac{f(x)}{g(x)} - \frac{A}{B} = \frac{A + \alpha}{B + \beta} - \frac{A}{B} = \frac{B\alpha - A\beta}{B(B + \beta)},$$

其分子 $B\alpha - A\beta$ 为无穷小,分母 $B(B + \beta) \to B^2 \neq 0$,我们不难证明 $\dfrac{1}{B(B + \beta)}$ 有界,于是 $\dfrac{B\alpha - A\beta}{B(B + \beta)}$ 为无穷小,记为 η,得 $\dfrac{f(x)}{g(x)} = \dfrac{A}{B} + \eta$,所以 $\lim\dfrac{f(x)}{g(x)} = \dfrac{A}{B}$.

推论 1 如果 $\lim f(x)$ 存在,而 c 为常数,则

$$\lim[c \cdot f(x)] = c \cdot \lim f(x).$$

推论 2 如果 $\lim f(x)$ 存在,而 n 是正整数,则

$$\lim[f(x)]^n = [\lim f(x)]^n.$$

关于数列也有类似的极限运算法则.

定理 3 设有数列 $\{x_n\}$ 和 $\{y_n\}$. 如果 $\lim\limits_{n\to\infty} x_n = A$, $\lim\limits_{n\to\infty} y_n = B$, 那么

(1) $\lim\limits_{n\to\infty}(x_n \pm y_n) = A \pm B$;

(2) $\lim\limits_{n\to\infty}(x_n \cdot y_n) = A \cdot B$;

(3) 当 $y_n \neq 0 (n=1,2,\cdots)$ 且 $B \neq 0$ 时, $\lim\limits_{n\to\infty}\dfrac{x_n}{y_n} = \dfrac{A}{B}$.

定理 4 如果 $\varphi(x) \geqslant \psi(x)$, 而 $\lim \varphi(x) = a$, $\lim \psi(x) = b$, 那么 $a \geqslant b$. (请读者自证)

例 2 求 $\lim\limits_{x\to 1}(3x - 2)$.

解 $\lim\limits_{x\to 1}(3x-2) = \lim\limits_{x\to 1} 3x - \lim\limits_{x\to 1} 2 = 3\lim\limits_{x\to 1} x - 2 = 3 \cdot 1 - 2 = 1$.

一般地, 若 $P(x) = a_0 x^n + a_1 x^{n-1} + \cdots + a_{n-1}x + a_n$, 则 $\lim\limits_{x\to x_0} P(x) = P(x_0)$.

例 3 求 $\lim\limits_{x\to 2}\dfrac{x^3 - 1}{x^2 - 5x + 3}$.

解 这里分母的极限不为 0, 故

$$\lim_{x\to 2}\frac{x^3 - 1}{x^2 - 5x + 3} = \frac{\lim\limits_{x\to 2}(x^3 - 1)}{\lim\limits_{x\to 2}(x^2 - 5x + 3)} = \frac{\lim\limits_{x\to 2} x^3 - \lim\limits_{x\to 2} 1}{\lim\limits_{x\to 2} x^2 - 5\lim\limits_{x\to 2} x + \lim\limits_{x\to 2} 3}$$

$$= \frac{(\lim\limits_{x\to 2} x)^3 - 1}{(\lim\limits_{x\to 2} x)^2 - 5\cdot 2 + 3} = \frac{2^3 - 1}{2^2 - 10 + 3} = -\frac{7}{3}.$$

例 4 求 $\lim\limits_{x\to 3}\dfrac{x - 3}{x^2 - 9}$.

解 $\lim\limits_{x\to 3}\dfrac{x-3}{x^2-9} = \lim\limits_{x\to 3}\dfrac{x-3}{(x-3)(x+3)} = \lim\limits_{x\to 3}\dfrac{1}{x+3} = \dfrac{\lim\limits_{x\to 3} 1}{\lim\limits_{x\to 3}(x+3)} = \dfrac{1}{6}$.

例 5 求 $\lim\limits_{x\to 1}\dfrac{2x-3}{x^2-5x+4}$.

解 $\lim\limits_{x\to 1}\dfrac{x^2-5x+4}{2x-3} = \dfrac{1^2 - 5\cdot 1 + 4}{2\cdot 1 - 3} = 0$, 根据无穷大与无穷小的关系得 $\lim\limits_{x\to 1}\dfrac{2x-3}{x^2-5x+4} = \infty$.

一般地, 对于有理函数的极限 $\lim\limits_{x\to x_0}\dfrac{P(x)}{Q(x)}$, 当 $Q(x_0) \neq 0$ 时, $\lim\limits_{x\to x_0}\dfrac{P(x)}{Q(x)} = \dfrac{P(x_0)}{Q(x_0)}$; 当 $Q(x_0) = 0$ 且 $P(x_0) \neq 0$ 时, $\lim\limits_{x\to x_0}\dfrac{P(x)}{Q(x)} = \infty$; 当 $Q(x_0) = P(x_0) = 0$ 时, 先将分子分母的公因式 $(x - x_0)$ 约去再讨论.

例 6 求 $\lim\limits_{x\to\infty}\dfrac{3x^3 + 4x^2 + 2}{7x^3 + 5x^2 - 3}$.

解 先用 x^3 去除分子及分母，然后取极限：

$$\lim_{x\to\infty}\frac{3x^3+4x^2+2}{7x^3+5x^2-3}=\lim_{x\to\infty}\frac{3+\dfrac{4}{x}+\dfrac{2}{x^3}}{7+\dfrac{5}{x}-\dfrac{3}{x^3}}=\frac{3}{7}.$$

例 7 求 $\lim\limits_{x\to\infty}\dfrac{3x^2+2x-1}{2x^3-x^2-5}$.

解 先用 x^3 去除分子及分母，然后取极限：

$$\lim_{x\to\infty}\frac{3x^2+2x-1}{2x^3-x^2-5}=\lim_{x\to\infty}\frac{\dfrac{3}{x}+\dfrac{2}{x^2}-\dfrac{1}{x^3}}{2-\dfrac{1}{x}-\dfrac{5}{x^3}}=\frac{0}{2}=0.$$

例 8 求 $\lim\limits_{x\to\infty}\dfrac{2x^3-x^2-5}{3x^2+2x-1}$.

解 因为 $\lim\limits_{x\to\infty}\dfrac{3x^2+2x-1}{2x^3-x^2-5}=0$，所以 $\lim\limits_{x\to\infty}\dfrac{2x^3-x^2-5}{3x^2+2x-1}=\infty$.

一般地，当 $a_0\neq 0, b_0\neq 0$ 时，有理函数的极限

$$\lim_{x\to\infty}\frac{a_0x^n+a_1x^{n-1}+\cdots+a_n}{b_0x^m+b_1x^{m-1}+\cdots+b_m}=\begin{cases}0, & n<m \\ \dfrac{a_0}{b_0}, & n=m \\ \infty, & n>m\end{cases}.$$

例 9 求 $\lim\limits_{x\to\infty}\dfrac{\sin(8x^2+9)}{x^2}$.

解 当 $x\to\infty$ 时，分子及分母的极限都不存在，故关于商的极限的运算法则不能适用.

因为 $\dfrac{\sin(8x^2+9)}{x^2}=\dfrac{1}{x^2}\cdot\sin(8x^2+9)$，是无穷小与有界函数的乘积，所以 $\lim\limits_{x\to\infty}\dfrac{\sin(8x^2+9)}{x^2}=0$.

定理 5(复合函数的极限运算法则) 设函数 $u=\varphi(x)$ 当 $x\to x_0$ 时极限存在且等于 a，即 $\lim\limits_{x\to x_0}\varphi(x)=a$，但在 x_0 的某去心邻域 $\overset{\circ}{U}(x_0,\delta_0)$ 内 $\varphi(x)\neq a$，又 $\lim\limits_{u\to a}f(u)=A$，则复合函数 $f[\varphi(x)]$ 当 $x\to x_0$ 时极限存在，且

$$\lim_{x\to x_0}f[\varphi(x)]=\lim_{u\to a}f(u)=A.$$

证 任给 $\varepsilon>0$，由于 $\lim\limits_{u\to a}f(u)=A$，根据函数极限定义，存在相应的 $\eta>0$，使当 $0<|u-a|<\eta$ 时，有

$$|f(u)-A|<\varepsilon.$$

又由于 $\lim\limits_{x \to x_0} \varphi(x) = a$，故对上述 $\eta > 0$，存在相应的 $\delta_1 > 0$，使当 $0 < |x - x_0| < \delta_1$ 时，有
$$|\varphi(x) - a| < \eta.$$
今取 $\delta = \min\{\delta_0, \delta_1\}$，则当 $0 < |x - x_0| < \delta$ 时，$|\varphi(x) - a| < \eta$ 与 $|\varphi(x) - a| \neq 0$ 同时成立，即 $0 < |\varphi(x) - a| < \eta$ 成立，从而有
$$|f[\varphi(x)] - A| = |f(u) - A| < \varepsilon.$$
所以 $\lim\limits_{x \to x_0} f[\varphi(x)] = \lim\limits_{u \to a} f(u) = A.$

例 10 求 $\lim\limits_{x \to 3} \sqrt{\dfrac{x^2 - 9}{x - 3}}.$

解 $y = \sqrt{\dfrac{x^2 - 9}{x - 3}}$ 是由 $y = \sqrt{u}$ 与 $u = \dfrac{x^2 - 9}{x - 3}$ 复合而成的. 因为 $\lim\limits_{x \to 3} \dfrac{x^2 - 9}{x - 3} = 6$，所以 $\lim\limits_{x \to 3} \sqrt{\dfrac{x^2 - 9}{x - 3}} = \lim\limits_{u \to 6} \sqrt{u} = \sqrt{6}.$

习题 1-5

A

1. 下列解法是否正确？为什么？
$$\lim_{x \to 1}\left(\frac{1}{1-x} - \frac{2}{1-x^2}\right) = \lim_{x \to 1}\frac{1}{1-x} - \lim_{x \to 1}\frac{2}{1-x^2} = \infty - \infty = 0.$$

2. 求下列极限.

(1) $\lim\limits_{x \to 1} \dfrac{x^2 - 1}{2x^2 - x - 1}$；

(2) $\lim\limits_{x \to \sqrt{2}} \dfrac{x^2 - 2}{x - \sqrt{2}}$；

(3) $\lim\limits_{x \to 1} \dfrac{x}{x - 1}$；

(4) $\lim\limits_{x \to 1} \dfrac{x^2 - 2x + 1}{x^3 - x}$；

(5) $\lim\limits_{x \to \frac{1}{2}} \dfrac{8x^3 - 1}{6x^2 - 5x + 1}$；

(6) $\lim\limits_{x \to 3} \dfrac{\sqrt{1+x} - 2}{x - 3}$；

(7) $\lim\limits_{x \to 2} \dfrac{x^2 - 4}{\sqrt{x^2 + x - 3} - \sqrt{x^2 - 1}}$；

(8) $\lim\limits_{x \to \sqrt{3}} \dfrac{x^2 - 3}{x^4 + x^2 + 1}$；

(9) $\lim\limits_{x \to 1} \dfrac{\sqrt[3]{x} - 1}{\sqrt{x} - 1}.$

3. 求下列极限.

(1) $\lim\limits_{x \to 0} x \cos \dfrac{1}{x}$；

(2) $\lim\limits_{x \to \infty} \dfrac{x^4 - 5x}{x^2 - 4x + 1}$；

(3) $\lim\limits_{x \to +\infty} \dfrac{\sqrt{x}}{x - \sqrt{x}}$;

(4) $\lim\limits_{x \to +\infty} e^{-x} \cos x$;

(5) $\lim\limits_{x \to +\infty} \dfrac{\sqrt[4]{1 + x^3}}{1 + x}$;

(6) $\lim\limits_{n \to \infty} \dfrac{n \sin(n!)}{n^2 + 1}$;

(7) $\lim\limits_{x \to +\infty} \dfrac{e^x + e^{-2x}}{e^x - e^{-x}}$.

4. 求下列极限.

(1) $\lim\limits_{x \to a} \dfrac{\sqrt{x} - \sqrt{a}}{x - a} \ (a > 0)$;

(2) $\lim\limits_{h \to 0} \dfrac{(x + h)^n - x^n}{h}$;

(3) $\lim\limits_{x \to +\infty} x(\sqrt{x^2 + 1} - x)$;

(4) $\lim\limits_{n \to \infty} \left(1 - \dfrac{1}{2^2}\right)\left(1 - \dfrac{1}{3^2}\right)\cdots\left(1 - \dfrac{1}{n^2}\right)$.

B

1. 设 $|x| < 1$,求 $\lim\limits_{n \to \infty}(1 + x)(1 + x^2)(1 + x^4)\cdots(1 + x^{2^n})$.

2. 设 $f(x) = \dfrac{px^2 - 2}{x^2 + 1} + 3qx + 5$,若 $x \to \infty$,则

(1) 当 p, q 为何值时,$f(x)$ 为无穷小?

(2) 当 p, q 为何值时,$f(x)$ 为无穷大?

3. 已知 $\lim\limits_{x \to \infty}\left(\dfrac{x^2 + 1}{x + 1} - \alpha x - \beta\right) = 0$,试确定常数 α, β.

1.6 极限存在准则 两个重要极限

本节我们介绍判定极限存在的两个准则,并由此得到两个重要极限 $\lim\limits_{x \to 0} \dfrac{\sin x}{x} = 1$, $\lim\limits_{x \to \infty}\left(1 + \dfrac{1}{x}\right)^x = e$.

准则 I (夹逼准则) 如果数列 $\{x_n\}, \{y_n\}, \{z_n\}$ 满足下列条件:

(i) $\forall n, y_n \leqslant x_n \leqslant z_n$;

(ii) $\lim\limits_{n \to \infty} y_n = \lim\limits_{n \to \infty} z_n = a$.

那么数列 $\{x_n\}$ 的极限存在,且 $\lim\limits_{n \to \infty} x_n = a$.

证 因为 $\lim\limits_{n \to \infty} y_n = \lim\limits_{n \to \infty} z_n = a$,所以 $\forall \varepsilon > 0, \exists N_1 > 0$,使当 $n > N_1$ 时,有 $|y_n - a| < \varepsilon$,即 $a - \varepsilon < y_n < a + \varepsilon$;$\exists N_2 > 0$,使当 $n > N_2$ 时,有 $|z_n - a| < \varepsilon$,即 $a - \varepsilon < z_n < a + \varepsilon$.又因为 $y_n \leqslant x_n \leqslant z_n$,所以当 $n > N = \max\{N_1, N_2\}$ 时,有 $a - \varepsilon < y_n \leqslant x_n \leqslant z_n < a + \varepsilon$,从而 $a - \varepsilon < x_n < a + \varepsilon$,即 $|x_n - a| < \varepsilon$,

所以 $\lim\limits_{n\to\infty} x_n = a$.

准则 I′ 如果函数 $f(x), g(x), h(x)$ 满足下列条件：

(i) 当 $x \in \overset{\circ}{U}(x_0, r)$（或 $|x| > M$）时，有 $g(x) \leqslant f(x) \leqslant h(x)$；

(ii) 当 $x \to x_0 (x \to \infty)$ 时，有 $g(x) \to A, h(x) \to A$.

那么当 $x \to x_0 (x \to \infty)$ 时，$f(x)$ 的极限存在且等于 A.

夹逼准则中的 A 换成 $+\infty$ 或 $-\infty$，结论也成立. 请思考将 A 换成 ∞，结论还成立吗？

下面根据准则 I′证明第一个重要极限：$\lim\limits_{x\to 0}\dfrac{\sin x}{x} = 1$.

证 首先注意到，函数 $\dfrac{\sin x}{x}$ 对于一切 $x \neq 0$ 都有定义. 对照图 1-20：图中的圆为单位圆，$BC \perp OA$，$DA \perp OA$. 圆心角 $\angle AOB = x\left(0 < x < \dfrac{\pi}{2}\right)$，显然 $\sin x = CB, x = \overset{\frown}{AB}, \tan x = AD$. 因为

$\triangle AOB$ 面积 $<$ 扇形 AOB 的面积 $< \triangle AOD$ 面积，

所以

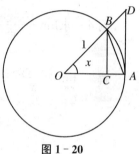

图 1-20

$$\frac{1}{2}\sin x < \frac{1}{2}x < \frac{1}{2}\tan x,$$

即

$$\sin x < x < \tan x.$$

不等号各边都除以 $\sin x$，有

$$1 < \frac{x}{\sin x} < \frac{1}{\cos x},$$

或

$$\cos x < \frac{\sin x}{x} < 1.$$

注意此不等式当 $-\dfrac{\pi}{2} < x < 0$ 时也成立. 不难证明 $\lim\limits_{x\to 0}\cos x = 1$，根据准则 I′，

$$\lim_{x\to 0}\frac{\sin x}{x} = 1.$$

应注意：在极限 $\lim\dfrac{\sin \alpha(x)}{\alpha(x)}$ 中，只要 $\alpha(x)$ 是无穷小，就有 $\lim\dfrac{\sin \alpha(x)}{\alpha(x)} = 1$.

例 1 求 $\lim\limits_{x\to 0}\dfrac{\arcsin x}{x}$.

解 $\lim\limits_{x\to 0}\dfrac{\arcsin x}{x} \xrightarrow{\text{令}\, t=\arcsin x} \lim\limits_{t\to 0}\dfrac{t}{\sin t} = \lim\limits_{t\to 0}\dfrac{1}{\frac{\sin t}{t}} = 1.$

例2 求 $\lim\limits_{x\to \pi}\dfrac{\sin x}{x-\pi}$.

解 $\lim\limits_{x\to \pi}\dfrac{\sin x}{x-\pi} = \lim\limits_{x\to \pi}\dfrac{\sin(\pi-x)}{x-\pi} \xrightarrow{\text{令}\, t=\pi-x} \lim\limits_{t\to 0}\dfrac{\sin t}{-t} = -1.$

例3 求 $\lim\limits_{x\to 0}\dfrac{\tan 3x}{x}$.

解 $\lim\limits_{x\to 0}\dfrac{\tan 3x}{x} = \lim\limits_{x\to 0} 3 \cdot \dfrac{\sin 3x}{3x} \cdot \dfrac{1}{\cos 3x} = 3 \cdot 1 \cdot 1 = 3.$

例4 求 $\lim\limits_{x\to 0}\dfrac{1-\cos x}{x^2}$.

解 $\lim\limits_{x\to 0}\dfrac{1-\cos x}{x^2} = \lim\limits_{x\to 0}\dfrac{2\sin^2 \frac{x}{2}}{x^2} = \dfrac{1}{2}\lim\limits_{x\to 0}\dfrac{\sin^2 \frac{x}{2}}{\left(\frac{x}{2}\right)^2}$

$= \dfrac{1}{2}\lim\limits_{x\to 0}\left[\dfrac{\sin \frac{x}{2}}{\frac{x}{2}}\right]^2 = \dfrac{1}{2} \cdot 1^2 = \dfrac{1}{2}.$

准则 Ⅱ(单调有界收敛准则) 单调有界数列一定收敛.

如果数列 $\{x_n\}$ 满足条件:

$$x_1 \leqslant x_2 \leqslant x_3 \leqslant \cdots \leqslant x_n \leqslant x_{n+1} \leqslant \cdots,$$

就称数列 $\{x_n\}$ 是**单调增加**的;如果数列 $\{x_n\}$ 满足条件:

$$x_1 \geqslant x_2 \geqslant x_3 \geqslant \cdots \geqslant x_n \geqslant x_{n+1} \geqslant \cdots,$$

就称数列 $\{x_n\}$ 是**单调减少**的.单调增加和单调减少数列统称为**单调数列**.

在 1.2 节中曾证明:收敛的数列一定有界.也曾指出:有界的数列不一定收敛.现在 准则 Ⅱ 表明:如果数列不仅有界,并且是单调的,那么这个数列一定收敛.

准则 Ⅱ 的几何解释:单调增加数列的点只可能向右一个方向移动,或者无限向右移动,或者无限趋近于某一定点 A,而对有界数列只可能发生后一种情况.单调减少数列情况类似.

根据准则 Ⅱ,可以证明极限 $\lim\limits_{n\to\infty}\left(1+\dfrac{1}{n}\right)^n$ 存在.

证 设 $x_n = \left(1+\dfrac{1}{n}\right)^n$. 现证明数列 $\{x_n\}$ 是单调有界的.

按牛顿二项公式,有

$$x_n = \left(1 + \frac{1}{n}\right)^n$$
$$= 1 + \frac{n}{1!} \cdot \frac{1}{n} + \frac{n(n-1)}{2!} \cdot \frac{1}{n^2} + \frac{n(n-1)(n-2)}{3!} \cdot \frac{1}{n^3} + \cdots$$
$$+ \frac{n(n-1)\cdots(n-n+1)}{n!} \cdot \frac{1}{n^n}$$
$$= 1 + 1 + \frac{1}{2!}\left(1 - \frac{1}{n}\right) + \frac{1}{3!}\left(1 - \frac{1}{n}\right)\left(1 - \frac{2}{n}\right) + \cdots$$
$$+ \frac{1}{n!}\left(1 - \frac{1}{n}\right)\left(1 - \frac{2}{n}\right)\cdots\left(1 - \frac{n-1}{n}\right),$$
$$x_{n+1} = 1 + 1 + \frac{1}{2!}\left(1 - \frac{1}{n+1}\right) + \frac{1}{3!}\left(1 - \frac{1}{n+1}\right)\left(1 - \frac{2}{n+1}\right) + \cdots$$
$$+ \frac{1}{n!}\left(1 - \frac{1}{n+1}\right)\left(1 - \frac{2}{n+1}\right)\cdots\left(1 - \frac{n-1}{n+1}\right)$$
$$+ \frac{1}{(n+1)!}\left(1 - \frac{1}{n+1}\right)\left(1 - \frac{2}{n+1}\right)\cdots\left(1 - \frac{n}{n+1}\right).$$

比较 x_n, x_{n+1} 的展开式, 可以看出除前两项外, x_n 的每一项都小于 x_{n+1} 的对应项, 并且 x_{n+1} 还多了最后一项, 其值大于 0, 因此 $x_n < x_{n+1}$, 这就是说数列 $\{x_n\}$ 是单调的.

这个数列同时还是有界的. 因为 x_n 的展开式中各项括号内的数用较大的数 1 代替, 得

$$x_n < 1 + 1 + \frac{1}{2!} + \frac{1}{3!} + \cdots + \frac{1}{n!} < 1 + 1 + \frac{1}{2} + \frac{1}{2^2} + \cdots + \frac{1}{2^{n-1}}$$
$$= 1 + \frac{1 - \frac{1}{2^n}}{1 - \frac{1}{2}} = 3 - \frac{1}{2^{n-1}} < 3.$$

根据准则 II, 数列 $\{x_n\}$ 必有极限, 这个极限我们用 e 来表示, 即

$$\lim_{n \to \infty}\left(1 + \frac{1}{n}\right)^n = \mathrm{e}.$$

我们还可以证明 $\lim_{x \to \infty}\left(1 + \frac{1}{x}\right)^x = \mathrm{e}$. 这里的 e 是个无理数, 它的值为 $2.718281828459045\cdots$. 我们学过的指数函数 $y = \mathrm{e}^x$ 以及对数函数 $y = \ln x$ 中的 e 就是这个常数.

在极限 $\lim\left[1 + \alpha(x)\right]^{\frac{1}{\alpha(x)}}$ 中, 只要 $\alpha(x)$ 是无穷小且 $\alpha(x) \neq 0$, 就有 $\lim\left[1 + \alpha(x)\right]^{\frac{1}{\alpha(x)}} = \mathrm{e}$.

例 5 求 $\lim_{x \to \infty}\left(1 + \frac{2}{x}\right)^x$.

解 $\lim\limits_{x\to\infty}\left(1+\dfrac{2}{x}\right)^x = \lim\limits_{x\to\infty}\left[\left(1+\dfrac{1}{\frac{x}{2}}\right)^{\frac{x}{2}}\right]^2 = \left[\lim\limits_{x\to\infty}\left(1+\dfrac{1}{\frac{x}{2}}\right)^{\frac{x}{2}}\right]^2 = e^2.$

例 6 求 $\lim\limits_{x\to\infty}\left(1-\dfrac{3}{x}\right)^{2x}$.

解 令 $t=-\dfrac{x}{3}$,则 $x\to\infty$ 时,$t\to\infty$,于是有

$$\lim_{x\to\infty}\left(1-\dfrac{3}{x}\right)^{2x}=\lim_{t\to\infty}\left[\left(1+\dfrac{1}{t}\right)^t\right]^{-6}=e^{-6}.$$

例 7 求 $\lim\limits_{n\to\infty}\left(\dfrac{2n-1}{2n+1}\right)^n$.

解 $\lim\limits_{n\to\infty}\left(\dfrac{2n-1}{2n+1}\right)^n = \lim\limits_{n\to\infty}\left(1-\dfrac{2}{2n+1}\right)^n$

$$= \lim_{n\to\infty}\left(1-\dfrac{1}{n+\frac{1}{2}}\right)^{n+\frac{1}{2}} \cdot \left(1-\dfrac{1}{n+\frac{1}{2}}\right)^{-\frac{1}{2}}$$

$$= \dfrac{1}{e}\cdot 1^{-\frac{1}{2}} = \dfrac{1}{e}.$$

最后给出一个数列收敛的充分必要条件.

Cauchy 极限存在准则 数列 x_n 收敛 $\Leftrightarrow \forall \varepsilon > 0,\exists$ 正整数 N,当 $n>N, m>N$ 时,有

$$|x_n - x_m| < \varepsilon.$$

习题 1-6

A

1. 求下列极限.

(1) $\lim\limits_{x\to 0}\dfrac{\sin 3x}{\tan 5x}$;

(2) $\lim\limits_{x\to 0}\dfrac{\tan x - \sin x}{\sin^3 x}$;

(3) $\lim\limits_{x\to 0}\dfrac{x-\sin 2x}{x+\sin 5x}$;

(4) $\lim\limits_{x\to 0}x^2\sin\dfrac{1}{x}$;

(5) $\lim\limits_{x\to 0}\dfrac{\sin 5x - \sin 3x}{\sin x}$;

(6) $\lim\limits_{x\to 0}\dfrac{\arctan x}{x}$;

(7) $\lim\limits_{x\to 0}\dfrac{\sin(\sin x)}{x}$;

(8) $\lim\limits_{\Delta x\to 0}\dfrac{\sin(x+\Delta x)-\sin x}{\Delta x}$;

(9) $\lim\limits_{x\to 0}\dfrac{\sqrt{1-\cos x^2}}{1-\cos x}$;

(10) $\lim\limits_{x\to 0} x\cot 2x$.

2. 求下列极限.

(1) $\lim\limits_{x\to\infty}\left(1-\dfrac{2}{x}\right)^{\frac{x}{2}-1}$;

(2) $\lim\limits_{x\to\infty}\left(1-\dfrac{1}{x^2}\right)^{2x^2}$;

(3) $\lim\limits_{x\to\infty}\left(\dfrac{x^2}{x^2-1}\right)^{x}$;

(4) $\lim\limits_{x\to 0}(1+3\tan^2 x)^{\cot^2 x}$;

(5) $\lim\limits_{x\to 0}\sqrt[x]{1-2x}$;

(6) $\lim\limits_{x\to\infty}\left(\dfrac{x-1}{x+1}\right)^{x}$;

(7) $\lim\limits_{x\to\infty}\left(1+\dfrac{1}{kx}\right)^{x}$.

B

1. 求下列极限.

(1) $\lim\limits_{x\to\infty}\left(1+\dfrac{1}{1+x}\right)^{x}$;

(2) $\lim\limits_{x\to 1}(3-2x)^{\frac{1}{x-1}}$;

(3) $\lim\limits_{x\to +\infty}\arcsin(\sqrt{x^2+x}-x)$.

2. 求下列极限.

(1) $\lim\limits_{x\to 0}\dfrac{\sin(x^m)}{(\sin x)^n}$ (m,n 为正整数);

(2) $\lim\limits_{x\to 0}\dfrac{\sqrt{x+1}-1}{\sin 2x}$;

(3) $\lim\limits_{x\to 0}\dfrac{\sin(2x(e^x-1))}{\tan x^2}$;

(4) $\lim\limits_{x\to 0}\dfrac{\ln(1-2x)}{\sin 5x}$.

1.7 无穷小的比较

观察无穷小比值的极限:

$$\lim_{x\to 0}\dfrac{x^2}{3x}=0,\ \lim_{x\to 0}\dfrac{3x}{x^2}=\infty,\ \lim_{x\to 0}\dfrac{\sin x}{x}=1.$$

两个无穷小比值的极限的各种不同情况,反映了不同的无穷小趋于零的"快慢"程度.在 $x\to 0$ 的过程中,$x^2\to 0$ 比 $3x\to 0$ "快些",反过来 $3x\to 0$ 比 $x^2\to 0$ "慢些",而 $\sin x\to 0$ 与 $x\to 0$ "快慢相仿".

为了应用上的需要,我们就无穷小之比的极限存在或为无穷大时,给出下面的定义.

定义 设 α 及 β 都是在同一个自变量变化过程中的无穷小.

如果 $\lim\dfrac{\beta}{\alpha}=0$,就说 β 是比 α 高阶的无穷小,记为 $\beta=o(\alpha)$.

如果 $\lim \dfrac{\beta}{\alpha} = \infty$，就说 β 是比 α 低阶的无穷小.

如果 $\lim \dfrac{\beta}{\alpha} = c \neq 0$，就说 β 与 α 是同阶无穷小.

如果 $\lim \dfrac{\beta}{\alpha^k} = c \neq 0, k > 0$，就说 β 是关于 α 的 k 阶无穷小.

如果 $\lim \dfrac{\beta}{\alpha} = 1$，就说 β 与 α 是等价无穷小，记为 $\beta \sim \alpha$.

下面举一些例子.

例1 因为 $\lim\limits_{x \to 0} \dfrac{5x^2}{x} = 0$，所以当 $x \to 0$ 时，$5x^2$ 是比 x 高阶的无穷小，即 $5x^2 = o(x)(x \to 0)$.

例2 因为 $\lim\limits_{n \to \infty} \dfrac{\frac{2}{n}}{\frac{3}{n^2}} = \infty$，所以当 $n \to \infty$ 时，$\dfrac{2}{n}$ 是比 $\dfrac{3}{n^2}$ 低阶的无穷小.

例3 因为 $\lim\limits_{x \to 2} \dfrac{x^2 - 4}{x - 2} = 4$，所以当 $x \to 2$ 时，$x^2 - 4$ 与 $x - 2$ 是同阶无穷小.

例4 因为 $\lim\limits_{x \to 0} \dfrac{1 - \cos x}{x^2} = \dfrac{1}{2}$，所以当 $x \to 0$ 时，$1 - \cos x$ 是关于 x 的二阶无穷小.

例5 因为 $\lim\limits_{x \to 0} \dfrac{\sin x}{x} = 1$，所以当 $x \to 0$ 时，$\sin x$ 与 x 是等价无穷小，即 $\sin x \sim x (x \to 0)$.

关于等价无穷小，有下面两个相关定理.

定理1 α 与 β 是等价无穷小的充分必要条件为 $\beta = \alpha + o(\alpha)$.

证 **必要性** 设 $\alpha \sim \beta$，则有
$$\lim \dfrac{\beta - \alpha}{\alpha} = \lim \left(\dfrac{\beta}{\alpha} - 1\right) = \lim \dfrac{\beta}{\alpha} - 1 = 0,$$
因此
$$\beta - \alpha = o(\alpha),$$
即
$$\beta = \alpha + o(\alpha).$$

充分性 设 $\beta = \alpha + o(\alpha)$，则有
$$\lim \dfrac{\beta}{\alpha} = \lim \dfrac{\alpha + o(\alpha)}{\alpha} = \lim \left[1 + \dfrac{o(\alpha)}{\alpha}\right] = 1,$$
因此 $\alpha \sim \beta$.

例 6 因为当 $x \to 0$ 时 $\sin x \sim x, \tan x \sim x, 1 - \cos x \sim \dfrac{1}{2}x^2$,所以当 $x \to 0$ 时,有
$$\sin x = x + o(x), \tan x = x + o(x), 1 - \cos x = \dfrac{1}{2}x^2 + o(x^2).$$

定理 2 设 $\alpha \sim \alpha', \beta \sim \beta'$,且 $\lim \dfrac{\beta'}{\alpha'}$ 存在,则 $\lim \dfrac{\beta}{\alpha} = \lim \dfrac{\beta'}{\alpha'}$.

证 $\lim \dfrac{\beta}{\alpha} = \lim \dfrac{\beta}{\beta'} \cdot \dfrac{\beta'}{\alpha'} \cdot \dfrac{\alpha'}{\alpha} = \lim \dfrac{\beta}{\beta'} \cdot \lim \dfrac{\beta'}{\alpha'} \cdot \lim \dfrac{\alpha'}{\alpha} = \lim \dfrac{\beta'}{\alpha'}.$

定理 2 表明,求两个无穷小之比的极限时,分子及分母都可用等价无穷小来代替. 因此,如果用来代替的无穷小选取得适当,则可使计算简化.

例 7 求 $\lim\limits_{x \to 0} \dfrac{1 - \cos x}{\sin^2 x}$.

解 因为当 $x \to 0$ 时,$\sin x \sim x$,所以
$$\lim_{x \to 0} \dfrac{1 - \cos x}{\sin^2 x} = \lim_{x \to 0} \dfrac{1 - \cos x}{x^2} = \dfrac{1}{2}.$$

例 8 求 $\lim\limits_{x \to 0} \dfrac{\arcsin 2x}{x^2 + 2x}$.

解 因为当 $x \to 0$ 时,$\arcsin 2x \sim 2x$,所以
$$原式 = \lim_{x \to 0} \dfrac{2x}{x^2 + 2x} = \lim_{x \to 0} \dfrac{2}{x + 2} = \dfrac{2}{2} = 1.$$

习 题 1 - 7

A

1. 证明当 $x \to 0$ 时,$\sqrt[n]{1 + x} - 1 \sim \dfrac{x}{n}$.

2. 验证当 $x \to 1$ 时,无穷小量 $1 - x$ 和 $a(1 - \sqrt[k]{x})(a \neq 0, k \in \mathbf{N}^+)$ 是同阶无穷小. 又 a 为何值时,它们是等价无穷小?

3. 求下列极限.

(1) $\lim\limits_{x \to 0} \dfrac{\arcsin 2x}{\tan 3x}$;

(2) $\lim\limits_{x \to 0} \dfrac{x}{\arctan 3x}$;

(3) $\lim\limits_{x \to 0} \dfrac{\sin ax + x^2}{\tan bx} (b \neq 0)$;

(4) $\lim\limits_{x \to 0} \dfrac{\tan x - \sin x}{x^3}$;

(5) $\lim\limits_{x \to 0} \dfrac{\tan 3x}{\sin 4x}$;

(6) $\lim\limits_{x \to 0} \dfrac{1 - \cos x}{x(\sqrt{1 + x} - 1)}$;

(7) $\lim\limits_{x\to+\infty}\dfrac{\sin\dfrac{a}{x}}{\sqrt{2-2\cos\dfrac{1}{x}}}$;   (8) $\lim\limits_{x\to 0}\dfrac{\sin 2x}{x^3+3x}$.

4. 选取 a,b 之值,使当 $x\to-\infty$ 时,$f(x)=\sqrt{x^2-4x+5}-(ax+b)$ 为无穷小.

B

1. 若 $\alpha(x),\beta(x)$ 当 $x\to x_0$ 时均为无穷小,证明:$x\to x_0$ 时,$e^{\alpha(x)}-e^{\beta(x)}\sim\alpha(x)-\beta(x)$.

2. 当 $x\to 0$ 时,求正整数 n,使 $(1+x^n)^{\frac{1}{3}}-1$ 是比 $e^{x^2}-1$ 高阶的无穷小且同时是比 $x^2\ln(1+x^2)$ 低阶的无穷小.

3. 下列做法是否正确?

(1) $\lim\limits_{x\to 0}\dfrac{e^x-1-\ln(1+x)}{(\sqrt{1+x}-1)^2}=\lim\limits_{x\to 0}\dfrac{x-x}{(\sqrt{1+x}-1)^2}=\lim\limits_{x\to 0}\dfrac{0}{(\sqrt{1+x}-1)^2}=0$;

(2) $\lim\limits_{x\to 0}\dfrac{(e^x-1)-(\sqrt{1+x^2}-1)}{\ln(1-x)}=\lim\limits_{x\to 0}\dfrac{x-\dfrac{1}{2}x^2}{-x}=-1$.

4. 设 $x\to 0$ 时,$\tan(x^2+2x)\sim ax$,求常数 a.

5. 若 $\lim\limits_{x\to 2}\dfrac{ax+b-4}{x-2}=4$,试确定常数 a,b 之值.

6. 已知 $\lim\limits_{x\to\infty}\left(\dfrac{4x^2+3}{x-1}+ax+b\right)=2$,试确定常数 a,b 之值.

1.8 函数的连续性

1.8.1 连续性概念

连续函数是我们在高等数学中接触最多的函数,它反映了自然界各种连续变化现象的一种共同特性.从几何直观上看,要使函数图形(曲线)连续不断,只要这个函数在定义区间上每一点的函数值等于它在该点的极限值即可.因此有下述定义.

定义 1 设函数 $f(x)$ 在 x_0 的某邻域内有定义,若
$$\lim_{x\to x_0}f(x)=f(x_0), \tag{1}$$
则称 $f(x)$ 在 x_0 连续.

若记 $\Delta x=x-x_0$,$\Delta y=f(x)-f(x_0)=f(x_0+\Delta x)-f(x_0)$,则定义 1 等价于:

定义 2 设函数 $f(x)$ 在 x_0 的某邻域内有定义,若

$$\lim_{\Delta x \to 0} \Delta y = 0 \quad \text{或} \quad \lim_{\Delta x \to 0}[f(x_0 + \Delta x) - f(x_0)] = 0,$$

则称 $f(x)$ 在 x_0 连续.

我们称 Δx 为自变量 x 在 x_0 的**增量**，Δy 为函数 $f(x)$ 在 x_0 的增量. 因此函数在 x_0 连续可表述为：当自变量的增量趋于零时函数的增量也趋于零.

例 1 证明 $y = \sin x$ 在 $(-\infty, +\infty)$ 内处处连续.

证 任取 $x_0 \in (-\infty, +\infty)$，只要证明：

$$\lim_{x \to x_0} \sin x = \sin x_0.$$

令 $x = x_0 + h$，则当 $x \to x_0$ 时 $h \to 0$. 由于

$$\lim_{h \to 0} \cos h = 1, \quad \lim_{h \to 0} \sin h = 0,$$

从而有

$$\lim_{x \to x_0} \sin x = \lim_{h \to 0} \sin(x_0 + h) = \lim_{h \to 0}(\sin x_0 \cos h + \cos x_0 \sin h)$$

$$= \sin x_0 \lim_{h \to 0} \cos h + \cos x_0 \lim_{h \to 0} \sin h$$

$$= \sin x_0.$$

类似可证 $y = \cos x$ 在 $(-\infty, +\infty)$ 内处处连续.

定义 3 在极限式(1)中，若限制 x 取小于 x_0 的值，而有

$$\lim_{x \to x_0^-} f(x) = f(x_0),$$

则称 $f(x)$ 在 x_0 **左连续**；若限制 x 取大于 x_0 的值，而有

$$\lim_{x \to x_0^+} f(x) = f(x_0),$$

则称 $f(x)$ 在 x_0 **右连续**.

利用单侧极限与极限的关系可推出：函数 $f(x)$ 在 x_0 连续的充要条件是 $f(x)$ 在 x_0 既是左连续，又是右连续.

例 2 讨论函数

$$f(x) = \begin{cases} x - 1, & x \leqslant 0 \\ x + 1, & x > 0 \end{cases}$$

在 $x = 0$ 处的连续性.

解 因为

$$\lim_{x \to 0^-} f(x) = \lim_{x \to 0^-}(x - 1) = -1,$$

$$\lim_{x \to 0^+} f(x) = \lim_{x \to 0^+}(x + 1) = 1,$$

而 $f(0) = -1$，所以函数 $f(x)$ 在 $x = 0$ 处左连续，但不右连续，从而它在 $x = 0$ 处不连续.

如果函数 $f(x)$ 在开区间 (a, b) 内每一点都连续，则称 $f(x)$ 在 (a, b) 内**连续**，或说它是 (a, b) 内的**连续函数**. 如果 $f(x)$ 在 (a, b) 内连续，且在 a 右连续，在 b 左

连续,则称 $f(x)$ 在闭区间 $[a,b]$ 上连续,或说它是 $[a,b]$ 上的连续函数. 在定义区间上的连续函数简称连续函数.

例如,例 2 中的函数 $f(x)$ 分别在 $(-\infty,0]$ 和 $(0,+\infty)$ 内连续,而由例 1 知 $y=\sin x$ 在 $(-\infty,+\infty)$ 内连续,因此说 $y=\sin x$ 是连续函数.

1.8.2 间断点及其分类

如果函数 $f(x)$ 在 x_0 的某去心邻域内有定义,且在 x_0 不连续,则称 $f(x)$ 在 x_0 **间断**或**不连续**,并称 x_0 为 $f(x)$ 的**间断点**或**不连续点**. 因此若 x_0 是 $f(x)$ 的间断点,则有且仅有下列三种情况之一:

(1) $f(x)$ 在 x_0 无定义;

(2) $f(x)$ 在 x_0 有定义,但 $\lim\limits_{x \to x_0} f(x)$ 不存在;

(3) $f(x)$ 在 x_0 有定义且 $\lim\limits_{x \to x_0} f(x)$ 存在,但 $\lim\limits_{x \to x_0} f(x) \neq f(x_0)$.

间断点按下述情形分类:

(1) **可去间断点** 若 $f(x)$ 在 x_0 有

$$\lim_{x \to x_0} f(x) = A \neq f(x_0) \quad 或 \quad f(x_0) \text{ 不存在},$$

则称 x_0 为 $f(x)$ 的可去间断点.

(2) **跳跃间断点** 若 $f(x)$ 在 x_0 存在左、右极限,但

$$f(x_0 - 0) \neq f(x_0 + 0),$$

则称 x_0 为 $f(x)$ 的跳跃间断点.

可去间断点和跳跃间断点统称为**第一类间断点**.

(3) **第二类间断点** 若 $f(x)$ 在 x_0 至少有一侧的极限值不存在,则称 x_0 是 $f(x)$ 的第二类间断点.

由此可见,凡不是函数的第一类间断点的所有间断点都是该函数的第二类间断点.

例 3 考察函数 $f(x) = \dfrac{\sin x}{x}$ 与 $g(x) = \begin{cases} \dfrac{\sin x}{x}, & x \neq 0 \\ 0, & x = 0 \end{cases}$. 由于 $\lim\limits_{x \to 0} \dfrac{\sin x}{x} = 1$,

可知 $x = 0$ 是它们共同的可去间断点(第一类间断点). 为了去掉它们在 $x = 0$ 的间断性,可以对 $f(x)$ 补充定义,对 $g(x)$ 修改定义,使 $f(0) = g(0) = 1$,则所得到的新函数

$$h(x) = \begin{cases} \dfrac{\sin x}{x}, & x \neq 0 \\ 1, & x = 0 \end{cases}$$

在 $x = 0$ 连续. 这也是对可去间断点称谓的一种解释.

例 4 符号函数 $f(x) = \text{sgn}\, x$ 在 $x=0$ 有 $f(0-0) = -1, f(0+0) = 1, f(0) = 0$，可见 $x=0$ 是符号函数 $\text{sgn}\, x$ 的**跳跃间断点**. 我们把 $|f(0-0) - f(0+0)| = 2$ 称为 $\text{sgn}\, x$ 在 $x=0$ 的**跳跃度**.

例 5 考察函数 $\varphi(x) = \dfrac{1}{x}$ 与 $\psi(x) = \sin\dfrac{1}{x}$. 由于 $\lim\limits_{x\to 0}\dfrac{1}{x} = \infty$，$\lim\limits_{x\to 0}\sin\dfrac{1}{x}$ 不存在，所以 $\varphi(x)$ 和 $\psi(x)$ 皆以 $x=0$ 为第二类间断点. 考虑到 $x \to 0$ 时 $\varphi(x)$ 为无穷大量，而 $\psi(x)$ 的函数值在 ± 1 之间无限次地变动，因此更细致地说，$x=0$ 分别是 $\varphi(x)$ 的**无穷间断点**和 $\psi(x)$ 的**振荡间断点**.

习题 1-8

A

1. 求下列函数的间断点，并指出其类型.

    (1) $f(x) = \sin x \sin\dfrac{1}{x}$；

    (2) $f(x) = \dfrac{x^2 - 1}{x^2 - 3x + 2}$；

    (3) $f(x) = \arctan\dfrac{1}{x}$；

    (4) $f(x) = \dfrac{x}{\tan x}$；

    (5) $f(x) = \dfrac{x-1}{x^2 + 2x - 3}\sin\dfrac{1}{x}$；

    (6) $f(x) = \dfrac{1}{1 - e^{\frac{x}{x-1}}}$.

2. 讨论下列函数在分段点的连续性.

    (1) $f(x) = \begin{cases} x-1, & x \leqslant 1 \\ 3-x, & x > 1 \end{cases}$；

    (2) $f(x) = \begin{cases} x\sin\dfrac{1}{x}, & x \neq 0 \\ 0, & x = 0 \end{cases}$；

    (3) $f(x) = \begin{cases} x^3, & x \leqslant 0 \\ x, & 0 < x < 1 \\ x^2 - 1, & x \geqslant 1 \end{cases}$；

    (4) $f(x) = \begin{cases} 2\sqrt{x}, & 0 \leqslant x \leqslant 1 \\ 4 - 2x, & 1 < x < 2 \\ 2x + 1, & x \geqslant 2 \end{cases}$.

3. 适当选取 a, b 的值，使下列函数为连续函数.

    (1) $f(x) = \begin{cases} 2x^2 + a, & -\infty < x < -1 \\ x^3, & -1 \leqslant x \leqslant 1 \\ bx - 3, & x > 1 \end{cases}$；

    (2) $f(x) = \begin{cases} \dfrac{1}{x}\sin x, & x < 0 \\ a, & x = 0 \\ x\sin\dfrac{1}{x} + b, & x > 0 \end{cases}$.

B

1. 设 $\lim\limits_{x\to 0}(f(x)-f(0))=0$, 求 $\lim\limits_{x\to 0}|f(x)-f(-x)|$.

2. 求函数 $f(x)=\dfrac{x-2}{\ln|1-x|}$ 的间断点并指明其类型.

3. 讨论函数 $f(x)=\lim\limits_{n\to\infty}\dfrac{1-x^{2n}}{1+x^{2n}}x$ 的连续性. 若有间断点, 判断其类型.

4. 设 $f(x)=\lim\limits_{n\to\infty}\dfrac{x^{2n+1}+ax^2+bx}{x^{2n}+1}$, 当 a,b 取何值时, $f(x)$ 在 $(-\infty,+\infty)$ 上连续.

1.9 连续函数的运算与闭区间上连续函数的性质

1.9.1 连续函数的运算与初等函数的连续性

函数的连续性是利用极限来定义的, 所以根据极限的运算法则可推得下列连续函数的性质.

定理 1(连续函数的四则运算) 若函数 $f(x),g(x)$ 在同一区间 I 上有定义, 且都在 $x_0\in I$ 连续, 则 $f(x)\pm g(x),f(x)\cdot g(x),\dfrac{f(x)}{g(x)}(g(x_0)\neq 0)$ 在 x_0 也连续.

例 1 由定理 1, 利用 $\sin x$ 与 $\cos x$ 在 $(-\infty,+\infty)$ 内的连续性可立刻推出 $\tan x,\cot x,\sec x$ 和 $\csc x$ 在其定义域内都是连续的. 因此, 三角函数是连续函数.

定理 2(反函数的连续性) 若函数 $y=f(x)$ 在区间 I_x 上严格单增(减)且连续, 则它的反函数 $x=f^{-1}(y)$ 也在对应的区间 $I_y=\{y\mid y=f(x),x\in I_x\}$ 上严格单增(减)且连续.

证明从略.

例 2 由定理 2, 利用 $y=\sin x$ 在 $\left[-\dfrac{\pi}{2},\dfrac{\pi}{2}\right]$ 上严格单增且连续, 推出 $y=\arcsin x$ 在 $[-1,1]$ 上严格单增且连续. 同理, $\arccos x,\arctan x$ 和 $\operatorname{arccot} x$ 也都在各自定义域上单调且连续. 因此, 反三角函数是连续函数.

下面讨论复合函数的连续性. 先考虑外函数是连续函数的情形, 这时复合函数的极限性质有更加明确的结果.

定理 3 设函数 $u=\varphi(x)$ 当 $x\to x_0$ 时以 a 为极限, 函数 $y=f(u)$ 在 $u=a$

连续，则复合函数 $y = f[\varphi(x)]$ 当 $x \to x_0$ 时极限存在，且
$$\lim_{x \to x_0} f[\varphi(x)] = f(a).$$

证 根据复合函数的极限性质及 $f(u)$ 在 $u = a$ 的连续性，即知所述极限存在，并且
$$\lim_{x \to x_0} f[\varphi(x)] = \lim_{u \to a} f(u) = f(a).$$

定理 3 的结果可以简洁地写成
$$\lim_{x \to x_0} f[\varphi(x)] = f[\lim_{x \to x_0} \varphi(x)].$$

上式表明当外函数是连续函数时，函数符号 f 与极限符号 $\lim$ 可以互换次序，这就使得在这种情况下求复合函数的极限不必再作变量代换.

例 3 对函数 $y = \arctan\left(\dfrac{\sin x}{x}\right)$，由 $\lim\limits_{x \to 0} \dfrac{\sin x}{x} = 1$ 及反正切函数的连续性，即得
$$\lim_{x \to 0} \arctan\left(\frac{\sin x}{x}\right) = \arctan\left(\lim_{x \to 0} \frac{\sin x}{x}\right) = \arctan 1 = \frac{\pi}{4}.$$

在定理 3 中，如果再把内函数 $u = \varphi(x)$ 的假设条件加强为 $u = \varphi(x)$ 在 x_0 连续，即有 $\lim\limits_{x \to x_0} \varphi(x) = \varphi(x_0)$，则可推出
$$\lim_{x \to x_0} f[\varphi(x)] = f[\lim_{x \to x_0} \varphi(x)] = f[\varphi(x_0)].$$

也就是说复合函数 $y = f[\varphi(x)]$ 在 x_0 也连续. 即有下述定理：

定理 4（复合函数的连续性） 设函数 $u = \varphi(x)$ 在 x_0 连续，且 $\varphi(x_0) = u_0$，而函数 $y = f(u)$ 在 u_0 也连续，则复合函数 $y = f[\varphi(x)]$ 在 x_0 连续.

由于指数函数 $a^x (a > 0, a \neq 1)$ 在 $(-\infty, +\infty)$ 内连续（证明从略），利用反函数的连续性可推出，对数函数 $\log_a x (a > 0, a \neq 1)$ 在 $(0, +\infty)$ 内连续；再利用复合函数的连续性可推出，幂函数 $x^\mu = e^{\mu \ln x} (x > 0)$ 在 $(0, +\infty)$ 内连续. 因此，基本初等函数都是连续函数. 由于常量函数是连续的，故根据上述连续函数的性质可推出：

定理 5（初等函数的连续性） 一切初等函数在其定义区间内都是连续的.

初等函数的连续性在求函数极限中的应用：如果 $f(x)$ 是初等函数，且 x_0 是 $f(x)$ 的定义区间内的点，则 $\lim\limits_{x \to x_0} f(x) = f(x_0)$.

例 4 求 $\lim\limits_{x \to \frac{1}{2}} \sqrt{1 - x^2}$.

解 初等函数 $f(x) = \sqrt{1 - x^2}$ 在点 $x_0 = \dfrac{1}{2}$ 处是有定义的，所以 $\lim\limits_{x \to \frac{1}{2}} \sqrt{1 - x^2} = \sqrt{1 - \dfrac{1}{4}} = \dfrac{\sqrt{3}}{2}$.

例5 求 $\lim\limits_{x \to \frac{\pi}{6}} \ln\sin x$.

解 初等函数 $f(x) = \ln\sin x$ 在点 $x_0 = \frac{\pi}{6}$ 处是有定义的,所以 $\lim\limits_{x \to \frac{\pi}{6}} \ln\sin x = \ln\sin\frac{\pi}{6} = -\ln 2$.

例6 求 $\lim\limits_{x \to 0} \dfrac{\sqrt{1+x^2}-1}{x\sin x}$.

解
$$\lim_{x \to 0} \frac{\sqrt{1+x^2}-1}{x\sin x} = \lim_{x \to 0} \frac{(\sqrt{1+x^2}-1)(\sqrt{1+x^2}+1)}{x^2(\sqrt{1+x^2}+1)}$$
$$= \lim_{x \to 0} \frac{1}{\sqrt{1+x^2}+1} = \frac{1}{2}.$$

例7 求 $\lim\limits_{x \to 0} \dfrac{\log_a(1+x)}{2x}$.

解 $\lim\limits_{x \to 0} \dfrac{\log_a(1+x)}{2x} = \dfrac{1}{2} \lim\limits_{x \to 0} \log_a(1+x)^{\frac{1}{x}} = \dfrac{1}{2} \log_a e = \dfrac{1}{2\ln a}$.

1.9.2 闭区间上连续函数的性质

上述关于连续函数的性质其实只是它的局部性质,即它在每个连续点的某邻域内所具有的性质.如果在闭区间上讨论连续函数,则它还具有许多整个区间上的特性,即整体性质.这些性质,对于开区间上的连续函数或闭区间上的非连续函数,一般是不成立的.

这里讲述闭区间上连续函数的两个重要的基本性质,并从几何直观上对它们加以解释而略去证明.

定义 设 $f(x)$ 为定义在 D 上的函数,若存在 $x_0 \in D$,使对一切 $x \in D$,都有
$$f(x) \leqslant f(x_0) \quad \text{或} \quad f(x) \geqslant f(x_0),$$
则称 $f(x_0)$ 为 $f(x)$ 在 D 上的**最大或最小值**.

一般地,函数 $f(x)$ 在 D 上不一定有最大(小)值,即使它是有界的.例如 $f(x) = x$,它在 $(0,1)$ 内既无最大值也无最小值.又如
$$g(x) = \begin{cases} x+1, & -1 \leqslant x < 0 \\ 0, & x = 0 \\ x-1, & 0 < x \leqslant 1 \end{cases}$$
在 $[-1,1]$ 上也没有最大值和最小值.

定理6(最大值最小值定理) 若函数 $f(x)$ 在闭区间 $[a,b]$ 上连续,则 $f(x)$ 在 $[a,b]$ 上有最大值和最小值.

也就是说,在$[a,b]$上至少存在x_1及x_2,使对一切$x \in [a,b]$,都有
$$f(x_1) \leqslant f(x) \leqslant f(x_2),$$
即$f(x_1)$和$f(x_2)$分别是$f(x)$在$[a,b]$上的最小值和最大值(图1-21).

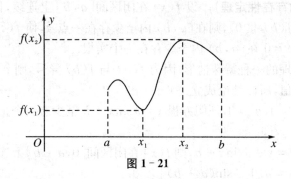

图 1-21

推论 1(有界性定理) 若$f(x)$在$[a,b]$上连续,则$f(x)$在$[a,b]$上有界.

证 由定理 6 可知$f(x)$在$[a,b]$上有最大值M和最小值m,即对一切$x \in [a,b]$,有
$$m \leqslant f(x) \leqslant M,$$
所以$f(x)$在$[a,b]$上既有上界又有下界,从而在$[a,b]$上有界.

定理 7(介值定理) 设$f(x)$在$[a,b]$上连续,且$f(a) \neq f(b)$,则对介于$f(a)$与$f(b)$之间的任何实数c,在(a,b)内必至少存在一点ξ,使$f(\xi)=c$.

这就是说,对任何实数$c:f(a)<c<f(b)$或$f(b)<c<f(a)$,定义于(a,b)内的连续曲线$y=f(x)$与水平直线$y=c$必至少相交于一点(ξ,c)(图1-22).

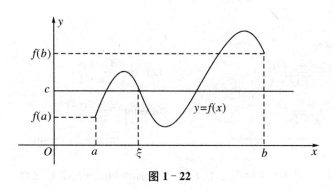

图 1-22

推论 2 闭区间上的连续函数必取得介于最大值与最小值之间的任何值.

证 设$f(x)$在$[a,b]$上连续,且分别在$x_1 \in [a,b]$处取得最小值$m=f(x_1)$和在$x_2 \in [a,b]$处取得最大值$M=f(x_2)$.

不妨设 $x_1 < x_2$，且 $M > m$（即 $f(x)$ 不是常量函数）。由于 $f(x)$ 在 $[x_1, x_2]$ 上连续，且 $f(x_1) \neq f(x_2)$，故按介值定理，对介于 m 与 M 之间的任何实数 c，必至少存在一点 $\xi \in (x_1, x_2) \subset (a, b)$，使 $f(\xi) = c$。

推论 3（根的存在性定理） 设 $f(x)$ 在闭区间 $[a, b]$ 上连续，且 $f(a)$ 与 $f(b)$ 异号（即 $f(a) \cdot f(b) < 0$），则在 (a, b) 内至少存在一点 ξ，使 $f(\xi) = 0$。

即方程 $f(x) = 0$ 在 (a, b) 内至少存在一个实根。

这是介值定理的一种特殊情形。因为 $f(a)$ 与 $f(b)$ 异号，则 $c = 0$ 必然是介于它们之间的一个值，所以结论成立。

例 8 设 $a > 0, b > 0$，证明方程 $x = a\sin x + b$ 至少有一个正根，并且它不超过 $a + b$。

证 令 $f(x) = x - a\sin x - b$，则 $f(x)$ 在闭区间 $[0, a+b]$ 上连续，且 $f(0) = -b < 0$，$f(a+b) = a[1 - \sin(a+b)] \geq 0$。

若 $f(a+b) = 0$，则 $x = a + b$ 就是方程 $x = a\sin x + b$ 的一个正根。若 $f(a+b) > 0$，则由 $f(0) \cdot f(a+b) < 0$ 及根的存在性定理推知方程 $x = a\sin x + b$ 在 $(0, a+b)$ 内至少有一个实根。无论哪种情形，所述结论都成立。

方程 $f(x) = 0$ 的根也称为函数 $f(x)$ 的**零点**，所以通常也把根的存在性定理称为**零点定理**。

习题 1-9

A

1. 求下列极限。

(1) $\lim\limits_{x \to -1} \dfrac{\ln(3+x) + x^2}{\sqrt[3]{x^2 - 3x + 1}}$；

(2) $\lim\limits_{x \to -\frac{1}{2}} \dfrac{1 - 4x^2}{2x + 1}$；

(3) $\lim\limits_{x \to 3} \sin \dfrac{\pi}{\sqrt{x+1}}$；

(4) $\lim\limits_{x \to \frac{\pi}{4}} \dfrac{\sqrt{2} - 2\cos x}{\tan^2 x}$；

(5) $\lim\limits_{x \to +\infty} (\sqrt{x^2 + x} - \sqrt{x^2 - x})$；

(6) $\lim\limits_{\Delta x \to 0} \dfrac{\ln(x + \Delta x) - \ln x}{\Delta x}$。

2. 设函数 $f(x)$ 在 $x = 1$ 处连续，且 $f(1) = 1$，求 $\lim\limits_{x \to \infty} \ln[2 + f(e^{\frac{1}{x}})]$ 之值。

3. 设幂指函数 $y = f(x) = u(x)^{v(x)}$，若 $\lim\limits_{x \to x_0} u(x) = 1$，$\lim\limits_{x \to x_0} v(x) = \infty$，利用等价无穷小代换定理，证明：$\lim\limits_{x \to x_0} f(x) = \lim\limits_{x \to x_0} u(x)^{v(x)} = e^{\lim\limits_{x \to x_0}[u(x) - 1] \cdot v(x)}$。

（提示：$u(x)^{v(x)} = e^{v(x)\ln u(x)}$，当 $x \to x_0$ 时 $\ln u(x) \sim u(x) - 1$。）

4. 用第3题结果计算下列极限.

(1) $\lim\limits_{x\to 0}\left(\dfrac{\cos^2 x}{\cos 2x}\right)^{-\frac{1}{x^2}}$;   (2) $\lim\limits_{x\to\infty}\left(\cos\dfrac{m}{x}\right)^x$.

5. 证明方程 $x^5 - 3x + 1 = 0$ 至少有一个根介于 1 和 2 之间.

6. 设 $f(x)$ 是连续函数，$x = a, x = b(a < b)$ 是方程 $f(x) = 0$ 的两个相邻根，又存在 $c \in (a, b)$ 使得 $f(c) > 0$，则对 (a, b) 内任何 x，都有 $f(x) > 0$.

B

1. 求下列极限.

(1) $\lim\limits_{x\to 0}(\cos 2x + \sin 3x)^{\cot 5x}$;

(2) $\lim\limits_{x\to 0}\dfrac{\sqrt{1+\tan x} - \sqrt{1+\sin x}}{x\sqrt{1+\sin^2 x} - x}$.

2. 设 $f(x)$ 在 $[0, 2a]$ 上连续，且 $f(0) = f(2a)$，证明：在 $[0, a]$ 上至少存在一点 ξ，使 $f(\xi) = f(\xi + a)$.

3. 证明在区间 $(0, 2)$ 内至少有一点 x_0，使 $e^{x_0} - 2 = x_0$.（提示：令 $\varphi(x) = e^x - 2 - x$.）

4. 证明方程 $x^n + x^{n-1} + \cdots + x^2 + x = 1 (n > 1)$ 至少存在一个小于 1 的正实根.

复 习 题 1

1. 填空题.

(1) 设 $f(x) = (1 + e^{\frac{1}{x}})^x$，则 $\lim\limits_{x\to +\infty} f(x) = \underline{\qquad}$，$\lim\limits_{x\to 0^-} f(x) = \underline{\qquad}$;

(2) $\lim\limits_{x\to 0}\dfrac{x^2 \sin\dfrac{1}{x}}{\sin x} = \underline{\qquad}$;

(3) $\lim\limits_{x\to\infty}\left(\dfrac{x+k}{x-k}\right)^x = 8$，则 $k = \underline{\qquad}$;

(4) 已知 $\lim\limits_{x\to 0}(ax+b)^{\frac{1}{x}} = e^a$，则 $b = \underline{\qquad}$;

(5) 设 $f(x) = \begin{cases} ax + b, & x \geq 0 \\ (a+b)x^2 + x, & x < 0 \end{cases}$ $(a + b \neq 0)$，则 $f(x)$ 处处连续的充要条件是 $b = \underline{\qquad}$;

(6) 函数 $f(x) = \begin{cases} \cos\left(\dfrac{\pi x}{2}\right), & |x| \leq 1 \\ (x-1)^2, & |x| > 1 \end{cases}$ 的间断点为 $\underline{\qquad}$.

2. 选择题.

(1) 设 $0 < a < b$，则数列极限 $\lim\limits_{n\to +\infty}\sqrt[n]{a^n + b^n}$ 等于（　　）.

A. a　　　　B. b　　　　C. 1　　　　D. $a+b$

(2) 极限 $\lim\limits_{x \to 1} 5^{\frac{1}{x-1}}$ 等于（　　）．

A. 0　　　　B. $+\infty$　　　　C. 5　　　　D. 不存在且不是无穷大

(3) 若函数 $f(x) = \max\{2|x|, |x+1|\}$，则 $f(x)$ 的最小值为（　　）．

A. $\dfrac{2}{3}$　　　　B. 0　　　　C. 1　　　　D. 2

(4) 函数 $y = \dfrac{1}{x(x-3)(x+7)}$ 在所给区间（　　）上是有界函数．

A. $[-10, -1]$　　　　B. $[-1, 1]$

C. $[1, 2]$　　　　D. $[2, 5]$

3. 计算下列极限．

(1) $\lim\limits_{x \to 0} \ln \dfrac{\sin x}{x}$；

(2) $\lim\limits_{\alpha \to \beta} \dfrac{e^{\alpha} - e^{\beta}}{\alpha - \beta}$；

(3) $\lim\limits_{x \to 0} \dfrac{e^{\alpha x} - e^{\beta x}}{x}$；

(4) $\lim\limits_{x \to \infty} \dfrac{x \sin x}{x^2 - 4}$；

(5) $\lim\limits_{t \to 0} (2\csc 2t - \cot t)$；

(6) $\lim\limits_{x \to \frac{\pi}{3}} \dfrac{1 - \cos x}{\sin\left(x - \dfrac{\pi}{3}\right)}$；

(7) $\lim\limits_{x \to \frac{\pi}{2}} \dfrac{\cos x}{x - \dfrac{\pi}{2}}$；

(8) $\lim\limits_{x \to 0} \dfrac{1 - \cos x}{(e^x - 1)\ln(1 + x)}$；

(9) $\lim\limits_{x \to +\infty} \left(1 - \dfrac{1}{x}\right)^{\sqrt{x}}$；

(10) $\lim\limits_{x \to 0} \dfrac{e^{\sin 2x} - e^{\sin x}}{\tan x}$．

4. 设 $\lim\limits_{x \to -1} \dfrac{x^3 - ax^2 - x + 4}{x + 1} = b$，试求 a, b 之值．

5. 若当 $x \to 0$ 时 $1 - \cos x \sim a(\arcsin x)^2$，问 a 应取何值？

6. 问 a 取何值时，$f(x) = \begin{cases} \dfrac{x^2 - 4}{x - 2}, & x \ne 2 \\ a, & x = 2 \end{cases}$ 在 $x = 2$ 处连续？

7. 设圆心角 $\angle AOB = \alpha$，它所对应的圆弧为 $\overset{\frown}{AB}$，弦为 AB，半径 $OD \perp AB$，并与 AB 交于 C，试证：当 $\alpha \to 0$ 时，

(1) AB 与 $\overset{\frown}{AB}$ 是等价无穷小；

(2) CD 是比 $\overset{\frown}{AB}$ 高阶的无穷小．

8. 验证方程 $2^x = 4x$ 有小于 $\dfrac{1}{2}$ 的正根．

9. 设 $f(x)$ 在 $[0, 1]$ 上为非负连续函数，且 $f(0) = f(1) = 0$．试证：对任何小于 1 的正数 $a (0 < a < 1)$，必存在 $\zeta \in [0, 1)$，使得 $f(\zeta) = f(\zeta + a)$．

10. 求函数 $f(x) = \dfrac{e^{\frac{1}{x}} - e^{\frac{1}{x}}}{e^2 - e^{\frac{1}{x}}}$ 的间断点，并说明其类型．

(提示：间断点是 $x = 0, x = \dfrac{1}{2}$；又 $f(0^+) = \lim\limits_{x \to 0^+} \dfrac{e^{\frac{1}{x}}\left(\dfrac{e^2}{e^{\frac{1}{x}}} - 1\right)}{e^{\frac{1}{x}}\left(\dfrac{e^2}{e^{\frac{1}{x}}} - 1\right)} = 1, f(0^-) = e.$)

11. 设函数 $f(x)=\begin{cases}\dfrac{\sin ax}{\sqrt{1-\cos x}}, & x<0 \\ \dfrac{1}{x}[\ln x-\ln(x+x^2)], & x>0\end{cases}$,问当 a 为何值时,$\lim\limits_{x\to 0}f(x)$ 存在?

(提示:先求出 $f(0^-)=-\sqrt{2}a, f(0^+)=-1$.)

12. 试证任何一元三次方程 $x^3+a_1x^2+a_2x+a_3=0$ 至少有一实根.

(提示:设 $f(x)=x^3+a_1x^2+a_2x+a_3$,因 $\lim\limits_{x\to+\infty}f(x)=+\infty$,$\lim\limits_{x\to-\infty}f(x)=-\infty$,设法证明存在 $a\in(-\infty,+\infty)$ 使 $f(a)<0$ 以及 $b\in(-\infty,+\infty)$ 使 $f(b)>0$.)

第 2 章 导数与微分

本章我们主要讨论一元函数微分学中导数与微分两个基本概念,由此建立起一整套的微分法公式与法则,从而系统地解决初等函数的求导问题.导数的应用安排在下一章.

2.1 导数概念

2.1.1 引例

在实际生活中,我们经常会遇到有关变化率的问题.

1. 速度问题

设一质点在 x 轴上从某一点开始作变速直线运动,已知运动方程为 $x=f(t)$. 记 $t=t_0$ 时质点的位置坐标为 $x_0=f(t_0)$. 当 t 从 t_0 增加到 $t_0+\Delta t$ 时,x 相应地从 x_0 增加到 $x_0+\Delta x=f(t_0+\Delta t)$. 因此质点在 Δt 这段时间内的位移是

$$\Delta x=f(t_0+\Delta t)-f(t_0),$$

而在 Δt 时间内质点的平均速度是

$$\bar{v}=\frac{\Delta x}{\Delta t}=\frac{f(t_0+\Delta t)-f(t_0)}{\Delta t}.$$

显然,随着 Δt 的减小,平均速度 $\bar{v}$ 就越接近质点在 t_0 时刻的(瞬时)速度.但无论 Δt 取得怎样小,平均速度 $\bar{v}$ 总不能精确地刻画出质点运动在 $t=t_0$ 时变化的快慢.为此我们采取极限手段,如果平均速度 $\bar{v}=\frac{\Delta x}{\Delta t}$ 当 $\Delta t\to 0$ 时的极限存在,则把这个极限值(记作 v)定义为质点在 $t=t_0$ 时的(瞬时)速度:

$$v=\lim_{\Delta t\to 0}\frac{\Delta x}{\Delta t}=\lim_{\Delta t\to 0}\frac{f(t_0+\Delta t)-f(t_0)}{\Delta t}. \tag{1}$$

2. 切线问题

设曲线 L 的方程为 $y=f(x)$,$P_0(x_0,y_0)$ 为 L 上的一个定点,为求曲线 $y=f(x)$ 在点 P_0 的切线,可在曲线上取邻近于 P_0 的点 $P(x_0+\Delta x,y_0+\Delta y)$,算

出割线 P_0P 的斜率:

$$\tan\gamma = \frac{\Delta y}{\Delta x} = \frac{f(x_0+\Delta x)-f(x_0)}{\Delta x},$$

其中 γ 为割线 P_0P 的倾斜角(见图 2-1). 令 $\Delta x \to 0$, P 就沿着 L 趋向于 P_0, 割线 P_0P 就不断地绕 P_0 转动, 角 γ 也不断地发生变化, 如果 $\tan\gamma = \frac{\Delta y}{\Delta x}$ 趋向于某个极限, 则由解析几何知识知道, 这个极限值就是曲线在 P_0 处切线的斜率 k, 而这时 $\gamma = \arctan\frac{\Delta y}{\Delta x}$ 的极限也必存在, 就是切线的倾角 α, 即 $k = \tan\alpha$. 所以我们把曲线 $y = f(x)$ 在点 P_0 处的切线斜率定义为

$$k = \tan\alpha = \lim_{\Delta x \to 0}\frac{\Delta y}{\Delta x} = \lim_{\Delta x \to 0}\frac{f(x_0+\Delta x)-f(x_0)}{\Delta x}. \tag{2}$$

这里, $\frac{\Delta y}{\Delta x}$ 是函数的增量与自变量的增量之比, 它表示函数的平均变化率.

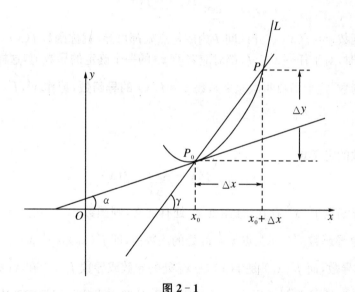

图 2-1

2.1.2 导数的定义

上面所讲的瞬时速度和切线斜率, 虽然它们来自不同的具体问题, 但在计算上都归结为同一个极限形式, 即函数的平均变化率的极限, 称为**瞬时变化率**. 在生活实际中, 我们会经常遇到从数学结构上看形式完全相同的各种各样的变化率, 从而有必要从中抽象出一个数学概念来加以研究.

定义 设函数 $y = f(x)$ 在 x_0 的某一邻域内有定义. 若极限

$$\lim_{\Delta x \to 0} \frac{\Delta y}{\Delta x} = \lim_{\Delta x \to 0} \frac{f(x_0 + \Delta x) - f(x_0)}{\Delta x} \tag{3}$$

存在,则称函数 $y = f(x)$ 在点 x_0 处**可导**,并称这个极限值为函数 $y = f(x)$ 在点 x_0 处的导数,记作

$$f'(x_0), \; y' \big|_{x = x_0}, \; \frac{\mathrm{d}y}{\mathrm{d}x}\bigg|_{x = x_0} \; \text{或} \; \frac{\mathrm{d}f}{\mathrm{d}x}\bigg|_{x = x_0}.$$

若极限(3)不存在,则称 $f(x)$ 在 x_0 处**不可导**. 如果不可导的原因在于比式 $\dfrac{\Delta y}{\Delta x}$ 当 $\Delta x \to 0$ 时是无穷大,则为了方便,也往往说 $f(x)$ 在点 x_0 处的导数为无穷大.

函数 $f(x)$ 在点 x_0 处可导有时也说成 $f(x)$ 在点 x_0 处具有导数或导数存在.

导数的定义式也可取不同的形式,常见的有

$$f'(x_0) = \lim_{h \to 0} \frac{f(x_0 + h) - f(x_0)}{h},$$

$$f'(x_0) = \lim_{x \to x_0} \frac{f(x) - f(x_0)}{x - x_0}.$$

如果函数 $y = f(x)$ 在开区间 I 内的每点处都可导,就称函数 $f(x)$ 在开区间 I 内可导,这时,对于任一 $x \in I$,都对应着 $f(x)$ 的一个确定的导数值,这样就构成了一个新的函数,这个函数叫做原来函数 $y = f(x)$ 的**导函数**,记作 y', $f'(x)$, $\dfrac{\mathrm{d}y}{\mathrm{d}x}$ 或 $\dfrac{\mathrm{d}f(x)}{\mathrm{d}x}$.

导函数的定义式:

$$y' = \lim_{\Delta x \to 0} \frac{f(x + \Delta x) - f(x)}{\Delta x}.$$

如果导函数 $f'(x)$ 存在,且在点 x_0 处有定义,则函数 $f(x)$ 在点 x_0 处的导数 $f'(x_0)$ 就是导函数 $f'(x)$ 在点 $x = x_0$ 处的函数值,即 $f'(x_0) = f'(x)\big|_{x = x_0}$. 导函数 $f'(x)$ 简称导数,而 $f'(x_0)$ 是 $f(x)$ 在 x_0 处的导数或导数 $f'(x)$ 在 x_0 处的值.

既然导数是比式 $\dfrac{\Delta y}{\Delta x}$ 当 $\Delta x \to 0$ 时的极限,故我们也往往根据需要来考察它的单侧极限.

设函数 $y = f(x)$ 在 x_0 的某一邻域内有定义,若极限 $\lim\limits_{\Delta x \to 0^-} \dfrac{\Delta y}{\Delta x}$ 存在,则称 $f(x)$ 在 x_0 处**左可导**,且称这个极限值为 $f(x)$ 在 x_0 的**左导数**,记作 $f'_-(x_0)$;若极限 $\lim\limits_{\Delta x \to 0^+} \dfrac{\Delta y}{\Delta x}$ 存在,则称 $f(x)$ 在 x_0 处**右可导**,并称这个极限值为 $f(x)$ 在 x_0 的**右导数**,记作 $f'_+(x_0)$.

根据单侧极限与极限的关系,有结论:$f(x)$ 在 x_0 可导的充要条件是 $f(x)$ 在 x_0 既左可导又右可导,且 $f'_-(x_0) = f'_+(x_0)$.

2.1.3 求导数举例

下面我们利用导数的定义来导出几个基本初等函数的导数公式.

例1 求常数 c 的导数.

解 考虑常量函数 $y = c$,当 x 取得增量 Δx 时,函数的增量总等于 0,即 $\Delta y = 0$. 于是
$$\frac{dy}{dx} = \lim_{\Delta x \to 0} \frac{\Delta y}{\Delta x} = 0.$$
即
$$\boxed{(c)' = 0}$$

例2 证明 $(x^n)' = nx^{n-1}$,n 为正整数.

证 设 $y = x^n$,则有
$$\Delta y = (x + \Delta x)^n - x^n$$
$$= nx^{n-1}\Delta x + \frac{n(n-1)}{2}x^{n-2}(\Delta x)^2 + \cdots + (\Delta x)^n,$$
所以
$$\lim_{\Delta x \to 0} \frac{\Delta y}{\Delta x} = \lim_{\Delta x \to 0}\left[nx^{n-1} + \frac{n(n-1)}{2}x^{n-2}(\Delta x) + \cdots + (\Delta x)^{n-1}\right] = nx^{n-1}.$$
即
$$\boxed{(x^n)' = nx^{n-1}}$$

顺便指出,当幂函数的指数不是正整数 n 而是任意实数 μ 时,也有形式完全相同的公式:
$$(x^\mu)' = \mu x^{\mu-1} \quad (x > 0).$$
特别取 $\mu = -1, \frac{1}{2}$ 时,有
$$\left(\frac{1}{x}\right)' = -\frac{1}{x^2}, (\sqrt{x})' = \frac{1}{2\sqrt{x}}.$$

例3 证明 $(a^x)' = a^x \ln a (a > 0, a \neq 1$ 且为常数$)$.

证 $(a^x)' = \lim_{\Delta x \to 0} \frac{a^{x+\Delta x} - a^x}{\Delta x} = a^x \lim_{\Delta x \to 0} \frac{a^{\Delta x} - 1}{\Delta x} = a^x \ln a.$

即
$$\boxed{(a^x)' = a^x \ln a}$$

特别地,

$$(e^x)' = e^x$$

例 4 证明 $(\sin x)' = \cos x$.

证 $(\sin x)' = \lim\limits_{\Delta x \to 0} \dfrac{\sin(x + \Delta x) - \sin x}{\Delta x} = \lim\limits_{\Delta x \to 0} \dfrac{2\sin\dfrac{\Delta x}{2}\cos\left(x + \dfrac{\Delta x}{2}\right)}{\Delta x} = \cos x.$

即

$$(\sin x)' = \cos x$$

类似地,容易证明:

$$(\cos x)' = -\sin x$$

对于分段表示的函数,求它的导函数时需要分段进行,特别在分点处的导数,要通过导数定义讨论它的存在性.

例 5 已知 $f(x) = \begin{cases} \sin x, & x < 0 \\ x, & x \geqslant 0 \end{cases}$,求 $f'(x)$.

证 当 $x < 0$ 时,$f'(x) = (\sin x)' = \cos x$;当 $x > 0$ 时,$f'(x) = (x)' = 1$;当 $x = 0$ 时,由于 $f'_{-}(0) = \lim\limits_{x \to -0} \dfrac{\sin x - 0}{x} = 1$,$f'_{+}(0) = \lim\limits_{x \to +0} \dfrac{x - 0}{x} = 1$,所以 $f'(0) = 1$,于是

$$f'(x) = \begin{cases} \cos x, & x < 0 \\ 1, & x \geqslant 0 \end{cases}.$$

2.1.4 导数的几何意义

函数 $y = f(x)$ 在点 x_0 处的导数 $f'(x_0)$ 在几何上表示曲线 $y = f(x)$ 在点 $M(x_0, f(x_0))$ 处的切线的斜率,即 $f'(x_0) = \tan\alpha$,其中 α 是切线的倾角(见图 2-2).

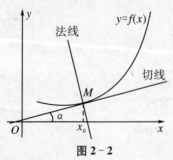

图 2-2

如果 $y = f(x)$ 在点 x_0 处的导数为无穷大,这时曲线 $y = f(x)$ 的割线以垂直于 x 轴的直线 $x = x_0$ 为极限位置,即曲线 $y = f(x)$ 在点 $M(x_0, f(x_0))$ 处具有垂直于 x 轴的切线 $x = x_0$.

根据导数的几何意义并应用直线的点斜式方程,可知曲线 $y = f(x)$ 在点 $M(x_0, y_0)$ 处的切线方程为

$$y - y_0 = f'(x_0)(x - x_0).$$

过切点 $M(x_0, y_0)$ 且与切线垂直的直线叫做曲

线 $y=f(x)$ 在点 M 处的法线,如果 $f'(x_0)\neq 0$,法线的斜率为 $-\dfrac{1}{f'(x_0)}$,从而法线方程为

$$y-y_0=-\frac{1}{f'(x_0)}(x-x_0).$$

例6 求等边双曲线 $y=\dfrac{1}{x}$ 在点 $\left(\dfrac{1}{2},2\right)$ 处的切线的斜率,并写出在该点处的切线方程和法线方程.

解 $y'=-\dfrac{1}{x^2}$,所求切线及法线的斜率分别为

$$k_1=\left(-\frac{1}{x^2}\right)\bigg|_{x=\frac{1}{2}}=-4,\ k_2=-\frac{1}{k_1}=\frac{1}{4}.$$

所求切线方程为 $y-2=-4\left(x-\dfrac{1}{2}\right)$,即 $y=-4x+4$.

所求法线方程为 $y-2=\dfrac{1}{4}\left(x-\dfrac{1}{2}\right)$,即 $y=\dfrac{1}{4}x+\dfrac{15}{8}$.

例7 求曲线 $y=x\sqrt{x}$ 的通过点 $(0,-4)$ 的切线方程.

解 设切点的横坐标为 x_0,则切线的斜率为

$$f'(x_0)=(x^{\frac{3}{2}})'\bigg|_{x=x_0}=\frac{3}{2}x^{\frac{1}{2}}\bigg|_{x=x_0}=\frac{3}{2}\sqrt{x_0},$$

于是所求切线的方程可设为

$$y-x_0\sqrt{x_0}=\frac{3}{2}\sqrt{x_0}(x-x_0).$$

根据题意,点 $(0,-4)$ 在切线上,因此

$$-4-x_0\sqrt{x_0}=\frac{3}{2}\sqrt{x_0}(0-x_0),$$

解之得 $x_0=4$,于是所求切线的方程为

$$y-4\sqrt{4}=\frac{3}{2}\sqrt{4}(x-4),$$

即 $3x-y-4=0$.

2.1.5 函数的可导性与连续性的关系

连续与可导是函数的两个重要概念.虽然在导数的定义中未明确要求函数在 x_0 连续,但却蕴涵可导必然连续这一关系.

定理 若 $f(x)$ 在 x_0 可导,则它在 x_0 必连续.

证 设 $f(x)$ 在 x_0 可导,即

$$\lim_{\Delta x\to 0}\frac{\Delta y}{\Delta x}=f'(x_0),$$

则有
$$\lim_{\Delta x \to 0} \Delta y = \lim_{\Delta x \to 0} \left(\frac{\Delta y}{\Delta x} \cdot \Delta x \right) = \lim_{\Delta x \to 0} \frac{\Delta y}{\Delta x} \cdot \lim_{\Delta x \to 0} \Delta x = 0.$$

所以 $f(x)$ 在 x_0 连续.

但反过来不一定成立,即在 x_0 连续的函数未必在 x_0 可导.

例 8 证明函数 $f(x) = |x|$ 在 $x = 0$ 连续但不可导.

证 由 $\lim\limits_{x \to 0} x = 0$ 推知 $\lim\limits_{x \to 0} |x| = 0$,所以 $f(x) = |x|$ 在 $x = 0$ 连续.但由于

$$f'_-(0) = \lim_{x \to -0} \frac{-x - 0}{x} = -1, f'_+(0) = \lim_{x \to +0} \frac{x - 0}{x} = 1,$$

$f'_-(0) \neq f'_+(0)$,所以 $f(x) = |x|$ 在 $x = 0$ 不可导.

例 9 分别讨论当 $m = 0, 1, 2$ 时,函数

$$f_m(x) = \begin{cases} x^m \sin \dfrac{1}{x}, & x \neq 0 \\ 0, & x = 0 \end{cases}$$

在 $x = 0$ 处的连续性与可导性.

解 当 $m = 0$ 时,由于 $\lim\limits_{x \to 0} \sin \dfrac{1}{x}$ 不存在,故 $x = 0$ 是 $f_0(x)$ 的第二类间断点,所以 $f_0(x)$ 在 $x = 0$ 处不连续,当然也不可导.

当 $m = 1$ 时,有 $\lim\limits_{x \to 0} f_1(x) = \lim\limits_{x \to 0} x \sin \dfrac{1}{x} = 0 = f_1(0)$,即 $f_1(x)$ 在 $x = 0$ 处连续,但由于 $\lim\limits_{x \to 0} \dfrac{x \sin \dfrac{1}{x} - 0}{x} = \lim\limits_{x \to 0} \sin \dfrac{1}{x}$ 不存在,故 $f_1(x)$ 在 $x = 0$ 处不可导.

当 $m = 2$ 时,$\lim\limits_{x \to 0} \dfrac{x^2 \sin \dfrac{1}{x} - 0}{x} = \lim\limits_{x \to 0} x \sin \dfrac{1}{x} = 0$,所以 $f_2(x)$ 在 $x = 0$ 处可导,且 $f'_2(0) = 0$,从而也必在 $x = 0$ 处连续.

习题 2-1

A

1. 设 $y = f(x) = 3x^2$.

(1) 对 $x_0 = 2$ 及 $\Delta x = 0.1, 0.01, 0.001, -0.01, -0.001$,计算
$$\Delta y = f(x_0 + \Delta x) - f(x_0);$$

(2) 对(1)中的 x_0 及 Δx,分别计算 $\dfrac{f(x_0 + \Delta x) - f(x_0)}{\Delta x}$,并猜测 $f'(2)$ 的值;

(3) 按导数的定义求 $f'(2)$ 及 $f'(x)$.

2. 按导数的定义,证明 $(\cos x)' = -\sin x$.

3. 利用导数公式 $(x^\alpha)' = \alpha x^{\alpha-1}$,求下列函数的导数.

(1) $y = \dfrac{1}{x}$;   (2) $y = \sqrt[4]{x}$;

(3) $y = \dfrac{1}{x^2}$;   (4) $y = \dfrac{1}{\sqrt{x}}$;

(5) $y = \dfrac{1}{\sqrt[3]{x^2}}$;   (6) $y = \dfrac{x^2 \sqrt[3]{x^2}}{\sqrt{x^5}}$.

4. 已知物体的运动规律为 $s = t^3$(m),求这个物体在 $t = 2$(s) 时的速度.

5. 求曲线 $y = \cos x$ 在点 $\left(\dfrac{\pi}{3}, \dfrac{1}{2}\right)$ 处的切线和法线方程.

6. 如果 $f(x)$ 为偶函数,且 $f'(0)$ 存在,证明 $f'(0) = 0$.

7. 在抛物线 $y = x^2$ 上取横坐标为 $x_1 = 1$ 及 $x_2 = 3$ 的两点的割线,问该抛物线上哪一点的切线平行于这条割线?

B

1. 下列各题中均假定 $f'(x_0)$ 存在,按导数定义求下列极限.

(1) $\lim\limits_{\Delta x \to 0} \dfrac{f(x_0 - \Delta x) - f(x_0)}{\Delta x}$;

(2) $\lim\limits_{h \to 0} \dfrac{f(x_0 + h) - f(x_0 - h)}{h}$;

(3) $\lim\limits_{x \to 0} \dfrac{f(x)}{x}$,已知 $f(0) = 0$,且 $f'(0)$ 存在;

(4) $\lim\limits_{n \to \infty} n\left[f\left(x_0 + \dfrac{1}{n}\right) - f(x_0)\right]$.

2. 设 $f(x) = \begin{cases} x^2, & x \leqslant 1 \\ ax + b, & x > 1 \end{cases}$,为使 $f(x)$ 在 $x = 1$ 处连续且可导,a, b 应取何值?

3. 讨论函数 $y = \sqrt[3]{x^2}$ 在 $x = 0$ 处的连续性与可导性.

4. 证明:双曲线 $xy = a^2$ 上任一点处的切线与两坐标轴构成的三角形的面积都等于 $2a^2$.

2.2 函数的求导法则

本节我们再根据导数的定义,推出几个主要的求导法则 —— 导数的四则运算,反函数的导数与复合函数的导数.借助于这些法则和上节导出的几个基本初等函数的导数公式,求出其余的基本初等函数的导数公式.在此基础上解决初等函数的求导问题.

2.2.1 导数的四则运算

定理 1 设 $u(x), v(x)$ 在点 x 可导,则 $u(x) \pm v(x), u(x)v(x)$, $\dfrac{u(x)}{v(x)}(v(x) \neq 0)$ 也在点 x 可导,且有

(1) $[u(x) \pm v(x)]' = u'(x) \pm v'(x)$;

(2) $[u(x)v(x)]' = u'(x)v(x) + u(x)v'(x)$;

(3) $\left[\dfrac{u(x)}{v(x)}\right]' = \dfrac{u'(x)v(x) - u(x)v'(x)}{v^2(x)}$.

证 (1) 令 $y = u(x) + v(x)$,则
$$\Delta y = [u(x+\Delta x) + v(x+\Delta x)] - [u(x) + v(x)]$$
$$= [u(x+\Delta x) - u(x)] + [v(x+\Delta x) - v(x)]$$
$$= \Delta u + \Delta v.$$

从而有
$$\lim_{\Delta x \to 0} \frac{\Delta y}{\Delta x} = \lim_{\Delta x \to 0} \frac{\Delta u}{\Delta x} + \lim_{\Delta x \to 0} \frac{\Delta v}{\Delta x} = u'(x) + v'(x).$$

所以 $y = u(x) + v(x)$ 也在点 x 可导,且
$$[u(x) + v(x)]' = u'(x) + v'(x).$$

类似可证 $[u(x) - v(x)]' = u'(x) - v'(x)$.

(2) 令 $y = u(x)v(x)$,则
$$\Delta y = u(x+\Delta x)v(x+\Delta x) - u(x)v(x)$$
$$= [u(x+\Delta x) - u(x)]v(x+\Delta x) + u(x)[v(x+\Delta x) - v(x)]$$
$$= \Delta u \cdot v(x+\Delta x) + u(x) \cdot \Delta v.$$

由于可导必连续,故有 $\lim\limits_{\Delta x \to 0} v(x+\Delta x) = v(x)$,从而推出
$$\lim_{\Delta x \to 0} \frac{\Delta y}{\Delta x} = \lim_{\Delta x \to 0} \frac{\Delta u}{\Delta x} \cdot \lim_{\Delta x \to 0} v(x+\Delta x) + u(x) \cdot \lim_{\Delta x \to 0} \frac{\Delta v}{\Delta x}$$
$$= u'(x)v(x) + u(x)v'(x).$$

所以 $y = u(x)v(x)$ 也在点 x 可导,且有
$$[u(x)v(x)]' = u'(x)v(x) + u(x)v'(x).$$

(3) 先证 $\left[\dfrac{1}{v(x)}\right]' = -\dfrac{v'(x)}{v^2(x)}$.

令 $y = \dfrac{1}{v(x)}$,则

$$\Delta y = \frac{1}{v(x+\Delta x)} - \frac{1}{v(x)} = -\frac{v(x+\Delta x) - v(x)}{v(x+\Delta x)v(x)}.$$

由于 $v(x)$ 在点 x 可导,$\lim\limits_{\Delta x \to 0} v(x+\Delta x) = v(x) \neq 0$,故有

$$\lim_{\Delta x \to 0} \frac{\Delta y}{\Delta x} = -\frac{v'(x)}{v^2(x)}.$$

所以 $y = \dfrac{1}{v(x)}$ 在点 x 可导,且 $\left[\dfrac{1}{v(x)}\right]' = -\dfrac{v'(x)}{v^2(x)}$. 从而由(2)推出

$$\left[\frac{u(x)}{v(x)}\right]' = u'(x) \cdot \frac{1}{v(x)} + u(x)\left[\frac{1}{v(x)}\right]'$$

$$= u'(x)\frac{1}{v(x)} - u(x)\frac{v'(x)}{v^2(x)}$$

$$= \frac{u'(x)v(x) - u(x)v'(x)}{v^2(x)}.$$

若 $u(x)$ 在点 x 可导,c 是常数,则 $cu(x)$ 在点 x 可导,且

$$[cu(x)]' = cu'(x).$$

即求导时常数因子可以提到求导符号的外面来.

乘积求导公式可以推广到有限个可导函数的乘积. 例如,若 u,v,w 都是区间 I 内的可导函数,则

$$(uvw)' = u'vw + uv'w + uvw'.$$

例 1 $y = 5x^3 - 7x^2 + x - 2$,求 y'.

解 $y' = (5x^3 - 7x^2 + x - 2)' = (5x^3)' - (7x^2)' + (x)' - (2)'$
$= 5(x^3)' - 7(x^2)' + (x)' = 5 \cdot 3x^2 - 7 \cdot 2x + 1$
$= 15x^2 - 14x + 1.$

例 2 $f(x) = x^4 + 3\sin x - \cos\dfrac{\pi}{2}$,求 $f'(x)$ 及 $f'\left(\dfrac{\pi}{2}\right)$.

解 $f'(x) = (x^4)' + (3\sin x)' - \left(\cos\dfrac{\pi}{2}\right)' = 4x^3 + 3\cos x$,

$f'\left(\dfrac{\pi}{2}\right) = \dfrac{1}{2}\pi^3.$

例 3 $y = e^x(\sin x + \cos x)$,求 y'.

解 $y' = (e^x)'(\sin x + \cos x) + e^x(\sin x + \cos x)'$
$= e^x(\sin x + \cos x) + e^x(\cos x - \sin x)$
$= 2e^x \cos x.$

例 4 求下列函数的导数:

(1) $y = \sec x$; (2) $y = \csc x$;

(3) $y = \tan x$; (4) $y = \cot x$.

解 (1) $(\sec x)' = \left(\dfrac{1}{\cos x}\right)' = -\dfrac{(\cos x)'}{\cos^2 x} = \dfrac{\sin x}{\cos^2 x} = \sec x \tan x.$

(2) $(\csc x)' = \left(\dfrac{1}{\sin x}\right)' = -\dfrac{\cos x}{\sin^2 x} = -\csc x \cot x.$

(3) $(\tan x)' = \left(\dfrac{\sin x}{\cos x}\right)' = \dfrac{\cos x \cos x - \sin x(-\sin x)}{\cos^2 x} = \dfrac{1}{\cos^2 x} = \sec^2 x.$

(4) $(\cot x)' = \left(\dfrac{\cos x}{\sin x}\right)' = \dfrac{(-\sin x)\sin x - \cos x \cos x}{\sin^2 x} = \dfrac{-1}{\sin^2 x} = -\csc^2 x.$

2.2.2 反函数的导数

定理2 设 $y = f(x)$ 为 $x = \varphi(y)$ 的反函数,如果 $x = \varphi(y)$ 在某区间 I_y 内严格单调、可导且 $\varphi'(y) \neq 0$,则它的反函数 $y = f(x)$ 也在对应的区间 I_x 内可导,且有

$$f'(x) = \dfrac{1}{\varphi'(y)} \quad \text{或} \quad \dfrac{dy}{dx} = \dfrac{1}{\dfrac{dx}{dy}}.$$

证 任取 $x \in I_x$ 及 $\Delta x \neq 0$,使 $x + \Delta x \in I_x$。依假设,$y = f(x)$ 在区间 I_x 内也严格单调,于是

$$\Delta y = f(x + \Delta x) - f(x) \neq 0.$$

又由假设可知,$f(x)$ 在 x 连续,故当 $\Delta x \to 0$ 时 $\Delta y \to 0$。而 $x = \varphi(y)$ 可导且 $\varphi'(y) \neq 0$,所以

$$\lim_{\Delta x \to 0} \dfrac{\Delta y}{\Delta x} = \dfrac{1}{\lim\limits_{\Delta y \to 0}\dfrac{\Delta x}{\Delta y}} = \dfrac{1}{\varphi'(y)}.$$

即定理成立。

例5 设 $x = \sin y, y \in \left[-\dfrac{\pi}{2}, \dfrac{\pi}{2}\right]$ 为直接函数,则 $y = \arcsin x$ 是它的反函数。函数 $x = \sin y$ 在开区间 $\left(-\dfrac{\pi}{2}, \dfrac{\pi}{2}\right)$ 内单调、可导,且

$$(\sin y)' = \cos y > 0.$$

因此,由反函数的求导法则,在对应区间 $I_x = (-1, 1)$ 内有

$$(\arcsin x)' = \dfrac{1}{(\sin y)'} = \dfrac{1}{\cos y} = \dfrac{1}{\sqrt{1 - \sin^2 y}} = \dfrac{1}{\sqrt{1 - x^2}}.$$

即 $\boxed{(\arcsin x)' = \dfrac{1}{\sqrt{1 - x^2}}}$。类似地有 $\boxed{(\arccos x)' = -\dfrac{1}{\sqrt{1 - x^2}}}$。

例6 设 $x = \tan y, y \in \left(-\dfrac{\pi}{2}, \dfrac{\pi}{2}\right)$ 为直接函数,则 $y = \arctan x$ 是它的反函数。

函数 $x = \tan y$ 在区间 $\left(-\dfrac{\pi}{2}, \dfrac{\pi}{2}\right)$ 内单调、可导,且

$$(\tan y)' = \sec^2 y \neq 0.$$

因此,由反函数的求导法则,在对应区间 $I_x = (-\infty, +\infty)$ 内有

$$(\arctan x)' = \frac{1}{(\tan y)'} = \frac{1}{\sec^2 y} = \frac{1}{1 + \tan^2 y} = \frac{1}{1 + x^2}.$$

即 $\boxed{(\arctan x)' = \dfrac{1}{1 + x^2}}$. 类似地有 $\boxed{(\mathrm{arccot}\, x)' = -\dfrac{1}{1 + x^2}}$.

例 7 设 $x = a^y\,(a > 0, a \neq 1)$ 为直接函数,则 $y = \log_a x$ 是它的反函数. 函数 $x = a^y$ 在区间 $I_y = (-\infty, +\infty)$ 内单调、可导,且

$$(a^y)' = a^y \ln a \neq 0.$$

因此,由反函数的求导法则,在对应区间 $I_x = (0, +\infty)$ 内有

$$(\log_a x)' = \frac{1}{(a^y)'} = \frac{1}{a^y \ln a} = \frac{1}{x \ln a}.$$

即 $\boxed{(\log_a x)' = \dfrac{1}{x \ln a}}$. 特别地,有 $(\ln x)' = \dfrac{1}{x}$.

2.2.3 复合函数的导数

定理 3 设 $y = f(u)$ 与 $u = \varphi(x)$ 可以复合成函数 $y = f[\varphi(x)]$,如果 $u = \varphi(x)$ 在点 x_0 可导,而 $y = f(u)$ 在对应的点 $u_0 = \varphi(x_0)$ 可导,则函数 $y = f[\varphi(x)]$ 在点 x_0 可导,且有

$$\left.\frac{\mathrm{d}y}{\mathrm{d}x}\right|_{x = x_0} = f'(u_0) \cdot \varphi'(x_0).$$

证 由于 $y = f(u)$ 在 u_0 可导,即 $\lim\limits_{\Delta u \to 0} \dfrac{\Delta y}{\Delta u} = f'(u_0)$,所以

$$\frac{\Delta y}{\Delta u} = f'(u_0) + \alpha,$$

其中 $\alpha = \alpha(\Delta u) \to 0 (\Delta u \to 0)$. 用 $\Delta u \neq 0$ 乘上式两边,得

$$\Delta y = f'(u_0)\Delta u + \alpha \cdot \Delta u.$$

当 $\Delta u = 0$ 时规定 $\alpha = 0$,这时因 $\Delta y = f(u_0 + \Delta u) - f(u_0) = 0$,故上式对 $\Delta u = 0$ 也成立. 从而得

$$\frac{\Delta y}{\Delta x} = f'(u_0)\frac{\Delta u}{\Delta x} + \alpha \frac{\Delta u}{\Delta x}.$$

因为 $u = \varphi(x)$ 在 x_0 可导,所以 $\lim\limits_{\Delta x \to 0} \dfrac{\Delta u}{\Delta x} = \varphi'(x_0)$. 又由 $u = \varphi(x)$ 在 x_0 的连续性知,当 $\Delta x \to 0$ 时 $\Delta u \to 0$,从而有

$$\lim_{\Delta x \to 0} \alpha = \lim_{\Delta u \to 0} \alpha = 0.$$

于是

$$\lim_{\Delta x \to 0} \frac{\Delta y}{\Delta x} = f'(u_0) \cdot \varphi'(x_0).$$

所以 $y = f[\varphi(x)]$ 在 x_0 可导,并且定理成立.

一般地,若 $u = \varphi(x)(x \in I)$ 及 $y = f(u)(u \in I_1)$ 均为可导函数,且当 $x \in I$ 时 $u = \varphi(x) \in I_1$,则复合函数 $y = f[\varphi(x)]$ 在 I 内也可导,且有

$$\frac{\mathrm{d}y}{\mathrm{d}x} = \frac{\mathrm{d}y}{\mathrm{d}u} \cdot \frac{\mathrm{d}u}{\mathrm{d}x}.$$

上式通常称为复合函数导数的**链式法则**,它可以推广到任意有限个可导函数的复合函数. 例如,设 $y = f(u), u = \varphi(v), v = \psi(x)$ 均为相应区间内的可导函数,且可以复合成函数 $y = f\{\varphi[\psi(x)]\}$,则有

$$\frac{\mathrm{d}y}{\mathrm{d}x} = \frac{\mathrm{d}y}{\mathrm{d}u} \cdot \frac{\mathrm{d}u}{\mathrm{d}v} \cdot \frac{\mathrm{d}v}{\mathrm{d}x}.$$

例 8 $y = \ln\sin x$,求 $\dfrac{\mathrm{d}y}{\mathrm{d}x}$.

解 $y = \ln\sin x$ 可看作由 $y = \ln u, u = \sin x$ 复合而成,因此

$$\frac{\mathrm{d}y}{\mathrm{d}x} = \frac{\mathrm{d}y}{\mathrm{d}u} \cdot \frac{\mathrm{d}u}{\mathrm{d}x} = \frac{1}{u} \cdot \cos x = \cot x.$$

例 9 $y = \sin\dfrac{2x}{1+x^2}$,求 $\dfrac{\mathrm{d}y}{\mathrm{d}x}$.

解 $y = \sin\dfrac{2x}{1+x^2}$ 由 $y = \sin u, u = \dfrac{2x}{1+x^2}$ 复合而成,因此

$$\frac{\mathrm{d}y}{\mathrm{d}x} = \frac{\mathrm{d}y}{\mathrm{d}u} \cdot \frac{\mathrm{d}u}{\mathrm{d}x} = \cos u \cdot \frac{2(1+x^2)-(2x)2}{(1+x^2)^2} = \frac{2(1-x^2)}{(1+x^2)^2} \cdot \cos\frac{2x}{1+x^2}.$$

例 10 求幂函数 $y = x^\mu (x > 0, \mu$ 为任意实数$)$ 的导数.

解 $y = x^\mu = \mathrm{e}^{\mu\ln x}$ 可看作由指数函数 $y = \mathrm{e}^u$ 与对数函数 $u = \mu\ln x$ 复合而成,故有

$$y' = \mathrm{e}^u \cdot \mu \cdot \frac{1}{x} = \mu\mathrm{e}^{\mu\ln x} \cdot \frac{1}{x} = \mu x^{\mu-1},$$

即

$$(x^\mu)' = \mu x^{\mu-1} \quad (x > 0).$$

在我们运用定理比较熟练以后,解题时就可以不必写出中间变量,从而使求导过程相对简洁.

例 11 设 $y = \sqrt[3]{1-2x^2}$,求 $\dfrac{\mathrm{d}y}{\mathrm{d}x}$.

解 $\dfrac{dy}{dx} = \left[(1-2x^2)^{\frac{1}{3}}\right]' = \dfrac{1}{3}(1-2x^2)^{-\frac{2}{3}} \cdot (1-2x^2)' = \dfrac{-4x}{3\sqrt[3]{(1-2x^2)^2}}.$

例 12 设 $y = \ln\cos(e^x)$，求 $\dfrac{dy}{dx}$.

解 $\dfrac{dy}{dx} = [\ln\cos(e^x)]' = \dfrac{1}{\cos(e^x)} \cdot [\cos(e^x)]' = \dfrac{1}{\cos(e^x)} \cdot [-\sin(e^x)] \cdot (e^x)'$
$= -e^x \tan(e^x).$

例 13 设 $y = e^{\sin\frac{1}{x}}$，求 $\dfrac{dy}{dx}$.

解 $\dfrac{dy}{dx} = (e^{\sin\frac{1}{x}})' = e^{\sin\frac{1}{x}} \cdot \left(\sin\dfrac{1}{x}\right)' = e^{\sin\frac{1}{x}} \cdot \cos\dfrac{1}{x} \cdot \left(\dfrac{1}{x}\right)'$
$= -\dfrac{1}{x^2} \cdot e^{\sin\frac{1}{x}} \cdot \cos\dfrac{1}{x}.$

例 14 求 $y = \ln|f(x)|$ 的导数 ($f(x) \neq 0$ 且 $f(x)$ 可导).

解 分两种情况来考虑.

当 $f(x) > 0$ 时，$y = \ln f(x)$. 可设 $y = \ln u, u = f(x)$，则
$$y' = \dfrac{1}{u} \cdot f'(x) = \dfrac{f'(x)}{f(x)}.$$

当 $f(x) < 0$ 时，$y = \ln[-f(x)]$，同法可得
$$y' = \dfrac{1}{-f(x)} \cdot [-f(x)]' = \dfrac{f'(x)}{f(x)}.$$

把两种情况合起来，得
$$(\ln|f(x)|)' = \dfrac{f'(x)}{f(x)} \quad (f(x) \neq 0).$$

例 15 求 $\text{sh}x, \text{ch}x$ 和 $\text{th}x$ 的导数.

解 $(\text{sh}x)' = \left(\dfrac{e^x - e^{-x}}{2}\right)' = \dfrac{1}{2}(e^x - e^{-x})' = \dfrac{1}{2}[(e^x)' - (e^{-x})']$
$= \dfrac{1}{2[e^x - e^{-x}(-1)]} = \dfrac{1}{2}[e^x + e^{-x}],$

即 $(\text{sh}x)' = \text{ch}x$. 同理，$(\text{ch}x)' = \text{sh}x, (\text{th}x)' = \dfrac{1}{\text{ch}^2 x}.$

例 16 求 $\text{arsh}x, \text{arch}x$ 和 $\text{arth}x$ 的导数.

解 因为 $\text{arsh}x = \ln(x + \sqrt{1+x^2})$，所以
$$(\text{arsh}x)' = \dfrac{1}{x + \sqrt{1+x^2}} \cdot \left(1 + \dfrac{x}{\sqrt{1+x^2}}\right) = \dfrac{1}{\sqrt{1+x^2}}.$$

由 $\text{arch}x = \ln(x + \sqrt{x^2-1})$，可得 $(\text{arch}x)' = \dfrac{1}{\sqrt{x^2-1}}.$

由 $\text{arth}\,x = \dfrac{1}{2}\ln\dfrac{1+x}{1-x}$,可得 $(\text{arth}\,x)' = \dfrac{1}{1-x^2}$.

2.2.4 常用初等函数的导数公式

为了便于查阅,现在把这些导数公式归纳如下:

(1) $(c)' = 0$　　　　　　　　　　(2) $(x^\mu)' = \mu x^{\mu-1}$

(3) $(\sin x)' = \cos x$　　　　　　(4) $(\cos x)' = -\sin x$

(5) $(\tan x)' = \sec^2 x$　　　　　(6) $(\cot x)' = -\csc^2 x$

(7) $(\sec x)' = \sec x \cdot \tan x$　　　(8) $(\csc x)' = -\csc x \cdot \cot x$

(9) $(a^x)' = a^x \ln a$　　　　　　(10) $(e^x)' = e^x$

(11) $(\log_a x)' = \dfrac{1}{x\ln a}$　　　　(12) $(\ln x)' = \dfrac{1}{x}$

(13) $(\arcsin x)' = \dfrac{1}{\sqrt{1-x^2}}$　　(14) $(\arccos x)' = -\dfrac{1}{\sqrt{1-x^2}}$

(15) $(\arctan x)' = \dfrac{1}{1+x^2}$　　(16) $(\text{arccot}\,x)' = -\dfrac{1}{1+x^2}$

(17) $(\text{sh}\,x)' = \text{ch}\,x$　　　　　(18) $(\text{ch}\,x)' = \text{sh}\,x$

(19) $(\text{th}\,x)' = \dfrac{1}{\text{ch}^2 x}$

(20) $(\text{arcsh}\,x)' = (\ln(x+\sqrt{x^2+1}))' = \dfrac{1}{\sqrt{x^2+1}}$

(21) $(\text{arcch}\,x)' = (\ln(x+\sqrt{x^2-1}))' = \dfrac{1}{\sqrt{x^2-1}}$

(22) $(\text{arcth}\,x)' = \left(\dfrac{1}{2}\ln\dfrac{1+x}{1-x}\right)' = \dfrac{1}{1-x^2}$.

例 17 求下列函数的导数.

(1) $y = 2^x + x^4 + \log_3(x^3 e^2)$;　　(2) $y = e^x(\sin x - 2\cos x)$;

(3) $y = \dfrac{ax+b}{cx+d}\,(ad-bc \neq 0)$;　　(4) $y = \sec x \tan x + 3\sqrt[3]{x}\arctan x$;

(5) $y = \ln(\arccos 2x)$;　　　　　(6) $y = a^{\sin^2 x}$;

(7) $y = \sin^2 x \sin x^2$.

解 (1) $y' = (2^x)' + (x^4)' + (3\log_3 x + \log_3 e^2)'$

$\quad\quad = 2^x \ln 2 + 4x^3 + \dfrac{3}{x\ln 3}$.

(2) $y' = (e^x)'(\sin x - 2\cos x) + e^x(\sin x - 2\cos x)'$

$\quad\quad = e^x(\sin x - 2\cos x + \cos x + 2\sin x)$

$$= e^x(3\sin x - \cos x).$$

(3) $y' = \dfrac{(ax+b)'(cx+d) - (ax+b)(cx+d)'}{(cx+d)^2} = \dfrac{ad-bc}{(cx+d)^2}.$

(4) $y' = (\sec x \tan x)' + (3\sqrt[3]{x}\arctan x)'$

$$= \sec x \tan^2 x + \sec^3 x + x^{-\frac{2}{3}}\arctan x + \dfrac{3\sqrt[3]{x}}{1+x^2}.$$

(5) $y' = \dfrac{1}{\arccos 2x} \cdot \dfrac{-1}{\sqrt{1-(2x)^2}} \cdot 2 = \dfrac{-2}{\sqrt{1-4x^2}\arccos 2x}.$

(6) $y' = a^{\sin^2 x}\ln a \cdot 2\sin x \cos x = a^{\sin^2 x}\sin 2x \cdot \ln a.$

(7) $y' = (\sin^2 x)'\sin x^2 + \sin^2 x(\sin x^2)'$

$$= 2\sin x \cos x \sin x^2 + 2x\sin^2 x \cos x^2.$$

例 18 设函数 $f(x)$ 在 $[0,1]$ 上可导,且 $y = f(\sin^2 x) + f(\cos^2 x)$,求 y'.

解 $y' = [f(\sin^2 x)]' + [f(\cos^2 x)]'$

$$= f'(\sin^2 x) \cdot 2\sin x \cos x + f'(\cos^2 x) \cdot 2\cos x(-\sin x)$$

$$= \sin 2x[f'(\sin^2 x) - f'(\cos^2 x)].$$

习题 2-2

A

1. 求下列函数的导数.

(1) $y = 3x^2 - \dfrac{2}{x^2} + 5;$

(2) $y = \dfrac{3}{5-x} + \dfrac{x^2}{5};$

(3) $y = \dfrac{\sin x - x\cos x}{\cos x + x\sin x};$

(4) $y = a^x + e^x;$

(5) $y = 2\tan x + \sec x - 1;$

(6) $y = 2x - \sqrt[3]{x} + 2\sin x - \cos\dfrac{\pi}{3}.$

2. 求下列函数的导数.

(1) $y = x^2\cos x;$

(2) $y = e^x(x^2 + 3x + 1);$

(3) $y = \cos^3 x - \cos 3x;$

(4) $y = x\tan x - \csc x;$

(5) $y = \dfrac{1}{8}e^{2x}[2 - \sin 2x - \cos 2x];$

(6) $y = \dfrac{\ln x}{x};$

(7) $y = (2 + \sec t)\sin t;$

(8) $y = (x - \cot x)\cos x.$

3. 求下列函数的导数.

(1) $y = \dfrac{\cos x}{x^2};$

(2) $y = \dfrac{1-x}{1+x};$

(3) $y = \dfrac{2x}{1-x^2}$;

(4) $y = \dfrac{x^2}{4^x}$;

(5) $y = e^{\sin x}$;

(6) $y = \dfrac{2\csc x}{1+x^2}$;

(7) $y = \dfrac{\cot x}{1+\sqrt{x}}$;

(8) $y = \dfrac{x\sin x}{1+\cos x}$;

(9) $y = \ln\cos x$;

(10) $y = \dfrac{1}{1+x+x^2}$.

4. 求下列函数在给定点的导数.

(1) $y = \dfrac{2x^3 - x\sqrt{x} + 3x - \sqrt{x} - 4}{x\sqrt{x}}$，求 $y'|_{x=1}$;

(2) $y = \cos x \sin x$，求 $y'\big|_{x=\frac{\pi}{6}}$ 和 $y'\big|_{x=\frac{\pi}{4}}$;

(3) $\rho = \varphi\sin\varphi + \dfrac{1}{2}\cos\varphi$，求 $\dfrac{d\rho}{d\varphi}\Big|_{\varphi=\frac{\pi}{4}}$;

(4) $y = \dfrac{1}{2}\cos x + x\tan x$，求 $y'\big|_{x=\frac{\pi}{4}}$.

5. 求下列函数的导数.

(1) $y = (1-2x)^{10}$;

(2) $y = e^{2x}$;

(3) $y = A\sin(\omega t + \varphi)$;

(4) $y = x\cos x - \sin x$;

(5) $y = \tan(x^2+1)$;

(6) $y = \ln\sqrt{4x+3}$;

(7) $y = \ln|x|$;

(8) $y = \sin(2^x)$;

(9) $y = 2^{\sin x}$;

(10) $y = \ln\sec 3x$;

(11) $y = e^x\sqrt{1-e^{2x}}$;

(12) $y = \log_a(x^2+x+1)$.

6. 求下列函数的导数.

(1) $y = \cos(4-3x)$;

(2) $y = e^{-3x^2}$;

(3) $y = \csc^2 x$;

(4) $y = \sin^2 x$;

(5) $y = \dfrac{2}{1+\ln x}$;

(6) $y = \tan x^2$;

(7) $y = \ln[\ln(\ln x)]$;

(8) $y = \dfrac{\sin 2x}{x}$;

(9) $y = \ln(x + \sqrt{a^2+x^2})$;

(10) $y = \ln\sqrt{x} + \sqrt{\ln x}$.

7. 求下列函数的导数.

(1) $y = \arctan e^x$;

(2) $y = \dfrac{\sqrt{x}-1}{x^2}$;

(3) $y = \ln[\cos(10+3x^2)]$;

(4) $y = e^{-\frac{x}{2}}\cos 3x$;

(5) $y = \arccos\dfrac{1}{x}$;

(6) $y = \ln(\csc x - \cot x)$;

(7) $y = \left(\arcsin\dfrac{x}{2}\right)^2$;

(8) $y = \ln\tan\dfrac{x}{2} - \cos x\ln\tan x$;

(9) $y = \sin^n x \cos nx$；

(10) $y = \arctan \dfrac{x+1}{x-1}$.

8. 求下列函数的导数.

(1) $y = \arcsin e^{\sqrt{x}}$；

(2) $y = x \cdot \cos x \cdot \ln x$；

(3) $y = \cos(\sin^3 x^2)$；

(4) $y = e^{\arctan \sqrt{x}}$；

(5) $y = \operatorname{arccot}(1 - x^2)$；

(6) $y = \arcsin \sqrt{\sin x}$；

(7) $y = \sqrt{x^2 - a^2} - a \arccos \dfrac{a}{x}$；

(8) $y = x \cdot \arccos x - \sqrt{1-x^2}$；

(9) $y = \ln \tan \left(\dfrac{\pi}{4} + \dfrac{x}{2} \right)$；

(10) $y = \sec^2 \dfrac{x}{2} + \csc^2 \dfrac{x}{2}$；

(11) $y = x^3 + \sqrt[3]{x} + 3^x - \log^3 x$；

(12) $y = \theta e^\theta \cot \theta$；

(13) $s = a\cos^2(2\omega t + \varphi)$；

(14) $y = e^{-\omega t} \sin(\omega t + \varphi)$；

(15) $y = 2^{\frac{x}{\ln x}}$；

(16) $y = \ln(x + \sqrt{x^2 \pm a^2})$；

(17) $y = (\arcsin x)^2$；

(18) $y = e^{-\sin^2 \frac{1}{x}}$；

(19) $y = \log_a (x^2 + 1)$；

(20) $y = \sin \sqrt{1 + x^2}$.

B

1. 设 $f(x)$ 可导，求下列函数的导数.

(1) $y = f(x^2)$；

(2) $y = f(e^x) e^{f(x)}$；

(3) $y = f^2(e^x)$.

2. 当 a 与 b 取何值时，才能使曲线 $y = \ln x - 1$ 和曲线 $y = ax^2 + bx$ 在 $(1, -1)$ 处有共同的切线.

3. (1) 若函数 $f(x)$ 在点 x_0 可导，而函数 $g(x)$ 在点 x_0 不可导；

(2) 若 $f(x)$ 和 $g(x)$ 在点 x_0 都不可导.

就以上两种情况研究 $F(x) = f(x) + g(x)$ 及 $G(x) = f(x) \cdot g(x)$ 在点 x_0 是否可导？

2.3 高阶导数

若函数 $y = f(x)$ 在区间 I 内可导，则它的导数作为 I 内的函数，进而可以考察它们的可导性，这就产生了高阶导数.

定义 若函数 $y = f(x)$ 的导函数在 x_0 可导，则称 $y = f(x)$ 在 x_0 **二阶可导**，且称 $f'(x)$ 在 x_0 的导数为 $y = f(x)$ 在 x_0 的**二阶导数**，记作

$$f''(x_0), \ y'' \bigg|_{x = x_0}, \ \dfrac{d^2 y}{dx^2} \bigg|_{x = x_0} \ \text{或} \ \dfrac{d^2 f}{dx^2} \bigg|_{x = x_0}.$$

若函数 $y=f(x)$ 在区间 I 内每一点都二阶可导，则称它在 I 内**二阶可导**，并称 $f''(x)$ 为 $f(x)$ 在 I 内的**二阶导函数**，或简称**二阶导数**.

类似地可以定义三阶导数 $f'''(x)$，四阶导数 $f^{(4)}(x)$. 一般来说可由 $n-1$ 阶导数定义 n 阶导数. 函数 $y=f(x)$ 的 n 阶导数 $f^{(n)}(x) = [f^{(n-1)}(x)]'$，也可记作

$$f^{(n)}(x), y^{(n)}, \frac{d^n y}{dx^n} \text{ 或 } \frac{d^n f}{dx^n}.$$

二阶及二阶以上的导数统称为**高阶导数**. 相对于高阶导数来说，$f'(x)$ 也称为**一阶导数**. 有时也将 $f(x)$ 称为零阶导数，即 $f^{(0)}(x) = f(x)$.

下面举例说明高阶导数的求法.

例 1 设 $y = a^x$，求 $y^{(n)}$.

解 $y' = a^x \ln a, y'' = a^x \ln^2 a, y''' = a^x \ln^3 a, \cdots$，所以

$$y^{(n)} = a^x \ln^n a.$$

特别当 $a = e$ 时，有

$$(e^x)^{(n)} = e^x.$$

例 2 求 $y = \sin x$ 和 $y = \cos x$ 的 n 阶导数.

解 $(\sin x)' = \cos x = \sin\left(x + \dfrac{\pi}{2}\right).$

$$(\sin x)'' = \cos\left(x + \frac{\pi}{2}\right) = \sin\left(x + 2 \cdot \frac{\pi}{2}\right).$$

如果 $(\sin x)^{(k)} = \sin\left(x + k \cdot \dfrac{\pi}{2}\right)$，则

$$(\sin x)^{(k+1)} = \cos\left(x + k \cdot \frac{\pi}{2}\right) = \sin\left[x + (k+1) \frac{\pi}{2}\right].$$

由数学归纳法可得

$$(\sin x)^{(n)} = \sin\left(x + n \cdot \frac{\pi}{2}\right).$$

类似地有

$$(\cos x)^{(n)} = \cos\left(x + n \cdot \frac{\pi}{2}\right).$$

例 3 求 $y = \ln(1+x)$ 的 n 阶导数.

解 $y' = \dfrac{1}{1+x} = (1+x)^{-1}.$

$y'' = (-1)(1+x)^{-2}.$

$y''' = (-1)(-2)(1+x)^{-3} = (-1)^2 2! \ (1+x)^{-3}.$

……

一般地有

$$y^{(n)} = [\ln(1+x)]^{(n)} = (-1)^{n-1} \frac{(n-1)!}{(1+x)^n}.$$

例 4 求 $y = x^\mu$ (μ 为任意实数) 的 n 阶导数.

解 $y' = \mu x^{\mu-1}$, $y'' = \mu(\mu-1)x^{\mu-2}$, $y''' = \mu(\mu-1)(\mu-2)x^{\mu-3}$, $\cdots$, 一般地有

$$y^{(n)} = (x^\mu)^{(n)} = \mu(\mu-1)\cdots(\mu-n+1)x^{\mu-n}.$$

当 $\mu = n$ 时, 得

$$(x^n)^{(n)} = n!,$$

而

$$(x^n)^{(n+1)} = 0.$$

例 5 证明:函数 $y = \sqrt{2x - x^2}$ 满足关系式 $y^3 y'' + 1 = 0$.

证 $y' = \dfrac{2 - 2x}{2\sqrt{2x - x^2}} = \dfrac{1 - x}{\sqrt{2x - x^2}}$.

$$y'' = \frac{-\sqrt{2x-x^2} - (1-x)\dfrac{2-2x}{2\sqrt{2x-x^2}}}{2x - x^2} = \frac{-2x + x^2 - (1-x)^2}{(2x-x^2)\sqrt{(2x-x^2)}}$$

$$= -\frac{1}{(2x-x^2)^{\frac{3}{2}}} = -\frac{1}{y^3}.$$

代入 y'', 即可证得关系式 $y^3 y'' + 1 = 0$ 成立.

求函数的高阶导数还可以借助下列高阶导数的求导法则:

(1) $[u(x) \pm v(x)]^{(n)} = [u(x)]^{(n)} \pm [v(x)]^{(n)}$;

(2) $[u(x)v(x)]^{(n)} = \sum\limits_{k=0}^{n} C_n^k u^{(n-k)}(x) v^{(k)}(x).$

其中 $u(x)$ 与 $v(x)$ 都是 n 阶可导函数, $u^{(0)}(x) = u(x)$, $v^{(0)}(x) = v(x)$, $C_n^k = \dfrac{n!}{k!(n-k)!}.$

公式(2) 称为**莱布尼兹公式**. 读者可以用数学归纳法自行证明.

例 6 设 $y = x^2 \sin x$, 求 $y^{(50)}$.

解 令 $u = \sin x$, $v = x^2$, 则

$$u^{(k)} = \sin\left(x + \frac{k\pi}{2}\right) \quad (k = 1, 2, \cdots, 50),$$

$$v' = 2x, v'' = 2, v^{(k)} = 0 \quad (k \geq 3).$$

代入莱布尼兹公式, 得

$$y^{(50)} = x^2 \sin\left(x + \frac{50\pi}{2}\right) + 50 \cdot 2x \sin\left(x + \frac{49\pi}{2}\right)$$

$$+ \frac{50 \times 49}{2} \cdot 2 \sin\left(x + \frac{48\pi}{2}\right)$$

$$= -x^2\sin x + 100x\cos x + 2450\sin x.$$

习题 2-3

A

1. 求下列函数的二阶导数.

(1) $y = \tan x$;　　　　　　(2) $y = e^{2x-1}$;

(3) $y = \ln(1 - x^2)$;　　　　(4) $y = \ln(x + \sqrt{1 + x^2})$;

(5) $y = x\cos x$;　　　　　　(6) $y = \cos^2 x \ln x$.

2. (1) 证明 $y = \dfrac{\sin x}{x}$ 满足如下关系：

$$\frac{d^2 y}{dx^2} + \frac{2dy}{xdx} + y = 0.$$

(2) 验证函数 $y = e^{-x}\sin x$ 满足关系式：

$$y'' + 2y' + 2y = 0.$$

B

1. 求下列函数的 n 阶导数.

(1) $y = x^2 e^x$;　　　　　　(2) $y = \dfrac{1-x}{1+x}$;

(3) $y = \ln(1 - x)$.

2. 已知物体的运动规律为 $s = A\sin\omega t$（A, ω 是常数），求物体运动的加速度，并验证：

$$\frac{d^2 s}{dt^2} + \omega^2 s = 0.$$

3. 设抛物线 $y = ax^2 + bx + c$ 与曲线 $y = e^x$ 在点 $x = 0$ 处相交，并在交点处有相同的一、二阶导数，试问 a, b, c 为何值？

2.4　隐函数及由参数方程所确定的函数的导数　相关变化率

2.4.1　隐函数的导数

显函数:形如 $y = f(x)$ 的函数称为显函数.例如 $y = \sin x, y = \ln x + e^x$.

隐函数:由方程 $F(x,y) = 0$ 所确定的函数称为隐函数.例如,方程 $x + y^3 - 1 = 0$ 确定的隐函数为 $y = \sqrt[3]{1-x}$.

如果在方程 $F(x,y) = 0$ 中,当 x 取某区间内的任一值时,相应地总有满足这个方程的惟一的 y 值存在,那么就说方程 $F(x,y) = 0$ 在该区间内确定了一个隐函数.

把一个隐函数化成显函数,叫做隐函数的显化.隐函数的显化有时是有困难的,甚至是不可能的.但在实际问题中,有时需要计算隐函数的导数,因此,我们希望有一种方法,不管隐函数能否显化,都能直接由方程算出它所确定的隐函数的导数来.

例 1 求由方程 $y^5 + 2y - x - 3x^7 = 0$ 所确定的隐函数 $y = f(x)$ 在 $x = 0$ 处的导数 $y'|_{x=0}$.

解 方程两边分别对 x 求导数,得
$$5y^4 \cdot y' + 2y' - 1 - 21x^6 = 0,$$
由此得
$$y' = \frac{1 + 21x^6}{5y^4 + 2}.$$
因为当 $x = 0$ 时,从原方程得 $y = 0$,所以
$$y'|_{x=0} = \frac{1 + 21x^6}{5y^4 + 2}\bigg|_{x=0} = \frac{1}{2}.$$

例 2 设 $y = y(x)$ 是由方程 $e^y + xy - e = 0$ 在点 $(0,1)$ 处所确定的隐函数,求 $\dfrac{dy}{dx}$ 及 $y = y(x)$ 对应的曲线在 $(0,1)$ 处的切线方程.

解 在方程 $e^y + xy - e = 0$ 中把 y 看作 x 的函数,方程两边对 x 求导,得
$$e^y y' + y + xy' = 0.$$
所以
$$\frac{dy}{dx} = y' = -\frac{y}{x + e^y}.$$
由此得出 $y'|_{(0,1)} = -\dfrac{1}{e}$,从而 $y = y(x)$ 在 $(0,1)$ 处的切线方程为 $y - 1 = -\dfrac{1}{e}x$,即
$$y = -\frac{1}{e}x + 1.$$

例 3 求由方程 $y - x + \dfrac{1}{3}\cos y = 0$ 所确定的隐函数 y 的二阶导数.

解 方程两边对 x 求导,得
$$\frac{dy}{dx} - 1 - \frac{1}{3}\sin y \cdot \frac{dy}{dx} = 0,$$

于是
$$\frac{dy}{dx} = \frac{3}{3 - \sin y}.$$

上式两边再对 x 求导,得
$$\frac{d^2 y}{dx^2} = \frac{3\cos y}{(3 - \sin y)^2} \cdot y' = \frac{9\cos y}{(3 - \sin y)^3}.$$

在某些场合,利用**对数求导法**来求导比通常方法简便些.这种方法是先在 $y = f(x)$ 的两边取对数,然后再求出 y 的导数.设 $y = f(x)$,两边取对数,得 $\ln y = \ln f(x)$,两边对 x 求导,得
$$\frac{1}{y}y' = [\ln f(x)]',$$

变换后得
$$y' = f(x) \cdot [\ln f(x)]'.$$

对数求导法适用于求幂指函数 $y = [u(x)]^{v(x)}$ 的导数及多因子之积和商的导数.

例4 求 $y = x^{\cos x}$ $(x > 0)$ 的导数.

解法一 两边取对数,得
$$\ln y = \cos x \cdot \ln x.$$

上式两边对 x 求导,得
$$\frac{1}{y}y' = -\sin x \cdot \ln x + \cos x \cdot \frac{1}{x},$$

于是
$$y' = y\left(-\sin x \cdot \ln x + \cos x \cdot \frac{1}{x}\right) = x^{\cos x}\left(-\sin x \cdot \ln x + \frac{\cos x}{x}\right).$$

解法二 这种幂指函数的导数也可按下面的方法求.
$$y = x^{\cos x} = e^{\cos x \cdot \ln x},$$
$$y' = e^{\cos x \cdot \ln x}(\cos x \cdot \ln x)' = x^{\cos x}\left(-\sin x \cdot \ln x + \frac{\cos x}{x}\right).$$

例5 求函数 $y = \frac{\sqrt{x+2}(3-x)^4}{(x+1)^5}$ $(-1 < x < 3)$ 的导数.

解 先在两边取对数,得
$$\ln y = \frac{1}{2}\ln(x+2) + 4\ln(3-x) - 5\ln(x+1).$$

上式两边对 x 求导,得
$$\frac{1}{y}y' = \frac{1}{2} \cdot \frac{1}{x+2} + 4 \cdot \frac{-1}{3-x} - 5 \cdot \frac{1}{x+1},$$

于是

$$y' = y\left(\frac{1}{2(x+2)} - \frac{4}{3-x} - \frac{5}{x+1}\right),$$

$$y' = \frac{\sqrt{x+2}(3-x)^4}{(x+1)^5}\left(\frac{1}{2(x+2)} - \frac{4}{3-x} - \frac{5}{x+1}\right).$$

2.4.2 由参数方程所确定的函数的导数

设 y 与 x 的函数关系是由参数方程 $\begin{cases} x = \varphi(t) \\ y = \psi(t) \end{cases}$ 确定的,则称此函数关系所表达的函数为由参数方程所确定的函数.

在实际问题中,有时需要计算由参数方程所确定的函数的导数.但从参数方程中消去参数 t 有时会有困难,因此,我们希望有一种方法能直接由参数方程算出它所确定的函数的导数.

设 $x = \varphi(t)$ 具有单调连续反函数 $t = \varphi^{-1}(x)$,且此反函数能与函数 $y = \psi(t)$ 构成复合函数 $y = \psi[\varphi^{-1}(x)]$,若 $x = \varphi(t)$ 和 $y = \psi(t)$ 都可导,而且 $\varphi'(t) \neq 0$,则

$$\frac{dy}{dx} = \frac{dy}{dt} \cdot \frac{dt}{dx} = \frac{dy}{dt} \cdot \frac{1}{\frac{dx}{dt}} = \frac{\psi'(t)}{\varphi'(t)},$$

即

$$\frac{dy}{dx} = \frac{\psi'(t)}{\varphi'(t)} \quad \text{或} \quad \frac{dy}{dx} = \frac{\frac{dy}{dt}}{\frac{dx}{dt}}.$$

例 6 求由上半椭圆的参数方程

$$\begin{cases} x = a\cos t \\ y = b\sin t \end{cases} (0 < t < \pi)$$

所确定的函数 $y = y(x)$ 的导数.

解 由公式求得

$$\frac{dy}{dx} = \frac{(b\sin t)'}{(a\cos t)'} = \frac{b\cos t}{-a\sin t} = -\frac{b}{a}\cot t.$$

例 7 抛射体运动轨迹的参数方程为

$$\begin{cases} x = v_1 t \\ y = v_2 t - \frac{1}{2} g t^2 \end{cases},$$

求抛射体在时刻 t 的运动速度的大小和方向.

解 先求速度的大小.
速度的水平分量与铅直分量分别为

$$x'(t) = v_1, y'(t) = v_2 - gt,$$

所以抛射体在时刻 t 的运动速度的大小为

$$v = \sqrt{[x'(t)]^2 + [y'(t)]^2} = \sqrt{v_1^2 + (v_2 - gt)^2}.$$

再求速度的方向.

设 α 是切线的倾角,则轨道的切线方向为

$$\tan\alpha = \frac{dy}{dx} = \frac{y'(t)}{x'(t)} = \frac{v_2 - gt}{v_1}.$$

已知 $x = \varphi(t), y = \psi(t)$,如何求二阶导数 y''?

由

$$x = \varphi(t), \frac{dy}{dx} = \frac{\psi'(t)}{\varphi'(t)},$$

得

$$\frac{d^2y}{dx^2} = \frac{d}{dx}\left(\frac{dy}{dx}\right) = \frac{d}{dt}\left(\frac{\psi'(t)}{\varphi'(t)}\right)\frac{dt}{dx} = \frac{\psi''(t)\varphi'(t) - \psi'(t)\varphi''(t)}{\varphi'^2(t)} \cdot \frac{1}{\varphi'(t)}$$

$$= \frac{\psi''(t)\varphi'(t) - \psi'(t)\varphi''(t)}{\varphi'^3(t)}.$$

例8 计算由摆线的参数方程 $\begin{cases} x = a(t - \sin t) \\ y = a(1 - \cos t) \end{cases}$ 所确定的函数 $y = y(x)$ 的二阶导数.

解 $\dfrac{dy}{dx} = \dfrac{y'(t)}{x'(t)} = \dfrac{[a(1 - \cos t)]'}{[a(t - \sin t)]'} = \dfrac{a\sin t}{a(1 - \cos t)} = \dfrac{\sin t}{1 - \cos t}$

$= \cot\dfrac{t}{2}$ ($t \neq 2n\pi, n$ 为整数).

$\dfrac{d^2y}{dx^2} = \dfrac{d}{dx}\left(\dfrac{dy}{dx}\right) = \dfrac{d}{dt}\left(\cot\dfrac{t}{2}\right) \cdot \dfrac{dt}{dx} = -\dfrac{1}{2\sin^2\dfrac{t}{2}} \cdot \dfrac{1}{a(1 - \cos t)}$

$= -\dfrac{1}{a(1 - \cos t)^2}$ ($t \neq 2n\pi, n$ 为整数).

例9 求参数方程 $\begin{cases} x = f'(t) \\ y = (t - 1)f'(t) \end{cases}$ 所确定的函数 $y = y(x)$ 的二阶导数,其中 $f(t)$ 三阶可导且 $f''(t) \neq 0$.

解 $\dfrac{dy}{dx} = \dfrac{f'(t) + f''(t)(t - 1)}{f''(t)} = \dfrac{f'(t)}{f''(t)} + (t - 1),$

$\dfrac{d^2y}{dx^2} = \dfrac{d}{dt}\left[\dfrac{f'(t) + f''(t)(t - 1)}{f''(t)}\right]\dfrac{1}{\dfrac{dx}{dt}}$

$= \left\{\dfrac{[f''(t)]^2 - f'(t)f'''(t)}{[f''(t)]^2} + 1\right\}\dfrac{1}{f''(t)}$

$$= \frac{2}{f''(t)} - \frac{f'(t)f'''(t)}{[f''(t)]^3}.$$

2.4.3 相关变化率

设 $x = x(t)$ 及 $y = y(t)$ 都是可导函数，而变量 x 与 y 间存在某种关系，从而变化率 $\dfrac{dx}{dt}$ 与 $\dfrac{dy}{dt}$ 间也存在一定关系，这两个相互依赖的变化率称为**相关变化率**. 相关变化率问题就是研究这两个变化率之间的关系，以便从其中一个变化率求出另一个变化率.

例 10 一气球从离开观察员 500 米处离地面铅直上升，其速度为 140 米/分钟. 当气球高度为 500 米时，观察员视线的仰角增加率是多少？

解 设气球上升 t（分钟）后，其高度为 h，观察员视线的仰角为 α，则

$$\tan\alpha = \frac{h}{500}.$$

其中 α 及 h 都是时间 t 的函数. 上式两边对 t 求导，得

$$\sec^2\alpha \cdot \frac{d\alpha}{dt} = \frac{1}{500} \cdot \frac{dh}{dt}.$$

已知 $\dfrac{dh}{dt} = 140$（米/分钟）. 又当 $h = 500$（米）时，$\tan\alpha = 1, \sec^2\alpha = 2$. 代入上式得

$$2\frac{d\alpha}{dt} = \frac{1}{500} \cdot 140,$$

所以

$$\frac{d\alpha}{dt} = \frac{70}{500} = 0.14 (\text{弧度}/\text{分钟}).$$

即观察员视线的仰角增加率是每分钟 0.14 弧度.

习题 2-4

A

1. 求下列方程所确定的隐函数 $y = y(x)$ 的导数 $\dfrac{dy}{dx}$.

   (1) $y^2 - 2xy + 9 = 0$;   (2) $x + y^2 \ln x - 4 = 0$;
   (3) $y = 1 - xe^y$;   (4) $e^{xy} + y\ln x = \cos 2x$;

(5) $\dfrac{\sin x}{\cos x} = \sin(x - y)$.

2. 求下列参数方程所确定的函数的导数 $\dfrac{\mathrm{d}y}{\mathrm{d}x}$.

(1) $\begin{cases} x = at^2 \\ y = bt^3 \end{cases}$;

(2) $\begin{cases} x = \theta(1 - \sin\theta) \\ y = \theta\cos\theta \end{cases}$.

3. 已知曲线参数方程为 $\begin{cases} x = \dfrac{3at}{1+t^2} \\ y = \dfrac{3at^2}{1+t^2} \end{cases}$, 求当 $t = 2$ 时的切线方程和法线方程.

4. 求下列参数方程所确定的函数的二阶导数 $\dfrac{\mathrm{d}^2 y}{\mathrm{d}x^2}$.

(1) $\begin{cases} x = \dfrac{t^2}{2} \\ y = 1 - t \end{cases}$;   (2) $\begin{cases} x = 3\mathrm{e}^{-t} \\ y = 2\mathrm{e}^{t} \end{cases}$;

(3) $\begin{cases} x = \dfrac{1}{1+t} \\ y = \dfrac{t}{1+t} \end{cases}$;   (4) $\begin{cases} x = at + b \\ y = \dfrac{1}{2}at^2 + bt \end{cases}$.

B

1. 用对数求导法求 $y = y(x)$ 的导数 y'.

(1) $(\cos x)^y = (\sin y)^x$;   (2) $y = x^{\ln x}$;

(3) $y = x \cdot (\sin x)^{\cos x}$;   (4) $y = \left(\dfrac{x}{1+x}\right)^x$;

(5) $y = \sqrt{\dfrac{(x-1)(x-2)}{(x-3)(x-4)}}$;   (6) $y = \sqrt{x \sin x \sqrt{1 - \mathrm{e}^x}}$;

(7) $y = \sqrt[5]{\dfrac{x-5}{\sqrt[5]{x^2+2}}}$.

2. 写出下列曲线在给定点处的切线和法线方程.

(1) $\begin{cases} x = \sin t \\ y = \cos 2t \end{cases}$, 在 $t = \dfrac{\pi}{4}$ 处;

(2) $\begin{cases} x = 2\mathrm{e}^{t} \\ y = \mathrm{e}^{-t} \end{cases}$, 在 $t = 0$ 处.

3. 验证由参数方程 $\begin{cases} x = \mathrm{e}^{t}\sin t \\ y = \mathrm{e}^{t}\cos t \end{cases}$ 所确定的函数 $y = y(x)$ 满足关系式:

$$(x + y)^2 \dfrac{\mathrm{d}^2 y}{\mathrm{d}x^2} = 2\left(x \dfrac{\mathrm{d}y}{\mathrm{d}x} - y\right).$$

2.5 函数的微分及其计算

2.5.1 微分的定义

根据函数极限与无穷小的关系,当 $f(x)$ 在 x_0 可导时,有
$$\frac{\Delta y}{\Delta x} = f'(x_0) + \alpha,$$
其中 $\alpha \to 0(\Delta x \to 0)$. 从而在 x_0 处函数的增量 Δy 有表达式:
$$\Delta y = f'(x_0)\Delta x + o(\Delta x)(\Delta x \to 0).$$

因此,对增量 Δy 来说,在 $|\Delta x|$ 很小时,起主要作用的是前面 Δx 的线性部分: $f'(x_0)\Delta x$,它称为增量 Δy 的**线性主部**或**主要部分**. 这一公式在近似计算中是经常出现的. 例如,测量边长为 x_0 的正方形面积时,由于测量时对其真实值 x_0 总有误差 Δx,这时边长为 $x_0 + \Delta x$,由此算出的面积与其真实面积的误差(用 Δy 表示)为
$$\Delta y = (x_0 + \Delta x)^2 - x^2 = 2x_0\Delta x + (\Delta x)^2.$$
当 Δx 充分小时,$(\Delta x)^2$ 可以忽略不计,因此误差的主要部分为 $2x_0\Delta x$. 从类似的近似计算中我们抽象出一种数学概念——微分.

定义 若函数 $y = f(x)$ 在 x_0 的增量 Δy 可表示为
$$\Delta y = A\Delta x + o(\Delta x) \quad (\Delta x \to 0),$$
其中 A 与 Δx 无关,则称 $y = f(x)$ 在 x_0 **可微**,且称 $A\Delta x$ 为 $f(x)$ 在点 x_0 的**微分**,记作 $\mathrm{d}y\big|_{x=x_0}$ 或 $\mathrm{d}f\big|_{x=x_0}$. 即
$$\mathrm{d}y\big|_{x=x_0} = A\Delta x.$$

由定义可得:

性质 函数 $y = f(x)$ 在 x_0 可微的充分必要条件是 $f(x)$ 在 x_0 可导. 当 $f(x)$ 在 x_0 可微时,
$$\mathrm{d}y\big|_{x=x_0} = f'(x_0)\Delta x.$$

证 充分性 如果 $f(x)$ 在点 x_0 可导,即
$$\lim_{\Delta x \to 0}\frac{\Delta y}{\Delta x} = f'(x_0)$$
存在,根据极限与无穷小的关系,上式可写成
$$\frac{\Delta y}{\Delta x} = f'(x_0) + \alpha,$$
其中 $\alpha \to 0$(当 $\Delta x \to 0$ 时). 由此有
$$\Delta y = f'(x_0)\Delta x + \alpha\Delta x.$$

因 $f'(x_0)$ 不依赖于 Δx,且 $A = f'(x_0)$ 是常数,$\alpha \Delta x = o(\Delta x)$,故上式相当于
$$\Delta y = A\Delta x + o(\Delta x),$$
所以 $f(x)$ 在点 x_0 可微.

必要性 设 $y = f(x)$ 在点 x_0 可微,则有
$$\Delta y = A\Delta x + o(\Delta x) \quad (\Delta x \to 0).$$
以 $\Delta x \neq 0$ 除上式两边,并令 $\Delta x \to 0$ 取极限,得
$$\lim_{\Delta x \to 0} \frac{\Delta y}{\Delta x} = A.$$
所以 $y = f(x)$ 在 x_0 可导,且 $f'(x_0) = A$. 因此
$$\mathrm{d}y|_{x = x_0} = f'(x_0)\Delta x.$$

上述性质表明,一元函数的可导性与可微性是等价的.

若函数 $y = f(x)$ 在区间 I 内每一点都可微,则称 $f(x)$ 在 I **内可微**,或称 $f(x)$ 是 I 内的可微函数. 函数 $f(x)$ 在 I 内的微分记作
$$\mathrm{d}y = f'(x)\Delta x,$$
它不仅依赖于 Δx,而且也依赖于 x.

特别地,对于函数 $y = x$ 来说,由于 $(x)' = 1$,则
$$\mathrm{d}x = (x)'\Delta x = \Delta x.$$
所以我们规定自变量的微分等于自变量的增量. 这样,函数 $y = f(x)$ 的微分可以写成
$$\mathrm{d}y = f'(x)\mathrm{d}x.$$
从而有
$$\frac{\mathrm{d}y}{\mathrm{d}x} = f'(x).$$
即函数的微分与自变量的微分之商等于函数的导数,因此导数又有**微商**之称. 现在不难看出用记号 $\frac{\mathrm{d}y}{\mathrm{d}x}$ 表示导数的方便之处,例如反函数的求导公式:
$$\frac{\mathrm{d}y}{\mathrm{d}x} = \frac{1}{\frac{\mathrm{d}x}{\mathrm{d}y}},$$
可以看作是 $\mathrm{d}y$ 与 $\mathrm{d}x$ 相除的一种代数变形.

例1 求函数 $y = x^2$ 在 $x = 1$ 和 $x = 3$ 处的微分.

解 函数 $y = x^2$ 在 $x = 1$ 处的微分为
$$\mathrm{d}y = (x^2)'|_{x=1}\Delta x = 2\Delta x.$$
函数 $y = x^2$ 在 $x = 3$ 处的微分为
$$\mathrm{d}y = (x^2)'|_{x=3}\Delta x = 6\Delta x.$$

例 2 设 $y = \ln(1 + e^{10x}) + \operatorname{arccot} e^{5x}$,求函数的微分 $dy\big|_{\substack{x=0 \\ \Delta x = 0.1}}$.

解 $dy\big|_{\substack{x=0 \\ \Delta x = 0.1}} = \dfrac{5e^{5x}(2e^{5x} - 1)}{1 + e^{10x}} \Delta x \big|_{\substack{x=0 \\ \Delta x = 0.1}} = 0.25.$

2.5.2 微分的几何意义

如图 2-3 所示,当 Δy 是曲线 $y = f(x)$ 上点的纵坐标的增量时,dy 就是曲线的切线上点纵坐标的相应增量. 当 $|\Delta x|$ 很小时,$|\Delta y - dy|$ 比 $|\Delta x|$ 小得多,因此在点 M 的邻近,我们可以用切线段来近似代替曲线段.

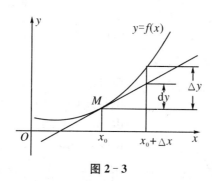

图 2-3

2.5.3 基本初等函数的微分公式与微分运算法则

从函数微分的表达式

$$dy = f'(x)dx$$

可以看出,要计算函数的微分,只要计算出函数的导数,再乘以自变量的微分即可. 因此,可得如下的微分公式和微分运算法则.

1. 基本初等函数的微分公式

导数公式 微分公式

$(x^\mu)' = \mu x^{\mu-1}$ $d(x^\mu) = \mu x^{\mu-1} dx$

$(\sin x)' = \cos x$ $d(\sin x) = \cos x\, dx$

$(\cos x)' = -\sin x$ $d(\cos x) = -\sin x\, dx$

$(\tan x)' = \sec^2 x$ $d(\tan x) = \sec^2 x\, dx$

$(\cot x)' = -\csc^2 x$ $d(\cot x) = -\csc^2 x\, dx$

$(\sec x)' = \sec x \cdot \tan x$ $d(\sec x) = \sec x \cdot \tan x\, dx$

$(\csc x)' = -\csc x \cdot \cot x$ $d(\csc x) = -\csc x \cdot \cot x\, dx$

$(a^x)' = a^x \ln a$ $d(a^x) = a^x \ln a\, dx$

$(e^x)' = e^x$ $d(e^x) = e^x dx$

$(\log_a x)' = \dfrac{1}{x \ln a}$ \qquad $d(\log_a x) = \dfrac{1}{x \ln a} dx$

$(\ln x)' = \dfrac{1}{x}$ \qquad $d(\ln x) = \dfrac{1}{x} dx$

$(\arcsin x)' = \dfrac{1}{\sqrt{1-x^2}}$ \qquad $d(\arcsin x) = \dfrac{1}{\sqrt{1-x^2}} dx$

$(\arccos x)' = -\dfrac{1}{\sqrt{1-x^2}}$ \qquad $d(\arccos x) = -\dfrac{1}{\sqrt{1-x^2}} dx$

$(\arctan x)' = \dfrac{1}{1+x^2}$ \qquad $d(\arctan x) = \dfrac{1}{1+x^2} dx$

$(\operatorname{arccot} x)' = -\dfrac{1}{1+x^2}$ \qquad $d(\operatorname{arccot} x) = -\dfrac{1}{1+x^2} dx$

2. 函数和、差、积、商的微分法则

求导法则 \qquad 微分法则

$(u \pm v)' = u' \pm v'$ \qquad $d(u \pm v) = du \pm dv$

$(Cu)' = Cu'$ \qquad $d(Cu) = Cdu$

$(uv)' = u'v + uv'$ \qquad $duv = vdu + udv$

$\left(\dfrac{u}{v}\right)' = \dfrac{u'v - uv'}{v^2}$ $(v \neq 0)$ \qquad $d\left(\dfrac{u}{v}\right) = \dfrac{vdu - udv}{v^2}$ $(v \neq 0)$

现在我们以乘积的微分法则为例加以证明.

根据函数微分的表达式,有
$$d(uv) = (uv)' dx.$$

再根据乘积的求导法则,有
$$(uv)' = u'v + uv'.$$

于是
$$d(uv) = (u'v + uv')dx = u'vdx + uv'dx.$$

由于
$$u'dx = du, \quad v'dx = dv,$$

所以
$$d(uv) = vdu + udv.$$

3. 复合函数的微分法则

设 $y = f(u)$ 及 $u = \varphi(x)$ 都可导,则复合函数 $y = f[\varphi(x)]$ 的微分为
$$dy = y'_x dx = f'(u)\varphi'(x)dx.$$

由于 $\varphi(x)dx = du$,所以复合函数 $y = f[\varphi(x)]$ 的微分公式也可以写成
$$dy = f'(u)du \quad \text{或} \quad dy = y'_u du.$$

由此可见,无论 u 是自变量还是中间变量,微分形式 $dy = f'(u)du$ 保持不变.

这一性质称为微分形式不变性.这个性质表示,当变换自变量时,微分形式 $dy = f'(u)du$ 并不改变.

例3 设 $y = \sin(x-3)$,求 dy.

解 把 $x-3$ 看成中间变量 u,则
$$dy = d(\sin u) = \cos u du = \cos(x-3)d(x-3) = \cos(x-3)dx.$$
在求复合函数的微分时,也可以不写出中间变量.

例4 设 $y = \ln(1+e^{x^2})$,求 dy.

解 $dy = d\ln(1+e^{x^2}) = \dfrac{1}{1+e^{x^2}}d(1+e^{x^2})$

$= \dfrac{1}{1+e^{x^2}} \cdot e^{x^2}d(x^2) = \dfrac{1}{1+e^{x^2}} \cdot e^{x^2} \cdot 2xdx = \dfrac{2xe^{x^2}}{1+e^{x^2}}dx.$

例5 求 $y = e^{-x^2}\cos\dfrac{1}{x}$ 的微分.

解 $dy = \cos\dfrac{1}{x}d(e^{-x^2}) + e^{-x^2}d\left(\cos\dfrac{1}{x}\right)$

$= \cos\dfrac{1}{x} \cdot e^{-x^2}d(-x^2) + e^{-x^2}\left(-\sin\dfrac{1}{x}\right)d\left(\dfrac{1}{x}\right)$

$= e^{-x^2}\left(-2x\cos\dfrac{1}{x} + \dfrac{1}{x^2}\sin\dfrac{1}{x}\right)dx.$

例6 在括号中填入适当的函数,使等式成立.

(1) $d(\quad) = x^2 dx$;

(2) $d(\quad) = -\sin\omega t dt$.

解 (1) 因为 $d(x^3) = 3x^2 dx$,所以
$$x^2 dx = \dfrac{1}{3}d(x^3) = d\left(\dfrac{1}{3}x^3\right),$$
即填入"$\dfrac{1}{3}x^3$".

一般地,有 $d\left(\dfrac{1}{3}x^3 + C\right) = x^2 dx$($C$ 为任意常数).

(2) 因为 $d(\cos\omega t) = -\omega\sin\omega t dt$,所以
$$-\sin\omega t dt = \dfrac{1}{\omega}d(\cos\omega t) = d\left(\dfrac{1}{\omega}\cos\omega t\right).$$
因此 $d\left(\dfrac{1}{\omega}\cos\omega t + C\right) = -\sin\omega t dt$($C$ 为任意常数).

利用一阶微分形式的不变性也可以导出由参数方程所确定的函数的导数.

例7(参数方程求导法则) 设有参数方程

$$\begin{cases} x = x(t) \\ y = y(t) \end{cases}, t \in [\alpha, \beta],$$

其中 $x(t), y(t)$ 对 t 可导,且 $x'(t) \neq 0$,求 $\dfrac{dy}{dx}$.

解 由于
$$dx = x'(t)dt, dy = y'(t)dt, x'(t) \neq 0,$$
故有
$$\frac{dy}{dx} = \frac{y'(t)dt}{x'(t)dt} = \frac{y'(t)}{x'(t)}, t \in [\alpha, \beta].$$

2.5.4 微分在近似计算中的应用

1. 函数的近似计算

在工程问题中,经常会遇到一些复杂的计算公式.如果直接用这些公式进行计算,那是很费力的.利用微分往往可以把一些复杂的计算公式改用简单的近似公式来代替.

如果函数 $y = f(x)$ 在点 x_0 处的导数 $f'(x_0) \neq 0$,且 $|\Delta x|$ 很小时,我们有
$$\Delta y = f(x_0 + \Delta x) - f(x_0) \approx dy = f'(x_0)\Delta x,$$
$$f(x_0 + \Delta x) \approx f(x_0) + f'(x_0)\Delta x.$$

若令 $x = x_0 + \Delta x$,即 $\Delta x = x - x_0$,那么有
$$f(x) \approx f(x_0) + f'(x_0)(x - x_0).$$

特别当 $x_0 = 0$ 时,有
$$f(x) \approx f(0) + f'(0)x.$$

这些都是近似计算公式.

例8 有一批半径为 1 cm 的球,为了提高球面的光洁度,要镀上一层铜,厚度定为 0.01 cm.估计一下每只球需用铜多少 g(铜的密度是 8.9 g/cm³).

解 已知球体体积为 $V = \dfrac{4}{3}\pi R^3, R_0 = 1$ cm, $\Delta R = 0.01$ cm.

镀层的体积为
$$\Delta V \approx V'(R_0)\Delta R = 4\pi R_0^2 \Delta R = 4 \times 3.14 \times 1^2 \times 0.01 = 0.13(\text{cm}^3).$$
于是镀每只球需用的铜约为 $0.13 \times 8.9 = 1.16$(g).

例9 利用微分计算 $\cos 29°$ 的近似值.

解 已知 $29° = \dfrac{\pi}{6} - \dfrac{\pi}{180}, x_0 = \dfrac{\pi}{6}, \Delta x = -\dfrac{\pi}{180}.$
$$\cos 29° = \cos(x_0 + \Delta x)$$
$$\approx \cos x_0 + \Delta x(-\sin x_0)$$

$$= \cos\frac{\pi}{6} + \left(-\frac{\pi}{180}\right)\left(-\sin\frac{\pi}{6}\right)$$

$$= \frac{\sqrt{3}}{2} + \frac{\pi}{180} \cdot \frac{1}{2} = 0.87476$$

即 $\cos 29° = 0.87476$.

常用的近似公式(假定 $|x|$ 是较小的数值):

(1) $\sin x \approx x$； (2) $\tan x \approx x$；

(3) $e^x \approx 1 + x$； (4) $\ln(1+x) \approx x$；

(5) $(1+x)^\alpha \approx 1 + \alpha x$.

证 (1) 取 $f(x) = \sin x$，那么 $f(0)=0, f'(0) = \cos x\big|_{x=0} = 1$，代入 $f(x) \approx f(0) + f'(0)x$，得 $\sin x \approx x$.

其余类似证明.

例 10 求 $\sqrt[3]{65}$ 的近似值.

解 由于 $\sqrt[3]{65} = \sqrt[3]{64+1} = 4\sqrt[3]{1+\frac{1}{64}}$，在公式 $(1+x)^\alpha \approx 1+\alpha x$ 中取 $x = \frac{1}{64}$，$\alpha = \frac{1}{3}$，得

$$\sqrt[3]{65} \approx 4\left(1 + \frac{1}{3} \times \frac{1}{64}\right) \approx 4.0208.$$

2. 误差估计

在生产实践中,经常要测量各种数据.但有的数据不易直接测量,这时我们可通过测量其他有关数据后,根据某种公式计算出所要的数据.由于测量仪器的精度、测量的条件和测量的方法等各种因素的影响,测得的数据往往带有误差,而根据带有误差的数据计算所得的结果也会有误差,我们把它叫做间接测量误差.

下面就讨论怎样用微分来估计间接测量误差.

绝对误差与相对误差:如果某个量的精确值为 A，它的近似值为 a，那么 $|A-a|$ 叫做 a 的绝对误差,而绝对误差 $|A-a|$ 与 $|a|$ 的比值 $\frac{|A-a|}{|a|}$ 叫做 a 的相对误差.

在实际工作中,某个量的精确值往往是无法知道的,于是绝对误差和相对误差也就无法求得.但是根据测量仪器的精度等因素,有时能够确定误差在某一个范围内.如果某个量的精确值是 A，测得它的近似值是 a，又知道它的误差不超过 δ_A：$|A-a| \leqslant \delta_A$，则 δ_A 叫做测量 A 的绝对误差限(简称绝对误差)，$\frac{\delta_A}{|a|}$ 叫做测量 A 的相对误差限(简称相对误差).

例 11 设测得圆钢截面的直径 $D = 60.03$ mm，测量 D 的绝对误差限

$\delta_D = 0.05$. 利用公式 $A = \dfrac{\pi}{4}D^2$ 计算圆钢的截面积时,试估计面积的误差.

解 由于 $\Delta A \approx dA = A' \cdot \Delta D = \dfrac{\pi}{2}D \cdot \Delta D$,所以

$$|\Delta A| \approx |dA| = \dfrac{\pi}{2}D \cdot |\Delta D| \leqslant \dfrac{\pi}{2}D \cdot \delta_D.$$

从而

$$\delta_A = \dfrac{\pi}{2}D \cdot \delta_D = \dfrac{\pi}{2} \times 60.03 \times 0.05 = 4.715(\text{mm}^2),$$

$$\dfrac{\delta_A}{A} = \dfrac{\dfrac{\pi}{2}D \cdot \delta_D}{\dfrac{\pi}{4}D^2} = 2 \cdot \dfrac{\delta_D}{D} = 2 \times \dfrac{0.05}{60.03} \approx 0.17\%.$$

习题 2-5

A

1. (1) 已知 $y = x^3 - x$,计算在 $x = 2$ 处当 Δx 分别等于 $1, 0.1$ 时的 Δy 及 dy 值;

   (2) 设 $y = \sin x$,当 $x = \dfrac{\pi}{3}, \Delta x = \dfrac{\pi}{18}$ 时,求 dy.

2. 求下列函数的微分.

   (1) $y = x\sin 2x$;　　　　　　　(2) $y = [\ln(1-x)]^2$;

   (3) $y = \arctan\dfrac{a}{x} + \ln\sqrt{\dfrac{x-a}{x+a}}$;　(4) $y = x^{\arcsin x}$;

   (5) $y = e^{\sin x \cdot \tan x}$;　　　　　(6) $y = e^{-x}\cos(3-x)$;

   (7) $y = \dfrac{x\ln x}{1-x} + \ln(1-x)$;　　(8) $y = \dfrac{x}{\sqrt{x^2+1}}$.

B

1. 求下列函数的微分 dy 及导数 $\dfrac{dy}{dx}$.

   (1) $\ln\sqrt{x^2 + y^2} = \arctan\dfrac{y}{x}$;

   (2) $y = \arctan\dfrac{1-x^2}{1+x^2}$.

2. 将适当的函数填入下列括号内,使等式成立.

(1) d( ) = $\dfrac{1}{\sqrt{x}}dx$;   (2) d( ) = $\dfrac{1}{1+x}dx$;

(3) d( ) = $\sec^2 3x\,dx$;   (4) d( ) = $\dfrac{\ln x^2}{x}dx \quad (x \neq 0)$.

3. 计算 $\sqrt[6]{65}$ 的近似值.

复 习 题 2

1. 选择题.

(1) $f(x) = \dfrac{|x|}{1+|x|}$ 在 $x = 0$ 处的导数是( ).

A. 1   B. -1 C. 0   D. 不存在

(2) 函数 $y = \dfrac{a}{2}e^{-\frac{x}{a}} + \ln^x a$ 的导数是( ).

A. $\dfrac{a}{2}e^{-\frac{x}{a}} + \ln^x a \ln(\ln a)$

B. $-\dfrac{1}{2}e^{-\frac{x}{a}} + \ln^x a \ln(\ln a)$

C. $-\dfrac{1}{2}e^{-\frac{x}{a}} + x(\ln a)^{x-1}$

D. 以上结论都不对

2. 填空题.

(1) 设 $y = x\sqrt{1+x^2} + \ln(x + \sqrt{1+x^2})$,则 $dy = $ _____;

(2) 设 $y = \dfrac{1}{x^2 - 2x - 8}$,则 $y^{(n)} = $ _____;

(3) 设 $y = f(ax^2 + b)$,f 具有二阶导数,则 $\dfrac{d^2 y}{dx^2} = $ _____;

(4) 设 $f(x) = (x^{94} - 1)g(x)$,$g(x)$ 在 $x = 1$ 处连续,且 $g(1) = 1$,则 $f'(1) = $ _____.

3. 求下列函数的导数.

(1) $y = \tan(e^{-2x} + 1)$;   (2) $y = \dfrac{1}{x^2 - 3x + 6}$;

(3) $y = \ln\sqrt{\dfrac{1+\sin x}{1-\sin x}}$;   (4) $y = e^{\sqrt{\frac{1-x}{1+x}}}$;

(5) $y = \ln[\ln^2(\ln^3 x)]$;   (6) $y = \dfrac{x\arcsin x}{\sqrt{1-x^2}} + \ln\sqrt{1-x^2}$;

(7) $y = \sqrt{x\sin x}\sqrt{1 - e^{3x}}$;   (8) $y = x^2\sqrt{1 + \sqrt{x}}$.

4. $y = y(x)$ 由 $xy + e^y + x^2 - e = 0$ 确定,求 $y''(0)$.

5. 求下列函数的二阶导数 y''.

(1) 设 $y = f(x^3)$,且 $f(x)$ 二阶可导,求 y'';

(2) 设 $y = f(x+y)$, $f''(u)$ 存在且 $f'(u) \neq 1$,求 y''.

6. 求下列函数的 n 阶导数.

(1) $y = \dfrac{2}{1-x}$;

(2) $y = \sin^4 x - \cos^4 x$.

7. 证明:若 $f(x)$ 在 x_0 处可导,则 $\lim\limits_{h \to 0} \dfrac{f(x_0 + \alpha h) - f(x_0 - \beta h)}{h} = (\alpha + \beta)f'(x_0)$.

8. 求曲线 $\begin{cases} x + t(1+t) = 0 \\ te^y + y + 1 = 0 \end{cases}$ 在 $t = 0$ 处的切线方程和法线方程.

9. 讨论 $f(x) = |x-1|\ln(1+x^2)$ 在 $x = 1$ 处的连续性和可导性.

10. 由方程 $x^y = y^x + \sin x^2$ 确定隐函数 $y(x)$,试求 $A(x,y)$,使 $dy = A(x,y)dx$.

11. 设函数 $f(x) = \begin{cases} 2e^x + a, & x < 0 \\ x^2 + bx + 1, & x \geqslant 0 \end{cases}$,当 a,b 为何值时 $f(x)$ 在 $x = 0$ 处可导?

12. 已知一质点的运动规律为 $ts + \ln s = 1$,求在 $t_0 = 1$ 秒, $s_0 = 1$ 米处的速度 v_0 和加速度 a_0.

第3章 微分中值定理与导数的应用

导数来源于实际,导数的应用非常广泛.本章中,我们将应用导数来研究函数以及曲线的某些性态,并利用这些知识解决一些实际问题.为此,先介绍微分学的几个中值定理,利用它们建立自变量、因变量、导数三者之间的关系,这是导数应用的理论基础.

3.1 中 值 定 理

本节先介绍罗尔(Rolle,1652～1719,法国数学家)定理,然后根据它推出拉格朗日(Lagrange,1736～1813,法国数学家)中值定理和柯西(Cauchy,1789～1857,法国数学家)中值定理.

3.1.1 罗尔定理

费马(Fermat,1601～1665,法国数学家)**引理** 设函数 $f(x)$ 在点 x_0 的某邻域 $U(x_0)$ 内有定义,并且在 x_0 处可导,如果对任意 $x \in U(x_0)$,有 $f(x) \leqslant f(x_0)$(或 $f(x) \geqslant f(x_0)$),那么 $f'(x_0) = 0$.

证 只证 $f(x) \leqslant f(x_0)$ 的情况.因为 $f'(x_0)$ 存在,从而有
$$f'_+(x_0) = f'_-(x_0) = f'(x_0).$$
又有 $f(x) \leqslant f(x_0)$,所以对 $(x_0, x_0 + \delta)$ 上的各点 x 有
$$\frac{f(x) - f(x_0)}{x - x_0} \leqslant 0,$$
而对 $(x_0 - \delta, x_0)$ 上的各点 x 有
$$\frac{f(x) - f(x_0)}{x - x_0} \geqslant 0.$$
再由极限的保号性得
$$f'(x_0) = f'_+(x_0) = \lim_{x \to x_0 + 0} \frac{f(x) - f(x_0)}{x - x_0} \leqslant 0,$$
$$f'(x_0) = f'_-(x_0) = \lim_{x \to x_0 - 0} \frac{f(x) - f(x_0)}{x - x_0} \geqslant 0.$$

而 $f'(x_0)$ 为一常数,因此它必须等于零,即 $f'(x_0) = 0$.

罗尔定理 如果函数 $f(x)$ 在闭区间 $[a,b]$ 上连续,在开区间 (a,b) 内可导,且有 $f(a) = f(b)$,那么在 (a,b) 内至少存在一点 ξ,使得 $f'(\xi) = 0$.

证 (1) 如果 $f(x)$ 是常数函数,则 $f'(x) \equiv 0$,定理的结论显然成立.

(2) 如果 $f(x)$ 不是常数函数,则 $f(x)$ 在 (a,b) 内至少有一个最大值点或最小值点,不妨设有一最大值点 $\xi \in (a,b)$.于是由费马引理可得 $f'(\xi) = 0$.

例1 设 $g(x) = x(x+1)(2x+1)(3x-1)$,试证明在区间 $(-1,0)$ 内,方程 $g'(x) = 0$ 仅有两个实根.

证 对于多项式函数 $g(x) = x(x+1)(2x+1)(3x-1)$,由于它处处连续、可导,且 $g(-1) = g\left(-\dfrac{1}{2}\right) = g(0) = g\left(\dfrac{1}{3}\right)$,由罗尔定理知方程 $g'(x) = 0$ 在区间 $\left(-1, -\dfrac{1}{2}\right)$,$\left(-\dfrac{1}{2}, 0\right)$,$\left(0, \dfrac{1}{3}\right)$ 内分别有一根,于是一元三次方程 $g'(x) = 0$ 在区间 $(-1,0)$ 内有且仅有两个实根.

例2 设 $f(x)$ 在 $[0,1]$ 上可导,且 $f(0) = f(1) = 0$,证明存在 $\eta \in (0,1)$,使 $f(\eta) + f'(\eta) = 0$.

证 设 $F(x) = e^x f(x)$,则它在 $[0,1]$ 上可导,且 $F(0) = F(1)$.由罗尔定理,存在 $\eta \in (0,1)$,使 $F'(\eta) = 0$,即 $e^\eta f(\eta) + e^\eta f'(\eta) = 0$,亦即 $f(\eta) + f'(\eta) = 0$.

3.1.2 拉格朗日中值定理

如果去掉罗尔定理中的 $f(a) = f(b)$ 这一条件,就得到另一个微分中值定理:

拉格朗日中值定理 如果函数 $f(x)$ 在闭区间 $[a,b]$ 上连续,在开区间 (a,b) 内可导,那么在 (a,b) 内至少有一点 ξ,使得

$$f(b) - f(a) = f'(\xi)(b - a).$$

直观上,拉格朗日中值定理的几何意义是明显的,若连续曲线 $y = f(x)$ 的弧 $\overset{\frown}{AB}$ 上除端点外处处具有不垂直于 x 轴的切线,那么这弧上至少有一点 C,使曲线在 C 点处的切线平行于弦 AB.即

$$f'(\xi) = \frac{f(b) - f(a)}{b - a}.$$

证 引进辅助函数:

$$\varphi(x) = f(x) - f(a) - \frac{f(b) - f(a)}{b - a}(x - a).$$

则 $\varphi(x)$ 适合罗尔定理的条件:$\varphi(a) = \varphi(b) = 0$,$\varphi(x)$ 在闭区间 $[a,b]$ 上连续,在开区间 (a,b) 内可导,且

$$\varphi'(x) = f'(x) - \frac{f(b) - f(a)}{b - a}.$$

根据罗尔定理,可知在开区间 (a,b) 内至少有一点 ξ,使 $\varphi'(\xi)=0$,即

$$f'(\xi)-\frac{f(b)-f(a)}{b-a}=0.$$

由此得

$$f(b)-f(a)=f'(\xi)(b-a).$$

定理证毕.

$f(b)-f(a)=f'(\xi)(b-a)$ 叫做拉格朗日中值公式.这个公式对于 $b<a$ 也成立.

拉格朗日中值定理的其他形式:设 x 为区间 $[a,b]$ 内一点,$x+\Delta x$ 为这个区间内的另一点 $(\Delta x>0$ 或 $\Delta x<0)$,则在 $[x,x+\Delta x](\Delta x>0)$ 或 $[x+\Delta x,x](\Delta x<0)$ 上应用拉格朗日中值公式,得

$$f(x+\Delta x)-f(x)=f'(x+\theta \Delta x)\cdot \Delta x \quad (0<\theta<1).$$

如果记 $f(x)$ 为 y,则上式又可写为

$$\Delta y=f'(x+\theta \Delta x)\cdot \Delta x \quad (0<\theta<1),$$

左端是函数的增量,因此拉格朗日中值定理也被称为有限增量定理.

与微分 $\mathrm{d}y=f'(x)\cdot \Delta x$ 比较,则可知:$\mathrm{d}y=f'(x)\cdot \Delta x$ 是函数增量 Δy 的近似表达式,而 $f'(x+\theta \Delta x)\cdot \Delta x$ 是函数增量 Δy 的精确表达式.

在讨论导数的时候,我们得到这样的结论:常数的导数为零,反过来是否成立呢? 作为拉格朗日中值定理的应用,如下定理回答了这一问题.

定理 如果函数 $f(x)$ 在区间 I 上的导数恒为零,那么 $f(x)$ 在区间 I 上是一个常数.

证 在区间 I 上任取两点 $x_1,x_2(x_1<x_2)$,应用拉格朗日中值定理,得

$$f(x_2)-f(x_1)=f'(\xi)(x_2-x_1)(x_1<\xi<x_2).$$

由假定,$f'(\xi)=0$,所以 $f(x_2)-f(x_1)=0$,即 $f(x_2)=f(x_1)$.因为 x_1,x_2 是 I 上任意两点,所以上面的等式表明:$f(x)$ 在 I 上的函数值总是相等的,这就是说,$f(x)$ 在区间 I 上是一个常数.

推论 如果函数 $f(x)$ 与 $g(x)$ 都在区间 I 上可导,且 $f'(x)=g'(x),x\in I$,则 $f(x)=g(x)+C,x\in I$,其中 C 为常数.

例 3 已知 $f(x)=x^3$ 在 $[1,2]$ 上满足拉格朗日中值定理的条件,求中值 ξ.

解 因为 $f'(x)=3x^2$,由拉格朗日中值定理,$f(2)-f(1)=3\xi^2(2-1)$,得 $\xi=\sqrt{\dfrac{7}{3}}$.

例 4 证明对任意满足 $|x|<1$ 的 x,都有 $\arctan\sqrt{\dfrac{1-x}{1+x}}+\dfrac{1}{2}\arcsin x=\dfrac{\pi}{4}$.

证 设 $f(x) = \arctan\sqrt{\dfrac{1-x}{1+x}} + \dfrac{1}{2}\arcsin x$，则

$$f'(x) = \dfrac{1}{1+\dfrac{1-x}{1+x}} \cdot \dfrac{1}{2\sqrt{\dfrac{1-x}{1+x}}} \cdot \dfrac{-2}{(1+x)^2} + \dfrac{1}{2}\dfrac{1}{\sqrt{1-x^2}}$$

$$= -\dfrac{1}{2} \cdot \dfrac{1+x}{2} \cdot \dfrac{1+x}{\sqrt{1-x^2}} \cdot \dfrac{2}{(1+x)^2} + \dfrac{1}{2\sqrt{1-x^2}}$$

$$= 0,$$

从而 $f(x) = c$. 又 $f(0) = \dfrac{\pi}{4}$，故有 $f(x) = \dfrac{\pi}{4}$.

例5 证明当 $x > 0$ 时，$\dfrac{x}{1+x} < \ln(1+x) < x$.

证 设 $f(x) = \ln(1+x)$，显然 $f(x)$ 在区间 $[0, x]$ 上满足拉格朗日中值定理的条件，则有

$$f(x) - f(0) = f'(\xi)(x - 0) \quad (0 < \xi < x).$$

由于 $f(0) = 0, f'(x) = \dfrac{1}{1+x}$，因此上式即为

$$\ln(1+x) = \dfrac{x}{1+\xi}.$$

又由 $0 < \xi < x$，有

$$\dfrac{x}{1+x} < \ln(1+x) < x.$$

3.1.3 柯西中值定理

设曲线 C 由参数方程 $\begin{cases} X = F(x) \\ Y = f(x) \end{cases} (a \leqslant x \leqslant b)$ 表示，其中 x 为参数. 如果曲线 C 上除端点外处处具有不垂直于横轴的切线，那么在曲线 C 上必有一点的横坐标 $x = \xi$，使曲线上该点的切线平行于连接曲线端点的弦 AB，曲线 C 上该点处的切线的斜率为

$$\dfrac{\mathrm{d}Y}{\mathrm{d}X} = \dfrac{f'(\xi)}{F'(\xi)},$$

弦 AB 的斜率为

$$\dfrac{f(b) - f(a)}{F(b) - F(a)},$$

于是有

$$\dfrac{f(b) - f(a)}{F(b) - F(a)} = \dfrac{f'(\xi)}{F'(\xi)}.$$

柯西中值定理 如果函数 $f(x)$ 及 $F(x)$ 在闭区间 $[a,b]$ 上连续,在开区间 (a,b) 内可导,且 $F'(x)$ 在 (a,b) 内的每一点处均不为零,那么在 (a,b) 内至少有一点 ξ,使等式

$$\frac{f(b)-f(a)}{F(b)-F(a)} = \frac{f'(\xi)}{F'(\xi)}$$

成立.

证 作辅助函数:

$$G(x) = f(x) - \frac{f(b)-f(a)}{F(b)-F(a)} F(x),$$

它满足拉格朗日中值定理条件,结论成立.

显然,如果取 $F(x) = x$,那么 $F(b) - F(a) = b - a$,$F'(x) = 1$,因而柯西中值定理就可以写成:

$$f(b) - f(a) = f'(\xi)(b-a) \quad (a < \xi < b),$$

这样就变成了拉格朗日中值公式了.

习题 3-1

A

1. 验证罗尔定理对函数 $y = e^x \sin x$ 在区间 $[0, 3\pi]$ 上的正确性.

2. 验证拉格朗日中值定理对函数 $y = \arctan x$ 在区间 $[0,1]$ 上的正确性.

3. 对函数 $f(x) = \sin x$ 及 $F(x) = x + \cos x$ 在区间 $\left[0, \frac{\pi}{2}\right]$ 上验证柯西中值定理的正确性.

4. 就下列函数及其区间,求罗尔定理或拉格朗日中值定理中 ξ 的值.

   (1) $f(x) = \ln \sin x$,区间为 $\left[\frac{\pi}{6}, \frac{5\pi}{6}\right]$;

   (2) $f(x) = \arcsin x$,区间为 $[-1, 1]$;

   (3) $f(x) = ax^2 + bx + c$,区间为 $[x_0, x_0 + h] (h > 0)$.

5. 不求函数 $f(x) = (x-1)(x-2)(x-3)(x-4)$ 的导数,说明方程 $f'(x) = 0$ 有几个实根,并指出它们所在的区间.

6. 证明恒等式:$\arcsin x + \arccos x = \frac{\pi}{2} (-1 \leqslant x \leqslant 1)$.

7. 若方程 $a_0 x^n + a_1 x^{n-1} + \cdots + a_{n-1} x = 0$ 有一个正根 x_0,证明方程

$$a_0 n x^{n-1} + a_1 (n-1) x^{n-2} + \cdots + a_{n-1} = 0$$

必有一个小于 x_0 的正根.

8. 若函数 $f(x)$ 在 (a,b) 内具有二阶导数,且 $a < x_1 < x_2 < x_3 < b$,其中 $f(x_1) = f(x_2) = f(x_3)$,证明:在 (x_1,x_3) 内至少有一点 γ,使得 $f''(\gamma) = 0$.

9. 设 $a > b > 0, n > 1$,证明: $nb^{n-1}(a-b) < a^n - b^n < na^{n-1}(a-b)$.

10. 设 $a > b > 0$,证明: $\dfrac{a-b}{a} < \ln\dfrac{a}{b} < \dfrac{a-b}{b}$.

11. 设 $f'(x)$ 在 $[a,b]$ 上连续,试证存在 $L > 0$,使得对任何的 $x_1, x_2 \in (a,b)$,有
$$|f(x_2) - f(x_1)| \leqslant L|x_2 - x_1|.$$

B

1. 证明方程 $x + p + q\cos x = 0$ 恰有一个实根,其中 p, q 为常数,且 $0 < q < 1$.

2. 设函数 $f(x)$ 在区间 $[0,1]$ 上连续,在 $(0,1)$ 内可导,且 $f(0) = f(1) = 0, f\left(\dfrac{1}{2}\right) = 1$. 试证:

(1) 存在 $\eta \in \left(\dfrac{1}{2}, 1\right)$,使 $f(\eta) = \eta$;

(2) 对任意实数 λ,必存在 $\xi \in (0,\eta)$,使得 $f'(\xi) - \lambda[f(\xi) - \xi] = 1$.

3. 设函数 $f(x)$ 在闭区间 $[0,1]$ 上可微,对于 $[0,1]$ 上的每一个 x,函数 $f(x)$ 的值都在开区间 $(0,1)$ 内,且 $f'(x) \neq 1$,证明在 $(0,1)$ 内有且仅有一个 x,使 $f(x) = x$.

4. 试证:当 $x > 0$ 时,$(x^2 - 1)\ln x \geqslant (x-1)^2$.

5. 设函数 $f(x)$ 在闭区间 $[0,c]$ 上连续,其导数 $f'(x)$ 在开区间 $(0,c)$ 内存在且单调减少,试应用拉格朗日中值定理证明不等式:
$$f(a+b) + f(0) \leqslant f(a) + f(b),$$
其中 a,b 为常数且满足条件 $0 \leqslant a \leqslant b \leqslant a+b \leqslant c$.

6. 设函数 $f(x)$ 在闭区间 $[1,2]$ 上二阶可导,且 $f(2) = f(1) = 0$,又 $F(x) = (x-1)^2 f(x)$,试证在 $(1,2)$ 内存在 ξ,使得 $F''(\xi) = 0$.

3.2 洛必达法则

如果当 $x \to a$(或 $x \to \infty$)时,两个函数 $f(x)$ 与 $F(x)$ 都趋于零或都趋于无穷大,$F(x) \neq 0$,那么极限 $\lim\limits_{\substack{x \to a \\ (x \to \infty)}} \dfrac{f(x)}{F(x)}$ 可能存在也可能不存在. 通常把这种极限叫做未定式,并分别简记为 $\dfrac{0}{0}$ 或 $\dfrac{\infty}{\infty}$.

未定式还有如下其他一些形式: $0 \cdot \infty, \infty - \infty, 0^0, 1^\infty, \infty^0$. 例如,$\lim\limits_{x \to 0} \dfrac{\sin x}{x}\left(\dfrac{0}{0} \text{型}\right)$,$\lim\limits_{x \to +\infty} \dfrac{\ln x}{x^n}(n > 0)\left(\dfrac{\infty}{\infty} \text{型}\right)$,$\lim\limits_{x \to +0} x^n \ln x (n > 0)(0 \cdot \infty \text{型})$,

$\lim\limits_{x \to \frac{\pi}{2}}(\sec x - \tan x)$ ($\infty - \infty$ 型), $\lim\limits_{x \to +0} x^x$ (0^0 型), $\lim\limits_{x \to \infty}\left(1 + \frac{1}{x}\right)^x$ (1^∞ 型), $\lim\limits_{x \to \infty}(x^2 + a^2)^{\frac{1}{x^2}}$ (∞^0 型) 等.

下面我们根据柯西中值定理建立解决此类极限的一种有效方法,当满足一定的条件时,可以通过先对分子分母各自求导,然后再取极限的方法来完成,这种方法叫做洛必达(L'Hospital,1661～1704,法国数学家)法则.

定理(洛必达法则) 如果函数 $f(x)$ 及 $g(x)$ 满足如下条件:

(1) 当 $x \to a$ 时,函数 $f(x)$ 及 $g(x)$ 都趋于零;

(2) 在点 a 的某去心邻域内可导且 $g'(x) \neq 0$;

(3) $\lim\limits_{x \to a}\dfrac{f'(x)}{g'(x)}$ 存在(或为无穷大);

那么

$$\lim_{x \to a}\frac{f(x)}{g(x)} = \lim_{x \to a}\frac{f'(x)}{g'(x)}.$$

证 因为极限 $\lim\limits_{x \to a}\dfrac{f(x)}{g(x)}$ 与 $f(a)$ 及 $g(a)$ 无关,所以可以假定 $f(a) = g(a) = 0$,于是由 条件(1)、(2) 知,$f(x)$ 及 $g(x)$ 在点 a 的某一邻域内是连续的.设 x 是这邻域内的一点,那么在以 x 及 a 为端点的区间上,柯西中值定理的条件均满足,因此有

$$\frac{f(x)}{g(x)} = \frac{f(x) - f(a)}{g(x) - g(a)} = \frac{f'(\xi)}{g'(\xi)} \quad (\text{在 } x \text{ 与 } a \text{ 之间}).$$

令 $x \to a$,并对上式两端求极限,注意到 $x \to a$ 时 $\xi \to a$,再根据条件(3)便得要证明的结论.

1. 求"$\dfrac{0}{0}$"型未定式的极限

例 1 求 $\lim\limits_{x \to 0}\dfrac{\sin ax}{\sin bx}(b \neq 0)$.

解 $\lim\limits_{x \to 0}\dfrac{\sin ax}{\sin bx} = \lim\limits_{x \to 0}\dfrac{(\sin ax)'}{(\sin bx)'} = \lim\limits_{x \to 0}\dfrac{a\cos ax}{b\cos bx} = \dfrac{a}{b}$.

例 2 求 $\lim\limits_{x \to 0}\dfrac{e^x - e^{-x} - 2x}{x - \sin x}$.

解 $\lim\limits_{x \to 0}\dfrac{e^x - e^{-x} - 2x}{x - \sin x} = \lim\limits_{x \to 0}\dfrac{e^x + e^{-x} - 2}{1 - \cos x} = \lim\limits_{x \to 0}\dfrac{e^x - e^{-x}}{\sin x} = \lim\limits_{x \to 0}\dfrac{e^x + e^{-x}}{\cos x} = 2$.

注意,上例中第一步、第二步我们两次使用洛比达法则,但第三步遇到的极限 $\lim\limits_{x \to 0}\dfrac{e^x + e^{-x}}{\cos x}$ 已不再是未定式,不能对它使用洛比达法则,否则会导致错误结果.

例 3 求 $\lim\limits_{x \to 0}\dfrac{1 - \sqrt{1 - x^2}}{e^x - \cos x}$.

解 $\lim\limits_{x\to 0}\dfrac{1-\sqrt{1-x^2}}{\mathrm{e}^x-\cos x}=\lim\limits_{x\to 0}\dfrac{x}{\sqrt{1-x^2}(\mathrm{e}^x+\sin x)}=0.$

我们指出,对于 $x\to\infty$ 时的未定式 $\dfrac{0}{0}$,以及对于 $x\to a$ 或 $x\to\infty$ 时的未定式 $\dfrac{\infty}{\infty}$,也有相应的洛必达法则.例如,对于 $x\to\infty$ 时的未定式 $\dfrac{0}{0}$,如果

(1) 当 $x\to\infty$ 时,函数 $f(x)$ 及 $g(x)$ 都趋于零;

(2) 当 $|x|>N$ 时,$f'(x)$ 及 $g'(x)$ 都存在且 $g'(x)\neq 0$;

(3) $\lim\limits_{x\to\infty}\dfrac{f'(x)}{g'(x)}$ 存在(或为无穷大);

那么

$$\lim_{x\to\infty}\frac{f(x)}{g(x)}=\lim_{x\to\infty}\frac{f'(x)}{g'(x)}.$$

例 4 求 $\lim\limits_{x\to+\infty}\dfrac{\dfrac{\pi}{2}-\arctan x}{\dfrac{1}{x}}$.

解 $\lim\limits_{x\to+\infty}\dfrac{\dfrac{\pi}{2}-\arctan x}{\dfrac{1}{x}}=\lim\limits_{x\to+\infty}\dfrac{-\dfrac{1}{1+x^2}}{-\dfrac{1}{x^2}}=\lim\limits_{x\to+\infty}\dfrac{x^2}{1+x^2}=1.$

2. 求"$\dfrac{\infty}{\infty}$"型未定式的极限

例 5 求 $\lim\limits_{x\to+\infty}\dfrac{\ln x}{x^n}\ (n>0).$

解 $\lim\limits_{x\to+\infty}\dfrac{\ln x}{x^n}=\lim\limits_{x\to+\infty}\dfrac{\dfrac{1}{x}}{nx^{n-1}}=\lim\limits_{x\to+\infty}\dfrac{1}{nx^n}=0.$

例 6 求 $\lim\limits_{x\to+\infty}\dfrac{x^n}{\mathrm{e}^{\lambda x}}\ (n\ \text{为正整数},\lambda>0).$

解 $\lim\limits_{x\to+\infty}\dfrac{x^n}{\mathrm{e}^{\lambda x}}=\lim\limits_{x\to+\infty}\dfrac{nx^{n-1}}{\lambda\mathrm{e}^{\lambda x}}=\lim\limits_{x\to+\infty}\dfrac{n(n-1)x^{n-2}}{\lambda^2\mathrm{e}^{\lambda x}}=\cdots=\lim\limits_{x\to+\infty}\dfrac{n!}{\lambda^n\mathrm{e}^{\lambda x}}=0.$

3. 其他类型未定式

$0\cdot\infty,\infty-\infty,0^0,1^\infty,\infty^0$ 都可以转化为 $\dfrac{0}{0}$ 或 $\dfrac{\infty}{\infty}$ 型未定式来计算.

例 7 求 $\lim\limits_{x\to+0}x^n\ln x\ (n>0).$

解 $\lim\limits_{x\to+0}x^n\ln x=\lim\limits_{x\to+0}\dfrac{\ln x}{x^{-n}}=\lim\limits_{x\to+0}\dfrac{\dfrac{1}{x}}{-nx^{-n-1}}=\lim\limits_{x\to+0}\dfrac{-x^n}{n}=0.$

例 8 求 $\lim\limits_{x \to \frac{\pi}{2}}(\sec x - \tan x)$.

解 $\lim\limits_{x \to \frac{\pi}{2}}(\sec x - \tan x) = \lim\limits_{x \to \frac{\pi}{2}} \dfrac{1 - \sin x}{\cos x} = \lim\limits_{x \to \frac{\pi}{2}} \dfrac{-\cos x}{-\sin x} = 0.$

例 9 求 $\lim\limits_{x \to 0^+} x^x$.

解 $\lim\limits_{x \to 0^+} x^x = \lim\limits_{x \to 0^+} e^{x \ln x} = e^0 = 1$ （根据例 7）.

注 （1）洛必达法则是求未定式的一种有效方法，但最好能与其他求极限的方法结合使用. 例如，能化简时应尽可能先化简；可以应用等价无穷小替代或重要极限时，应尽可能应用，这样可以使运算简捷.

（2）定理给出的是求未定式的一种方法，当定理条件满足时，所求的极限当然存在（或为 ∞），但定理条件不满足时，所求极限却不一定不存在.

例 10 求 $\lim\limits_{x \to 0} \cot x \left(\dfrac{1}{\sin x} - \dfrac{1}{x} \right)$.

解 $\lim\limits_{x \to 0} \cot x \left(\dfrac{1}{\sin x} - \dfrac{1}{x} \right) = \lim\limits_{x \to 0} \dfrac{x - \sin x}{x \sin x \tan x} = \lim\limits_{x \to 0} \dfrac{x - \sin x}{x^3} = \lim\limits_{x \to 0} \dfrac{1 - \cos x}{3x^2} = \dfrac{1}{6}.$

例 11 求 $\lim\limits_{x \to +\infty} \dfrac{x + \sin x}{x}$.

解 因为极限 $\lim\limits_{x \to +\infty} \dfrac{(x + \sin x)'}{(x)'} = \lim\limits_{x \to +\infty} \dfrac{1 + \cos x}{1}$ 不存在，所以不能用洛必达法则.

$$\lim\limits_{x \to +\infty} \dfrac{x + \sin x}{x} = \lim\limits_{x \to +\infty} \left(1 + \dfrac{\sin x}{x} \right) = 1.$$

习题 3-2

A

1. 用洛必达法则求下列极限.

(1) $\lim\limits_{x \to a} \dfrac{x^m - a^m}{x^n - a^n}$;

(2) $\lim\limits_{x \to 0} \dfrac{\ln(1 + x)}{x}$;

(3) $\lim\limits_{x \to 0} \dfrac{e^{x^2} - 1}{\cos x - 1}$;

(4) $\lim\limits_{x \to \pi} \dfrac{\sin 3x}{\tan 5x}$;

(5) $\lim\limits_{x \to \frac{\pi}{2}} \dfrac{\ln \sin x}{(\pi - 2x)^2}$;

(6) $\lim\limits_{x \to 0} \dfrac{x - \arcsin x}{\sin^3 x}$;

(7) $\lim\limits_{x\to 0^+}\dfrac{\ln\tan 7x}{\ln\tan 2x}$;

(8) $\lim\limits_{x\to +\infty}\dfrac{\ln\left(1+\dfrac{1}{x}\right)}{\operatorname{arccot} x}$;

(9) $\lim\limits_{x\to\infty}\left[x(e^{\frac{1}{x}}-1)\right]$;

(10) $\lim\limits_{x\to\infty} x\sin\dfrac{k}{x}$;

(11) $\lim\limits_{m\to\infty}\left(\cos\dfrac{x}{m}\right)^m$;

(12) $\lim\limits_{x\to 1}\left(\dfrac{x}{x-1}-\dfrac{1}{\ln x}\right)$;

(13) $\lim\limits_{x\to 0^+}\left(\dfrac{1}{x}\right)^{\tan x}$;

(14) $\lim\limits_{x\to +\infty}\dfrac{e^x+e^{-x}}{e^x-e^{-x}}$;

(15) $\lim\limits_{x\to\frac{\pi}{2}-0}(\cos x)^{\frac{\pi}{2}-x}$;

(16) $\lim\limits_{x\to 1}\left(\tan\dfrac{\pi}{4}x\right)^{\tan\frac{\pi}{2}x}$;

(17) $\lim\limits_{x\to 1^-}\ln x\ln(1-x)$;

(18) $\lim\limits_{\varphi\to 0}\left(\dfrac{\sin\varphi}{\varphi}\right)^{\frac{1}{\varphi^2}}$.

B

1. 设 $f(x)$ 在 x_0 点二阶可导,求 $\lim\limits_{h\to 0}\dfrac{f(x_0+h)-2f(x_0)+f(x_0-h)}{h^2}$.

2. 设 $f(x)=\begin{cases}\dfrac{g(x)-\cos x}{x}, & x\neq 0 \\ a, & x=0\end{cases}$,其中 $g(x)$ 二阶可导,$g(0)=1$.问 a 取何值时 $f(x)$ 连续?

3. 证明 $\lim\limits_{x\to 0}\left[\dfrac{(1+x)^{\frac{1}{x}}}{e}\right]^{\frac{1}{x}}=e^{-\frac{1}{2}}$.

3.3 泰勒公式

设函数 $f(x)$ 在含有 x_0 的某开区间内具有直到 $n+1$ 阶导数,现在我们希望做的是:找出一个关于 $(x-x_0)$ 的 n 次多项式

$$p_n(x)=a_0+a_1(x-x_0)+a_2(x-x_0)^2+\cdots+a_n(x-x_0)^n$$

来近似表达 $f(x)$,要求 $p_n(x)$ 与 $f(x)$ 之差是比 $(x-x_0)^n$ 高阶的无穷小,并给出误差 $|f(x)-p_n(x)|$ 的具体表达式.

我们自然希望 $p_n(x)$ 与 $f(x)$ 在 x_0 的各阶导数(直到 n 阶导数)相等,这样就有

$p_n(x)=a_0+a_1(x-x_0)+a_2(x-x_0)^2+\cdots+a_n(x-x_0)^n$,

$p_n'(x)=a_1+2a_2(x-x_0)+\cdots+na_n(x-x_0)^{n-1}$,

$p_n''(x)=2a_2+3\cdot 2a_3(x-x_0)+\cdots+n(n-1)a_n(x-x_0)^{n-2}$,

$$p_n'''(x) = 3!a_3 + 4\cdot 3\cdot 2a_4(x-x_0) + \cdots + n(n-1)(n-2)a_n(x-x_0)^{n-3},$$
$$\cdots\cdots$$
$$p_n^{(n)}(x) = n!a_n.$$

于是
$$p_n(x_0) = a_0,$$
$$p_n'(x_0) = a_1,$$
$$p_n''(x_0) = 2!a_2,$$
$$p_n'''(x_0) = 3!a_3,$$
$$\cdots\cdots$$
$$p_n^{(n)}(x_0) = n!a_n.$$

按要求有
$$f(x_0) = p_n(x_0) = a_0,$$
$$f'(x_0) = p_n'(x_0) = a_1,$$
$$f''(x_0) = p_n''(x_0) = 2!a_2,$$
$$f'''(x_0) = p_n'''(x_0) = 3!a_3,$$
$$\cdots\cdots$$
$$f^{(n)}(x_0) = p_n^{(n)}(x_0) = n!a_n.$$

从而有
$$a_0 = f(x_0),$$
$$a_1 = f'(x_0),$$
$$a_2 = \frac{1}{2!}f''(x_0),$$
$$a_3 = \frac{1}{3!}f'''(x_0),$$
$$\cdots\cdots$$
$$a_n = \frac{1}{n!}f^{(n)}(x_0).$$

即
$$a_k = \frac{1}{k!}f^{(k)}(x_0) \quad (k=0,1,2,\cdots,n)$$

于是
$$p_n(x) = f(x_0) + f'(x_0)(x-x_0) + \frac{1}{2!}f''(x_0)(x-x_0)^2 + \cdots$$
$$+ \frac{1}{n!}f^{(n)}(x_0)(x-x_0)^n.$$

泰勒(Brook Taylor,1685～1731,英国数学家) **中值定理** 设函数 $f(x)$ 在含

有 x_0 的某个开区间 (a,b) 内有直到 $n+1$ 阶的导数,则对任一 $x \in (a,b)$,有如下 n 阶泰勒公式:

$$f(x) = f(x_0) + f'(x_0)(x-x_0) + \frac{f''(x_0)}{2!}(x-x_0)^2 + \cdots$$
$$+ \frac{f^{(n)}(x_0)}{n!}(x-x_0)^n + R_n(x).$$

其中 $R_n(x)$ 称为余项. 余项主要有两种形式:

(1) 若 $R_n(x) = \frac{f^{(n+1)}(\xi)}{(n+1)!}(x-x_0)^{n+1}$ (ξ 在 x_0 与 x 之间),称为拉格朗日型余项.

(2) 若 $R_n(x) = o[(x-x_0)^n]$,则称为皮亚诺(Peano,1858~1932,意大利数学家,符号逻辑学的奠基人)型余项.

特别令 $x_0 = 0$,则得到麦克劳林(Maclaurin,1698~1746,英国数学家)公式:

$$f(x) = f(0) + f'(0)x + \frac{f''(0)}{2!}x^2 + \cdots + \frac{f^{(n)}(0)}{n!}x^n + R_n(x),$$

其中 $R_n(x) = \frac{f^{(n+1)}(\xi)}{(n+1)!}x^{n+1}$,$\xi$ 介于 0 与 x 之间.

注 (1) 当 $n=0$ 时,泰勒公式变成拉格朗日中值公式:

$$f(x) = f(x_0) + f'(\xi)(x-x_0) \quad (\xi \text{ 在 } x_0 \text{ 与 } x \text{ 之间}).$$

因此,泰勒中值定理是拉格朗日中值定理的推广.

(2) 如果对于某个固定的 n,当 x 在区间 (a,b) 内变动时,$|f^{(n+1)}(x)|$ 总不超过一个常数 M,则有余项估计式:

$$|R_n(x)| = \left| \frac{f^{(n+1)}(\xi)}{(n+1)!}(x-x_0)^{n+1} \right| \leq \frac{M}{(n+1)!}|x-x_0|^{n+1}.$$

例 1 写出函数 $f(x) = e^x$ 的 n 阶麦克劳林公式.

解 因为

$$f(x) = f'(x) = f''(x) = \cdots = f^{(n)}(x) = f^{(n+1)}(x) = e^x,$$

所以

$$f(0) = f'(0) = f''(0) = \cdots = f^{(n)}(0) = 1,$$

于是

$$e^x = 1 + x + \frac{1}{2!}x^2 + \cdots + \frac{1}{n!}x^n + \frac{e^{\theta x}}{(n+1)!}x^{n+1} \quad (0 < \theta < 1),$$

并有

$$e^x \approx 1 + x + \frac{1}{2!}x^2 + \cdots + \frac{1}{n!}x^n.$$

这时所产生的误差为

$$|R_n(x)| = \left|\frac{e^{\theta x}}{(n+1)!}x^{n+1}\right| < \frac{e^{|x|}}{(n+1)!}|x|^{n+1}.$$

特别地,当 $x = 1$ 时,可得 e 的近似式:

$$e \approx 1 + 1 + \frac{1}{2!} + \cdots + \frac{1}{n!}.$$

其误差为

$$|R_n| = \frac{e}{(n+1)!} < \frac{3}{(n+1)!}.$$

例 2 求 $f(x) = \sin x$ 的带有拉格朗日型余项的 $2m$ 阶麦克劳林公式.

解 因为

$$f'(x) = \cos x, f''(x) = -\sin x, f'''(x) = -\cos x,$$
$$f^{(4)}(x) = \sin x, \cdots, f^{(n)}(x) = \sin\left(x + n \cdot \frac{\pi}{2}\right),$$

所以

$$f(0) = 0, f'(0) = 1, f''(0) = 0, f'''(0) = -1, f^{(4)}(0) = 0, \cdots$$

于是

$$\sin x = x - \frac{1}{3!}x^3 + \frac{1}{5!}x^5 + \cdots + \frac{(-1)^{m-1}}{(2m-1)!}x^{2m-1} + R_{2m}(x),$$

其中

$$R_{2m}(x) = \frac{\sin\left[\theta x + (2m+1)\frac{\pi}{2}\right]}{(2m+1)!}x^{2m+1}.$$

当 $m = 1, 2, 3$ 时,有近似公式:

$$\sin x \approx x, \sin x \approx x - \frac{1}{3!}x^3, \sin x \approx x - \frac{1}{3!}x^3 + \frac{1}{5!}x^5.$$

使用上述方法,可以得到如下常用的公式:

$$\cos x = 1 - \frac{1}{2!}x^2 + \frac{1}{4!}x^4 - \cdots + (-1)^m \frac{1}{(2m)!}x^{2m}$$
$$+ \frac{\cos[\theta x + (m+1)\pi]}{(2m+2)!}x^{2m+2} \quad (0 < \theta < 1),$$

$$\ln(1+x) = x - \frac{1}{2}x^2 + \frac{1}{3}x^3 - \cdots + (-1)^{n-1}\frac{1}{n}x^n$$
$$+ \frac{(-1)^n}{(n+1)(1+\theta x)^{n+1}}x^{n+1} \quad (0 < \theta < 1),$$

$$(1+x)^\alpha = 1 + \alpha x + \frac{\alpha(\alpha-1)}{2!}x^2 + \frac{\alpha(\alpha-1)(\alpha-2)}{3!}x^3 + \cdots$$
$$+ \frac{\alpha(\alpha-1)\cdots(\alpha-n+1)}{n!}x^n$$

$$+ \frac{\alpha(\alpha-1)\cdots(\alpha-n+1)(\alpha-n)}{(n+1)!}(1+\theta x)^{\alpha-n-1}x^{n+1} \quad (0<\theta<1).$$

特别地,以上各式中的最后一项可以非常简单地换作皮亚诺余项,这在求极限中较为常用.

例 3 应用泰勒公式求极限 $\lim\limits_{x\to 0}\dfrac{e^x\sin x - x(1+x)}{x^3}$.

解 利用 $e^x = 1 + x + \dfrac{x^2}{2} + o(x^2)$,$\sin x = x - \dfrac{x^3}{3!} + o(x^3)$,有

$$e^x\sin x - x(1+x) = \frac{x^3}{3} + o(x^3),$$

所以

$$\lim_{x\to 0}\frac{e^x\sin x - x(1+x)}{x^3} = \frac{1}{3}.$$

习题 3-3

A

1. 按 $(x-4)$ 的乘幂展开多项式 $x^4 - 5x^3 + x^2 - 3x + 4$.

2. 当 $x_0 = 4$ 时,求函数 $y = \sqrt{x}$ 的三阶泰勒公式.

3. 验证 $x \in \left(0, \dfrac{1}{2}\right)$ 时,按公式 $e^x \approx 1 + x + \dfrac{1}{2}x^2 + \dfrac{1}{6}x^3$ 计算 e^x 的近似值,所产生的误差小于 0.01,并求出 $\sqrt{e}$ 的近似值,使误差小于 0.01.

4. 应用泰勒公式求下列极限.

(1) $\lim\limits_{x\to 0}\dfrac{\cos x - e^{-\frac{x^2}{2}}}{x^4}$; (2) $\lim\limits_{x\to\infty}\left[x - x^2\ln\left(1+\dfrac{1}{x}\right)\right]$.

B

1. 设 $f(x)$ 在 $[0,1]$ 上具有二阶导数,且满足条件 $|f(x)| \leqslant a$,$|f''(x)| \leqslant b$,其中 a,b 都是非负常数,$c \in (0,1)$.

(1) 写出 $f(x)$ 在点 $x = c$ 处带拉格朗日型余项的一阶泰勒公式;

(2) 证明 $|f'(x)| \leqslant 2a + \dfrac{b}{2}$.

2. 设 $f(x)$ 在 $[a,b]$ 上具有二阶导数,$f'(a) = f'(b) = 0$,证明在 (a,b) 内存在一点 ξ,使得

$$|f''(\xi)| \geqslant \frac{4}{(b-a)^2}|f(b)-f(a)|.$$

3.4 函数单调性与曲线的凹凸性

3.4.1 函数单调性的判定法

如果可导函数 $y=f(x)$ 在 $[a,b]$ 上单调增加(单调减少),那么它的图形是一条沿 x 轴正向上升(下降)的曲线. 这时曲线各点处的切线斜率是非负的(是非正的),即 $y'=f'(x)\geqslant 0(y'=f'(x)\leqslant 0)$. 由此可见,函数的单调性与导数的符号有着密切的关系.

反过来,能否用导数的符号来判定函数的单调性呢?

定理1(函数单调性的判定法) 设函数 $y=f(x)$ 在 $[a,b]$ 上连续,在 (a,b) 内可导.

(1) 如果在 (a,b) 内 $f'(x)>0$,那么函数 $y=f(x)$ 在 $[a,b]$ 上严格单调增加;

(2) 如果在 (a,b) 内 $f'(x)<0$,那么函数 $y=f(x)$ 在 $[a,b]$ 上严格单调减少.

证 只证(1). 在 $[a,b]$ 上任取两点 $x_1,x_2(x_1<x_2)$,应用拉格朗日中值定理,得

$$f(x_2)-f(x_1)=f'(\xi)(x_2-x_1) \quad (x_1<\xi<x_2).$$

由于在上式中 $x_2-x_1>0$,而由条件知在 (a,b) 内导数 $f'(x)>0$,那么也有 $f'(\xi)>0$. 于是

$$f(x_2)-f(x_1)=f'(\xi)(x_2-x_1)>0,$$

即

$$f(x_1)<f(x_2),$$

即证得函数 $y=f(x)$ 在 $[a,b]$ 上严格单调增加.

注 判定法中的闭区间可换成其他各种区间.

例1 判定函数 $y=x-\sin x$ 在 $[0,2\pi]$ 上的单调性.

解 因为在 $(0,2\pi)$ 内 $y'=1-\cos x>0$,所以由判定法可知函数 $y=x-\cos x$ 在 $[0,2\pi]$ 上是单调增加的.

例2 讨论函数 $y=e^{2x}-2x-1$ 的单调性.

解 函数 $y=e^{2x}-2x-1$ 的定义域为 $(-\infty,+\infty)$,$y'=2(e^{2x}-1)$.

因为在 $(-\infty,0)$ 内 $y'<0$,所以函数 $y=e^{2x}-2x-1$ 在 $(-\infty,0]$ 上单调减少;因为在 $(0,+\infty)$ 内 $y'>0$,所以函数 $y=e^{2x}-2x-1$ 在 $[0,+\infty)$ 上单调增加.

例 3 讨论函数 $y = \dfrac{x^3 + 4}{x^2}$ 的单调性.

解 函数的定义域为 $(-\infty, 0) \cup (0, +\infty)$.

$y' = 1 - \dfrac{8}{x^3}(x \neq 0)$,导数等于零的点为 $x = 2$.

因为 $x < 0$ 时,$y' > 0$,所以函数在 $(-\infty, 0)$ 上单调增加;因为 $0 < x < 2$ 时,$y' < 0$,所以函数在 $(0, 2]$ 上单调减少;$x > 2$ 时,$y' > 0$,所以函数在 $[2, +\infty)$ 上单调增加.

如果函数在定义区间上连续,除去有限个导数不存在的点外导数存在且连续,那么只要用方程 $f'(x) = 0$ 的根及导数不存在的点来划分函数 $f(x)$ 的定义区间,就能保证 $f'(x)$ 在各个部分区间内保持固定的符号,因而函数 $f(x)$ 在每个部分区间上单调.

例 4 确定函数 $f(x) = 2x^3 - 9x^2 + 12x - 3$ 的单调区间.

解 这个函数的定义域为 $(-\infty, +\infty)$.函数的导数为 $f'(x) = 6x^2 - 18x + 12 = 6(x-1)(x-2)$.导数为零的点有两个:$x_1 = 1, x_2 = 2$.列表 3-1 进行分析.

表 3-1

	$(-\infty, 1)$	$(1, 2)$	$(2, +\infty)$
$f'(x)$	+	−	+
$f(x)$	↗	↘	↗

即函数 $f(x)$ 在区间 $(-\infty, 1]$ 和 $[2, +\infty)$ 内单调增加,在区间 $[1, 2]$ 上单调减少.

例 5 讨论函数 $y = x^3$ 的单调性.

解 函数的定义域为 $(-\infty, +\infty)$.函数的导数为 $y' = 3x^2$.

除当 $x = 0$ 时,$y' = 0$ 外,在其余各点处均有 $y' > 0$.因此函数 $y = x^3$ 在区间 $(-\infty, 0]$ 及 $[0, +\infty)$ 内都是单调增加的.从而在整个定义域 $(-\infty, +\infty)$ 内是单调增加的.在 $x = 0$ 处曲线有一水平切线.

一般地,如果 $f'(x)$ 在某区间内的有限个点处为零,在其余各点处均为正(或负)时,那么 $f(x)$ 在该区间上仍旧是单调增加(或单调减少)的.

例 6 证明:当 $x > 0$ 时,$\arctan x + \dfrac{1}{x} > \dfrac{\pi}{2}$.

证 令 $f(x) = \arctan x + \dfrac{1}{x} - \dfrac{\pi}{2}, x > 0$,则

$$f'(x) = \frac{1}{1+x^2} - \frac{1}{x^2} < 0.$$

因为当 $x > 0$ 时，$f'(x) < 0$，因此在 $(0, +\infty)$ 内 $f(x)$ 单调减少．

由于 $\lim\limits_{x \to +\infty} f(x) = 0$，故 $f(x) = \arctan x + \frac{1}{x} - \frac{\pi}{2} > 0, x > 0$，即 $\arctan x + \frac{1}{x} > \frac{\pi}{2}$．

3.4.2 曲线的凹凸与拐点

定义 设 $f(x)$ 在区间 I 上连续，如果对 I 上任意两点 x_1, x_2，恒有
$$f\left(\frac{x_1 + x_2}{2}\right) < \frac{f(x_1) + f(x_2)}{2},$$
那么称 $f(x)$ 在 I 上的图形是(向上)凹的(或凹弧)；如果恒有
$$f\left(\frac{x_1 + x_2}{2}\right) > \frac{f(x_1) + f(x_2)}{2},$$
那么称 $f(x)$ 在 I 上的图形是(向上)凸的(或凸弧)．

凹弧和凸弧的实例参见图 3-1．

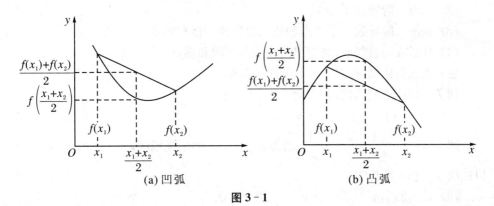

图 3-1

定义′ 设函数 $y = f(x)$ 在区间 I 上连续，如果函数的曲线位于其上任意一点的切线的上方，则称该曲线在区间 I 上是凹的；如果函数的曲线位于其上任意一点的切线的下方，则称该曲线在区间 I 上是凸的．

定理 2(凹凸性的判定法) 设 $f(x)$ 在 $[a, b]$ 上连续，在 (a, b) 内具有一阶和二阶导数，那么

(1) 若在 (a, b) 内 $f''(x) > 0$，则 $f(x)$ 在 $[a, b]$ 上的图形是凹的；

(2) 若在 (a, b) 内 $f''(x) < 0$，则 $f(x)$ 在 $[a, b]$ 上的图形是凸的．

证 只证(1). 设 $x_1, x_2 \in [a, b]$, 且 $x_1 < x_2$, 记 $x_0 = \dfrac{x_1 + x_2}{2}$.

由拉格朗日中值公式,得

$$f(x_1) - f(x_0) = f'(\xi_1)(x_1 - x_0) = f'(\xi_1)\dfrac{x_1 - x_2}{2} \quad (x_1 < \xi_1 < x_0),$$

$$f(x_2) - f(x_0) = f'(\xi_2)(x_2 - x_0) = f'(\xi_2)\dfrac{x_2 - x_1}{2} \quad (x_0 < \xi_2 < x_2),$$

两式相加并应用拉格朗日中值公式,得

$$f(x_1) + f(x_2) - 2f(x_0) = [f'(\xi_2) - f'(\xi_1)]\dfrac{x_2 - x_1}{2}$$

$$= f''(\xi)(\xi_2 - \xi_1)\dfrac{x_2 - x_1}{2} > 0 \quad (\xi_1 < \xi < \xi_2),$$

即 $\dfrac{f(x_1) + f(x_2)}{2} > f\left(\dfrac{x_1 + x_2}{2}\right)$, 所以 $f(x)$ 在 $[a, b]$ 上的图形是凹的.

拐点 连续曲线 $y = f(x)$ 上凹弧与凸弧的分界点称为这个曲线的拐点.

根据上面的讨论,不难得到如下确定曲线 $y = f(x)$ 的凹凸区间和拐点的步骤:

(1) 确定函数 $y = f(x)$ 的定义域;

(2) 求出二阶导数 $f''(x)$;

(3) 求使二阶导数为零的点和使二阶导数不存在的点;

(4) 判断或列表判断,确定出曲线凹凸区间和拐点.

注 根据具体情况,(1)、(3) 步有时省略.

例7 讨论下列曲线的凹凸性.

(1) $y = \ln x$; (2) $y = x^3$.

解 (1) $y' = \dfrac{1}{x}, y'' = -\dfrac{1}{x^2}$. 因为在 $y = \ln x$ 的定义域 $(0, +\infty)$ 内,$y'' < 0$,所以曲线 $y = \ln x$ 是凸的.

(2) $y' = 3x^2, y'' = 6x$. 令 $y'' = 0$,得 $x = 0$.

因为当 $x < 0$ 时,$y'' < 0$,所以曲线在 $(-\infty, 0]$ 内为凸的;

因为当 $x > 0$ 时,$y'' > 0$,所以曲线在 $[0, +\infty)$ 内为凹的.

例8 求曲线 $y = 2x^3 + 3x^2 - 12x + 14$ 的拐点.

解 $y' = 6x^2 + 6x - 12, y'' = 12x + 6 = 12\left(x + \dfrac{1}{2}\right)$. 令 $y'' = 0$,得 $x = -\dfrac{1}{2}$.

因为当 $x < -\dfrac{1}{2}$ 时,$y'' < 0$;当 $x > -\dfrac{1}{2}$ 时,$y'' > 0$,所以点 $\left(-\dfrac{1}{2}, 20\dfrac{1}{2}\right)$ 是曲线的拐点.

例9 求曲线 $y = 3x^4 - 4x^3 + 1$ 的拐点及凹凸区间.

解 (1) 函数 $y = 3x^4 - 4x^3 + 1$ 的定义域为 $(-\infty, +\infty)$;

(2) $y' = 12x^3 - 12x^2$, $y'' = 36x^2 - 24x = 36x\left(x - \dfrac{2}{3}\right)$;

(3) 解方程 $y'' = 0$, 得 $x_1 = 0, x_2 = \dfrac{2}{3}$;

(4) 列表 3-2 进行判断.

表 3-2

	$(-\infty, 0)$	0	$\left(0, \dfrac{2}{3}\right)$	$\dfrac{2}{3}$	$\left(\dfrac{2}{3}, +\infty\right)$
$f''(x)$	+	0	-	0	+
$f(x)$	$\cup$	1	$\cap$	$\dfrac{11}{27}$	$\cup$

即在区间 $(-\infty, 0]$ 和 $\left[\dfrac{2}{3}, +\infty\right)$ 上曲线是凹的, 在区间 $\left[0, \dfrac{2}{3}\right]$ 上曲线是凸的. 点 $(0, 1)$ 和 $\left(\dfrac{2}{3}, \dfrac{11}{27}\right)$ 是曲线的拐点.

例 10 求曲线 $y = f(x) = (x - 2)\sqrt[3]{x^2}$ 的凹凸区间及拐点.

解 求出导数, $f'(x) = \dfrac{5}{3}x^{\frac{2}{3}} - \dfrac{4}{3}x^{-\frac{1}{3}}$, $f''(x) = \dfrac{10}{9}x^{-\frac{1}{3}} + \dfrac{4}{9}x^{-\frac{4}{3}} = \dfrac{2(5x + 2)}{9x\sqrt[3]{x}}$.

令 $f''(x) = 0$, 得 $x = -\dfrac{2}{5}$; 同时 $x = 0$ 为 $f''(x)$ 不存在的点但函数在此连续. 用 $x = -\dfrac{2}{5}, x = 0$ 将定义区间 $(-\infty, +\infty)$ 分成三个部分区间, 如表 3-3 所示.

易知曲线 $y = f(x)$ 的凸区间是 $\left(-\infty, -\dfrac{2}{5}\right)$, 凹区间是 $\left(-\dfrac{2}{5}, 0\right), (0, +\infty)$; 点 $\left(-\dfrac{2}{5}, -\dfrac{12}{5}\sqrt[3]{\dfrac{4}{25}}\right)$ 是曲线的拐点.

表 3-3

x	$\left(-\infty, -\dfrac{2}{5}\right)$	$-\dfrac{2}{5}$	$\left(-\dfrac{2}{5}, 0\right)$	0	$(0, +\infty)$
$f''(x)$	-	0	+	不存在	+
$f(x)$	凸	拐点	凹	不是拐点	凹

习题 3-4

A

1. 判定函数 $f(x) = \arctan x - x$ 的单调性.
2. 试确定下列函数的单调区间.

   (1) $y = x^3 - 3x^2 - 9x + 14$；　　(2) $y = \dfrac{10}{4x^3 - 9x^2 + 6x}$；

   (3) $y = \ln(x + \sqrt{1+x^2}\,)$；　　(4) $y = (x-1)(x+1)^3$；

   (5) $y = 2x^2 - \ln x$；　　(6) $y = x - 2\sin x \quad (0 \leqslant x \leqslant 2\pi)$；

   (7) $y = x^n e^{-x} \quad (n > 0, x \geqslant 0)$；　　(8) $y = \sqrt[3]{(2x-a)(a-x)^2} \quad (a > 0)$.

3. 证明下列不等式.

   (1) $1 + x\ln(x + \sqrt{1+x^2}\,) > \sqrt{1+x^2} \quad (x > 0)$；

   (2) $\ln(1+x) \geqslant \dfrac{\arctan x}{1+x} \quad (x \geqslant 0)$；

   (3) $1 + \dfrac{1}{2}x > \sqrt{1+x} \quad (x > 0)$.

4. 试证方程 $\sin x = x$ 只有一个实根.
5. 讨论方程 $\ln x = ax$ (其中 $a > 0$) 有几个实根？
6. 判定下列曲线的凹凸性.

   (1) $y = 4x - x^2$；　　(2) $y = x + \dfrac{1}{x} \quad (x > 0)$.

7. 求下列函数图形的拐点及凹凸区间.

   (1) $y = \ln(x^2 - 1)$；　　(2) $y = e^{\arctan x}$.

8. 求曲线 $x = t^2, y = 3t + t^3$ 的拐点.
9. 试证明曲线 $y = \dfrac{x-1}{x^2+1}$ 有三个拐点位于同一直线上.
10. 问 a, b 为何值时，点 $(1,3)$ 为曲线 $y = ax^3 + bx^2$ 的拐点？
11. 利用函数图形的凹凸性证明下列不等式.

    (1) $\dfrac{e^x + e^y}{2} > e^{\frac{x+y}{2}}, x \neq y$；

    (2) $\dfrac{\tan x + \tan y}{2} > \tan\dfrac{x+y}{2}, 0 < x, y < \dfrac{\pi}{2}, x \neq y$.

B

1. 就 k 的不同取值情况，确定方程 $x - \dfrac{\pi}{2}\sin x = k$ 在开区间 $\left(0, \dfrac{\pi}{2}\right)$ 内根的个数，并证明你

的结论.

2. 设 $f(x)$ 在 $[a,+\infty)$ 上连续,$f''(x)$ 在 $(a,+\infty)$ 内存在且大于零,记 $F(x)=\dfrac{f(x)-f(a)}{x-a}(x>a)$.证明 $F(x)$ 在 $(a,+\infty)$ 内单调增加.

3.5 函数的极值与最大值、最小值

3.5.1 函数的极值及其求法

定义 设函数 $f(x)$ 在区间 (a,b) 内有定义,$x_0 \in (a,b)$.如果在 x_0 的某一去心邻域内有 $f(x)<f(x_0)$,则称 $f(x_0)$ 是函数 $f(x)$ 的一个极大值;如果在 x_0 的某一去心邻域内有 $f(x)>f(x_0)$,则称 $f(x_0)$ 是函数 $f(x)$ 的一个极小值.

函数的极大值与极小值统称为函数的极值,使函数 $f(x)$ 取得极大(小)值的点称为函数 $f(x)$ 的极大(小)值点,简称为极值点.

注 (1) 函数的极大值和极小值概念是局部性的.如果 $f(x_0)$ 是函数 $f(x)$ 的一个极大值,那只是就 x_0 附近的一个局部范围来说,$f(x_0)$ 是 $f(x)$ 的一个最大值;如果就 $f(x)$ 的整个定义域来说,$f(x_0)$ 不一定是最大值.关于极小值也类似.

(2) 极值与水平切线的关系:在函数取得极值处,曲线上的切线(如果有的话)是水平的.但曲线上有水平切线的地方,函数不一定取得极值.

定理 1(必要条件) 设函数 $f(x)$ 在点 x_0 处可导,且在 x_0 处取得极值,那么这个函数在 x_0 处的导数为零,即 $f'(x_0)=0$.

证 由费马引理即得.

驻点 使导数为零的点(即方程 $f'(x)=0$ 的实根)叫函数 $f(x)$ 的驻点.

定理 1 也就是说:可导函数 $f(x)$ 的极值点必定是函数的驻点.但反过来,函数 $f(x)$ 的驻点却不一定是极值点.

定理 2(第一充分条件) 设函数 $f(x)$ 在 x_0 连续,且在 x_0 的某去心邻域 $(x_0-\delta,x_0) \cup (x_0,x_0+\delta)$ 内可导.

(1) 如果在 $(x_0-\delta,x_0)$ 内 $f'(x)>0$,在 $(x_0,x_0+\delta)$ 内 $f'(x)<0$,那么函数 $f(x)$ 在 x_0 处取得极大值;

(2) 如果在 $(x_0-\delta,x_0)$ 内 $f'(x)<0$,在 $(x_0,x_0+\delta)$ 内 $f'(x)>0$,那么函数 $f(x)$ 在 x_0 处取得极小值;

(3) 如果在 $(x_0-\delta,x_0)$ 及 $(x_0,x_0+\delta)$ 内 $f'(x)$ 的符号相同,那么函数 $f(x)$ 在 x_0 处不取得极值.

定理 2 也可简单地这样说:当 x 在 x_0 的邻近渐增地经过 x_0 时,如果 $f'(x)$ 的符

号由负变正,那么 $f(x)$ 在 x_0 处取得极小值;如果 $f'(x)$ 的符号由正变负,那么 $f(x)$ 在 x_0 处取得极大值;如果 $f'(x)$ 的符号并不改变,那么 $f(x)$ 在 x_0 处没有极值.

确定极值点和极值的步骤:

(1) 求出导数 $f'(x)$;

(2) 求出 $f(x)$ 的全部驻点和不可导点;

(3) 列表判断(考察 $f'(x)$ 的符号在每个驻点和不可导点左右的情况,以便确定该点是否是极值点,如果是极值点,还要按定理 2 确定对应的函数值是极大值还是极小值);

(4) 确定函数的所有极值点和极值.

例 1 求函数 $f(x) = (x-4)\sqrt[3]{(x+1)^2}$ 的极值.

解 (1) $f(x)$ 在 $(-\infty, +\infty)$ 内连续,除 $x = -1$ 外处处可导,且

$$f'(x) = \frac{5(x-1)}{3\sqrt[3]{x+1}}.$$

(2) 令 $f'(x) = 0$,得驻点 $x = 1$;$x = -1$ 为 $f(x)$ 的不可导点.

(3) 列表 3-4 进行判断.

表 3-4

x	$(-\infty, -1)$	-1	$(-1, 1)$	1	$(1, +\infty)$
$f'(x)$	$+$	不存在	$-$	0	$+$
$f(x)$	↗	0	↘	$-3\sqrt[3]{4}$	↗

(4) 极大值 $f(-1) = 0$,极小值 $f(1) = -3\sqrt[3]{4}$.

定理 3(第二充分条件) 设函数 $f(x)$ 在点 x_0 处具有二阶导数且 $f'(x_0) = 0$,$f''(x_0) \neq 0$,那么

(1) 当 $f''(x_0) < 0$ 时,函数 $f(x)$ 在 x_0 处取得极大值;

(2) 当 $f''(x_0) > 0$ 时,函数 $f(x)$ 在 x_0 处取得极小值.

证 对情形(1),由于 $f''(x_0) < 0$,按二阶导数的定义有

$$f''(x_0) = \lim_{x \to x_0} \frac{f'(x) - f'(x_0)}{x - x_0} < 0.$$

根据函数极限的局部保号性,当 x 在 x_0 的足够小的去心邻域内时,

$$\frac{f'(x) - f'(x_0)}{x - x_0} < 0.$$

但 $f'(x_0) = 0$,所以上式即

$$\frac{f'(x)}{x - x_0} < 0.$$

从而可知,对于这个去心邻域内的 x 来说,$f'(x)$ 与 $x-x_0$ 符号相反.因此,当 $x-x_0<0$ 即 $x<x_0$ 时,$f'(x)>0$;当 $x-x_0>0$ 即 $x>x_0$ 时,$f'(x)<0$.根据定理 2,$f(x)$ 在点 x_0 处取得极大值.

类似地可以证明情形(2).

定理 3 表明,如果函数 $f(x)$ 在驻点 x_0 处的二阶导数 $f''(x_0)\neq 0$,那么该点 x_0 一定是极值点,并且可以按二阶导数 $f''(x_0)$ 的符号来判定 $f(x_0)$ 是极大值还是极小值.但如果 $f''(x_0)=0$,定理 3 就不能适用.

例 2 求函数 $f(x)=(x^2-1)^3+1$ 的极值.

解 (1) $f'(x)=6x(x^2-1)^2$.

(2) 令 $f'(x)=0$,求得驻点 $x_1=-1,x_2=0,x_3=1$.

(3) $f''(x)=6(x^2-1)(5x^2-1)$.

(4) 因 $f''(0)=6>0$,所以 $f(x)$ 在 $x=0$ 处取得极小值,极小值为 $f(0)=0$.

(5) 因 $f''(-1)=f''(1)=0$,用定理 3 无法判别.因为在 $x=-1$ 的左右邻域内 $f'(x)<0$,所以 $f(x)$ 在 $x=-1$ 处没有极值.同理,$f(x)$ 在 $x=1$ 处也没有极值.

3.5.2 最大值最小值问题

在工农业生产、工程技术及科学实验中,常常会遇到这样一类问题:在一定条件下,怎样使"产品最多"、"用料最省"、"成本最低"、"效率最高"等,这类问题在数学上有时可归结为求某一函数(通常称为目标函数)的最大值或最小值问题.

设函数 $f(x)$ 在闭区间 $[a,b]$ 上连续,则函数的最大值和最小值一定存在.函数的最大值和最小值有可能在区间的端点取得,如果最大值不在区间的端点取得,则必在开区间 (a,b) 内取得,在这种情况下,最大值一定是函数的极大值.因此,函数在闭区间 $[a,b]$ 上的最大值一定是函数的所有极大值和函数在区间端点的函数值中最大者.同理,函数在闭区间 $[a,b]$ 上的最小值一定是函数的所有极小值和函数在区间端点的函数值中最小者.

于是得到闭区间 $[a,b]$ 上连续函数 $f(x)$ 的最大值和最小值的求法:

设 $f(x)$ 在 (a,b) 内的驻点和不可导点(它们是可能的极值点)为 $x_1,x_2,\cdots,x_n$,则比较

$$f(a),f(x_1),\cdots,f(x_n),f(b)$$

的大小,其中最大的便是函数 $f(x)$ 在 $[a,b]$ 上的最大值,最小的便是函数 $f(x)$ 在 $[a,b]$ 上的最小值.

例 3 求函数 $f(x)=|x^2-3x+2|$ 在 $[-3,4]$ 上的最大值与最小值.

解 $f(x)=\begin{cases} x^2-3x+2, & x\in[-3,1]\cup[2,4] \\ -x^2+3x-2, & x\in(1,2) \end{cases}$,

$$f'(x) = \begin{cases} 2x - 3, & x \in (-3,1) \cup (2,4) \\ -2x + 3, & x \in (1,2) \end{cases}.$$

在 $(-3,4)$ 内，$f(x)$ 的驻点为 $x = \dfrac{3}{2}$；不可导点为 $x = 1$ 和 $x = 2$.

$f(-3) = 20, f(1) = 0, f\left(\dfrac{3}{2}\right) = \dfrac{1}{4}, f(2) = 0, f(4) = 6$，比较可得 $f(x)$ 在 $x = -3$ 处取得它在 $[-3,4]$ 上的最大值 20，在 $x = 1$ 和 $x = 2$ 处取得它在 $[-3,4]$ 上的最小值 0.

例 4 如图 3-2 所示，铁路线上 AB 段的距离为 100 km，工厂 C 距 A 处为 20 km，AC 垂直于 AB. 为了运输需要，要在 AB 线上选定一点 D 向工厂修筑一条公路，已知铁路每公里货运的运费与公路每公里货运的运费之比为 $3:5$，为了使货物从供应站 B 运到工厂 C 的运费最省，问 D 点应选在何处？

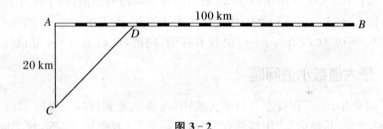

图 3-2

解 设 $AD = x(\text{km})$，则 $DB = 100 - x$，$CD = \sqrt{20^2 + x^2} = \sqrt{400 + x^2}$.

设从 B 点到 C 点需要的总运费为 y，那么

$$y = 5k \cdot CD + 3k \cdot DB \quad (k \text{ 是某个正数}),$$

即

$$y = 5k\sqrt{400 + x^2} + 3k(100 - x) \quad (0 \leqslant x \leqslant 100).$$

现在问题就归结为：x 在 $[0,100]$ 内取何值时目标函数 y 的值最小.

先求 y 对 x 的导数：

$$y' = k\left(\dfrac{5x}{\sqrt{400 + x^2}} - 3\right).$$

解方程 $y' = 0$，得 $x = 15(\text{km})$.

由于 $y|_{x=0} = 400k$，$y|_{x=15} = 380k$，$y|_{x=100} = 500k\sqrt{1 + \dfrac{1}{5^2}}$，其中以 $y|_{x=15} = 380k$ 为最小，因此当 $AD = x = 15$ km 时，总运费为最省.

注 如果 $f(x)$ 在一个区间（有限或无限，开或闭）内可导且只有一个驻点 x_0，并且这个驻点 x_0 是函数 $f(x)$ 的极值点，那么，当 $f(x_0)$ 是极大值时，$f(x_0)$ 就是

$f(x)$ 在该区间上的最大值;当 $f(x_0)$ 是极小值时,$f(x_0)$ 就是 $f(x)$ 在该区间上的最小值(参见图 3-3).

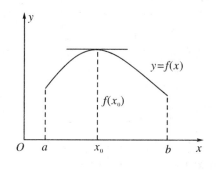 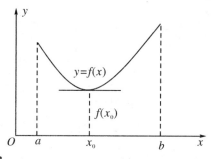

图 3-3

实际问题中,往往根据问题的性质就可以断定函数 $f(x)$ 确有最大值或最小值,而且一定在定义区间内部取得.这时如果 $f(x)$ 在定义区间内部只有一个驻点 x_0,那么不必讨论 $f(x_0)$ 是否是极值,就可以断定 $f(x_0)$ 是最大值或最小值.

例 5 如图 3-4 所示,把一根直径为 d 的圆木锯成截面为矩形的梁.问矩形截面的高 h 和宽 b 应如何选择才能使梁的抗弯截面模量 $W\left(W=\frac{1}{6}bh^2\right)$ 最大?

解 b 与 h 有下面的关系:
$$h^2 = d^2 - b^2,$$
因而
$$W = \frac{1}{6}b(d^2-b^2) \quad (0 < b < d).$$

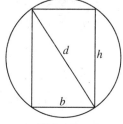

图 3-4

这样,W 就是自变量 b 的函数,b 的变化范围是 $(0,d)$.

现在问题化为:b 等于多少时目标函数 W 取最大值?为此,求 W 对 b 的导数:
$$W' = \frac{1}{6}(d^2-3b^2).$$

解方程 $W'=0$,得驻点 $b=\sqrt{\frac{1}{3}}d$.

由于梁的最大抗弯截面模量一定存在,而且在 $(0,d)$ 内部取得;现在,函数 $W=\frac{1}{6}b(d^2-b^2)$ 在 $(0,d)$ 内只有一个驻点,所以当 $b=\sqrt{\frac{1}{3}}d$ 时,W 的值最大.

这时,$h^2 = d^2 - b^2 = d^2 - \frac{1}{3}d^2 = \frac{2}{3}d^2$,即 $h = \sqrt{\frac{2}{3}}d$. $d:h:b = \sqrt{3}:\sqrt{2}:1$.

习题 3-5

A

1. 求下列函数的极值.

(1) $y = 2x^3 - 6x^2 - 18x + 7$;

(2) $y = \dfrac{1+3x}{\sqrt{4+5x^2}}$;

(3) $y = e^x \cos x$;

(4) $y = x^2(a-x)^2$ $(a>0)$;

(5) $y = \dfrac{\ln^2 x}{x}$;

(6) $y = \sqrt[3]{(x^2-a^2)^2}$ $(a>0)$;

(7) $y = \dfrac{10}{1+\sin^2 x}$;

(8) $y = \cos x + \dfrac{1}{2}\cos 2x$.

2. 试问 a 为何值时,函数 $f(x) = a\sin x + \dfrac{1}{3}\sin 3x$ 在 $x = \dfrac{\pi}{3}$ 处具有极值?它是极大值还是极小值?求出此极值.

3. 求下列函数在指定区间上的最大值和最小值.

(1) $y = x^4 - 2x^2 + 5$,区间为 $[-2,2]$;

(2) $y = x + 2\sqrt{x}$,区间为 $[0,4]$;

(3) $y = \arctan\dfrac{1-x}{1+x}$,区间为 $[0,1]$.

4. 已知两正数 x 和 y 之和为 4,当 x,y 为何值时 $x^2 y^3$ 为最大?

5. 试求内接于椭圆 $\dfrac{x^2}{a^2} + \dfrac{y^2}{b^2} = 1$ 而面积最大的矩形的边长.

6. 从半径为 R 的圆上截下中心角为 α 的扇形卷成一圆锥,问当 α 为何值时,所得圆锥的体积最大?

7. A,B,C 是不在一直线上的三点,且 $\angle ABC = \dfrac{\pi}{3}$. 设一列火车由点 A 开出,同时一辆汽车由点 B 开出. 火车以 80 km/h 的速度向点 B 前进,而汽车以 50 km/h 的速度向点 C 前进,若 $AB = 2000$ km,问在什么时候汽车与火车之间的距离最短?

8. A,D 分别是曲线 $y = e^x$ 和 $y = e^{-2x}$ 上的点,AB 和 DC 均垂直于 x 轴,且 $|AB|:|DC| = 2:1$,$|AB|<1$,问:x 轴上的点 B 和点 C 的横坐标为多少,才能使梯形 $ABCD$ 的面积最大?

B

1. 证明当 $x > -1$ 时,$e^x \geqslant 1 + \ln(1+x)$.

2. 若函数 $f(x)$ 在 (a,b) 内可导,且导数 $f'(x)$ 恒大于零,证明:$f(x)$ 在 (a,b) 内单调增加.

3. 若函数 $f(x)$ 在 $x = c$ 处二阶可导,且 $f'(c) = 0, f''(c) < 0$,证明: $f(c)$ 为 $f(x)$ 的一个极大值.

3.6 函数图形的描绘

通过前面的学习,我们利用函数的一阶导数与二阶导数研究了函数(或对应曲线)的许多性质,对函数图形的单调性和极值、凹凸性和拐点等情况有了一定的了解.

如果再加上渐近线的讨论,就可以比较准确地作出函数的图形. 为此我们讨论平面曲线的渐近线问题. 由平面解析几何知: 双曲线 $\dfrac{x^2}{a^2} - \dfrac{y^2}{b^2} = 1$ 有两条渐近线 $\dfrac{x}{a} \pm \dfrac{y}{b} = 0$. 那么什么是渐近线呢? 它有何特征呢?

定义 若曲线 C 上的动点 p 沿着曲线无限地远离原点时,点 p 与某条直线 L 的距离趋于零,则称直线 L 为曲线 C 的渐近线.

在第 1 章中我们已经知道,形如 $x = x_0$ 的渐近线称为曲线 C 的垂直渐近线,形如 $y = c$ 的渐近线称为曲线 C 的水平渐近线.

现在我们考虑形如 $y = kx + b$ 的渐近线,当 $k \neq 0$ 时,称为曲线 C 的斜渐近线.

假设曲线 $C: y = f(x)$ 有斜渐近线 $y = kx + b$,曲线上动点 p 到渐近线的距离为 $|PN| = |f(x) - (kx + b)| \dfrac{1}{\sqrt{1 + k^2}}$,依渐近线定义,当 $x \to +\infty$ 时 ($x \to -\infty$ 或 $x \to \infty$ 类似),$|PN| \to 0$,即有

$$\lim_{x \to +\infty} [f(x) - (kx + b)] = 0 \Leftrightarrow \lim_{x \to +\infty} [f(x) - kx] = b,$$

又由

$$\lim_{x \to +\infty} \left[\dfrac{f(x)}{x} - k\right] = \lim_{x \to +\infty} \dfrac{1}{x} [f(x) - kx] = 0 \cdot b = 0$$

推得

$$\lim_{x \to +\infty} \dfrac{f(x)}{x} = k.$$

由上面的讨论知,若曲线 $y = f(x)$ 有斜渐近线 $y = kx + b$,则常数 k 与 b 可由上面两式求出;反之,若由上面两式求得 k 与 b,则可知 $|PN| \to 0 (x \to \infty)$,从而 $y = kx + b$ 为曲线 $y = f(x)$ 的渐近线. 即曲线 $y = y(x)$ 的斜渐近线 $y = kx + b$ 存在的充要条件为

$$k = \lim_{x \to \infty} \dfrac{y}{x}, b = \lim_{x \to \infty} (y - kx)$$

都存在.

这里,首先要记住斜渐近线的几何定义及上面的计算公式,其次就是求极限的问题了.

需要注意的是,曲线即使是作为"单值"函数 $y = y(x)$ 的图形,也可能有多达两条不同的斜渐近线,因为在 $x \to -\infty$ 与 $x \to +\infty$ 时,上面两式可能有不同的极限.而当曲线方程为隐函数方程或参数方程时,可能会有更多条不同的斜渐近线.

例1 求曲线 $y = \dfrac{x^2}{1+x}$ 的渐近线.

解 因为 $\lim\limits_{x \to -1} \dfrac{x^2}{1+x} = \infty$,所以直线 $x = -1$ 是曲线的垂直渐近线.

又有

$$k = \lim_{x \to \infty} \frac{f(x)}{x} = \lim_{x \to \infty} \frac{\frac{x^2}{1+x}}{x} = \lim_{x \to \infty} \frac{x}{1+x} = 1,$$

$$b = \lim_{x \to \infty}[f(x) - kx] = \lim_{x \to \infty}\left(\frac{x^2}{1+x} - x\right) = \lim_{x \to \infty}\left(-\frac{x}{1+x}\right) = -1,$$

所以 $y = x - 1$ 为曲线的斜渐近线.

例2 求曲线 $y = \sqrt{1+x^2}$ 的渐近线.

解 显然曲线 $y = \sqrt{1+x^2}$ 没有水平渐近线和垂直渐近线,但

$$k = \lim_{x \to +\infty} \frac{f(x)}{x} = \lim_{x \to +\infty} \frac{\sqrt{1+x^2}}{x} = 1,$$

$$b = \lim_{x \to +\infty}[f(x) - kx] = \lim_{x \to +\infty}(\sqrt{1+x^2} - x) = \lim_{x \to +\infty} \frac{1}{\sqrt{1+x^2}+x} = 0,$$

所以当 $x \to +\infty$ 时,$y = x$ 为曲线 $y = \sqrt{1+x^2}$ 的斜渐近线.

同理可求得,当 $x \to -\infty$ 时,$y = -x$ 为曲线 $y = \sqrt{1+x^2}$ 的斜渐近线.

例3 求曲线 $\begin{cases} x = \dfrac{t^3 + 2t^2}{t^2 - 1} \\ y = \dfrac{2t^3 + t^2}{t^2 - 1} \end{cases}$ 的斜渐近线.

解 在本题中,因为当 $t \to 1, t \to -1$ 和 $t \to \infty$ 时,都有 $x \to \infty$,所以对于这三种可能产生斜渐近线的情况,都要进行详细的分析讨论.

当 $t \to 1$ 时,

$$k_1 = \lim_{t \to 1} \frac{y}{x} = \lim_{t \to 1} \frac{2t^3 + t^2}{t^3 + 2t^2} = 1, \quad b_1 = \lim_{t \to 1}(y - x) = \lim_{t \to 1} \frac{t^3 - t^2}{t^2 - 1} = \frac{1}{2}.$$

当 $t \to -1$ 时,

$$k_2 = \lim_{t \to -1} \frac{y}{x} = \lim_{t \to -1} \frac{2t^3 + t^2}{t^3 + 2t^2} = -1, b_2 = \lim_{t \to \infty}(y+x) = \lim_{t \to \infty} \frac{3t^3 + 3t^2}{t^2 - 1} = -\frac{3}{2}.$$

当 $t \to \infty$ 时,

$$k_3 = \lim_{t \to \infty} \frac{y}{x} = \lim_{t \to \infty} \frac{2t^3 + t^2}{t^3 + 2t^2} = 2, b_3 = \lim_{t \to \infty}(y - 2x) = \lim_{t \to \infty} \frac{-3t^2}{t^2 - 1} = -3.$$

所以,给定曲线有三条斜渐近线,它们是

$$y = x + \frac{1}{2}, y = -x - \frac{3}{2}, y = 2x - 3.$$

综合前面的讨论,利用导数描绘函数图形的一般步骤如下:
(1) 确定函数的定义域,并求函数的一阶和二阶导数;
(2) 求出一阶、二阶导数为零的点,求出一阶、二阶导数不存在的点;
(3) 列表分析,确定曲线的单调性和凹凸性;
(4) 确定曲线的渐近线;
(5) 确定并描出曲线上极值对应的点、拐点、与坐标轴的交点、其他点;
(6) 联结这些点,画出函数的图形.

例 4 画出函数 $y = x^3 - x^2 - x + 1$ 的图形.

解 (1) 函数的定义域为 $(-\infty, +\infty)$.
(2) $f'(x) = 3x^2 - 2x - 1 = (3x+1)(x-1), f''(x) = 6x - 2 = 2(3x-1).$
$f'(x) = 0$ 的根为 $x = -\frac{1}{3}, 1; f''(x) = 0$ 的根为 $x = \frac{1}{3}.$
(3) 列表 3-5 进行分析.

表 3-5

x	$\left(-\infty, -\frac{1}{3}\right)$	$-\frac{1}{3}$	$\left(-\frac{1}{3}, \frac{1}{3}\right)$	$\frac{1}{3}$	$\left(\frac{1}{3}, 1\right)$	1	$(1, +\infty)$
$f'(x)$	+	0	−	−	−	0	+
$f''(x)$	−	−	−	0	+	+	+
$f(x)$	∩ ↗	极大	∩ ↘	拐点	∪ ↘	极小	∪ ↗

(4) 当 $x \to +\infty$ 时, $y \to +\infty$;当 $x \to -\infty$ 时, $y \to -\infty$.
(5) 计算特殊点: $f\left(-\frac{1}{3}\right) = \frac{32}{27}, f\left(\frac{1}{3}\right) = \frac{16}{27}, f(1) = 0, f(0) = 1, f(-1) = 0,$
$f\left(\frac{3}{2}\right) = \frac{5}{8}.$

(6) 描点联线,画出图形,如图 3-5 所示.

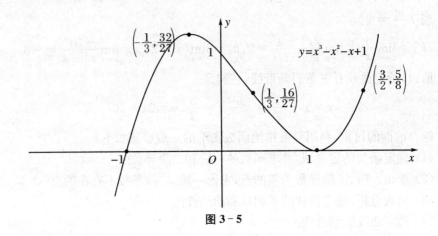

图 3-5

例 5 作函数 $f(x) = \dfrac{1}{\sqrt{2\pi}} e^{-\frac{1}{2}x^2}$ 的图形.

解 (1) 函数为偶函数,定义域为 $(-\infty, +\infty)$,图形关于 y 轴对称.

(2) $f'(x) = -\dfrac{x}{\sqrt{2\pi}} e^{-\frac{1}{2}x^2}$,$f''(x) = \dfrac{(x+1)(x-1)}{\sqrt{2\pi}} e^{-\frac{1}{2}x^2}$.

令 $f'(x) = 0$,得 $x = 0$;令 $f''(x) = 0$,得 $x = -1$ 和 $x = 1$.

(3) 列表 3-6 进行分析.

表 3-6

x	$(\infty, -1)$	-1	$(-1, 0)$	0	$(0, 1)$	1	$(1, \infty)$
$f'(x)$	$+$		$+$	0	$-$		$-$
$f''(x)$	$+$	0	$-$		$-$	0	$+$
$y = f(x)$	↗ ∪	$\dfrac{1}{\sqrt{2\pi e}}$ 拐点	↗ ∩	$\dfrac{1}{\sqrt{2\pi}}$ 极大值	↘ ∩	$\dfrac{1}{\sqrt{2\pi e}}$ 拐点	↘ ∪

(4) 曲线有水平渐近线 $y = 0$.

(5) 先作出区间 $(0, +\infty)$ 内的图形,然后利用对称性作出区间 $(-\infty, 0)$ 内的图形.如图 3-6 所示.

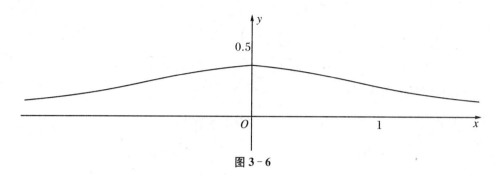

图 3-6

例 6 作函数 $y = \dfrac{x^2}{x+1}$ 的图形.

解 (1) 定义域为 $(-\infty, -1) \cup (-1, +\infty)$,该函数为非奇非偶函数、非周期函数.

(2) 求出 $y' = \dfrac{x(x+2)}{(x+1)^2}, y'' = \dfrac{2}{(x+1)^3}$,确定增减、极值、凹向及拐点.

令 $y' = \dfrac{x(x+2)}{(x+1)^2} = 0$,得 $x_1 = -2, x_2 = 0; y'' \neq 0$.但在 $x = -1$ 处 y, y', y'' 均无意义.

(3) 列表 3-7 进行分析.

表 3-7

x	$(-\infty, -2)$	-2	$(-2, -1)$	-1	$(-1, 0)$	0	$(0, \infty)$
y'	$+$	0	$-$	不存在	$-$	0	$+$
y''	$-$			不存在	$+$		$+$
y	↗ ∩	$f(-2) = -4$ 极大值	↘ ∩	间断	↘ ∪	$f(0) = 0$ 极小值	↗ ∪

(4) $x = -1$ 是曲线的垂直渐近线,$y = x - 1$ 是曲线的斜渐近线.

(5) 作出函数的图形,如图 3-7 所示.

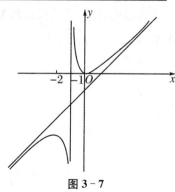

图 3-7

习题 3-6

1. 求下列曲线的渐近线.

   (1) $y = \dfrac{x^2 + x}{(x-2)(x+3)}$; (2) $y = xe^{\frac{1}{x^2}}$;

   (3) $y = x\ln\left(e + \dfrac{1}{x}\right)$; (4) $y = 2x + \arctan\dfrac{x}{2}$.

2. 全面讨论下列函数的形态,并描绘它们的图形.

   (1) $y = \dfrac{1}{5}(x^4 - 6x^2 + 8x + 7)$; (2) $y = \dfrac{2x^2}{(1-x)^2}$;

   (3) $y = x + \dfrac{\ln x}{2x}$; (4) $y = |x|\dfrac{x}{1+x}$.

3.7 曲 率

3.7.1 弧微分

在许多实际应用尤其是工程建设中,经常用到弧微分与曲率的知识,在以后的学习中,例如求曲线的弧长以及定义对弧长的曲线积分,都离不开弧微分的知识.

曲线弧长的微分简称为**弧微分**.为此介绍有向弧段.

设函数 $f(x)$ 在区间 (a,b) 内具有连续导数,在曲线 $y = f(x)$ 上取固定点 $M_0(x_0, y_0)$ 作为度量弧长的基点,并规定以 x 增大的方向作为曲线的正向.对曲线上任一点 $M(x, y)$,规定有向弧段 $\overparen{M_0M}$ 的值 s(简称为弧 s)如下:s 的绝对值等于这个弧段的长度,当有向弧段 $\overparen{M_0M}$ 的方向与曲线的正向一致时 $s > 0$,相反时 $s < 0$.显然,弧 $s = \overparen{M_0M}$ 是 x 的函数:$s = s(x)$,而且 $s(x)$ 是 x 的单调增加函数.

下面来求 $s(x)$ 的导数及微分.

设 $x, x + \Delta x$ 为 (a, b) 内两个邻近的点,它们在曲线 $y = f(x)$ 上的对应点为 M, N,并设对应于 x 的增量 Δx,弧 s 的增量为 Δs,于是

$$\left(\dfrac{\Delta s}{\Delta x}\right)^2 = \left(\dfrac{\overparen{MN}}{\Delta x}\right)^2 = \left(\dfrac{\overparen{MN}}{|MN|}\right)^2 \cdot \dfrac{|MN|^2}{(\Delta x)^2} = \left(\dfrac{\overparen{MN}}{|MN|}\right)^2 \cdot \dfrac{(\Delta x)^2 + (\Delta y)^2}{(\Delta x)^2}$$

$$= \left(\dfrac{\overparen{MN}}{|MN|}\right)^2 \cdot \left[1 + \left(\dfrac{\Delta y}{\Delta x}\right)^2\right],$$

$$\frac{\Delta s}{\Delta x} = \pm \sqrt{\left(\frac{\widehat{MN}}{|MN|}\right)^2 \cdot \left[1 + \left(\frac{\Delta y}{\Delta x}\right)^2\right]}.$$

因为 $\lim\limits_{\Delta x \to 0} \frac{|\widehat{MN}|}{MN} = \lim\limits_{N \to M} \frac{|\widehat{MN}|}{MN} = 1$,又 $\lim\limits_{\Delta x \to 0} \frac{\Delta y}{\Delta x} = y'$,因此

$$\frac{\mathrm{d}s}{\mathrm{d}x} = \pm \sqrt{1 + y'^2}.$$

由于 $s = s(x)$ 是单调增加函数,从而 $\frac{\mathrm{d}s}{\mathrm{d}x} > 0$,$\frac{\mathrm{d}s}{\mathrm{d}x} = \sqrt{1 + y'^2}$.于是

$$\mathrm{d}s = \sqrt{1 + y'^2}\,\mathrm{d}x.$$

这就是弧微分公式.

针对曲线的不同表达形式,有不同形式的弧微分公式.

对曲线 $C:x = g(y)$,则

$$\mathrm{d}s = \sqrt{g'^2(y) + 1}\,\mathrm{d}y;$$

对曲线 $C:\begin{cases} x = \varphi(t) \\ y = \psi(t) \end{cases}$,则

$$\mathrm{d}s = \sqrt{\varphi'^2(t) + \psi'^2(t)}\,\mathrm{d}t;$$

对曲线 $C:\rho = \rho(\theta)$,则

$$\mathrm{d}s = \sqrt{\rho^2(\theta) + \rho'^2(\theta)}\,\mathrm{d}\theta;$$

对空间曲线 $C:\begin{cases} x = \varphi(t) \\ y = \psi(t) \\ z = \omega(t) \end{cases}$,则

$$\mathrm{d}s = \sqrt{\varphi'^2(t) + \psi'^2(t) + \omega'^2(t)}\,\mathrm{d}t.$$

3.7.2 曲率及其计算公式

曲线弯曲程度的直观描述:

设曲线 C 是光滑的,在曲线 C 上选定一点 M_0 作为度量弧 s 的基点. 设曲线上点 M 对应于弧 s,在点 M 处切线的倾角为 α;曲线上另外一点 N 对应于弧 $s + \Delta s$,在点 N 处切线的倾角为 $\alpha + \Delta \alpha$.

我们用比值 $\left|\frac{\Delta \alpha}{\Delta s}\right|$,即单位弧段上切线转过的角度的大小来表达弧段 $\widehat{MN}$ 的平均弯曲程度.

记 $\overline{K} = \left|\frac{\Delta \alpha}{\Delta s}\right|$,称 $\overline{K}$ 为弧段 $\widehat{MN}$ 的**平均曲率**.

在 $\lim\limits_{\Delta s \to 0} \frac{\Delta \alpha}{\Delta s} = \frac{\mathrm{d}\alpha}{\mathrm{d}s}$ 存在的条件下,规定曲率 $K = \left|\frac{\mathrm{d}\alpha}{\mathrm{d}s}\right|$.

设曲线的直角坐标方程是 $y = f(x)$，且 $f(x)$ 具有二阶导数（这时 $f'(x)$ 连续，从而曲线是光滑的）. 因为 $\tan\alpha = y'$，所以

$$\sec^2\alpha \, d\alpha = y'' dx,$$

$$d\alpha = \frac{y''}{\sec^2\alpha} dx = \frac{y''}{1 + \tan^2\alpha} dx = \frac{y''}{1 + y'^2} dx.$$

又知 $ds = \sqrt{1 + y'^2} \, dx$，从而得曲率的计算公式：

$$K = \left|\frac{d\alpha}{ds}\right| = \frac{|y''|}{(1 + y'^2)^{3/2}}.$$

易得：

(1) 直线 $y = ax - b$ 上任一点的曲率 $K = 0$.

(2) 若曲线的参数方程由 $x = \varphi(t), y = \psi(t)$ 给出，则其对应的曲率为

$$K = \frac{|\varphi'(t)\psi''(t) - \varphi''(t)\psi'(t)|}{[\varphi'^2(t) + \psi'^2(t)]^{3/2}}.$$

(3) 半径为 R 的圆（圆的参数方程为 $x = R\cos t, y = R\sin t$）上任一点的曲率 $K = \frac{1}{R}$. 这说明圆的弯曲程度处处一样，且半径越小曲率越大，即弯曲得越厉害.

例 1 计算等双曲线 $xy = 1$ 在点 $(1,1)$ 处的曲率.

解 由 $y = \frac{1}{x}$，得

$$y' = -\frac{1}{x^2}, y'' = \frac{2}{x^3}.$$

因此

$$y'|_{x=1} = -1, y''|_{x=1} = 2.$$

曲线 $xy = 1$ 在点 $(1,1)$ 处的曲率为

$$K = \frac{|y''|}{(1 + y'^2)^{3/2}} = \frac{2}{(1 + (-1)^2)^{3/2}} = \frac{1}{\sqrt{2}} = \frac{\sqrt{2}}{2}.$$

例 2 抛物线 $y = ax^2 + bx + c$ 上哪一点处的曲率最大？

解 由 $y = ax^2 + bx + c$，得

$$y' = 2ax + b, y'' = 2a.$$

代入曲率公式，得

$$K = \frac{|2a|}{[1 + (2ax + b)^2]^{3/2}}.$$

显然，当 $2ax + b = 0$ 时曲率最大.

曲率最大时，$x = -\frac{b}{2a}$，对应的点为抛物线的顶点. 因此，抛物线在顶点处的曲率最大，最大曲率为 $K = |2a|$.

3.7.3 曲率圆与曲率半径

设曲线 $y=f(x)$ 在点 $M(x,y)$ 处的曲率为 $K(K\neq 0)$，在点 M 处的曲线的法线上，在凹的一侧取一点 D，使 $|DM|=K^{-1}=\rho$. 以 D 为圆心，ρ 为半径作圆，这个圆叫做曲线在点 M 处的**曲率圆**，曲率圆的圆心 D 叫做曲线在点 M 处的**曲率中心**，曲率圆的半径 ρ 叫做曲线在点 M 处的**曲率半径**.

曲线在点 M 处的曲率 $K(K\neq 0)$ 与曲线在点 M 处的曲率半径 ρ 有如下关系：

$$\rho=\frac{1}{K}, K=\frac{1}{\rho}.$$

最后我们给出曲线 $y=f(x)$ 在点 $M(x,y)$ 处曲率中心的坐标公式，有兴趣的读者请自己证明.

$$\xi=x-\frac{y'(1+y'^2)}{y''}, \eta=y+\frac{1+y'^2}{y''}.$$

例 3 设工件表面的截线为抛物线 $y=0.4x^2$. 现在要用砂轮磨削其内表面，问用直径多大的砂轮才比较合适？

解 砂轮的半径应不大于抛物线顶点处的曲率半径.

$$y'=0.8x, y''=0.8.$$
$$y'|_{x=0}=0, y''|_{x=0}=0.8.$$

把它们代入曲率公式，得

$$K=\frac{|y''|}{(1+y'^2)^{3/2}}=0.8.$$

抛物线顶点处的曲率半径为

$$K^{-1}=1.25.$$

所以选用砂轮的半径不得超过 1.25 单位长，即直径不得超过 2.50 单位长.

习题 3-7

1. 求曲线 $y=\sin x$ 在点 $\left(\frac{\pi}{2},1\right)$ 处的曲率半径.
2. 求曲线 $y=\text{ch}x=\frac{e^x+e^{-x}}{2}$ 在点 $(0,1)$ 处的曲率和曲率半径.
3. 求曲线 $x=a\cos^3 t, y=a\sin^3 t$ 在参数 t 所对应点处的曲率.
4. 对数曲线 $y=\ln x$ 上哪一点曲率半径最小？求出该点的曲率半径.
5. 应选用直径多大的圆铣刀，才能使加工后的工件近似于长半轴为 50 单位长，短半轴为 40 单位长的椭圆上短轴一端附近的一段弧？

6. 一飞机沿抛物线路径 $y = \dfrac{x^2}{10000}$（y 轴垂直向上，单位为 m）作俯冲飞行，在坐标原点处飞机的速度 $v = 200$ m/s，飞行员体重 $m = 70$ kg，求飞机俯冲至最低点即原点处时座椅对飞行员的反力。

复习题 3

1. 设 ξ 为 $f(x) = \arctan x$ 在 $[0, b]$ 上应用拉格朗日中值定理的"中值"，则 $\lim\limits_{b \to 0} \dfrac{\xi^2}{b^2} = ($ $)$.

   A. 1   B. $\dfrac{1}{2}$ C. $\dfrac{1}{3}$ D. $\dfrac{1}{4}$.

2. 当 $x \to 0$ 时，$e^{\sin x} - e^x$ 是 x 的（   ）阶无穷小.

   A. 1   B. 2   C. 3   D. 4

3. 设 $f(x) = \begin{cases} x^{2x}, & x > 0 \\ x + 1, & x \leqslant 0 \end{cases}$，则（   ）.

   A. $\lim\limits_{x \to 0} f(x)$ 不存在

   B. $\lim\limits_{x \to 0} f(x)$ 存在，但 $f(x)$ 在 $x = 0$ 处不连续

   C. $f(x)$ 在 $x = 0$ 处连续，但不可导

   D. $f(x)$ 在 $x = 0$ 处可导，但 $f'(x)$ 在 $x = 0$ 处不连续

4. 设函数 $f(x)$ 在点 x_0 的某邻域内有定义，且当 $x < x_0$ 时，$f'(x) > 0$，当 $x > x_0$ 时，$f'(x) < 0$，则下列命题正确的是（   ）.

   A. x_0 是 $f(x)$ 的驻点

   B. x_0 是 $f(x)$ 的极值点

   C. x_0 不是 $f(x)$ 的极值点

   D. x_0 是否为 $f(x)$ 的极值点不能确定

5. 设函数 $f(x)$ 在 $[0, 1]$ 上有连续的导数，且在 $(0, 1)$ 内 $f''(x) > 0$，则 $f'(0), f'(1), f(1) - f(0)$ 三者之间的大小关系为（   ）.

   A. $f'(0) < f'(1) < f(1) - f(0)$

   B. $f'(0) < f(1) - f(0) < f'(1)$

   C. $f'(1) < f'(0) < f(1) - f(0)$

   D. $f'(1) < f(1) - f(0) < f'(0)$

6. 设 $f(x)$ 在 $x = 0$ 的某邻域内连续，且 $\lim\limits_{x \to 0} \dfrac{f(x)}{\ln(2 - \cos x)} = 2$，则在 $x = 0$ 处 $f(x)$（   ）.

   A. 不可导

   B. 可导，且 $f'(0) \neq 0$

   C. 取极大值

   D. 取极小值

7. 设 $f(x)$ 在 $(-\infty,+\infty)$ 上连续,且导函数 $y=f'(x)$ 的图形如图 3-8 所示,则 $f(x)$ 有( ).

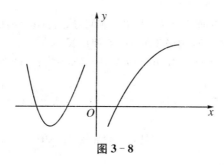

图 3-8

A. 1 个极小值点与 2 个极大值点,无拐点
B. 2 个极小值点与 1 个极大值点,1 个拐点
C. 2 个极小值点与 2 个极大值点,无拐点
D. 2 个极小值点与 2 个极大值点,1 个拐点

8. 设 $f(x)$ 在 $(-\infty,+\infty)$ 上连续,在 $(-\infty,0)\cup(0,+\infty)$ 内有连续的二阶导数,$f'(x)$ 的图形如图 3-9 所示,用 r,s,t 分别表示 $y=f(x)$ 的驻点、极值点、拐点的个数,则( ).

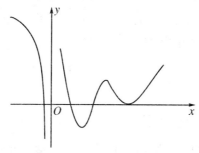

图 3-9

A. $r=4,s=4,t=4$ B. $r=4,s=4,t=3$
C. $r=4,s=5,t=3$ D. $r=4,s=5,t=4$

9. 函数 $f(x)=\dfrac{1}{x}$ 在区间 $[a,b]$ 上是否满足拉格朗日定理的条件?

10. 证明方程 $x^3-3x+c=0$ 在开区间 $(0,1)$ 内不含有两个相异的实根.

11. 设 $f(x)$ 在 $[a,b]$ 上连续,在 (a,b) 内可导,且 $f(a)f(b)>0,f(a)f\left(\dfrac{a+b}{2}\right)<0$,证明至少存在一点 $\xi\in(a,b)$,使 $f'(\xi)=f(\xi)$.

12. 设 $f(x)$ 在 $(-\infty,+\infty)$ 内满足 $f'(x)=f(x)$,且 $f(0)=1$,证明 $f(x)=\mathrm{e}^x$.

13. 设 $f(x)$ 在 (a,b) 内连续可导,且 $\lim\limits_{x\to a^+}f(x)$ 与 $\lim\limits_{x\to b^-}f(x)$ 存在,试证在 (a,b) 内至少存在一点 ξ,使 $\lim\limits_{x\to b^-}f(x)-\lim\limits_{x\to a^+}f(x)=f'(\xi)(b-a)$.

14. 设函数 $f(x)$ 在 (a,b) 内二阶可导,且 $f''(x) > 0$,试证对 (a,b) 内固定的 x_0 及该区间内异于 x_0 的任一点 x,必存在惟一的点 ξ,使得 $f(x) - f(x_0) = f'(\xi)(x - x_0)$,其中 ξ 在 x 和 x_0 之间.

15. 若 $f(x)$ 在 $[a,b]$ 上连续,在 (a,b) 内二阶可导,且 $f(a) = f(b) = 0$,并存在 c 使 $f(c) > 0 (a < c < b)$,证明在 (a,b) 内必存在一点 ξ,使 $f''(\xi) < 0$.

16. 证明:若可导函数 $f(x)$ 在 (a,b) 内无界,则其导函数 $f'(x)$ 在该区间内也无界,反之不然. 并举出例子.

17. 设当 $x \geq x_0$ 时, $\varphi'(x) > 0$, 且 $|f'(x)| \leq \varphi'(x)$, 试证当 $x \geq x_0$ 时, $|f(x) - f(x_0)| \leq \varphi(x) - \varphi(x_0)$.

18. 设函数 $f(x)$ 在 $x = 0$ 的邻域内具有 n 阶导数,且 $f(0) = f'(0) = \cdots = f^{(n-1)}(0) = 0$. 试证明 $\dfrac{f(x)}{x^n} = \dfrac{f^{(n)}(\theta x)}{n!} (0 < \theta < 1)$.

19. 求下列极限.

(1) $\lim\limits_{x \to 0} \dfrac{e^x - 1 + x^3 \sin \dfrac{\pi}{3}}{x}$;

(2) $\lim\limits_{x \to 0} \dfrac{\ln(1 + x + x^2) + \ln(1 - x + x^2)}{\sec x - \cos x}$;

(3) $\lim\limits_{x \to 0} \dfrac{(1+x)^{\frac{1}{x}} - e}{x}$;

(4) $\lim\limits_{x \to 0^+} x^n e^{-x} \ln^2 x \quad (n > 0)$.

20. 若 $f(0) = 0$, $f'(x)$ 在点 $x = 0$ 的邻域内连续,且 $f'(0) \neq 0$, 试证 $\lim\limits_{x \to 0^+} x^{f(x)} = 1$.

21. 设 $f(x)$ 在 (a,b) 内二阶可导,且 $f''(x) \geq 0$. 试证对于 (a,b) 内任意两点 x_1, x_2 及 $0 \leq t \leq 1$, 有 $f[(1-t)x_1 + tx_2] \leq (1-t)f(x_1) + tf(x_2)$.

22. 证明下列不等式.

(1) 当 $x > 1$ 时, $2\sqrt{x} > 3 - \dfrac{1}{x}$;

(2) 当 $0 < x < \dfrac{\pi}{2}$ 时, $\sin x + \tan x > 2x$;

(3) 若 $p > 1$, 对 $[0,1]$ 上每一个 x, 有 $x^p + (1-x)^p \geq \dfrac{1}{2^{p-1}}$;

(4) $x \ln x + y \ln y > (x+y) \ln\left(\dfrac{x+y}{2}\right) \quad (x > 0, y > 0, x \neq y)$.

23. 设函数 $f(x) = \begin{cases} \dfrac{x \ln x}{1 - x}, & x > 0, x \neq 1 \\ 0, & x = 0 \\ -1, & x = 1 \end{cases}$, 试证函数 $f(x)$ 在定义域内连续,在 $(0,1)$ 内单调减, $f'(1) = -\dfrac{1}{2}$.

24. 求下列函数的极值.

(1) $y = \arctan x - \dfrac{1}{2}\ln(1 + x^2)$;

(2) $y = \dfrac{10}{1 + \sin^2 x}$;

(3) $y = \dfrac{2x}{1 + x^2}$;

(4) $y = |x| e^{-|1-x|}$.

25. 试证方程 $x^5 + 5x + 1 = 0$ 在区间 $(-1,0)$ 内有惟一的实根.

26. 求数列 $\{\sqrt[n]{n}\}$ 的最大项.

27. 设函数 $f(x) = nx(1-x)^n$,其中 n 为正整数,在区间 $[0,1]$ 上求出函数最大值 $g(n)$,并求极限 $\lim\limits_{n \to \infty} g(n)$.

28. 设在区间 $[0,1]$ 上 $|f''(x)| \leqslant M$,且函数 $f(x)$ 在 $(0,1)$ 内取最大值,证明 $|f'(0)| + |f'(1)| \leqslant M$.

29. 求曲线 $y = |x| \arctan x$ 的渐近线.

30. 已知函数 $f(x)$ 在 $[0,1]$ 上连续,在 $(0,1)$ 内可导,且 $f(0) = 0, f(1) = 1$,证明:

(1) 存在 $\xi \in (0,1)$,使得 $f(\xi) = 1 - \xi$;

(2) 存在两个不同的数 $\eta, \zeta \in (0,1)$,使得 $f'(\eta)f'(\zeta) = 1$.

第 4 章 不定积分

前面几章我们学习了一元函数的微分学,本章开始将讨论一元函数的积分学——不定积分和定积分.

4.1 不定积分的概念与性质

4.1.1 原函数与不定积分的概念

在学习导数时,曾经碰到过已知质点的运动规律 $s = s(t)$,求它在时刻 t 的速度 $v(t)$,这属于导数的运算问题.在实践中也常常会遇到相反的问题,即已知质点的速度 $v(t)$,要求出其运动规律 $s(t)$.这类问题在数学上就是求一个可导函数,使它的导函数等于已知函数.这是积分学的基本问题之一.

定义 1 如果在区间 I 上,可导函数 $F(x)$ 的导函数为 $f(x)$,即对任一 $x \in I$,都有
$$F'(x) = f(x) \quad \text{或} \quad dF(x) = f(x)dx,$$
那么函数 $F(x)$ 就称为 $f(x)$(或 $f(x)dx$)在区间 I 上的一个原函数.

例如,在区间 $(-\infty, +\infty)$ 内,因为 $(\sin x)' = \cos x$,所以 $\sin x$ 是 $\cos x$ 在区间 $(-\infty, +\infty)$ 内的一个原函数.又如,当 $x \in (1, +\infty)$ 时,因为 $(\sqrt{x})' = \dfrac{1}{2\sqrt{x}}$,所以 $\sqrt{x}$ 是 $\dfrac{1}{2\sqrt{x}}$ 在区间 $(1, +\infty)$ 的一个原函数.

问题:一个函数应具备什么条件,才存在原函数?一个函数如果有原函数,原函数惟一吗?

原函数存在定理 如果函数 $f(x)$ 在区间 I 上连续,那么在区间 I 上存在可导函数 $F(x)$,使对任一 $x \in I$,都有
$$F'(x) = f(x).$$

定理的证明将在下一章给出.由于初等函数在其定义的区间内都是连续的,因此初等函数在其有定义的区间内都存在原函数.

两点说明:

第一,如果函数 $f(x)$ 在区间 I 上有原函数 $F(x)$,那么 $f(x)$ 就有无限多个原函数,对于任意常数 $C,F(x)+C$ 都是 $f(x)$ 的原函数.

第二,$f(x)$ 的任意两个原函数之间只差一个常数,即如果 $G(x)$ 和 $F(x)$ 都是 $f(x)$ 的原函数,则 $G(x)=F(x)+C(C$ 为某个常数$)$.

因此,得到结论:如果 $f(x)$ 有一个原函数 $F(x)$,那么它就有无穷多个原函数,而且 $f(x)$ 的原函数的一般表达式为 $F(x)+C(C$ 为任意常数$)$.

定义 2 如果函数 $f(x)$ 在区间 I 上有原函数 $F(x)$,则 $f(x)$ 的原函数全体 $F(x)+C(C$ 为任意常数$)$ 称为 $f(x)$(或 $f(x)\mathrm{d}x$)在区间 I 上的不定积分,记作
$$\int f(x)\mathrm{d}x = F(x)+C.$$

其中记号 $\int$ 称为积分号(它是英文"sum"开头字母"s"的变形,1675 年 10 月 29 日由莱布尼茨(G. W. Leibniz,1646~1716,德国数学家)在一篇论文中首先引入),$f(x)$ 称为被积函数,$f(x)\mathrm{d}x$ 称为被积表达式,x 称为积分变量,C 称为积分常数.

根据定义,一个函数的不定积分既不是一个数,也不是一个函数,而是一个函数族.如果 $F(x)$ 是 $f(x)$ 在区间 I 上的一个原函数,那么 $F(x)+C$ 就是 $f(x)$ 的不定积分,即
$$\int f(x)\mathrm{d}x = F(x)+C.$$

因而不定积分 $\int f(x)\mathrm{d}x$ 可以表示 $f(x)$ 的任意一个原函数.

例 1 因为 $\sin x$ 是 $\cos x$ 的原函数,所以
$$\int \cos x \mathrm{d}x = \sin x + C.$$

因为 $\sqrt{x}$ 是 $\dfrac{1}{2\sqrt{x}}$ 的原函数,所以
$$\int \frac{1}{2\sqrt{x}}\mathrm{d}x = \sqrt{x}+C.$$

例 2 设曲线通过点 $A(1,6)$ 和 $B(2,-9)$,且其上任一点处的切线斜率与这点横坐标的三次方成正比,求此曲线的方程.

解 设所求的曲线方程为 $y=f(x)$.按题设,曲线上任一点 (x,y) 处的切线斜率为 $y'=ax^3$,因为 $\left(\dfrac{a}{4}x^4\right)'=ax^3$,所以 $\dfrac{a}{4}x^4$ 是 ax^3 的一个原函数,曲线可表示为
$$y=\frac{a}{4}x^4+C.$$

因所求曲线通过点 $A(1,6)$ 和 $B(2,-9)$,可得

$$\begin{cases} 6 = \dfrac{a}{4} + C \\ -9 = 4a + C \end{cases},$$

解得

$$\begin{cases} a = -4 \\ C = 7 \end{cases},$$

故所求曲线方程为 $y = -x^4 + 7$。

积分曲线 函数 $f(x)$ 的原函数的图形称为 $f(x)$ 的积分曲线. 称 $f(x)$ 的所有积分曲线为 $f(x)$ 的积分曲线族.

4.1.2 基本积分公式

从不定积分的定义，即可知下述关系：

(1) 由于 $\int f(x) \mathrm{d}x$ 是函数 $f(x)$ 的原函数族，故

$$\frac{\mathrm{d}}{\mathrm{d}x}\left[\int f(x)\mathrm{d}x\right] = f(x) \quad \text{或} \quad \mathrm{d}\left[\int f(x)\mathrm{d}x\right] = f(x)\mathrm{d}x;$$

(2) 由于 $F(x)$ 是 $F'(x)$ 的原函数，所以

$$\int F'(x)\mathrm{d}x = F(x) + C \quad \text{或} \quad \int \mathrm{d}F(x) = F(x) + C.$$

由此可见，微分运算（以记号 d 表示）与求不定积分的运算（简称积分运算，以记号 $\int$ 表示）是互逆的. 当记号 $\int$ 与 d 连在一起时，或者抵消，或者抵消后差一个常数.

根据积分是微分的逆运算，我们可以从常用初等函数的导数（或微分）公式得到如下的基本积分公式，这是求不定积分的基础，必须熟记.

(1) $\int 0 \mathrm{d}x = C$;

(2) $\int k \mathrm{d}x = kx + C$ （k 是常数）;

(3) $\int x^\mu \mathrm{d}x = \dfrac{1}{\mu + 1} x^{\mu+1} + C$ （$\mu \neq -1$）;

(4) $\int \dfrac{1}{x} \mathrm{d}x = \ln|x| + C$;

(5) $\int a^x \mathrm{d}x = \dfrac{a^x}{\ln a} + C$，特别地有 $\int \mathrm{e}^x \mathrm{d}x = \mathrm{e}^x + C$;

(6) $\int \cos x \mathrm{d}x = \sin x + C$;

(7) $\int \sin x \, dx = -\cos x + C$;

(8) $\int \dfrac{1}{\cos^2 x} dx = \int \sec^2 x \, dx = \tan x + C$;

(9) $\int \dfrac{1}{\sin^2 x} dx = \int \csc^2 x \, dx = -\cot x + C$;

(10) $\int \dfrac{1}{1+x^2} dx = \arctan x + C$;

(11) $\int \dfrac{1}{\sqrt{1-x^2}} dx = \arcsin x + C$;

(12) $\int \sec x \tan x \, dx = \sec x + C$;

(13) $\int \csc x \cot x \, dx = -\csc x + C$;

(14) $\int \text{sh} x \, dx = \text{ch} x + C$;

(15) $\int \text{ch} x \, dx = \text{sh} x + C$.

例如公式(4)：当 $x > 0$ 时，有 $(\ln x)' = \dfrac{1}{x}$，故

$$\int \dfrac{1}{x} dx = \ln x + C \quad (x > 0);$$

当 $x < 0$ 时，有 $[\ln(-x)]' = \dfrac{1}{-x} \cdot (-1) = \dfrac{1}{x}$，故

$$\int \dfrac{1}{x} dx = \ln(-x) + C \quad (x < 0).$$

因此不论 $x > 0$ 还是 $x < 0$，都有

$$\int \dfrac{1}{x} dx = \ln|x| + C \quad (x \neq 0).$$

4.1.3 不定积分的性质

性质 1 函数的和的不定积分等于各个函数的不定积分的和，即

$$\int [f(x) + g(x)] dx = \int f(x) dx + \int g(x) dx.$$

这是因为 $\left[\int f(x) dx + \int g(x) dx\right]' = \left[\int f(x) dx\right]' + \left[\int g(x) dx\right]' = f(x) + g(x).$

注意求不定积分时，只要还有积分符号在，常数 C 就不要写出，一旦积分结束，就必须写出常数 C。

性质 2 求不定积分时，被积函数中不为零的常数因子可以提到积分号外面

来，即

$$\int kf(x)\mathrm{d}x = k\int f(x)\mathrm{d}x \quad (k \text{ 是常数}, k \neq 0).$$

例3 求 $\int \dfrac{\mathrm{d}x}{x^2\sqrt[3]{x}}$.

解 $\int \dfrac{\mathrm{d}x}{x^2\sqrt[3]{x}} = \int x^{-\frac{7}{3}}\mathrm{d}x = \dfrac{x^{-\frac{7}{3}+1}}{-\frac{7}{3}+1} + C = -\dfrac{3}{4}x^{-\frac{4}{3}} + C.$

例4 求 $\int (3x^2 - 5x + 2)\mathrm{d}x$.

解 $\int (3x^2 - 5x + 2)\mathrm{d}x = 3\int x^2 \mathrm{d}x - 5\int x\mathrm{d}x + 2\int \mathrm{d}x$

$$= 3 \times \dfrac{x^{2+1}}{2+1} - 5 \times \dfrac{x^{1+1}}{1+1} + 2x + C$$

$$= x^3 - \dfrac{5}{2}x^2 + 2x + C.$$

例5 求 $\int \dfrac{(x+1)^3}{x^2}\mathrm{d}x$.

解 $\int \dfrac{(x+1)^3}{x^2}\mathrm{d}x = \int \dfrac{x^3 + 3x^2 + 3x + 1}{x^2}\mathrm{d}x = \int \left(x + 3 + \dfrac{3}{x} + \dfrac{1}{x^2}\right)\mathrm{d}x$

$$= \int x\mathrm{d}x + 3\int \mathrm{d}x + 3\int \dfrac{1}{x}\mathrm{d}x + \int \dfrac{1}{x^2}\mathrm{d}x$$

$$= \dfrac{1}{2}x^2 + 3x + 3\ln|x| - \dfrac{1}{x} + C.$$

例6 求 $\int (3\sin x - 2\mathrm{e}^x)\mathrm{d}x$.

解 $\int (3\sin x - 2\mathrm{e}^x)\mathrm{d}x = 3\int \sin x\mathrm{d}x - 2\int \mathrm{e}^x\mathrm{d}x = -3\cos x - 2\mathrm{e}^x + C.$

例7 求 $\int 3^x \mathrm{e}^x \mathrm{d}x$.

解 $\int 3^x \mathrm{e}^x \mathrm{d}x = \int (3\mathrm{e})^x \mathrm{d}x = \dfrac{(3\mathrm{e})^x}{\ln(3\mathrm{e})} + C = \dfrac{3^x \mathrm{e}^x}{1 + \ln 3} + C.$

例8 求 $\int \dfrac{1 - 2x + x^2}{x(1 + x^2)}\mathrm{d}x$.

解 $\int \dfrac{1 - 2x + x^2}{x(1 + x^2)}\mathrm{d}x = \int \dfrac{-2x + (1 + x^2)}{x(1 + x^2)}\mathrm{d}x = \int \left(-\dfrac{2}{1 + x^2} + \dfrac{1}{x}\right)\mathrm{d}x$

$$= -2\int \dfrac{1}{1 + x^2}\mathrm{d}x + \int \dfrac{1}{x}\mathrm{d}x$$

$$= -2\arctan x + \ln|x| + C.$$

例 9 求 $\displaystyle\int \dfrac{x^4}{1+x^2}\mathrm{d}x$.

解 $\displaystyle\int \dfrac{x^4}{1+x^2}\mathrm{d}x = \int \dfrac{x^4-1+1}{1+x^2}\mathrm{d}x = \int \dfrac{(x^2+1)(x^2-1)+1}{1+x^2}\mathrm{d}x$

$\displaystyle = \int\left(x^2-1+\dfrac{1}{1+x^2}\right)\mathrm{d}x = \int x^2\mathrm{d}x - \int \mathrm{d}x + \int \dfrac{1}{1+x^2}\mathrm{d}x$

$\displaystyle = \dfrac{1}{3}x^3 - x + \arctan x + C.$

例 10 求 $\displaystyle\int \tan^2 x\,\mathrm{d}x$.

解 基本积分公式中没有这种类型的积分，需先利用三角恒等式变形，再求积分。

$\displaystyle\int \tan^2 x\,\mathrm{d}x = \int(\sec^2 x - 1)\mathrm{d}x = \int \sec^2 x\,\mathrm{d}x - \int \mathrm{d}x = \tan x - x + C.$

例 11 求 $\displaystyle\int 5\cos^2\dfrac{x}{2}\mathrm{d}x$.

解 $\displaystyle\int 5\cos^2\dfrac{x}{2}\mathrm{d}x = 5\int\dfrac{1+\cos x}{2}\mathrm{d}x = \dfrac{5}{2}\int(1+\cos x)\mathrm{d}x = \dfrac{5}{2}(x+\sin x) + C.$

例 12 求 $\displaystyle\int \dfrac{\mathrm{d}x}{\sin^2 x \cos^2 x}$.

解 $\displaystyle\int \dfrac{\mathrm{d}x}{\sin^2 x \cos^2 x} = \int \dfrac{\sin^2 x + \cos^2 x}{\sin^2 x \cos^2 x}\mathrm{d}x = \int \sec^2 x\,\mathrm{d}x + \int \csc^2 x\,\mathrm{d}x$

$\displaystyle = \tan x - \cot x + C.$

例 13 设 $f(x) = \begin{cases} 1, & x < 0 \\ x+1, & 0 \leqslant x \leqslant 1 \\ 2x, & x > 1 \end{cases}$，求 $\displaystyle\int f(x)\mathrm{d}x$.

解 当 $x < 0$ 时，$\displaystyle\int f(x)\mathrm{d}x = \int 1\mathrm{d}x = x + C_1$；

当 $0 \leqslant x \leqslant 1$ 时，$\displaystyle\int f(x)\mathrm{d}x = \int(x+1)\mathrm{d}x = \dfrac{1}{2}x^2 + x + C_2$；

当 $x > 1$ 时，$\displaystyle\int f(x)\mathrm{d}x = \int 2x\,\mathrm{d}x = x^2 + C_3$.

由于原函数的连续性，分别考虑在 $x = 0, x = 1$ 处的左右极限可知，有

$$C_1 = C_2, \dfrac{1}{2} + 1 + C_2 = 1 + C_3.$$

记 $C_1 = C$，则有

$$\int f(x)\mathrm{d}x = \begin{cases} x + C, & x < 0 \\ \dfrac{1}{2}x^2 + x + C, & 0 \leqslant x \leqslant 1 \\ x^2 + \dfrac{1}{2} + C, & x > 1 \end{cases}.$$

问题:如果本题只要求一个原函数,怎么写?

习题 4-1

A

1. 下列等式中,正确的是(　　).

A. $\int f'(x)\mathrm{d}x = f(x)$ 　　　B. $\int \mathrm{d}f(x) = f(x)$

C. $\dfrac{\mathrm{d}}{\mathrm{d}x}\int f(x)\mathrm{d}x = f(x)$ 　　　D. $\mathrm{d}\int f(x)\mathrm{d}x = f(x)$

2. 在下列函数中,其中 5 个函数是另外 5 个函数的原函数,试一一找出.

$\dfrac{1}{x^2}, 4x^3, x\ln x - x, \dfrac{x}{\sqrt{1+x^2}}, -3 + x^4, 5 - \dfrac{1}{x}, \sqrt{1+x^2}, \dfrac{2x}{1+x^2}, \ln(1+x^2), \ln x$.

3. 求下列不定积分.

(1) $\int \dfrac{1}{x^3}\mathrm{d}x$;　　　(2) $\int x^2\sqrt{x}\,\mathrm{d}x$;

(3) $\int \dfrac{\mathrm{d}x}{x\sqrt[3]{x}}$;　　　(4) $\int \sqrt{x}(x^2 - 5)\mathrm{d}x$;

(5) $\int \left(\dfrac{3}{\sqrt{1-x^2}} - \dfrac{1}{x}\right)\mathrm{d}x$;　　(6) $\int (\sec x\tan x - \csc x\cot x)\mathrm{d}x$;

(7) $\int (\tan x - 2\cot x)^2\mathrm{d}x$;　　(8) $\int \sin^2\dfrac{t}{2}\mathrm{d}t$;

(9) $\int \dfrac{\mathrm{d}h}{\sqrt{2gh}}$ (g 为正常数).

4. 一曲线经过原点,且在任一点 $P(x,y)$ 处的切线斜率等于 2^x,求该曲线的方程.

5. 已知 $F(x)$ 是 $\dfrac{\ln x}{x}$ 的一个原函数,求 $\mathrm{d}F(\sin x)$.

B

1. 设 $f(x)$ 的导函数是 $\sin x$,则 $f(x)$ 的原函数为_____.

2. 求下列不定积分.

(1) $\int \dfrac{\mathrm{d}x}{\sqrt{x}}$;

(2) $\int \left(\pi^x \mathrm{e}^x - \dfrac{1}{2x}\right)\mathrm{d}x$;

(3) $\int \csc x(\csc x - \cot x)\mathrm{d}x$;

(4) $\int \dfrac{1}{\sin^2 \dfrac{x}{2} \cos^2 \dfrac{x}{2}}\mathrm{d}x$;

(5) $\int \mathrm{e}^{-|x|}\mathrm{d}x$;

(6) $\int \max(1, x^2)\mathrm{d}x$.

3. 设曲线 $y = f(x)$ 经过点 $\left(\dfrac{\pi}{2}, 0\right)$,且在任一点 $P(x, y)$ 处的切线斜率为 $\left(\sin \dfrac{x}{2} - \cos \dfrac{x}{2}\right)^2$,求该曲线的方程.

4. 证明:如果 $\int f(t)\mathrm{d}t = F(t) + C, a \neq 0$,则 $\int f(ax + b)\mathrm{d}x = \dfrac{1}{a}F(ax + b) + C$.

4.2 换元积分法

4.2.1 第一类换元法

当 u 是自变量时,若有
$$\mathrm{d}F(u) = f(u)\mathrm{d}u,$$
则当 u 是可导函数 $u(x)$ 时,也有
$$\mathrm{d}F[u(x)] = f[u(x)]\mathrm{d}u(x).$$
这就是一阶微分形式不变性,把这个性质转换成积分法则即为第一类换元法.

定理 1(第一类换元法) 若 u 是自变量,有 $\int f(u)\mathrm{d}u = F(u) + C$,则当 u 是 x 的可微函数时,也有
$$\int f[u(x)]\mathrm{d}u(x) = \int f(u)\mathrm{d}u = F[u(x)] + C,$$
或写成
$$\int f[u(x)]u'(x)\mathrm{d}x = F[u(x)] + C.$$

运用第一类积分换元法关键在于设法将被积函数凑成 $f[\varphi(x)]\varphi'(x)$ 的形式,再令 $u = \varphi(x)$ 变成不定积分 $\int f(u)\mathrm{d}u$ 进行计算,最后用 $u = \varphi(x)$ 进行回代.这与求导数时顺序相反.计算时常用的反微分公式有

$$dx = \frac{1}{a}d(ax+b) \quad (a \neq 0);$$

$$x^{\alpha}dx = \frac{1}{\alpha+1}dx^{\alpha+1} \quad (\alpha \neq -1);$$

$$\frac{1}{x}dx = d\ln x;$$

$$\sin x dx = -d\cos x, \cos x dx = d\sin x;$$

$$e^x dx = de^x;$$

$$\sec^2 x dx = d\tan x$$

等等.

例1 求 $\int (2x+3)^5 dx$.

解 设 $u = 2x+3$,则 $du = 2dx, dx = \frac{1}{2}du$,所以

$$\int (2x+3)^5 dx = \frac{1}{2}\int u^5 du = \frac{1}{2} \times \frac{1}{6} \times u^6 + C = \frac{1}{12}(2x+3)^6 + C.$$

例2 求 $\int \frac{1}{3-2x}dx$.

解 设 $u = 3-2x$,则 $du = -2dx, dx = -\frac{1}{2}du$,所以

$$\int \frac{1}{3-2x}dx = -\frac{1}{2}\int \frac{1}{u}du = -\frac{1}{2}\ln|u| + C = -\frac{1}{2}\ln|3-2x| + C.$$

例3 求 $\int \frac{\sqrt{\ln x}}{x}dx$.

解 设 $u = \ln x$,则 $du = \frac{1}{x}dx, \frac{1}{x}dx = du$,所以

$$\int \frac{\sqrt{\ln x}}{x}dx = \int \sqrt{u} du = \frac{2}{3}u^{\frac{3}{2}} + C = \frac{2}{3}(\ln x)^{\frac{3}{2}} + C.$$

例4 求 $\int x\sqrt{1+x^2}dx$.

解 设 $u = 1+x^2$,则 $xdx = \frac{1}{2}d(1+x^2)$,所以

$$\int x\sqrt{1+x^2}dx = \frac{1}{2}\int \sqrt{u} du = \frac{1}{2} \times \frac{2}{3} \times u^{\frac{3}{2}} + C = \frac{1}{3}(1+x^2)^{\frac{3}{2}} + C.$$

例5 求 $\int \tan x dx$.

解 设 $u = \cos x$,则 $\sin x dx = -d\cos x$,所以

$$\int \tan x dx = \int \frac{\sin x}{\cos x}dx = -\int \frac{1}{\cos x}d\cos x = -\int \frac{1}{u}du$$

$$= -\ln|u| + C = -\ln|\cos x| + C$$

即
$$\int \tan x \, \mathrm{d}x = -\ln|\cos x| + C.$$

类似地可得
$$\int \cot x \, \mathrm{d}x = \ln|\sin x| + C.$$

在计算熟练以后，我们可以直接将所求积分 $\int g(x)\mathrm{d}x$ 凑成 $\int f[u(x)]u'(x)\mathrm{d}x$ 的形式，然后根据基本积分公式写出结果，所以第一类换元积分法又称"凑微分法"。

例6 当 $a > 0$ 时（一般均假设 $a > 0$，下同），求 $\int \dfrac{1}{a^2 + x^2}\mathrm{d}x$.

解 $\int \dfrac{1}{a^2 + x^2}\mathrm{d}x = \dfrac{1}{a^2}\int \dfrac{1}{1 + \left(\dfrac{x}{a}\right)^2}\mathrm{d}x = \dfrac{1}{a}\int \dfrac{1}{1 + \left(\dfrac{x}{a}\right)^2}\mathrm{d}\dfrac{x}{a} = \dfrac{1}{a}\arctan\dfrac{x}{a} + C.$

即
$$\int \dfrac{1}{a^2 + x^2}\mathrm{d}x = \dfrac{1}{a}\arctan\dfrac{x}{a} + C.$$

例7 求 $\int \dfrac{1}{\sqrt{a^2 - x^2}}\mathrm{d}x$.

解 $\int \dfrac{1}{\sqrt{a^2 - x^2}}\mathrm{d}x = \dfrac{1}{a}\int \dfrac{1}{\sqrt{1 - \left(\dfrac{x}{a}\right)^2}}\mathrm{d}x = \int \dfrac{1}{\sqrt{1 - \left(\dfrac{x}{a}\right)^2}}\mathrm{d}\dfrac{x}{a} = \arcsin\dfrac{x}{a} + C.$

即
$$\int \dfrac{1}{\sqrt{a^2 - x^2}}\mathrm{d}x = \arcsin\dfrac{x}{a} + C.$$

例8 求 $\int \dfrac{1}{x^2 - a^2}\mathrm{d}x$.

解 $\int \dfrac{1}{x^2 - a^2}\mathrm{d}x = \dfrac{1}{2a}\int \left(\dfrac{1}{x - a} - \dfrac{1}{x + a}\right)\mathrm{d}x = \dfrac{1}{2a}\left[\int \dfrac{1}{x - a}\mathrm{d}x - \int \dfrac{1}{x + a}\mathrm{d}x\right]$

$= \dfrac{1}{2a}\left[\int \dfrac{1}{x - a}\mathrm{d}(x - a) - \int \dfrac{1}{x + a}\mathrm{d}(x + a)\right]$

$= \dfrac{1}{2a}[\ln|x - a| - \ln|x + a|] + C = \dfrac{1}{2a}\ln\left|\dfrac{x - a}{x + a}\right| + C.$

即
$$\int \dfrac{1}{x^2 - a^2}\mathrm{d}x = \dfrac{1}{2a}\ln\left|\dfrac{x - a}{x + a}\right| + C.$$

例9 求 $\int \dfrac{1}{\sqrt{x(1 - x)}}\mathrm{d}x$.

解 $\int \dfrac{1}{\sqrt{x(1-x)}}\mathrm{d}x = 2\int \dfrac{\mathrm{d}\sqrt{x}}{\sqrt{1-x}} = 2\int \dfrac{\mathrm{d}\sqrt{x}}{\sqrt{1-(\sqrt{x})^2}} = 2\arcsin\sqrt{x} + C.$

例 10 求 $\int \dfrac{\mathrm{d}x}{x^2+2x+3}.$

解 $\int \dfrac{\mathrm{d}x}{x^2+2x+3} = \int \dfrac{\mathrm{d}x}{(x+1)^2+2} = \int \dfrac{\mathrm{d}(x+1)}{(x+1)^2+(\sqrt{2})^2}$

$\qquad = \dfrac{1}{\sqrt{2}}\arctan\dfrac{x+1}{\sqrt{2}} + C.$

例 11 求 $\int \dfrac{1}{\mathrm{e}^x+1}\mathrm{d}x.$

解 分子分母同时乘以 e^x 得

$\int \dfrac{1}{\mathrm{e}^x+1}\mathrm{d}x = \int \dfrac{\mathrm{e}^x}{\mathrm{e}^x(\mathrm{e}^x+1)}\mathrm{d}x = \int \dfrac{1}{\mathrm{e}^x(\mathrm{e}^x+1)}\mathrm{d}\mathrm{e}^x$

$\qquad = \int \left(\dfrac{1}{\mathrm{e}^x} - \dfrac{1}{\mathrm{e}^x+1}\right)\mathrm{d}\mathrm{e}^x = \ln\mathrm{e}^x - \ln(\mathrm{e}^x+1) + C = \ln\dfrac{\mathrm{e}^x}{\mathrm{e}^x+1} + C.$

(请读者尝试用分子分母同除 e^x 的方法求本积分)

对于含三角函数的积分,可以使用三角恒等式化解.

例 12 求 $\int \cos^2 x\, \mathrm{d}x.$

解 $\int \cos^2 x\, \mathrm{d}x = \int \dfrac{1+\cos 2x}{2}\mathrm{d}x = \dfrac{1}{2}\left(\int \mathrm{d}x + \int \cos 2x\, \mathrm{d}x\right)$

$\qquad = \dfrac{1}{2}\int \mathrm{d}x + \dfrac{1}{4}\int \cos 2x\, \mathrm{d}2x$

$\qquad = \dfrac{1}{2}x + \dfrac{1}{4}\sin 2x + C.$

例 13 求 $\int \sin^3 x\, \mathrm{d}x.$

解 $\int \sin^3 x\, \mathrm{d}x = \int \sin^2 x \cdot \sin x\, \mathrm{d}x = -\int (1-\cos^2 x)\mathrm{d}\cos x$

$\qquad = -\int \mathrm{d}\cos x + \int \cos^2 x\, \mathrm{d}\cos x$

$\qquad = -\cos x + \dfrac{1}{3}\cos^3 x + C.$

例 14 求 $\int \cos^4 x\, \mathrm{d}x.$

解 $\int \cos^4 x\, \mathrm{d}x = \int (\cos^2 x)^2 \mathrm{d}x = \int \left[\dfrac{1}{2}(1+\cos 2x)\right]^2 \mathrm{d}x$

$\qquad = \dfrac{1}{4}\int (1 + 2\cos 2x + \cos^2 2x)\mathrm{d}x$

$$= \frac{1}{4}\int \left(\frac{3}{2} + 2\cos 2x + \frac{1}{2}\cos 4x\right) dx$$

$$= \frac{1}{4}\left(\frac{3}{2}x + \sin 2x + \frac{1}{8}\sin 4x\right) + C$$

$$= \frac{3}{8}x + \frac{1}{4}\sin 2x + \frac{1}{32}\sin 4x + C.$$

例 15 分别求 $\int \sin^2 x \cos^3 x \, dx$, $\int \sin^2 x \cos^4 x \, dx$.

解 $\int \sin^2 x \cos^3 x \, dx = \int \sin^2 x \cos^2 x \, d\sin x = \int \sin^2 x (1 - \sin^2 x) \, d\sin x$

$$= \int (\sin^2 x - \sin^4 x) \, d\sin x$$

$$= \frac{1}{3}\sin^3 x - \frac{1}{5}\sin^5 x + C.$$

$\int \sin^2 x \cos^4 x \, dx = \int (\sin x \cos x)^2 \cos^2 x \, dx$

$$= \frac{1}{8}\int \sin^2 2x (1 + \cos 2x) \, dx$$

$$= \frac{1}{8}\left[\int \sin^2 2x \, dx + \int \sin^2 2x \cos 2x \, dx\right]$$

$$= \frac{1}{8}\left[\int \left(\frac{1 - \cos 4x}{2}\right) dx + \frac{1}{2}\int \sin^2 2x \cos 2x \, d(2x)\right]$$

$$= \frac{1}{16}x - \frac{1}{64}\sin 4x + \frac{1}{48}\sin^3 2x + C.$$

（你能否从以上几例解答中找出一点规律？）

例 16 求 $\int \cos 3x \cos 2x \, dx$.

解 $\int \cos 3x \cos 2x \, dx = \frac{1}{2}\int (\cos x + \cos 5x) dx = \frac{1}{2}\sin x + \frac{1}{10}\sin 5x + C.$

例 17 求 $\int \sec x \, dx$.

解 $\int \sec x \, dx = \int \frac{1}{\cos x} dx = \int \frac{\cos x}{\cos^2 x} dx = \int \frac{d\sin x}{1 - \sin^2 x}$

$$= \frac{1}{2}\ln\left|\frac{1 + \sin x}{1 - \sin x}\right| + C = \frac{1}{2}\ln\left|\frac{1 + \sin x}{\cos x}\right|^2 + C$$

$$= \ln|\sec x + \tan x| + C.$$

即

$$\int \sec x \, dx = \ln|\sec x + \tan x| + C.$$

类似地有
$$\int \csc x \, dx = \ln|\csc x - \cot x| + C = -\ln|\csc x + \cot x| + C.$$

4.2.2 第二类换元法

在前面第一类换元法的公式
$$\int f[u(x)] du(x) = \int f(u) du = F[u(x)] + C$$
中，若利用右端求左端即为第一类换元法，若利用左端求右端即为第二类换元法，叙述如下.

定理2(第二类换元法) 设 $x = \varphi(t)$ 是单调的、可导的函数，并且 $\varphi'(t) \neq 0$. 又设 $f[\varphi(t)]\varphi'(t)$ 具有原函数 $F(t)$，则有换元公式：
$$\int f(x) dx = \int f[\varphi(t)]\varphi'(t) dt = F(t) + C = F[\varphi^{-1}(x)] + C.$$
其中 $t = \varphi^{-1}(x)$ 是 $x = \varphi(t)$ 的反函数.

这是因为
$$\{F[\varphi^{-1}(x)]\}' = F'(t)\frac{dt}{dx} = f[\varphi(t)]\varphi'(t)\frac{1}{\frac{dx}{dt}} = f[\varphi(t)] = f(x).$$

例18 求 $\int \sqrt{a^2 - x^2} \, dx \, (a > 0)$.

分析 求这个积分的困难在于有根式 $\sqrt{a^2 - x^2}$，可利用三角公式 $\sin^2 t + \cos^2 t = 1$ 来化去它.

解 设 $x = a\sin t, -\frac{\pi}{2} < t < \frac{\pi}{2}$，那么 $\sqrt{a^2 - x^2} = a\cos t$，$dx = a\cos t \, dt$，于是
$$\int \sqrt{a^2 - x^2} \, dx = \int a\cos t \cdot a\cos t \, dt = a^2 \int \cos^2 t \, dt$$
$$= a^2 \left(\frac{1}{2}t + \frac{1}{4}\sin 2t\right) + C.$$

因为 $t = \arcsin\frac{x}{a}$，$\sin 2t = 2\sin t \cos t = 2 \cdot \frac{x}{a} \cdot \frac{\sqrt{a^2 - x^2}}{a}$，所以
$$\int \sqrt{a^2 - x^2} \, dx = a^2\left(\frac{1}{2}t + \frac{1}{4}\sin 2t\right) + C$$
$$= \frac{a^2}{2}\arcsin\frac{x}{a} + \frac{1}{2}x\sqrt{a^2 - x^2} + C.$$

为了将变量 t 还原成 x，常常采用作辅助直角三角形的方法，如本例中可根据 $\sin t = \frac{x}{a}$，作直角三角形如图 4-1 所示，那么 $\cos t = \frac{\sqrt{a^2 - x^2}}{a}$ 等.

例 19 求 $\int \dfrac{\mathrm{d}x}{\sqrt{x^2+a^2}}(a>0)$.

分析 同上例类似,可利用三角公式 $1+\tan^2 t=\sec^2 t$ 来化去被积函数中的根式.

解 设 $x=a\tan t$, $-\dfrac{\pi}{2}<t<\dfrac{\pi}{2}$,那么 $\sqrt{x^2+a^2}=a\sec t$, $\mathrm{d}x=a\sec^2 t\,\mathrm{d}t$,于是

$$\int \dfrac{\mathrm{d}x}{\sqrt{x^2+a^2}}=\int \dfrac{a\sec^2 t}{a\sec t}\mathrm{d}t=\int \sec t\,\mathrm{d}t=\ln|\sec t+\tan t|+C.$$

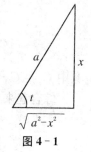

图 4-1

如图 4-2 所示,因为 $\sec t=\dfrac{\sqrt{x^2+a^2}}{a}$, $\tan t=\dfrac{x}{a}$,所以

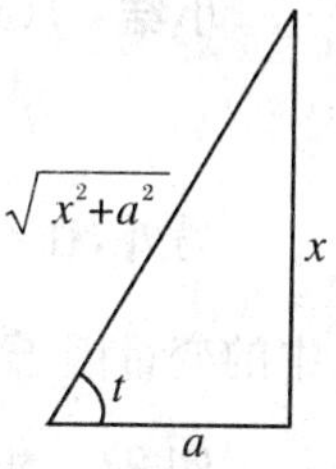

$$\int \dfrac{\mathrm{d}x}{\sqrt{x^2+a^2}}=\ln|\sec t+\tan t|+C=\ln\left(\dfrac{x}{a}+\dfrac{\sqrt{x^2+a^2}}{a}\right)+C$$

$$=\ln(x+\sqrt{x^2+a^2})+C_1,$$

其中 $C_1=C-\ln a$.

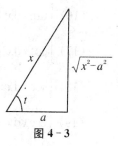

图 4-2

例 20 求 $\int \dfrac{\mathrm{d}x}{\sqrt{x^2-a^2}}(a>0)$.

解 当 $x>a$ 时,设 $x=a\sec t\left(0<t<\dfrac{\pi}{2}\right)$,那么

$$\sqrt{x^2-a^2}=\sqrt{a^2\sec^2 t-a^2}=a\sqrt{\sec^2 t-1}=a\tan t, \mathrm{d}x=a\sec t\tan t\,\mathrm{d}t,$$

于是

$$\int \dfrac{\mathrm{d}x}{\sqrt{x^2-a^2}}=\int \dfrac{a\sec t\tan t}{a\tan t}\mathrm{d}t=\int \sec t\,\mathrm{d}t=\ln|\sec t+\tan t|+C.$$

如图 4-3 所示,因为 $\tan t=\dfrac{\sqrt{x^2-a^2}}{a}$, $\sec t=\dfrac{x}{a}$,所以

$$\int \dfrac{\mathrm{d}x}{\sqrt{x^2-a^2}}=\ln|\sec t+\tan t|+C$$

$$=\ln\left|\dfrac{x}{a}+\dfrac{\sqrt{x^2-a^2}}{a}\right|+C$$

$$=\ln(x+\sqrt{x^2-a^2})+C_1,$$

图 4-3

其中 $C_1=C-\ln a$.

当 $x<-a$ 时,令 $x=-u$,则 $u>a$,于是

$$\int \dfrac{\mathrm{d}x}{\sqrt{x^2-a^2}}=-\int \dfrac{\mathrm{d}u}{\sqrt{u^2-a^2}}=-\ln(u+\sqrt{u^2-a^2})+C$$

$$= -\ln(-x+\sqrt{x^2-a^2})+C = \ln\frac{-x-\sqrt{x^2-a^2}}{a^2}+C$$

$$= \ln(-x-\sqrt{x^2-a^2})+C_1,$$

其中 $C_1 = C - 2\ln a$.

综合起来有

$$\int\frac{\mathrm{d}x}{\sqrt{x^2-a^2}} = \ln|x+\sqrt{x^2-a^2}|+C.$$

小结 $f(x)$ 中含有 $\begin{cases}\sqrt{a^2-x^2}\\\sqrt{x^2+a^2}\\\sqrt{x^2-a^2}\end{cases}$ 时可考虑用代换 $\begin{cases}x=a\sin t\\x=a\tan t\\x=a\sec t\end{cases}$

另外,在不定积分中,倒代换 $x=\dfrac{1}{t}$ 有时也很有用,可用来消去被积函数分母中的变量因子 x.

例 21 求 $\displaystyle\int\frac{\mathrm{d}x}{x^2\sqrt{1+x^2}}$.

解 设 $x=\dfrac{1}{t}$,有 $\mathrm{d}x=-\dfrac{1}{t^2}\mathrm{d}t$,于是

$$\int\frac{\mathrm{d}x}{x^2\sqrt{1+x^2}} = -\int\frac{t\,\mathrm{d}t}{\sqrt{1+t^2}} = -\frac{1}{2}\int\frac{1}{\sqrt{1+t^2}}\mathrm{d}(t^2+1) = -\sqrt{1+t^2}+C$$

$$= -\sqrt{1+\frac{1}{x^2}}+C = -\frac{\sqrt{1+x^2}}{x}+C.$$

补充公式:

(16) $\displaystyle\int\tan x\,\mathrm{d}x = -\ln|\cos x|+C$;

(17) $\displaystyle\int\cot x\,\mathrm{d}x = \ln|\sin x|+C$;

(18) $\displaystyle\int\sec x\,\mathrm{d}x = \ln|\sec x+\tan x|+C$;

(19) $\displaystyle\int\csc x\,\mathrm{d}x = \ln|\csc x-\cot x|+C = -\ln|\csc x+\cot x|+C$;

(20) $\displaystyle\int\frac{1}{a^2+x^2}\mathrm{d}x = \frac{1}{a}\arctan\frac{x}{a}+C$;

(21) $\displaystyle\int\frac{1}{x^2-a^2}\mathrm{d}x = \frac{1}{2a}\ln\left|\frac{x-a}{x+a}\right|+C$;

(22) $\displaystyle\int\frac{1}{\sqrt{a^2-x^2}}\mathrm{d}x = \arcsin\frac{x}{a}+C$;

(23) $\int \dfrac{\mathrm{d}x}{\sqrt{x^2 + a^2}} = \ln(x + \sqrt{x^2 + a^2}) + C$；

(24) $\int \dfrac{\mathrm{d}x}{\sqrt{x^2 - a^2}} = \ln|x + \sqrt{x^2 - a^2}| + C$.

具体解题时要分析被积函数的具体情况,选取尽可能简捷的代换.

最后说明三点：

(1) 检验积分结果是否正确,只要对结果求导,看它的导数是否等于被积函数,相等时结果是正确的,否则结果是错误的.

(2) 换元法十分灵活,技巧性强,要在大量练习中进行比较、分析、总结、熟练.

(3) 对于同一个积分,因为采取不同的方法或技巧,积分结果在形式上可能不相同,这是无关紧要的,不能看形式,要看实质.

习题 4-2

A

求下列不定积分.

1. $\int \sin 2x \, \mathrm{d}x$.

2. $\int \cos(1 - 2x) \, \mathrm{d}x$.

3. $\int \dfrac{\mathrm{d}x}{3 + 2x}$.

4. $\int \dfrac{\mathrm{d}x}{(3 - 2x)^3}$.

5. $\int x \mathrm{e}^{1 - \frac{x^2}{2}} \, \mathrm{d}x$.

6. $\int \dfrac{x}{\sqrt{1 - x^2}} \, \mathrm{d}x$.

7. $\int x^2 \mathrm{e}^{-x^3} \, \mathrm{d}x$.

8. $\int \dfrac{\sqrt{\ln^3 x}}{x} \, \mathrm{d}x$.

9. $\int x\sqrt{1 - x^2} \, \mathrm{d}x$.

10. $\int \cos x \sin^3 x \, \mathrm{d}x$.

11. $\int \cot x \, \mathrm{d}x$.

12. $\int \dfrac{x^2}{x^3 + 1} \, \mathrm{d}x$.

13. $\int \dfrac{2x - 3}{x^2 - 3x + 5} \, \mathrm{d}x$.

14. $\int \dfrac{\mathrm{d}x}{(\arcsin x)^2 \sqrt{1 - x^2}}$.

15. $\int \dfrac{\mathrm{d}x}{\cos^2 x \sqrt{\tan x}}$.

16. $\int \dfrac{\arctan x}{1 + x^2} \, \mathrm{d}x$.

17. $\int \cos 3x \sin 2x \, \mathrm{d}x$.

18. $\int \cos 3x \cos 5x \, \mathrm{d}x$.

19. $\int \dfrac{\mathrm{d}x}{(a^2 - x^2)^{\frac{3}{2}}}$.

20. $\int \dfrac{\sqrt{4 - x^2}}{x^4} \, \mathrm{d}x$.

21. $\int \dfrac{dx}{(x^2+1)^{\frac{3}{2}}}$.

22. $\int \dfrac{\sqrt{x^2-4}}{x}dx$.

23. $\int \dfrac{f(x)f'(x)}{1+f^4(x)}dx$.

24. $\int \left[\dfrac{f(x)}{f'(x)} - \dfrac{f^2(x)f''(x)}{f'^3(x)}\right]dx$.

B

求下列不定积分(1~13).

1. $\int \dfrac{\ln x}{x\sqrt{1+\ln x}}dx$.

2. $\int \dfrac{dx}{\sqrt{1+e^x}}$.

3. $\int \dfrac{\arctan\sqrt{x}}{\sqrt{x}(1+x)}dx$.

4. $\int \dfrac{\arcsin\sqrt{x}}{\sqrt{x(1-x)}}dx$.

5. $\int \dfrac{1+\ln x}{(x\ln x)^2}dx$.

6. $\int \dfrac{x^2+1}{x^4+1}dx$.

7. $\int \dfrac{dx}{\sqrt{x-x^2}}$.

8. $\int \sqrt{2+x-x^2}\,dx$.

9. $\int \dfrac{dx}{\sin x + \tan x}$.

10. $\int \dfrac{3^x 5^x}{25^x - 9^x}dx$.

11. $\int \dfrac{x^2}{(x-1)^{100}}dx$.

12. $\int \dfrac{dx}{x(x^6+4)}$.

13. $\int \dfrac{dx}{(2x^2+1)\sqrt{x^2+1}}$.

14. 设 $f(\ln x) = \dfrac{\ln(1+x)}{x}$,求 $\int f(x)dx$.

4.3 分部积分法

换元积分法是求不定积分的基本方法,可以解决许多积分的计算问题.但有些积分用换元积分法却难以解决,如 $\int x\sin x\,dx, \int x\ln x\,dx, \int xe^x\,dx, \int \sec^3 x\,dx$ 等,为此我们介绍另一种积分法——分部积分法.

设函数 $u=u(x)$ 及 $v=v(x)$ 具有连续导数,那么,由两个函数乘积的导数公式得

$$(uv)' = u'v + uv',$$

移项得

$$uv' = (uv)' - u'v.$$

对这个等式两边求不定积分,得

$$\int uv'\,dx = uv - \int u'v\,dx \quad 或 \quad \int u\,dv = uv - \int v\,du,$$

这个公式称为**分部积分公式**. 它把求 $\int u\,dv$ 的不定积分问题转化为求 $\int v\,du$ 的不定积分问题，一般要求后者更简单，关键是如何选取 u 和 v. 应先把被积表达式写成 $u\,dv$ 的形式，即把被积函数的一部分放入微分符号内，在确定函数 v' 时，可按照被积函数是否含有因式 $e^{\pm ax}, \sin\alpha x, \cos\alpha x, x^a$ 进行依次选择.

例1 求 $\int x\sin x\,dx$.

解 令 $u = x, \sin x\,dx = d(-\cos x) = dv$，分部积分法后幂函数次数从一次降为零次，即

$$\int x\sin x\,dx = \int x\,d(-\cos x) = x(-\cos x) - \int (-\cos x)\,dx = -x\cos x + \sin x + C.$$

有些函数的积分需要连续多次应用分部积分法.

例2 求 $\int (x^2+1)e^x\,dx$.

解 令 $u = x^2+1, e^x\,dx = d(e^x) = dv$，分部积分法后幂函数次数先从二次降为一次，即

$$\begin{aligned}\int (x^2+1)e^x\,dx &= (x^2+1)e^x - \int 2xe^x\,dx \quad (\text{再次用分部积分法})\\ &= (x^2+1)e^x - \left[2xe^x - \int 2e^x\,dx\right]\\ &= (x^2+1)e^x - 2xe^x + 2e^x + C\\ &= (x^2-2x+3)e^x + C.\end{aligned}$$

例3 求 $\int x\arctan x\,dx$.

解 令 $u = \arctan x, x\,dx = d\left(\dfrac{1}{2}x^2\right) = dv$，分部积分法后反三角函数消失，即

$$\begin{aligned}\int x\arctan x\,dx &= \frac{1}{2}x^2\arctan x - \frac{1}{2}\int x^2 \cdot \frac{1}{1+x^2}\,dx\\ &= \frac{1}{2}x^2\arctan x - \frac{1}{2}\int \left(1 - \frac{1}{1+x^2}\right)\,dx\\ &= \frac{1}{2}x^2\arctan x - \frac{1}{2}x + \frac{1}{2}\arctan x + C.\end{aligned}$$

例4 求 $\int x^3\ln x\,dx$.

解 令 $u = \ln x, x^3\,dx = d\left(\dfrac{1}{4}x^4\right) = dv$，分部积分法后对数函数消失，即

$$\int x^3\ln x\,dx = \frac{1}{4}x^4\ln x - \frac{1}{4}\int x^4 \cdot \frac{1}{x}\,dx = \frac{1}{4}x^4\ln x - \frac{1}{4}\int x^3\,dx$$

$$= \frac{1}{4}x^4\ln x - \frac{1}{16}x^4 + C.$$

在使用分部积分法时,还要经常注意是否出现复原情况,一旦出现往往产生三种结果:一是通过移项即可解得积分结果;二是得到递推公式;三是又回到原积分形式,且系数符号完全相同,这时说明不能用此方法.

例 5 求 $\int e^x \sin x \, dx$.

解 令 $u = \sin x, e^x dx = d(e^x) = dv$,则有

$$\int e^x \sin x \, dx = e^x \sin x - \int e^x d\sin x = e^x \sin x - \int e^x \cos x \, dx.$$

对积分 $\int e^x \cos x \, dx$ 再次用分部积分法,令 $u = \cos x, e^x dx = d(e^x) = dv$,则有

$$\int e^x \sin x \, dx = e^x \sin x - e^x \cos x + \int e^x d\cos x$$

$$= e^x \sin x - e^x \cos x - \int e^x \sin x \, dx,$$

移项得

$$\int e^x \sin x \, dx = \frac{1}{2} e^x (\sin x - \cos x) + C.$$

注 本题两次使用分部积分法时均选用三角函数作为 u,也可以全部选用指数函数作为 u,但不能两次选用不同类型的函数作为 u.计算本题的同时也把另一个积分计算出来了,即

$$\int e^x \cos x \, dx = \frac{1}{2} e^x (\sin x + \cos x) + C.$$

例 6 求 $I = \int \sqrt{x^2 + a^2} \, dx$.

解 这一积分的难点在于根式 $\sqrt{x^2 + a^2}$ 的处理,显然一种自然的方法是通过变量代换 $x = a\tan t$ 去除根号(请读者尝试).然而我们这里使用分部积分法来进行求解.令 $u = \sqrt{x^2 + a^2}, dx = dv$,则

$$I = \int \sqrt{x^2 + a^2} \, dx = x\sqrt{x^2 + a^2} - \int x \frac{x}{\sqrt{x^2 + a^2}} dx$$

$$= x\sqrt{x^2 + a^2} - \int \frac{x^2 + a^2 - a^2}{\sqrt{x^2 + a^2}} dx$$

$$= x\sqrt{x^2 + a^2} - \int \sqrt{x^2 + a^2} \, dx + \int \frac{a^2}{\sqrt{x^2 + a^2}} dx$$

$$= x\sqrt{x^2 + a^2} - I + a^2 \ln(x + \sqrt{x^2 + a^2}) + C_1.$$

对上式进行移项,解得

$$\int \sqrt{x^2 + a^2}\, dx = \frac{x}{2}\sqrt{x^2 + a^2} + \frac{a^2}{2}\ln(x + \sqrt{x^2 + a^2}) + C.$$

下面再举一些例子,请读者体会其解法.

例 7 求 $\int \sec^3 x\, dx$.

解 因为
$$\int \sec^3 x\, dx = \int \sec x \cdot \sec^2 x\, dx = \int \sec x\, d\tan x$$
$$= \sec x \tan x - \int \sec x \tan^2 x\, dx$$
$$= \sec x \tan x - \int \sec x(\sec^2 x - 1)\, dx$$
$$= \sec x \tan x - \int \sec^3 x\, dx + \int \sec x\, dx$$
$$= \sec x \tan x + \ln|\sec x + \tan x| - \int \sec^3 x\, dx,$$

所以
$$\int \sec^3 x\, dx = \frac{1}{2}(\sec x \tan x + \ln|\sec x + \tan x|) + C.$$

例 8 求 $\int \ln(1 + \sqrt{x})\, dx$.

解 令 $t = \sqrt{x}$,则 $x = t^2$,
$$\int \ln(1 + \sqrt{x})\, dx = \int \ln(1 + t)\, dt^2 = t^2 \ln(1 + t) - \int t^2\, d\ln(1 + t)$$
$$= t^2 \ln(1 + t) - \int \frac{t^2}{1 + t}\, dt = t^2 \ln(1 + t) - \int (t - 1)\, dt - \int \frac{dt}{t + 1}$$
$$= t^2 \ln(1 + t) - \frac{t^2}{2} + t - \ln(1 + t) + C$$
$$= (x - 1)\ln(1 + \sqrt{x}) - \frac{x}{2} + \sqrt{x} + C.$$

例 9 求 $I_n = \int \frac{dx}{(x^2 + a^2)^n}$,其中 n 为正整数.

解 $I_1 = \int \frac{dx}{x^2 + a^2} = \frac{1}{a}\arctan \frac{x}{a} + C.$

当 $n > 1$ 时,用分部积分法,令 $v = x$,有
$$\int \frac{dx}{(x^2 + a^2)^{n-1}} = \frac{x}{(x^2 + a^2)^{n-1}} + 2(n - 1)\int \frac{x^2}{(x^2 + a^2)^n}\, dx$$
$$= \frac{x}{(x^2 + a^2)^{n-1}} + 2(n - 1)\int \left[\frac{1}{(x^2 + a^2)^{n-1}} - \frac{a^2}{(x^2 + a^2)^n}\right] dx,$$

即
$$I_{n-1} = \frac{x}{(x^2+a^2)^{n-1}} + 2(n-1)(I_{n-1} - a^2 I_n).$$

于是
$$I_n = \frac{1}{2a^2(n-1)}\left[\frac{x}{(x^2+a^2)^{n-1}} + (2n-3)I_{n-1}\right].$$

以此作为递推公式,并由 $I_1 = \frac{1}{a}\arctan\frac{x}{a} + C$ 开始即可计算出 I_n.

例 10 已知 $f(x)$ 的一个原函数是 e^{-x^2},求 $\int xf'(x)dx$.

解 利用分部积分法,令 $v = f(x)$,得
$$\int xf'(x)dx = \int xdf(x) = xf(x) - \int f(x)dx,$$

根据题意,
$$\int f(x)dx = e^{-x^2} + C, f(x) = -2xe^{-x^2},$$

故
$$\int xf'(x)dx = -2x^2 e^{-x^2} - e^{-x^2} + C.$$

注意:

(1) 一般而言,分部积分法和换元积分法同时使用会有更好的效果.

(2) 分部积分法常适用于下列积分:$\int x^m \ln^n x dx$,$\int x^m e^{ax} dx$,$\int x^m \sin ax dx$,$\int x^m \cos ax dx$,$\int e^{ax} \sin bx dx$,$\int e^{ax} \cos bx dx$,$\int x^m \arcsin x dx$,$\int x^m \arctan x dx$,$\int \sec^3 x dx$ 等等.

习题 4-3

A

1. 填空.

(1) 计算 $\int x^m \sin ax dx$,可设 $u = $ _____,$v = $ _____;

(2) 计算 $\int \arcsin x dx$,可设 $u = $ _____,$v = $ _____;

(3) 计算 $\int x^2 \ln x \, dx$,可设 $u = $ _____,$v = $ _____;

(4) 计算 $\int x e^{-x} \, dx$,可设 $u = $ _____,$v = $ _____.

2. 求下列不定积分.

(1) $\int \arccos x \, dx$; (2) $\int \arctan x \, dx$;

(3) $\int e^{-2x} \sin \dfrac{x}{2} \, dx$; (4) $\int x \cos \dfrac{x}{2} \, dx$;

(5) $\int (\ln x)^2 \, dx$; (6) $\int x e^{-x} \, dx$;

(7) $\int \dfrac{\ln \ln x}{x} \, dx$; (8) $\int \ln(x + \sqrt{1 + x^2}) \, dx$;

(9) $\int e^{\sqrt{x}} \, dx$; (10) $\int \dfrac{\ln(e^x + 1)}{e^x} \, dx$.

3. 已知 $\dfrac{\sin x}{x}$ 是 $f(x)$ 的一个原函数,求 $\int x f'(x) \, dx$.

4. 已知 $f(x) = \dfrac{e^x}{x}$,求 $\int x f''(x) \, dx$.

B

1. 求下列不定积分.

(1) $\int \dfrac{\arctan e^x}{e^x} \, dx$; (2) $\int (\arcsin x)^2 \, dx$;

(3) $\int x \ln \dfrac{1+x}{1-x} \, dx$; (4) $\int \dfrac{\arcsin x}{x^2} \, dx$;

(5) $\int \dfrac{x e^{\arctan x}}{(1+x^2)^{3/2}} \, dx$; (6) $\int \dfrac{x^2 e^x}{(x+2)^2} \, dx$;

(7) $\int e^{2x} (\tan x + 1)^2 \, dx$; (8) $\int x e^x \sin x \, dx$;

(9) $\int (x^2 + 3x) \sin x \, dx$; (10) $\int \dfrac{\arcsin x}{x^2} \cdot \dfrac{1+x^2}{\sqrt{1-x^2}} \, dx$.

2. 设 $I_n = \int x^n \sin x \, dx$($n$ 为大于 2 的正整数),求 I_n 关于下标 n 的递推公式,并求积分 $\int x^5 \sin x \, dx$.

3. 设 $I_n = \int \dfrac{dx}{\sin^n x}$($n$ 为大于 2 的正整数),证明 $I_n = -\dfrac{1}{n-1} \dfrac{\cos x}{\sin^{n-1} x} + \dfrac{n-2}{n-1} I_{n-2}$.

4.4 几种特殊类型函数的积分

4.4.1 有理函数的积分

有理函数是指由两个多项式的商所表示的函数,即具有如下形式的函数:
$$\frac{P(x)}{Q(x)} = \frac{a_0 x^n + a_1 x^{n-1} + \cdots + a_{n-1} x + a_n}{b_0 x^m + b_1 x^{m-1} + \cdots + b_{m-1} x + b_m},$$
其中 m 和 n 都是非负整数;$a_0, a_1, a_2, \cdots, a_n$ 及 $b_0, b_1, b_2, \cdots, b_m$ 都是实数,并且 $a_0 \neq 0, b_0 \neq 0$. 当 $n < m$ 时,称这个有理函数是真分式;而当 $n \geqslant m$ 时,称这个有理函数是假分式,对于假分式总可用综合除法化成多项式与真分式之和,例如
$$\frac{x^3 + x + 1}{x^2 + 1} = \frac{x(x^2 + 1) + 1}{x^2 + 1} = x + \frac{1}{x^2 + 1}.$$

有理函数的积分方法采用如下步骤:有理函数 → 整式与真分式之和 → 部分分式之和. 所谓部分分式是指不能再进一步化简为更简单的分式函数.

求真分式的不定积分时,如果分母可因式分解,则先因式分解,然后化成部分分式再积分.

例1 求 $\int \frac{x + 12}{x^2 + 3x - 10} dx$.

解 由于
$$\frac{x + 12}{x^2 + 3x - 10} = \frac{x + 12}{(x - 2)(x + 5)} = \frac{A}{x - 2} + \frac{B}{x + 5} = \frac{(A + B)x + (5A - 2B)}{(x - 2)(x + 5)},$$
其中 A, B 为待定系数,比较分子多项式的系数得 $A + B = 1, 5A - 2B = 12$,解得 $A = 2, B = -1$,于是
$$\frac{x + 12}{x^2 + 3x - 10} = \frac{2}{x - 2} - \frac{1}{x + 5},$$
所以
$$\int \frac{x + 12}{x^2 + 3x - 10} dx = \int \frac{2}{x - 2} dx - \int \frac{1}{x + 5} dx = 2\ln|x - 2| - \ln|x + 5| + C.$$

例2 求 $\int \frac{x^5 + x^4 - 8}{x^3 - x} dx$.

解 本题被积函数为假分式,分子次数 5 次,分母次数 3 次,且分母可以因式分解,
$$\frac{x^5 + x^4 - 8}{x^3 - x} = \frac{x^5 + x^4 - 8}{x(x - 1)(x + 1)} = Ax^2 + Bx + C + \frac{D}{x} + \frac{E}{x - 1} + \frac{F}{x + 1},$$

等式右边通分后比较两边系数,可得 $A=1, B=1, C=1, D=8, E=-3$, $F=-4$,于是

$$\int \frac{x^5+x^4-8}{x^3-x}dx = \int\left[(x^2+x+1)+\frac{8}{x}-\frac{3}{x-1}-\frac{4}{x+1}\right]dx$$
$$=\frac{1}{3}x^3+\frac{1}{2}x^2+x+8\ln|x|-3\ln|x-1|-4\ln|x+1|+C.$$

分母是二次质因式的真分式的不定积分:

例 3 求 $\int \frac{x-2}{x^2+2x+3}dx$.

解 由于

$$\frac{x-2}{x^2+2x+3}=\frac{\frac{1}{2}(2x+2)-3}{x^2+2x+3}=\frac{1}{2}\cdot\frac{2x+2}{x^2+2x+3}-3\cdot\frac{1}{x^2+2x+3},$$

所以

$$\int \frac{x-2}{x^2+2x+3}dx = \int\left(\frac{1}{2}\frac{2x+2}{x^2+2x+3}-3\frac{1}{x^2+2x+3}\right)dx$$
$$=\frac{1}{2}\int\frac{2x+2}{x^2+2x+3}dx-3\int\frac{1}{x^2+2x+3}dx$$
$$=\frac{1}{2}\int\frac{d(x^2+2x+3)}{x^2+2x+3}-3\int\frac{d(x+1)}{(x+1)^2+(\sqrt{2})^2}$$
$$=\frac{1}{2}\ln(x^2+2x+3)-\frac{3}{\sqrt{2}}\arctan\frac{x+1}{\sqrt{2}}+C.$$

例 4 求 $\int \frac{1}{1+x^3}dx$.

解 注意三次以上的多项式都可以因式分解,这里 $1+x^3=(1+x)(1-x+x^2)$,于是

$$\frac{1}{1+x^3}=\frac{1}{(1+x)(1-x+x^2)}=\frac{1}{3}\left(\frac{1}{x+1}-\frac{x-2}{1-x+x^2}\right),$$

所以

$$\int \frac{1}{1+x^3}dx = \int \frac{1}{3}\left(\frac{1}{x+1}-\frac{x-2}{1-x+x^2}\right)dx$$
$$=\frac{1}{3}\ln|1+x|-\frac{1}{6}\ln|1-x+x^2|+\frac{1}{\sqrt{3}}\arctan\frac{2x-1}{\sqrt{3}}+C.$$

总之,**有理函数的原函数都是初等函数**,也就是常说的都能"积出来",只不过有的简单,有的比较复杂,有时还要用到上节例 9 的结论.

4.4.2 三角函数有理式的积分

三角函数有理式是指由三角函数和常数经过有限次四则运算所构成的函

数,其特点是分子分母都包含三角函数的和差和乘积运算.由于各种三角函数都可以用 $\sin x$ 及 $\cos x$ 的有理式表示,故三角函数有理式也就是 $\sin x, \cos x$ 的有理式.

用于三角函数有理式积分的变换:

把 $\sin x, \cos x$ 表示成 $\tan \frac{x}{2}$ 的函数,然后作**万能变换** $u = \tan \frac{x}{2}$.

$$\sin x = 2\sin \frac{x}{2} \cos \frac{x}{2} = \frac{2\tan \frac{x}{2}}{\sec^2 \frac{x}{2}} = \frac{2\tan \frac{x}{2}}{1 + \tan^2 \frac{x}{2}} = \frac{2u}{1 + u^2},$$

$$\cos x = \cos^2 \frac{x}{2} - \sin^2 \frac{x}{2} = \frac{1 - \tan^2 \frac{x}{2}}{\sec^2 \frac{x}{2}} = \frac{1 - u^2}{1 + u^2}.$$

变换后,原积分变成了有理函数的积分,按前面的方法进行求解,最后将 $u = \tan \frac{x}{2}$ 代回去.万能变换由维尔斯特拉斯(Karl Weierstrass,1815～1897,德国数学家)首先运用.

例 5 求 $\int \frac{1}{3 + 5\cos x} dx$.

解 令 $u = \tan \frac{x}{2}$,则有

$$\sin x = \frac{2u}{1 + u^2}, \cos x = \frac{1 - u^2}{1 + u^2}, x = 2\arctan u, dx = \frac{2}{1 + u^2} du.$$

于是

$$\int \frac{1}{3 + 5\cos x} dx = \int \frac{1}{3 + 5\frac{1 - u^2}{1 + u^2}} \frac{2}{1 + u^2} du = \int \frac{1}{4 - u^2} du$$

$$= \frac{1}{4} \ln \left| \frac{2 + u}{2 - u} \right| + C = \frac{1}{4} \ln \left| \frac{2 + \tan \frac{x}{2}}{2 - \tan \frac{x}{2}} \right| + C.$$

注意:一般而言,万能变换具有通用性,但不一定是最简单的,并非所有的三角函数有理式的积分都要通过变换化为有理函数的积分.例如,

$$\int \frac{\cos x}{1 + \sin x} dx = \int \frac{1}{1 + \sin x} d(1 + \sin x) = \ln(1 + \sin x) + C.$$

4.4.3 简单无理函数的积分

无理函数的积分一般要采用第二类换元法把根号消去.

例6 求 $\int \dfrac{\sqrt{x+1}}{x}\mathrm{d}x$.

解 设 $\sqrt{x+1} = u$,即 $x = u^2 - 1$,则

$$\int \dfrac{\sqrt{x+1}}{x}\mathrm{d}x = \int \dfrac{u}{u^2-1} \cdot 2u\,\mathrm{d}u = 2\int \dfrac{u^2}{u^2-1}\mathrm{d}u$$

$$= 2\int \left(1 + \dfrac{1}{u^2-1}\right)\mathrm{d}u = 2\left(u + \dfrac{1}{2}\ln\left|\dfrac{u-1}{u+1}\right|\right) + C$$

$$= 2\sqrt{x+1} + \ln\left|\dfrac{\sqrt{x+1}-1}{\sqrt{x+1}+1}\right| + C.$$

例7 求 $\int \dfrac{\mathrm{d}x}{1+\sqrt[3]{x+2}}$.

解 设 $\sqrt[3]{x+2} = u$,即 $x = u^3 - 2$,则

$$\int \dfrac{\mathrm{d}x}{1+\sqrt[3]{x+2}} = \int \dfrac{1}{1+u} \cdot 3u^2\,\mathrm{d}u = 3\int \dfrac{u^2-1+1}{1+u}\mathrm{d}u$$

$$= 3\int \left(u - 1 + \dfrac{1}{1+u}\right)\mathrm{d}u = 3\left(\dfrac{u^2}{2} - u + \ln|1+u|\right) + C$$

$$= \dfrac{3}{2}\sqrt[3]{(x+2)^2} - 3\sqrt[3]{x+2} + 3\ln|1+\sqrt[3]{x+2}| + C.$$

例8 求 $\int \dfrac{\mathrm{d}x}{\sqrt{x}+\sqrt[4]{x}}$.

解 设 $x = t^4$,于是 $\mathrm{d}x = 4t^3\mathrm{d}t$,从而

$$\int \dfrac{\mathrm{d}x}{\sqrt{x}+\sqrt[4]{x}} = \int \dfrac{4t^3\mathrm{d}t}{t^2+t} = \int \dfrac{4t^2\mathrm{d}t}{t+1} = 4\int \left(t - 1 + \dfrac{1}{t+1}\right)\mathrm{d}t$$

$$= 4\left(\dfrac{1}{2}t^2 - t + \ln|1+t|\right) + C$$

$$= 2\sqrt{x} - 4\sqrt[4]{x} + 4\ln|1+\sqrt[4]{x}| + C.$$

例9 求 $\int \dfrac{1}{x}\sqrt{\dfrac{x+1}{x-1}}\mathrm{d}x$.

解 设 $\sqrt{\dfrac{x+1}{x-1}} = t$,即 $x = \dfrac{t^2+1}{t^2-1}$,于是 $\mathrm{d}x = \dfrac{-4t\,\mathrm{d}t}{(t^2-1)^2}$,从而

$$\int \dfrac{1}{x}\sqrt{\dfrac{x+1}{x-1}}\mathrm{d}x = \int \dfrac{t^2-1}{t^2+1} \cdot t \cdot \dfrac{-4t}{(t^2-1)^2}\mathrm{d}t = \int \dfrac{-4t^2\mathrm{d}t}{(t^2+1)(t^2-1)}$$

$$= \int \left(\dfrac{1}{t+1} - \dfrac{1}{t-1} - \dfrac{2}{t^2+1}\right)\mathrm{d}t$$

$$= \ln|t+1| - \ln|t-1| - 2\arctan t + C$$

$$= \ln\left(\sqrt{\frac{x+1}{x-1}}+1\right) - \ln\left|\sqrt{\frac{x+1}{x-1}}-1\right| - 2\arctan\sqrt{\frac{x+1}{x-1}} + C.$$

习题 4-4

A

求下列不定积分.

1. $\displaystyle\int \frac{1}{x(x-1)} dx.$

2. $\displaystyle\int \frac{x+3}{x^2-5x+6} dx.$

3. $\displaystyle\int \frac{1}{x(x-1)^2} dx.$

4. $\displaystyle\int \frac{1}{(1+2x)(1+x^2)} dx.$

5. $\displaystyle\int \frac{x^2}{x^2+x-2} dx.$

6. $\displaystyle\int \frac{1}{(1+2x)(1-x^2)} dx.$

7. $\displaystyle\int \frac{1+\sin x}{\sin x(1+\cos x)} dx.$

8. $\displaystyle\int \frac{1}{3+\cos x} dx.$

9. $\displaystyle\int \frac{\sin^3 x}{2+\cos x} dx.$

10. $\displaystyle\int \frac{\sin^5 x}{\cos^4 x} dx.$

11. $\displaystyle\int \frac{\sqrt{x+1}-1}{\sqrt{x+1}+1} dx.$

12. $\displaystyle\int \frac{\sqrt{x+2}}{x+3} dx.$

13. $\displaystyle\int \frac{dx}{(1+\sqrt[3]{x})\sqrt{x}}.$

14. $\displaystyle\int \frac{1}{x}\sqrt{\frac{1+x}{x}} dx.$

B

求下列不定积分.

1. $\displaystyle\int \frac{3x+1}{x^2-3x+2} dx.$

2. $\displaystyle\int \frac{\cot x}{\sin x+\cos x-1} dx.$

3. $\displaystyle\int \frac{dx}{2\sin x-\cos x+5}.$

4. $\displaystyle\int \frac{\sqrt{x}}{\sqrt[4]{x}+2\sqrt[3]{x^2}} dx.$

5. $\displaystyle\int \frac{dx}{\sqrt[3]{(x+1)(x-1)^5}}.$

6. $\displaystyle\int \frac{dx}{x^4-1}.$

7. $\displaystyle\int \frac{dx}{x^4+1}.$

8. $\displaystyle\int \frac{1+\sin x-\cos x}{(2-\sin x)(1+\cos x)} dx.$

9. $\displaystyle\int \sqrt{\frac{e^x-1}{e^x+1}} dx.$

10. $\displaystyle\int \frac{1}{x+\sqrt{x^2+x+1}} dx.$

4.5 积分表的使用

由于积分的计算要比导数的计算来得灵活、复杂，为了实用的方便，人们将一些常用函数的不定积分汇编成表，称为积分表.本书附录中给出了常用的积分表，读者要学会使用.在求不定积分时，可根据被积函数的类型直接地或经过简单变形后，在表内查得所需的结果.

例 1 求 $\int \dfrac{\mathrm{d}x}{x(2x+3)^2}$.

解 这是含有 $2x+3$ 的积分.在积分表中查得公式：

$$\int \frac{\mathrm{d}x}{x(ax+b)^2} = \frac{1}{b(ax+b)} - \frac{1}{b^2}\ln\left|\frac{ax+b}{x}\right| + C.$$

现在 $a=2, b=3$，于是

$$\int \frac{\mathrm{d}x}{x(2x+3)^2} = \frac{1}{3(2x+3)} - \frac{1}{9}\ln\left|\frac{2x+3}{x}\right| + C.$$

例 2 求 $\int \dfrac{\mathrm{d}x}{3-2\sin x}$.

解 这是含三角函数的积分.在积分表中查得公式：

$$\int \frac{\mathrm{d}x}{a+b\sin x} = \frac{2}{\sqrt{a^2-b^2}}\arctan\frac{a\tan\dfrac{x}{2}+b}{\sqrt{a^2-b^2}} + C \quad (a^2>b^2).$$

这里 $a=3, b=-2, a^2>b^2$，于是

$$\int \frac{\mathrm{d}x}{3-2\sin x} = \frac{2}{\sqrt{9-4}}\arctan\frac{3\tan\dfrac{x}{2}-2}{\sqrt{9-4}} + C.$$

例 3 求 $\int \dfrac{\mathrm{d}x}{x\sqrt{4x^2+9}}$.

解 因为

$$\int \frac{\mathrm{d}x}{x\sqrt{4x^2+9}} = \frac{1}{2}\int \frac{\mathrm{d}x}{x\sqrt{x^2+\left(\dfrac{3}{2}\right)^2}},$$

所以这是含有 $\sqrt{x^2+a^2}$ 的积分，这里 $a=\dfrac{3}{2}$.在积分表中查得公式：

$$\int \frac{\mathrm{d}x}{x\sqrt{x^2+a^2}} = \frac{1}{a}\ln\frac{\sqrt{x^2+a^2}-a}{|x|} + C.$$

于是

$$\int \frac{\mathrm{d}x}{x\sqrt{4x^2+9}} = \frac{1}{2} \cdot \frac{2}{3}\ln\frac{\sqrt{x^2+\left(\frac{3}{2}\right)^2}-\frac{3}{2}}{|x|} + C = \frac{1}{3}\ln\frac{\sqrt{4x^2+9}-3}{2|x|} + C.$$

例4 求 $\int \frac{1}{\sin^5 x}\mathrm{d}x$.

解 这是含三角函数的积分. 在积分表中查得公式：

$$\int \frac{1}{\sin^n x}\mathrm{d}x = -\frac{1}{n-1} \cdot \frac{\cos x}{\sin^{n-1} x} + \frac{n-2}{n-1}\int \frac{1}{\sin^{n-2} x}\mathrm{d}x.$$

这里 $n=5$, 于是

$$\int \frac{1}{\sin^5 x}\mathrm{d}x = -\frac{1}{4}\frac{\cos x}{\sin^4 x} + \frac{3}{4}\int \frac{1}{\sin^3 x}\mathrm{d}x.$$

再次用此公式, 有

$$\int \frac{1}{\sin^3 x}\mathrm{d}x = -\frac{1}{2}\frac{\cos x}{\sin^2 x} + \frac{1}{2}\int \frac{1}{\sin x}\mathrm{d}x = -\frac{1}{2}\frac{\cos x}{\sin^2 x} + \frac{1}{2}\ln|\csc x - \cot x| + C,$$

故

$$\int \frac{1}{\sin^5 x}\mathrm{d}x = -\frac{\cos x}{4\sin^4 x} - \frac{3\cos x}{8\sin^2 x} + \frac{3}{8}\ln|\csc x - \cot x| + C.$$

在结束本章之前, 我们指出以下两点:

第一, 虽然求不定积分是求导数的逆运算, 但是求不定积分比求导数要复杂得多, 我们遇到的题目只是一些常见的比较简单的不定积分计算, 重点要把握方法与常见技巧.

第二, 对初等函数而言, 在其定义区间上, 原函数肯定存在, 但不一定都是初等函数, 通常我们称该不定积分"积不出来", 如 $\int e^{-x^2}\mathrm{d}x$, $\int \sin x^2 \mathrm{d}x$, $\int \frac{\sin x}{x}\mathrm{d}x$, $\int \frac{1}{\sqrt{1+x^4}}\mathrm{d}x$, $\int \sqrt{1-k^2\sin^2 x}\,\mathrm{d}x (0 < |k| < 1)$ 等等就属于此类, 同时计算机可以利用日益复杂的符号运算软件方便地计算许多不定积分, 读者可以查阅学习 Mathematica, Maple 等.

习题 4-5

利用积分表计算下列不定积分.

1. $\int \frac{x}{(3x+4)^2}\mathrm{d}x.$
2. $\int \sqrt{4x^2+9}\,\mathrm{d}x.$
3. $\int \frac{\mathrm{d}x}{5-4\cos x}.$
4. $\int \sin^4 x\,\mathrm{d}x.$

5. $\int \dfrac{x^2}{\sqrt{3x-2}}\mathrm{d}x$.

6. $\int \dfrac{x^2}{\sqrt{(x^2-4)^3}}\mathrm{d}x$.

7. $\int \dfrac{1}{\sqrt{5-4x+x^2}}\mathrm{d}x$.

8. $\int \mathrm{e}^{3x}\cos 2x\,\mathrm{d}x$.

9. $\int \sin 3x \sin 5x\,\mathrm{d}x$.

10. $\int \dfrac{1}{x\sqrt{2x-4x^2}}\mathrm{d}x$.

复 习 题 4

1. 求下列不定积分.

(1) $\int \dfrac{\mathrm{d}x}{\mathrm{e}^x+\mathrm{e}^{-x}}$;

(2) $\int \dfrac{\arctan x}{x^2(1+x^2)}\mathrm{d}x$;

(3) $\int \dfrac{x^2}{1-x^6}\mathrm{d}x$;

(4) $\int \dfrac{1-\cos x}{x-\sin x}\mathrm{d}x$;

(5) $\int \dfrac{\ln x}{(1+x^2)^{3/2}}\mathrm{d}x$;

(6) $\int \dfrac{\sin x \cos x}{1+\sin^4 x}\mathrm{d}x$;

(7) $\int \dfrac{1-\ln x}{(x-\ln x)^2}\mathrm{d}x$;

(8) $\int \dfrac{\mathrm{d}x}{x^4\sqrt{1+x^2}}$;

(9) $\int \dfrac{x\mathrm{e}^x}{(\mathrm{e}^x+1)^2}\mathrm{d}x$;

(10) $\int \dfrac{x\mathrm{e}^x}{\sqrt{\mathrm{e}^x-1}}\mathrm{d}x$;

(11) $\int \dfrac{\mathrm{d}x}{\sqrt{1+\mathrm{e}^x}}$;

(12) $\int \dfrac{\mathrm{d}x}{(1+\mathrm{e}^x)^2}$;

(13) $\int x\sin^2 x\,\mathrm{d}x$;

(14) $\int \mathrm{e}^x \sin^2 x\,\mathrm{d}x$;

(15) $\int \dfrac{\mathrm{e}^{\arctan x}}{(1+x^2)^{3/2}}\mathrm{d}x$;

(16) $\int \dfrac{x\mathrm{e}^x}{(1+x)^2}\mathrm{d}x$;

(17) $\int \dfrac{\mathrm{d}x}{(a^2-x^2)^{5/2}}$;

(18) $\int \tan^4 x\,\mathrm{d}x$;

(19) $\int \dfrac{x}{\cos^2 x}\mathrm{d}x$;

(20) $\int \dfrac{\arcsin \mathrm{e}^x}{\mathrm{e}^x}\mathrm{d}x$;

(21) $\int \dfrac{\sin^2 x}{\cos^3 x}\mathrm{d}x$;

(22) $\int \mathrm{e}^{2x}(\tan x+1)^2 \mathrm{d}x$;

(23) $\int \dfrac{\sqrt{1+\cos x}}{\sin x}\mathrm{d}x$;

(24) $\int \dfrac{x^4+1}{x^6+1}\mathrm{d}x$;

(25) $\int x^x(1+\ln x)\,\mathrm{d}x$;

(26) $\int \dfrac{x^3 \arccos x}{\sqrt{1-x^2}}\mathrm{d}x$;

(27) $\int \sqrt{1-x^2}\arcsin x\,\mathrm{d}x$;

(28) $\int \dfrac{\mathrm{d}x}{(2+\cos x)\sin x}$;

(29) $\int \dfrac{\sin x \cos x}{\sin x+\cos x}\mathrm{d}x$;

(30) $\int \dfrac{x+\sin x}{1+\cos x}\mathrm{d}x$.

2. 已知 $f(x)$ 的一个原函数为 $\dfrac{\cos x}{x}$,求 $\int xf'(x)\mathrm{d}x$.

3. 设 $f(x)$ 的原函数 $F(x) > 0$,且 $F(0) = 1$,当 $x \geqslant 0$ 时,有 $f(x)F(x) = \sin^2 2x$,试求 $f(x)$.

4. 对于含未知函数 $y = y(x)$ 的方程 $y' + p(x)y = q(x)$,其中 $p(x), q(x)$ 为已知函数,称满足方程的函数为方程的解,可以验证方程的解为 $y = C\mathrm{e}^{-\int p(x)\mathrm{d}x} + \mathrm{e}^{-\int p(x)\mathrm{d}x}\int q(x)\mathrm{e}^{\int p(x)\mathrm{d}x}\mathrm{d}x$,这里 C 为任意常数. 试用该公式解方程 $y' - \dfrac{y}{x} = x$.

5. 在什么条件下,积分 $\int \dfrac{ax^2 + bx + c}{x^3(x-1)^2}\mathrm{d}x$ 表示有理函数?

第5章 定 积 分

上一章我们学习了原函数与不定积分的概念及计算,这是属于积分学中的第一基本问题.但在很多实际问题中,例如,求一些平面图形的面积,求变速直线运动的路程,求变力所做的功,求侧压力等等,这些都可以通过"和的极限"的运算来解决,由此概括出高等数学中的另一个重要概念——定积分,这是积分学中的第二基本问题.初看起来,似乎这两个问题没有什么联系,一个是求原函数,一个是求"和的极限",历史上这两个问题开始确实是独立发展的,而且是先有定积分,后有不定积分的,17世纪,牛顿(Isacc. Newton,1642~1727,英国数学家,物理学家,天文学家)在剑桥的老师巴罗(Isacc. Barrow,1630~1677,英国数学家)发现微分和积分是有紧密的联系的,但没有进行更深入的研究.最终,牛顿、莱布尼茨发现了微积分基本定理,将它们紧密联系在一起,于是定积分的计算可以通过微积分基本定理转化为求不定积分的计算,反之,不定积分的存在性问题又可以通过定积分而得到解决.牛顿和莱布尼茨也因此作为微积分学的奠基人而载入史册.

5.1 定积分的概念与性质

5.1.1 引例

例1 曲边梯形的面积.

在生产实际中,经常会遇到计算平面图形的面积问题,而这往往归结为曲边梯形的面积的计算.所谓的曲边梯形,是指形如连续曲线 $y=f(x)$(这里 $f(x) \geqslant 0$)与三条直线 $x=a, x=b, x$ 轴围成的图形,如图5-1所示,现在要计算其面积.

我们知道,矩形的高是不变的,其面积等于底乘高.现在的问题是曲边梯形的高是变化的,不能按矩形面积公式直接计算.但由于 $f(x)$ 在 $[a, b]$ 上是连续变化的,因此它在很小一段区间上的变化很小,这就启发我们在很小一段区间上用某一点处"不变的高"近似代替"变化的高",即用小矩形近似代替小曲边梯形,于是得到求曲边梯形面积的方法如下：

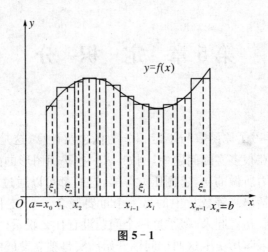

图 5-1

第一步，分割. 在 $[a,b]$ 中任意插入 $n-1$ 个分点，使 $a = x_0 < x_1 < \cdots < x_{n-1} < x_n = b$，把 $[a,b]$ 分成 n 个小区间 $[x_0,x_1]$，$[x_1,x_2]$，$\cdots$，$[x_{n-1},x_n]$，各区间长度记为 $\Delta x_1 = x_1 - x_0$，$\Delta x_2 = x_2 - x_1$，$\cdots$，$\Delta x_n = x_n - x_{n-1}$.

第二步，近似. 在每个小区间 $[x_{i-1},x_i]$ $(i=1,2,\cdots,n)$ 上任取一点 ξ_i $(x_{i-1} \leqslant \xi_i \leqslant x_i)$，局部上以"直"代"曲"，则小曲边梯形面积 $\Delta A_i \approx f(\xi_i)\Delta x_i$.

第三步，求和. 曲边梯形面积 $A = \sum_{i=1}^{n} \Delta A_i \approx \sum_{i=1}^{n} f(\xi_i)\Delta x_i$.

第四步，取极限. 为了从整体上由"直"回到"曲"，记 $\lambda = \max\{\Delta x_1, \Delta x_2, \cdots, \Delta x_n\}$，即小区间长度的最大值，则 $A = \lim_{\lambda \to 0} \sum_{i=1}^{n} f(\xi_i)\Delta x_i$.

例2 变力沿直线所做的功.

设某物体在变力 $F(x)$ 的作用下，沿直线 Ox 由点 a 运动到点 b，如图 5-2 所示（设 $F(x)$ 为连续函数，且力的方向与运动方向一致），求变力所做的功 W.

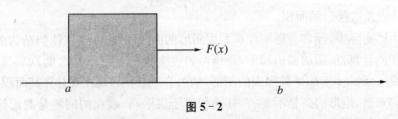

图 5-2

我们知道，如果 F 是常力，物体经过的路程为 $b-a$，则力 F 所做的功为 $W = F \cdot (b-a)$，现在的问题是力 $F = F(x)$ 在区间 $[a,b]$ 上是变化的，无法直接利用上述公式来计算所做的功. 但由于 $F(x)$ 是连续变化的,它在很短的一段路程上的变化很小,以"常力"代"变力",即用常力所做的功近似代替变力所做的功,类似例 1 那样通过分割、近似、求和、取极限可得到所求功的精确值,具体计算如下:

在区间 $[a,b]$ 中任意插入 $n-1$ 个分点,使 $a=x_0<x_1<\cdots<x_{n-1}<x_n=b$,把 $[a,b]$ 分成 n 个小区间 $[x_0,x_1],[x_1,x_2],\cdots,[x_{n-1},x_n]$,各区间长度记为 $\Delta x_1 = x_1 - x_0, \Delta x_2 = x_2 - x_1, \cdots, \Delta x_n = x_n - x_{n-1}$.

在每个小区间 $[x_{i-1},x_i]$($i=1,2,\cdots,n$)上任取一点 ξ_i($x_{i-1} \leqslant \xi_i \leqslant x_i$),以"常力 $F(\xi_i)$"代"变力 $F(x)$",则在小段 $[x_{i-1},x_i]$ 上所做的功近似为 $\Delta W_i \approx F(\xi_i)\Delta x_i$.

所求总功的近似值为 $W = \sum_{i=1}^{n} \Delta W_i \approx \sum_{i=1}^{n} F(\xi_i)\Delta x_i$.

记 $\lambda = \max\{\Delta x_1, \Delta x_2, \cdots, \Delta x_n\}$,即小区间长度的最大值,则 $W = \lim_{\lambda \to 0} \sum_{i=1}^{n} F(\xi_i)\Delta x_i$.

5.1.2 定积分定义

上面两个例子讨论了两个不同的实际问题,一个是几何问题,另一个是物理问题,但这两个问题都能用一个统一的方法来解决,这样的问题还有很多,如求变速直线运动的路程、细杆的质量、转动惯量等,将这种方法抽象出来,就得到了定积分的定义.

定义 设函数 $f(x)$ 在 $[a,b]$ 上有界,用分点 $a = x_0 < x_1 < \cdots < x_{n-1} < x_n = b$ 把 $[a,b]$ 分成 n 个小区间 $[x_{i-1},x_i]$($i=1,2,\cdots,n$)(不必等分),其长度记为 $\Delta x_i = x_i - x_{i-1}$,在每个小区间 $[x_{i-1},x_i]$ 上任取一点 ξ_i($x_{i-1} \leqslant \xi_i \leqslant x_i$),并作和式 $S_n = \sum_{i=1}^{n} f(\xi_i)\Delta x_i$,记 $\lambda = \max_{1 \leqslant i \leqslant n}\{\Delta x_i\}$,当 $\lambda \to 0$ 时,不论 $[a,b]$ 怎样分法,也不论 ξ_i 怎样取法,和式 S_n 都有确定的极限 I,这时就称极限 I 为函数 $f(x)$ 在 $[a,b]$ 上的定积分(简称积分),记作 $\int_a^b f(x)\mathrm{d}x$,即

$$\int_a^b f(x)\mathrm{d}x = I = \lim_{\lambda \to 0} \sum_{i=1}^{n} f(\xi_i)\Delta x_i.$$

其中 $f(x)$ 称为被积函数,$f(x)\mathrm{d}x$ 称为被积表达式,x 称为积分变量,a 与 b 分别称为积分的下限与上限,$[a,b]$ 称为积分区间,$\int$ 称为积分号,$\sum_{i=1}^{n} f(\xi_i)\Delta x_i$ 称为积分和.

由此,前面我们求过的曲边梯形的面积和变力沿直线所做的功分别可以用定

积分表示为 $A = \int_a^b f(x)\mathrm{d}x$ 和 $W = \int_a^b F(x)\mathrm{d}x$.

几点说明：

（1）这种定义是黎曼（Riemann，1826～1866，德国数学物理学家）首先提出来的，故这种积分也称为黎曼积分。如果函数 $f(x)$ 在 $[a,b]$ 上有定积分，则称 $f(x)$ 在 $[a,b]$ 上黎曼可积，简称可积。

（2）显然定积分是一个数，它的值与积分变量无关，只与被积函数和积分区间有关，所以

$$\int_a^b f(x)\mathrm{d}x = \int_a^b f(t)\mathrm{d}t = \int_a^b f(u)\mathrm{d}u = \cdots.$$

（3）有时会遇到 $a > b$ 或 $a = b$ 的情形，为了使用方便，我们补充定义如下：

当 $a > b$ 时，$\int_a^b f(x)\mathrm{d}x = -\int_b^a f(t)\mathrm{d}t$；

当 $a = b$ 时，$\int_a^b f(x)\mathrm{d}x = 0$.

现在的问题是：函数 $f(x)$ 在 $[a,b]$ 上应具备什么条件时才是可积的？可积时如何求出这个定积分？对第一个问题我们不加证明地给出以下两个充分条件：

定理1 若函数 $f(x)$ 在区间 $[a,b]$ 上连续，则 $f(x)$ 在 $[a,b]$ 上可积。

定理2 若函数 $f(x)$ 在区间 $[a,b]$ 上有界，且只有有限个间断点，则 $f(x)$ 在 $[a,b]$ 上可积。

例3 从定义出发计算定积分 $\int_0^a x^2 \mathrm{d}x$.

解 因为被积函数 $f(x) = x^2$ 在积分区间 $[0,a]$ 上连续，由定理1知 $f(x)$ 在 $[0,a]$ 上可积。将 $[0,a]$ 区间 n 等分，此时分点 $x_i = \dfrac{ia}{n}(i=0,1,2,\cdots,n)$，$\Delta x_i = \dfrac{a}{n}(i=1,2,\cdots,n)$，$\lambda = \dfrac{a}{n}$，取 $\xi_i = x_i = \dfrac{ia}{n}$，则

$$\int_0^a x^2\mathrm{d}x = \lim_{\lambda\to 0}\sum_{i=1}^n f(\xi_i)\Delta x_i = \lim_{\lambda\to 0}\sum_{i=1}^n \left(\dfrac{ia}{n}\right)^2 \cdot \dfrac{a}{n} = \lim_{n\to\infty}\dfrac{a^3}{n^3}(1^2+2^2+\cdots+n^2)$$

$$= \lim_{n\to\infty}\dfrac{a^3 n(n+1)(2n+1)}{6n^3} = \dfrac{1}{3}a^3.$$

对于上面提出的第二个问题，由例3可以看出，用定义计算定积分是相当麻烦的或是不可能的，因此需要寻求求积分的方法，这将在下节叙述。同时也不难发现，可以利用计算机编程进行定积分的近似计算，效果也很好。

5.1.3 定积分的几何意义

当 $f(x) \geqslant 0$ 时，由例1知，定积分 $\int_a^b f(x)\mathrm{d}x$ 在几何上表示曲线 $y = f(x)$ 以及

三条直线 $x=a, x=b$, x 轴围成的曲边梯形的面积,如图 5-3 所示,即

$$\int_a^b f(x)\mathrm{d}x = A.$$

当 $f(x) \leqslant 0$ 时,定积分 $\int_a^b f(x)\mathrm{d}x$ 在几何上表示曲线 $y=f(x)$ 以及三条直线 $x=a, x=b$, x 轴围成的曲边梯形的面积的相反数,如图 5-4 所示,即

$$\int_a^b f(x)\mathrm{d}x = -A.$$

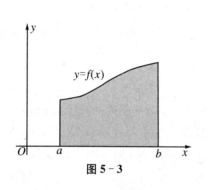

图 5-3

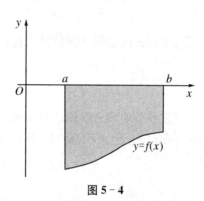

图 5-4

一般地,当 $f(x)$ 在区间 $[a,b]$ 上有正有负时,定积分 $\int_a^b f(x)\mathrm{d}x$ 在几何上表示曲线 $y=f(x)$ 以及三条直线 $x=a, x=b$, x 轴围成的曲边梯形各部分面积的代数和,即在 x 轴上方的图形面积减去 x 轴下方的图形面积,如图 5-5 所示.

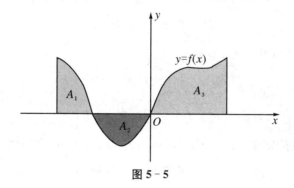

图 5-5

$$\int_a^b f(x)\mathrm{d}x = A_1 - A_2 + A_3.$$

由定积分的几何意义可直观地得出一些简单的积分值,如

$$\int_a^b \mathrm{d}x = b - a \quad (\text{区间的长度});$$

$$\int_{-R}^{R} \sqrt{R^2 - x^2}\, dx = \frac{1}{2}\pi R^2 \quad (\text{上半圆的面积}).$$

5.1.4 定积分的性质

以下假设所列出的定积分都存在,则

(1) (**定积分对被积函数的可加性**) 若已知 $f(x)$ 与 $g(x)$ 在 $[a,b]$ 上可积,则 $f(x) + g(x)$ 在 $[a,b]$ 上也可积,且有

$$\int_a^b [f(x) \pm g(x)]\, dx = \int_a^b f(x)\, dx \pm \int_a^b g(x)\, dx.$$

(2) (**定积分对被积函数的齐次性**) 若已知 $f(x)$ 在 $[a,b]$ 上可积,则 $kf(x)$ 在 $[a,b]$ 上也可积,且有

$$\int_a^b kf(x)\, dx = k \int_a^b f(x)\, dx.$$

(3) (**定积分对积分区间的可加性**) 若已知 $f(x)$ 在某区间上可积,则 $f(x)$ 在其任一子区间上也可积,且对该区间中的任意三个常数 $a, b, c\, (a < c < b)$,有

$$\int_a^b f(x)\, dx = \int_a^c f(x)\, dx + \int_c^b f(x)\, dx.$$

(4) 若在区间 $[a,b]$ 上 $f(x) \equiv 1$,则

$$\int_a^b 1\, dx = \int_a^b dx = b - a.$$

证 $\int_a^b dx = \lim\limits_{\lambda \to 0} \sum\limits_{i=1}^{n} f(\xi_i) \Delta x_i \xlongequal{f(x) = 1} \lim\limits_{\lambda \to 0} \sum\limits_{i=1}^{n} \Delta x_i = b - a.$

(5) (**定积分对被积函数的保号性**) 若 $f(x) \geqslant 0, x \in [a,b]$,则

$$\int_a^b f(x)\, dx \geqslant 0.$$

推论 1 若 $f(x) \geqslant g(x)$,则

$$\int_a^b f(x)\, dx \geqslant \int_a^b g(x)\, dx \quad (a < b).$$

推论 2 $\int_a^b |f(x)|\, dx \geqslant \left| \int_a^b f(x)\, dx \right| \quad (a < b).$

(6) (**定积分的估值定理**) 设 M, m 为 $f(x)$ 在 $[a,b]$ 上的最大值、最小值,则

$$m(b - a) \leqslant \int_a^b f(x)\, dx \leqslant M(b - a).$$

(7) (**定积分的中值定理**) 若 $f(x)$ 在 $[a,b]$ 上连续,则至少有一 $\xi \in [a,b]$,使

$$\int_a^b f(x)\, dx = f(\xi)(b - a).$$

证 参见图 5-6,因为 $f(x)$ 在 $[a,b]$ 上连续,所以 $f(x)$ 在 $[a,b]$ 上有最大值

M,最小值 m,由(6)知,

$$m \leqslant \frac{1}{b-a}\int_a^b f(x)\mathrm{d}x \leqslant M,$$

依介值定理,必有 $\xi \in [a,b]$,使

$$\frac{1}{b-a}\int_a^b f(x)\mathrm{d}x = f(\xi),$$

即

$$\int_a^b f(x)\mathrm{d}x = f(\xi)(b-a).$$

一般称 $\dfrac{1}{b-a}\int_a^b f(x)\mathrm{d}x$ 为闭区间

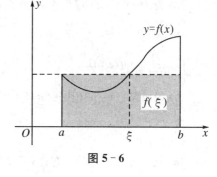

图 5-6

$[a,b]$ 上连续函数 $f(x)$ 的平均值. 请读者自己从几何意义上给予说明.

例 4 证明 $\lim\limits_{n\to\infty}\int_0^{\frac{\pi}{4}}\sin^n x\,\mathrm{d}x = 0$.

证 因为 $x \in \left[0,\dfrac{\pi}{4}\right]$,所以 $0 \leqslant \sin^n x \leqslant \left(\dfrac{\sqrt{2}}{2}\right)^n$,从而

$$0 \leqslant \int_0^{\frac{\pi}{4}}\sin^n x\,\mathrm{d}x \leqslant \int_0^{\frac{\pi}{4}}\left(\frac{\sqrt{2}}{2}\right)^n \mathrm{d}x = \frac{\pi}{4}\cdot\left(\frac{\sqrt{2}}{2}\right)^n.$$

由夹逼准则,$\lim\limits_{n\to\infty}\int_0^{\frac{\pi}{4}}\sin^n x\,\mathrm{d}x = 0$.

习题 5-1

A

1. 选择题.

(1) 定积分 $\int_a^b f(x)\mathrm{d}x$ 是( ).

A. $f(x)$ 的一个原函数 B. $f(x)$ 的全部原函数

C. 一个确定常数 D. 任意常数

(2) $\int_0^1 x\,\mathrm{d}x$ 与 $\int_0^1 x^3\,\mathrm{d}x$ 相比较( ).

A. $\int_0^1 x\,\mathrm{d}x > \int_0^1 x^3\,\mathrm{d}x$ B. $\int_0^1 x\,\mathrm{d}x < \int_0^1 x^3\,\mathrm{d}x$

C. $\int_0^1 x\,\mathrm{d}x = \int_0^1 x^3\,\mathrm{d}x$ D. 无法确定

(3) 设 $f(x)$ 在 $[a,b]$ 上连续，则 $f(x)$ 在 $[a,b]$ 上的平均值是( ).

A. $\dfrac{1}{2}\int_a^b f(x)dx$ B. $\int_a^b f(x)dx$

C. $\dfrac{1}{b-a}\int_a^b f(x)dx$ D. $\dfrac{1}{2}[f(a)+f(b)]$

(4) 设函数 $f(x)$ 在闭区间 $[a,b]$ 上连续，则 $\int_a^b f(x)dx - \int_a^b f(t)dt$ ( ).

A. 小于 0   B. 等于 0
C. 大于 0   D. 不确定

(5) 在下列"定积分"中，有意义的是( ).

A. $\int_{-2}^1 \sqrt{x}\,dx$ B. $\int_{-1}^0 \ln x\,dx$

C. $\int_1^3 \dfrac{1}{\sqrt{1-x^2}}dx$ D. $\int_{-\pi}^0 \sin x\,dx$

2. 利用定积分的几何意义说明下列等式.

(1) $\int_0^2 x\,dx = 2$；   (2) $\int_0^2 \sqrt{4-x^2}\,dx = \pi$；

(3) $\int_0^{2\pi} \sin x\,dx = 0$；   (4) $\int_{-\frac{\pi}{2}}^{\frac{\pi}{2}} \cos x\,dx = 2\int_0^{\frac{\pi}{2}} \cos x\,dx$.

3. 试用定积分表示曲线 $y = x^2$ 与直线 $y = x$ 所围平面图形的面积，并用本节结论计算出来.

4. 试用定积分表示下列几何量和物理量.

(1) 质点作直线运动时，其速度 $v = 5t + 2$(米/秒)，前 10 秒质点经过的路程 S；

(2) 由抛物线 $y = x^2$，直线 $y = 4 - 3x$ 及 x 轴所围成的曲边梯形的面积 A；

(3) 长为 2 米的不均匀细棒的质量 m，已知在距离左端 x 米处的线密度(单位长度的质量)为 $\rho = 3 + 4x$ 克/米.

5. 估计下列各积分的值.

(1) $\int_1^4 (x^2 + 1)dx$；   (2) $\int_{\frac{\pi}{4}}^{\frac{5}{4}\pi} (1 + \sin^2 x)dx$；

(3) $\int_1^2 \dfrac{x}{1+x^2}dx$；   (4) $\int_0^{-2} xe^x\,dx$.

6. 设 $f(x)$ 及 $g(x)$ 在 $[a,b]$ 上连续，证明：

(1) 若在 $[a,b]$ 上 $f(x) \leqslant 0$，且 $\int_a^b f(x)dx = 0$，则在 $[a,b]$ 上 $f(x) \equiv 0$；

(2) 若在 $[a,b]$ 上 $f(x) \leqslant 0$，且 $f(x)$ 不恒等于零，则 $\int_a^b f(x)dx < 0$；

(3) 若在 $[a,b]$ 上 $f(x) \leqslant g(x)$，且 $f(x)$ 与 $g(x)$ 不恒等，则 $\int_a^b f(x)dx < \int_a^b g(x)dx$.

7. 根据定积分的性质及第 6 题的结论，说明哪一个积分的值较大.

(1) $\int_0^1 x\,dx$ 与 $\int_0^1 \sqrt{x}\,dx$；   (2) $\int_1^2 x\,dx$ 与 $\int_1^2 \sqrt{x}\,dx$；

(3) $\int_1^2 \ln x \, dx$ 与 $\int_1^2 (\ln x)^2 \, dx$；   (4) $\int_0^{\frac{\pi}{2}} x \, dx$ 与 $\int_0^{\frac{\pi}{2}} \sin x \, dx$.

8. 证明下列不等式.

(1) $\int_1^2 \sqrt{5-x} \, dx \geqslant \int_1^2 \sqrt{x+1} \, dx$；

(2) $\dfrac{1}{2} \leqslant \int_{\frac{\pi}{4}}^{\frac{\pi}{2}} \dfrac{\sin x}{x} \, dx \leqslant \dfrac{\sqrt{2}}{2}$.

B

1. 试将下列极限表示成定积分.

(1) $\lim\limits_{n \to \infty} \left[\dfrac{n}{(n+1)^2} + \dfrac{n}{(n+2)^2} + \cdots + \dfrac{n}{(n+n)^2} \right]$；

(2) $\lim\limits_{n \to \infty} \dfrac{\pi}{2n} \left[\cos \dfrac{\pi}{2n} + \cos \dfrac{2\pi}{2n} + \cdots + \cos \dfrac{(n-1)\pi}{2n} \right]$.

2. 利用定积分的定义计算下列积分.

(1) $\int_0^T (v_0 + gt) \, dt$　（其中 v_0, g 为常数）；

(2) $\int_0^1 e^x \, dx$.

3. 求 $\lim\limits_{x \to +\infty} \int_x^{x+2} t \sin \dfrac{3}{t} \, dt$.

4. 求 $\lim\limits_{n \to \infty} \int_0^a x^n \sin x \, dx$　$(0 < a < 1)$.

5. 设 $f(x)$ 在 $[0,1]$ 上连续且单调减少，试证：对任何 $a \in (0,1)$，有
$$\int_0^a f(x) \, dx \geqslant a \int_0^1 f(x) \, dx.$$

5.2　微积分基本公式

上一节我们给出了定积分的定义并讨论了定积分的一些性质，大家也知道很多具体问题都可以化为定积分来解决. 然而用定义、性质及几何意义只能解决很小一部分的定积分计算问题，无法广泛应用，必须寻求计算定积分的更有效方法. 牛顿和莱布尼茨找到了存在于定积分与原函数之间的本质联系，并利用这种本质联系找到了计算定积分的有效方法.

5.2.1　变上限积分及其导数

设 $f(x)$ 在闭区间 $[a,b]$ 上连续，则 $f(x)$ 在 $[a,b]$ 上可积，对于任意 $x \in [a,b]$，

定积分 $\int_a^x f(t)\mathrm{d}t$ 总是有意义的,并且可以看出它是定义在$[a,b]$上的一个函数,记作 $\Phi(x)$,即

$$\Phi(x) = \int_a^x f(t)\mathrm{d}t, x \in [a,b].$$

$\Phi(x)$ 称为积分上限的函数或变上限积分,它是表示函数关系的一种方法,用这种方法表示的函数在物理学、化学、统计学中有着广泛的应用,例如以弗雷斯纳尔(Augnstin Fresnel,1788 ~ 1827,法国物理学家)命名的函数 $S(x) = \int_0^x \sin\left(\dfrac{\pi t^2}{2}\right)\mathrm{d}t$ 最初出现在光波衍射理论中,现在已被广泛应用于现代高速公路的设计.

定理 1 若$f(x)$在区间$[a,b]$上连续,则 $\Phi(x) = \int_a^x f(t)\mathrm{d}t$ 在区间$[a,b]$上可导,且

$$\Phi'(x) = \left(\int_a^x f(t)\mathrm{d}t\right)' = f(x).$$

证 参见图 5-7.利用积分中值定理,有

$$\begin{aligned}\Delta\Phi(x) &= \Phi(x + \Delta x) - \Phi(x) \\ &= \int_a^{x+\Delta x} f(t)\mathrm{d}t - \int_a^x f(t)\mathrm{d}t \\ &= \int_x^{x+\Delta x} f(t)\mathrm{d}t = f(\xi)\Delta x,\end{aligned}$$

其中 ξ 在 x 与 $x + \Delta x$ 之间.

再利用导数定义及函数 $f(x)$ 的连续性,有

$$\lim_{\Delta x \to 0}\frac{\Delta\Phi(x)}{\Delta x} = \lim_{\Delta x \to 0} f(\xi) = \lim_{\xi \to x} f(\xi) = f(x),$$

即

$$\Phi'(x) = f(x).$$

注 若条件"$f(x)$ 在闭区间$[a,b]$上连续"减弱为"$f(x)$ 在闭区间$[a,b]$上可积",则结论也相应减弱为"$\Phi(x) = \int_a^x f(t)\mathrm{d}t$ 在区间$[a,b]$上连续",可类似按连续的定义证明.

推论 1 若$f(x)$在区间$[a,b]$上连续,则

$$\left(\int_x^b f(t)\mathrm{d}t\right)' = -f(x).$$

推论 2 若$f(x)$在区间$[a,b]$上连续,$\varphi(x)$可导,则

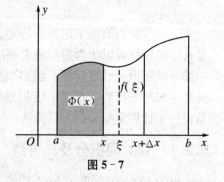

图 5-7

$$\left(\int_a^{\varphi(x)} f(t)dt\right)' = f[\varphi(x)] \cdot \varphi'(x).$$

证 记 $\int_a^{\varphi(x)} f(t)dt = \Phi[\varphi(x)]$，则利用复合函数求导法则及定理 1 可得

$$\left(\int_a^{\varphi(x)} f(t)dt\right)' = \frac{d}{dx}(\Phi[\varphi(x)]) = \Phi'[\varphi(x)] \cdot \varphi'(x) = f[\varphi(x)] \cdot \varphi'(x).$$

推论 3 若 $f(x)$ 在区间 $[a,b]$ 上连续，$\psi(x)$ 可导，则

$$\left(\int_{\psi(x)}^b f(t)dt\right)' = -f[\psi(x)] \cdot \psi'(x).$$

推论 4 若 $f(x)$ 在区间 $[a,b]$ 上连续，$\varphi(x),\psi(x)$ 可导，则

$$\left(\int_{\psi(x)}^{\varphi(x)} f(t)dt\right)' = f[\varphi(x)] \cdot \varphi'(x) - f[\psi(x)] \cdot \psi'(x).$$

例 1 分别求 (1) $y = \int_1^{x^3} \sqrt[3]{1+t^2} \, dt$；(2) $y = \int_{\sin x}^{\cos x} e^{t^2} dt$ 的导数 $\dfrac{dy}{dx}$.

解 (1) $\dfrac{dy}{dx} = \sqrt[3]{1+x^6} \cdot 3x^2$.

(2) $\dfrac{dy}{dx} = e^{\cos^2 x} \cdot (-\sin x) - e^{\sin^2 x} \cdot \cos x$.

例 2 求由 $\int_0^y e^{-t^2} dt + \int_{x^2}^0 \sin t \, dt = 0$ 确定的隐函数的导数 $\dfrac{dy}{dx}$.

解 这是隐函数的求导问题，等式两边对 x 求导，结合定理 1 及其推论，有

$$e^{-y^2} \cdot y' + (-\sin x^2 \cdot 2x) = 0,$$

于是解得

$$y' = 2x \sin x^2 \cdot e^{y^2}.$$

例 3 求下列极限.

(1) $\lim\limits_{x \to 0} \dfrac{\int_{\cos x}^1 e^{-t^2} dt}{x^2}$;

(2) $\lim\limits_{x \to +\infty} \dfrac{\int_0^x (\arctan t)^2 dt}{\sqrt{x^2+1}}$;

(3) $\lim\limits_{x \to a} \dfrac{x}{x-a} \int_x^a f(t) dt$, 其中 $f(x)$ 连续.

解 这是未定式问题，利用洛必达法则并结合定理 1 及其推论，有

(1) $\lim\limits_{x \to 0} \dfrac{\int_{\cos x}^1 e^{-t^2} dt}{x^2} = \lim\limits_{x \to 0} \dfrac{-e^{-\cos^2 x} \cdot (-\sin x)}{2x} = \dfrac{1}{2e}$.

(2) $\lim\limits_{x \to +\infty} \dfrac{\int_0^x (\arctan t)^2 dt}{\sqrt{x^2+1}} = \lim\limits_{x \to +\infty} \dfrac{(\arctan x)^2}{x/\sqrt{x^2+1}} = \dfrac{\pi^2}{4}$.

(3) $\lim\limits_{x \to a} \dfrac{x}{x-a} \int_x^a f(t)dt = \lim\limits_{x \to a} \dfrac{\int_x^a f(t)dt + x(-f(x))}{1} = -af(a).$

根据定理1,结合原函数的定义,可知 $\Phi(x)$ 为连续函数 $f(x)$ 的一个原函数,因此有下面的原函数存在定理.

定理 2 若 $f(x)$ 在区间 $[a,b]$ 上连续,则函数 $\Phi(x) = \int_a^x f(t)dt$ 就是 $f(x)$ 在区间 $[a,b]$ 上的一个原函数.

这个定理告诉我们:连续函数必有原函数,变上限积分的运算是函数求导运算的逆运算.

5.2.2 牛顿 — 莱布尼兹公式

定理 3 设 $f(x)$ 在区间 $[a,b]$ 上可积,$F(x)$ 为 $f(x)$ 在 $[a,b]$ 上的一个原函数,则

$$\int_a^b f(x)dx = F(b) - F(a).$$

证 因 $F(x)$ 为 $f(x)$ 的原函数,由定理2,$\int_a^x f(t)dt$ 也为 $f(x)$ 的一个原函数,由于一个函数的任意两个原函数之间最多相差一个常数,故 $F(x) - \int_a^x f(t)dt = C.$ 令 $x = a$,得 $C = F(a)$,有

$$\int_a^x f(t)dt = F(x) - F(a).$$

再令 $x = b$,即有

$$\int_a^b f(x)dx = F(b) - F(a).$$

为了方便起见,上述公式又可写成

$$\int_a^b f(x)dx = F(x)\Big|_a^b.$$

这个公式称为**牛顿 - 莱布尼茨公式**,也叫做微积分基本公式.

注 (1) 牛顿 — 莱布尼兹公式是高等数学中最优美的公式之一,它给出了求定积分的一般方法,把求定积分的问题转化为求原函数问题,这使得作为和的极限的定积分与作为微分逆运算的不定积分紧密地联系在一起,正是由于有这种联系,才使得微积分有了广泛的理论和实用价值.

(2) 在用此公式求定积分时,$F(x)$ 一定要为 $f(x)$ 在 $[a,b]$ 上的原函数. 例如,$\int_{-2}^{-1} \dfrac{dx}{x} = \ln|x|\Big|_{-2}^{-1} = \ln(-x)\Big|_{-2}^{-1} = -\ln 2$,而 $\int_1^2 \dfrac{dx}{x} = \ln|x|\Big|_1^2 = \ln x\Big|_1^2 = \ln 2.$

(3) 当 $a > b$ 时,牛顿 — 莱布尼兹公式仍然成立.

例4 求下列定积分.

(1) $\int_1^2 \dfrac{e^{\frac{1}{x}}}{x^2}dx$;　　　　(2) $\int_0^2 f(x)dx$,其中 $f(x)=\begin{cases} x+1, & x\leqslant 1 \\ \dfrac{1}{2}x^2, & x>1 \end{cases}$;

(3) $\int_0^2 \max\{x,x^3\}dx$;　　(4) $\int_0^{2\pi}|\sin x|dx$.

解 (1) $\int_1^2 \dfrac{e^{\frac{1}{x}}}{x^2}dx = -\int_1^2 e^{\frac{1}{x}}d\left(\dfrac{1}{x}\right) = -e^{\frac{1}{x}}\Big|_1^2 = e - e^{\frac{1}{2}}$.

(2) $\int_0^2 f(x)dx = \int_0^1 f(x)dx + \int_1^2 f(x)dx = \int_0^1 (x+1)dx + \int_1^2 \dfrac{1}{2}x^2 dx$

$\qquad = \dfrac{1}{2}(x+1)^2\Big|_0^1 + \dfrac{1}{6}x^3\Big|_1^2 = \dfrac{8}{3}$.

(3) $\int_0^2 \max\{x,x^3\}dx = \int_0^1 x dx + \int_1^2 x^3 dx = \dfrac{1}{2}x^2\Big|_0^1 + \dfrac{1}{4}x^4\Big|_1^2 = \dfrac{17}{4}$.

(4) $\int_0^{2\pi}|\sin x|dx = \int_0^{\pi}\sin x dx + \int_{\pi}^{2\pi}(-\sin x)dx = -\cos x\Big|_0^{\pi} + \cos x\Big|_{\pi}^{2\pi} = 2+2 = 4$.

例5 求正弦曲线 $y=\sin x$ 在 $[0,\pi]$ 上与 x 轴所围成的平面图形(如图5-8)的面积.

解 这个曲边梯形的面积

$$A = \int_0^{\pi}\sin x dx = [-\cos x]\Big|_0^{\pi}$$
$$= -(\cos\pi - \cos 0) = 2.$$

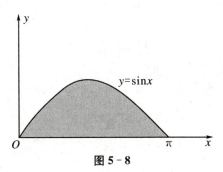

图5-8

例6 设 $f(x) = \dfrac{1}{1+x^2} + x^3\int_0^1 f(x)dx$,求 $\int_0^1 f(x)dx$.

解 因为定积分 $\int_0^1 f(x)dx$ 是一个常数,所以可设 $\int_0^1 f(x)dx = A$,故有

$$f(x) = \dfrac{1}{1+x^2} + x^3 A.$$

上式两边在$[0,1]$上积分得

$$A = \int_0^1 f(x)\mathrm{d}x = \int_0^1 \frac{1}{1+x^2}\mathrm{d}x + \int_0^1 x^3 A\mathrm{d}x = \arctan x \Big|_0^1 + A \cdot \frac{x^4}{4}\Big|_0^1 = \frac{\pi}{4} + \frac{A}{4},$$

移项后,得$\frac{3}{4}A = \frac{\pi}{4}$,所以$A = \int_0^1 f(x)\mathrm{d}x = \frac{\pi}{3}$.

例7 设函数$f(x)$在$[a,b]$上连续,证明:在开区间(a,b)内至少存在一点ξ,使

$$\int_a^b f(x)\mathrm{d}x = f(\xi)(b-a).$$

证 因为$f(x)$在$[a,b]$上连续,故它的原函数存在,设$F(x)$为$f(x)$在$[a,b]$上的一个原函数,即在$[a,b]$上$F'(x) = f(x)$.根据牛顿—莱布尼茨公式,有

$$\int_a^b f(x)\mathrm{d}x = F(b) - F(a).$$

同时函数$F(x)$在$[a,b]$上满足微分中值定理条件,根据微分中值定理,在开区间(a,b)内至少存在一点ξ,使

$$F(b) - F(a) = F'(\xi)(b-a),$$

故

$$\int_a^b f(x)\mathrm{d}x = f(\xi)(b-a) \quad \xi \in (a,b).$$

注 本例的结论是对积分中值定理的改进,从其证明不难看出积分中值定理与微分中值定理的联系.

习题 5-2

A

1. 选择题.

(1) $\dfrac{\mathrm{d}}{\mathrm{d}x}\left[\int_a^b \cos x \mathrm{d}x\right] = ($ $)$.

A. 0   B. $\cos b - \cos a$ C. $\sin x$ D. $\sin b - \sin a$

(2) $\int_{-\pi}^0 (-\sin x)' \mathrm{d}x = ($ $)$.

A. $-\sin x$ B. 0   C. -1 D. 1

(3) $\int_{-1}^2 |x| \mathrm{d}x = ($ $)$.

A. $\dfrac{1}{2}$ B. $-\dfrac{1}{2}$ C. 1 D. $\dfrac{5}{2}$

(4) 设函数 $f(x)$ 在区间 $[a,b]$ 上连续,则下列结论不正确的是( ).

A. $f(x)$ 必有原函数

B. $\int_a^x f(t)dt$ 是 $f(x)$ 的一个原函数 $(a<x<b)$

C. $\int_x^b f(t)dt$ 是 $f(x)$ 的一个原函数 $(a<x<b)$

D. $f(x)$ 在 $[a,b]$ 上可积

(5) 若 $\int_0^1 (2x+k)dx = 2$,则 $k = ($ $)$.

A. 0 B. 1 C. -1 D. $\dfrac{1}{2}$

(6) 设 $f(x) = \int_0^x t^2 dt, g(x) = x^3 + x^4$,则当 $x \to 0$ 时,( ).

A. $f(x)$ 与 $g(x)$ 是等价无穷小

B. $f(x)$ 是比 $g(x)$ 高阶的无穷小

C. $f(x)$ 是比 $g(x)$ 低阶的无穷小

D. $f(x)$ 与 $g(x)$ 是同阶无穷小,但不是等价无穷小

2. 设 $y = \int_0^x \sin t\, dt$,求 $y'(0), y'\left(\dfrac{\pi}{4}\right)$.

3. 若 $f(x) = \begin{cases} \dfrac{\int_0^x (e^{t^2}-1)dt}{x^2}, & x \neq 0 \\ 0, & x = 0 \end{cases}$,试用导数定义求 $f'(0)$.

4. 计算下列各导数.

(1) $\dfrac{d}{dx}\int_0^{x^2} \sqrt{1+t^2}\, dt$; (2) $\dfrac{d}{dx}\int_{x^2}^{x^3} \dfrac{1}{\sqrt{1+t^4}}dt$;

(3) $\dfrac{d}{dx}\int_{\sin x}^{\cos x} \cos(\pi t^2)dt$; (4) $\dfrac{d}{dx}\int_{\sqrt{x}}^{x^2} \dfrac{\sin t}{t}dt$.

5. 设 $f(x) = \int_0^{x^2} \dfrac{1}{1+x^3}dx$,求 $f''(1)$.

6. 设函数 $y = y(x)$ 由方程 $\int_0^y e^t dt + \int_0^x \cos t\, dt = 0$ 所确定,求 $\dfrac{dy}{dx}$.

7. 设函数 $y = y(x)$ 由方程 $\int_0^{y^2} e^{-t}dt + \int_x^0 \cos t^2 dt = 0$ 所确定,求 $\dfrac{dy}{dx}$.

8. 设 $x = \int_0^t \sin u\, du, y = \int_0^t \cos u\, du$,求 $\dfrac{dy}{dx}$.

9. 设 $x = \int_1^{t^2} u\ln u\, du, y = \int_{t^2}^0 u^2 \ln u\, du$ $(t > 1)$,求 $\dfrac{d^2 y}{dx^2}$.

10. 求下列极限.

(1) $\lim\limits_{x \to 0} \dfrac{\int_0^x \cos t^2 dt}{x}$; (2) $\lim\limits_{x \to 0} \dfrac{\int_0^x \arctan t\, dt}{x^2}$;

(3) $\lim\limits_{x\to 0}\dfrac{\int_0^{x^2}\sqrt{1+t^2}\,dt}{x^2}$;

(4) $\lim\limits_{x\to 0}\dfrac{\left(\int_0^x e^{t^2}\,dt\right)^2}{\int_0^x t e^{2t^2}\,dt}$.

11. 计算下列各定积分.

(1) $\int_1^2\left(x^2+\dfrac{1}{x^4}\right)dx$;

(2) $\int_0^9\sqrt{x}(1+\sqrt{x})\,dx$;

(3) $\int_0^{\sqrt{3}a}\dfrac{dx}{a^2+x^2}$;

(4) $\int_{-\frac{1}{2}}^{\frac{1}{2}}\dfrac{dx}{\sqrt{1-x^2}}$;

(5) $\int_{-1}^0\dfrac{3x^4+3x^2+1}{x^2+1}\,dx$;

(6) $\int_0^{\frac{\pi}{4}}\tan^2 x\,dx$;

(7) $\int_0^\pi\cos^2\left(\dfrac{x}{2}\right)dx$;

(8) $\int_{-1}^2|2x|\,dx$;

(9) $\int_0^1 x|x-a|\,dx$, 其中 a 为参数;

(10) $\int_0^{\frac{3}{4}\pi}\sqrt{1+\cos 2x}\,dx$;

(11) $\int_0^x f(t)\,dt$, 其中 $f(x)=\begin{cases}1, & |x|\leqslant 1\\ 0, & |x|>1\end{cases}$.

12. 设 m,n 为正整数, 证明:

(1) 当 $m\neq n$ 时, $\int_{-\pi}^\pi\cos mx\cos nx\,dx=0$;

(2) 当 $m\neq n$ 时, $\int_{-\pi}^\pi\sin mx\sin nx\,dx=0$;

(3) $\int_{-\pi}^\pi\cos mx\sin nx\,dx=0$.

13. 设 $f(x)=\begin{cases}-1, & -1\leqslant x<0\\ 0, & x=0\\ 1, & 0<x\leqslant 1\end{cases}$, 求 $F(x)=\int_{-1}^x f(t)\,dt$.

14. 汽车以每小时 36 km 的速度行驶, 到某处需要减速停车, 设汽车以等加速度 $a=-5\text{ m/s}^2$ 刹车, 问从开始刹车到停车, 汽车驶过了多少距离?

B

1. 选择题.

(1) 设函数 $f(x)=\int_0^{x^2}\ln(2+t^2)\,dt$, 则 $f'(x)$ 的零点个数为( ).

A. 0   B. 1   C. 2   D. 3

(2) 设连续函数 $y=f(x)$ 在区间 $[-3,-2],[2,3]$ 上的图形分别是直径为 1 的上、下半圆周, 在区间 $[-2,0],[0,2]$ 上的图形分别是直径为 2 的下、上半圆周, 记 $F(x)=\int_0^x f(t)\,dt$, 则下列结论正确的是( ).

A. $F(3)=-\dfrac{3}{4}F(-2)$ B. $F(3)=\dfrac{5}{4}F(2)$

C. $F(-3) = \dfrac{3}{4}F(2)$ D. $F(-3) = -\dfrac{5}{4}F(-2)$

2. 计算下列各积分.

(1) $\displaystyle\int_{-1}^{2} \sqrt{2+x}\,\mathrm{d}x$;   (2) $\displaystyle\int_{0}^{\pi} \cos^2 x\,\mathrm{d}x$;

(3) $\displaystyle\int_{0}^{\frac{\pi}{4}} \dfrac{(\sin\theta + \cos\theta)^2\,\mathrm{d}\theta}{\cos^2\theta}$;   (4) $\displaystyle\int_{0}^{2} \min(1, x^2)\,\mathrm{d}x$.

3. 试用定积分求下列极限.

(1) $\displaystyle\lim_{n\to\infty}\left[\dfrac{n}{(n+1)^2} + \dfrac{n}{(n+2)^2} + \cdots + \dfrac{n}{(n+n)^2}\right]$;

(2) $\displaystyle\lim_{n\to\infty} \dfrac{\pi}{2n}\left[\cos\dfrac{\pi}{2n} + \cos\dfrac{2\pi}{2n} + \cdots + \cos\dfrac{(n-1)\pi}{2n}\right]$;

(3) $\displaystyle\lim_{n\to\infty}\left[\dfrac{1}{\sqrt{4n^2-1^2}} + \dfrac{1}{\sqrt{4n^2-2^2}} + \cdots + \dfrac{1}{\sqrt{4n^2-n^2}}\right]$;

(4) $\displaystyle\lim_{n\to\infty}\dfrac{1^p + 2^p + \cdots + n^p}{n^{p+1}}$ $(p > 0)$.

4. 已知 $f(x) = x^2 - x\displaystyle\int_{0}^{2} f(x)\mathrm{d}x + 2\displaystyle\int_{0}^{1} f(x)\mathrm{d}x$,求 $f(x)$.

5. 设 $f(x)$ 是区间 $\left[0, \dfrac{\pi}{4}\right]$ 上的单调、可导函数,且满足
$$\int_{0}^{f(x)} f^{-1}(t)\mathrm{d}t = \int_{0}^{x} t\,\dfrac{\cos t - \sin t}{\sin t + \cos t}\mathrm{d}t,$$
其中 f^{-1} 是 f 的反函数,求 $f(x)$.

5.3 定积分的换元法和分部积分法

通过牛顿 — 莱布尼茨公式可以将求定积分的问题转化为求原函数问题,上一章已经介绍了求原函数的种种方法,其中最重要的是换元法和分部积分法. 在定积分计算中,直接应用定积分的换元法和分部积分法往往使计算更简单.

5.3.1 定积分的换元法

定理 设函数 $f(x)$ 在 $[a,b]$ 上连续,函数 $x = \varphi(t)$ 满足

(1) $\varphi(\alpha) = a, \varphi(\beta) = b$,且当 $\alpha \leqslant t \leqslant \beta$ 时,$a \leqslant \varphi(t) \leqslant b$;

(2) $\varphi(t)$ 在 $[\alpha, \beta]$ 上导数连续,

则有定积分的换元公式:
$$\int_{a}^{b} f(x)\mathrm{d}x = \int_{\alpha}^{\beta} f[\varphi(t)]\varphi'(t)\mathrm{d}t.$$

证 设 $F(x)$ 为 $f(x)$ 在 $[a,b]$ 上的一个原函数,则

$$\int_a^b f(x)\,\mathrm{d}x = F(b) - F(a).$$

又
$$(F[\varphi(t)])' = F'[\varphi(t)]\varphi'(t) = f[\varphi(t)]\varphi'(t),$$
即 $F[\varphi(t)]$ 为 $f[\varphi(t)]\varphi'(t)$ 的原函数,有
$$\int_\alpha^\beta f[\varphi(t)]\varphi'(t)\,\mathrm{d}t = F[\varphi(t)]\Big|_\alpha^\beta = F[\varphi(\beta)] - F[\varphi(\alpha)] = F(b) - F(a),$$
故
$$\int_a^b f(x)\,\mathrm{d}x = \int_\alpha^\beta f[\varphi(t)]\varphi'(t)\,\mathrm{d}t.$$

注 (1) 换元要换限. 用代换 $x = \varphi(t)$ 把积分变量 x 换成新变量 t 时, 积分限也要相应换成新变量的积分限, 对新变量求出原函数后, 不必再代回原来的变量.

(2) 换元公式也可以从右到左使用.

例1 计算 $\int_0^a \sqrt{a^2 - x^2}\,\mathrm{d}x$.

解 令 $x = a\sin t$, 则 $\sqrt{a^2 - x^2} = a\cos t$, $\mathrm{d}x = a\cos t\,\mathrm{d}t$, 且当 $x = 0$ 时, $t = 0$; 当 $x = a$ 时, $t = \dfrac{\pi}{2}$, 故

$$\begin{aligned}\int_0^a \sqrt{a^2 - x^2}\,\mathrm{d}x &= \int_0^{\frac{\pi}{2}} a\cos t \cdot a\cos t\,\mathrm{d}t \\ &= a^2 \int_0^{\frac{\pi}{2}} \frac{1 + \cos 2t}{2}\,\mathrm{d}t \\ &= \frac{a^2}{2}\Big(t + \frac{1}{2}\sin 2t\Big)\Big|_0^{\frac{\pi}{2}} = \frac{\pi}{4}a^2.\end{aligned}$$

显然, 这个定积分的值就是圆 $x^2 + y^2 = a^2$ 在第一象限那部分的面积(如图 5-9).

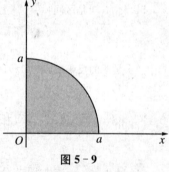

图 5-9

例2 计算 $\int_1^4 \dfrac{\mathrm{d}x}{1 + \sqrt{x}}$.

解 令 $\sqrt{x} = t$, 则 $x = t^2$, $\mathrm{d}x = 2t\,\mathrm{d}t$, 且 $x = 1$ 对应 $t = 1$, $x = 4$ 对应 $t = 2$. 故
$$\int_1^4 \frac{\mathrm{d}x}{1 + \sqrt{x}} = \int_1^2 \frac{2t\,\mathrm{d}t}{1 + t} = 2\int_1^2 \Big(1 - \frac{1}{1 + t}\Big)\mathrm{d}t = 2(t - \ln(1 + t))\Big|_1^2$$
$$= 2\Big(1 - \ln\frac{3}{2}\Big).$$

例3 计算 $\int_0^{\frac{\pi}{2}} \sqrt{\cos x - \cos^3 x}\,\mathrm{d}x$.

解 $\int_0^{\frac{\pi}{2}} \sqrt{\cos x - \cos^3 x}\,\mathrm{d}x = \int_0^{\frac{\pi}{2}} \sqrt{\cos x \sin^2 x}\,\mathrm{d}x = -\int_0^{\frac{\pi}{2}} \cos^{\frac{1}{2}} x\,\mathrm{d}\cos x$

$$= -\frac{2}{3}\cos^{\frac{3}{2}}x \Big|_0^{\frac{\pi}{2}} = \frac{2}{3}.$$

例 4 计算 $\int_0^\pi \sqrt{\sin^3 x - \sin^5 x}\, dx$.

解 $\int_0^\pi \sqrt{\sin^3 x - \sin^5 x}\, dx = \int_0^\pi \sqrt{\sin^3 x \cos^2 x}\, dx$

$$= \int_0^{\frac{\pi}{2}} \sqrt{\sin^3 x \cos^2 x}\, dx + \int_{\frac{\pi}{2}}^\pi \sqrt{\sin^3 x \cos^2 x}\, dx$$

$$= \int_0^{\frac{\pi}{2}} \sin^{\frac{3}{2}} x\, d\sin x - \int_{\frac{\pi}{2}}^\pi \sin^{\frac{3}{2}} x\, d\sin x$$

$$= \frac{2}{5}\sin^{\frac{5}{2}} x \Big|_0^{\frac{\pi}{2}} - \frac{2}{5}\sin^{\frac{5}{2}} x \Big|_{\frac{\pi}{2}}^\pi = \frac{4}{5}.$$

注 若忽略在 $\left[\dfrac{\pi}{2}, \pi\right]$ 上 $\cos x$ 的非正性将导致错误.

例 5 设 $f(x) = \begin{cases} x e^{-x^2}, & x \geq 0 \\ \dfrac{1}{1+\cos x}, & -1 \leq x < 0 \end{cases}$,求 $\int_1^4 f(x-2)\, dx$.

解 这是一个分段函数的积分. 令 $t = x - 2$,则

$$\int_1^4 f(x-2)\, dx = \int_{-1}^2 f(t)\, dt = \int_{-1}^0 f(t)\, dt + \int_0^2 f(t)\, dt$$

$$= \int_{-1}^0 \frac{1}{1+\cos t}\, dt + \int_0^2 t e^{-t^2}\, dt$$

$$= \int_{-1}^0 \frac{1}{2\cos^2 \frac{t}{2}}\, dt - \frac{1}{2}\int_0^2 e^{-t^2}\, d(-t^2)$$

$$= \tan \frac{t}{2} \Big|_{-1}^0 - \frac{1}{2} e^{-t^2} \Big|_0^2 = \tan \frac{1}{2} - \frac{1}{2} e^{-4} + \frac{1}{2}.$$

例 6 设 $f(x)$ 在 $[-a, a]$ 上连续,试证明:

(1) 若 $f(x)$ 为偶函数,则 $\int_{-a}^a f(x)\, dx = 2\int_0^a f(x)\, dx$.

(2) 若 $f(x)$ 为奇函数,则 $\int_{-a}^a f(x)\, dx = 0$.

证 $\int_{-a}^a f(x)\, dx = \int_{-a}^0 f(x)\, dx + \int_0^a f(x)\, dx$.

对 $\int_{-a}^0 f(x)\, dx$,令 $x = -t$,则

$$\int_{-a}^0 f(x)\, dx = \int_a^0 f(-t)\, d(-t) = \int_0^a f(-t)\, dt \xlongequal{\text{记为}} \int_0^a f(-x)\, dx,$$

得

$$\int_{-a}^{a} f(x)\mathrm{d}x = \int_{0}^{a} [f(x) + f(-x)]\mathrm{d}x.$$

(1) 若 $f(x)$ 为偶函数,则 $f(-x) = f(x)$,故 $\int_{-a}^{a} f(x)\mathrm{d}x = 2\int_{0}^{a} f(x)\mathrm{d}x$.

(2) 若 $f(x)$ 为奇函数,则 $f(-x) = -f(x)$,故 $\int_{-a}^{a} f(x)\mathrm{d}x = 0$.

注 请尝试从几何方面对本例结论进行解释.

例 7 计算 $\int_{-3}^{3} (x^3 + 4)\sqrt{9 - x^2}\,\mathrm{d}x$.

解 $\int_{-3}^{3} (x^3 + 4)\sqrt{9 - x^2}\,\mathrm{d}x = 2\int_{0}^{3} 4\sqrt{9 - x^2}\,\mathrm{d}x = 8\int_{0}^{3} \sqrt{9 - x^2}\,\mathrm{d}x$

$$= 8 \times \frac{1}{4} \times \pi \times 3^2 = 18\pi.$$

例 8 设 $f(x)$ 在 $[0,1]$ 上连续,证明:

$$\int_{0}^{\frac{\pi}{2}} f(\sin x)\mathrm{d}x = \int_{0}^{\frac{\pi}{2}} f(\cos x)\mathrm{d}x.$$

证 令 $x = \frac{\pi}{2} - t$,则

$$\int_{0}^{\frac{\pi}{2}} f(\sin x)\mathrm{d}x = \int_{\frac{\pi}{2}}^{0} f\left(\sin\left(\frac{\pi}{2} - t\right)\right)\mathrm{d}\left(\frac{\pi}{2} - t\right) = \int_{0}^{\frac{\pi}{2}} f(\cos t)\mathrm{d}t$$

$$= \int_{0}^{\frac{\pi}{2}} f(\cos x)\mathrm{d}x.$$

5.3.2 定积分的分部积分法

设函数 $u = u(x), v = v(x)$ 在区间 $[a,b]$ 上具有连续导数,则由不定积分的分部积分法得

$$\int_{a}^{b} uv'\mathrm{d}x = [uv]\Big|_{a}^{b} - \int_{a}^{b} vu'\mathrm{d}x.$$

这就是定积分的分部积分法.

例 9 计算 $\int_{1}^{\mathrm{e}} x\ln x\,\mathrm{d}x$.

解 $\int_{1}^{\mathrm{e}} x\ln x\,\mathrm{d}x = \frac{1}{2}\int_{1}^{\mathrm{e}} \ln x\,\mathrm{d}x^2 = \frac{1}{2} x^2 \ln x \Big|_{1}^{\mathrm{e}} - \frac{1}{2}\int_{1}^{\mathrm{e}} x^2 \cdot \frac{1}{x}\mathrm{d}x$

$$= \frac{\mathrm{e}^2}{2} - \frac{x^2}{4}\Big|_{1}^{\mathrm{e}} = \frac{\mathrm{e}^2 + 1}{4}.$$

例 10 计算 $\int_{0}^{1} x\arctan x\,\mathrm{d}x$.

解 $\int_{0}^{1} x\arctan x\,\mathrm{d}x = \frac{1}{2}\int_{0}^{1} \arctan x\,\mathrm{d}x^2 = \frac{1}{2} x^2 \arctan x \Big|_{0}^{1} - \frac{1}{2}\int_{0}^{1} x^2 \cdot \frac{1}{1 + x^2}\mathrm{d}x$

$$= \frac{\pi}{8} - \frac{1}{2}(x - \arctan x)\Big|_0^1 = \frac{\pi - 2}{4}.$$

例 11 计算 $\int_0^1 e^{\sqrt{x}} dx$.

解 令 $\sqrt{x} = t$,即 $x = t^2$,则

$$\int_0^1 e^{\sqrt{x}} dx = \int_0^1 e^t 2t \, dt = 2\int_0^1 t \, de^t = 2\left(te^t \Big|_0^1 - \int_0^1 e^t dt\right)$$

$$= 2e - 2e^t \Big|_0^1 = 2.$$

例 12 证明:$I_n = \int_0^{\frac{\pi}{2}} \sin^n x \, dx = \int_0^{\frac{\pi}{2}} \cos^n x \, dx$

$$= \begin{cases} \dfrac{n-1}{n} \cdot \dfrac{n-3}{n-2} \cdot \cdots \cdot \dfrac{3}{4} \cdot \dfrac{1}{2} \cdot \dfrac{\pi}{2}, & n \text{ 为偶数} \\ \dfrac{n-1}{n} \cdot \dfrac{n-3}{n-2} \cdot \cdots \cdot \dfrac{4}{5} \cdot \dfrac{2}{3} \cdot 1, & n \text{ 为奇数} \end{cases}$$

$$\underline{\text{记为}} \begin{cases} \dfrac{(n-1)!!}{n!!} \cdot \dfrac{\pi}{2}, & n \text{ 为偶数} \\ \dfrac{(n-1)!!}{n!!}, & n \text{ 为奇数} \end{cases}.$$

证 $I_n = \int_0^{\frac{\pi}{2}} \sin^n x \, dx = -\int_0^{\frac{\pi}{2}} \sin^{n-1} x \, d\cos x$

$$= -\sin^{n-1} x \cos x \Big|_0^{\frac{\pi}{2}} + \int_0^{\frac{\pi}{2}} \cos x \cdot (n-1) \sin^{n-2} x \cos x \, dx$$

$$= (n-1) \int_0^{\frac{\pi}{2}} \sin^{n-2} x (1 - \sin^2 x) \, dx = (n-1) I_{n-2} - (n-1) I_n,$$

故

$$I_n = \frac{n-1}{n} I_{n-2} = \frac{n-1}{n} \cdot \frac{n-3}{n-2} I_{n-4} = \cdots$$

$$= \begin{cases} \dfrac{n-1}{n} \cdot \dfrac{n-3}{n-2} \cdot \cdots \cdot \dfrac{3}{4} \cdot \dfrac{1}{2} \cdot I_0, & n \text{ 为偶数} \\ \dfrac{n-1}{n} \cdot \dfrac{n-3}{n-2} \cdot \cdots \cdot \dfrac{4}{5} \cdot \dfrac{2}{3} \cdot I_1, & n \text{ 为奇数} \end{cases}.$$

又

$$I_0 = \int_0^{\frac{\pi}{2}} \sin^0 x \, dx = \frac{\pi}{2}, I_1 = \int_0^{\frac{\pi}{2}} \sin^1 x \, dx = 1,$$

得

$$I_n = \int_0^{\frac{\pi}{2}} \sin^n x \, dx = \begin{cases} \dfrac{(n-1)!!}{n!!} \cdot \dfrac{\pi}{2}, & n \text{ 为偶数} \\ \dfrac{(n-1)!!}{n!!}, & n \text{ 为奇数} \end{cases}.$$

上式称为**华里士**(J. Wallis, 1616～1703, 英国数学家, 物理学家)**公式**.

由华里士公式易得

$$\int_0^{\frac{\pi}{2}} \sin^4 x \, dx = \frac{3!!}{4!!} \cdot \frac{\pi}{2} = \frac{3 \times 1}{4 \times 2} \cdot \frac{\pi}{2} = \frac{3}{16}\pi,$$

$$\int_0^{\frac{\pi}{2}} \cos^7 x \, dx = \frac{6!!}{7!!} = \frac{6 \times 4 \times 2}{7 \times 5 \times 3 \times 1} = \frac{16}{35}.$$

习题 5-3

A

1. 选择题.

(1) 若函数 $f(x) = x^3 + x$, 则 $\int_{-2}^{2} f(x) dx$ 等于( ).

A. 0
B. 8
C. $\int_0^2 f(x) dx$
D. $2\int_0^2 f(x) dx$

(2) 下列定积分等于 0 的是( ).

A. $\int_0^1 x^2 \cos x \, dx$
B. $\int_{-1}^1 (x + \sin x) dx$
C. $\int_{-1}^1 x \sin x \, dx$
D. $\int_{-1}^1 (e^x + x) dx$

(3) 设函数 $f(x)$ 在 $[0,2]$ 上连续, 令 $t = 2x$, 则 $\int_0^1 f(2x) dx = ($).

A. $\int_0^2 f(t) dt$
B. $\frac{1}{2} \int_0^1 f(t) dt$
C. $2\int_0^2 f(t) dt$
D. $\frac{1}{2} \int_0^2 f(t) dt$

2. 计算下列定积分.

(1) $\int_0^2 x e^{\frac{x^2}{2}} dx$;

(2) $\int_{-1}^1 \frac{x}{(x^8 + 1)^2} dx$;

(3) $\int_{\pi/3}^{\pi} \sin\left(t + \frac{\pi}{3}\right) dt$;

(4) $\int_1^9 x \sqrt[3]{1-x} \, dx$;

(5) $\int_0^1 x(2 - x^2)^5 dx$;

(6) $\int_0^1 \frac{1}{e^x + e^{-x}} dx$;

(7) $\int_0^1 \sqrt{2x - x^2} \, dx$;

(8) $\int_0^4 x^2 \sqrt{16 - x^2} \, dx$;

(9) $\int_{-1}^1 \frac{x}{\sqrt{5 - 4x}} dx$;

(10) $\int_0^4 \frac{x+1}{\sqrt{2x+1}} dx$;

(11) $\int_0^2 \frac{1}{x^2 - 2x + 2} dx$;

(12) $\int_0^{\ln 2} \sqrt{e^x - 1} dx$;

(13) $\int_0^1 \arccos\theta d\theta$;

(14) $\int_0^{\pi} u\sin u du$;

(15) $\int_0^{\pi} t\sin\frac{t}{2} dt$;

(16) $\int_0^{\pi/2} e^{2x}\cos x dx$;

(17) $\int_{-2}^2 (|x| + x)e^{-|x|} dx$;

(18) $\int_1^e \frac{\ln x}{\sqrt{x}} dx$.

3. 设 $f(x)$ 在 $[a,b]$ 上连续，证明 $\int_a^b f(x)dx = \int_a^b f(a + b - x)dx$.

4. 设函数 $f(x)$ 在 $[0,2a]$ 上连续，证明 $\int_0^{2a} f(x)dx = \int_0^a [f(x) + f(2a - x)]dx$.

5. 设函数 $f(x)$ 在 $[0,1]$ 上连续，证明 $\int_0^{\pi} xf(\sin x)dx = \frac{\pi}{2}\int_0^{\pi} f(\sin x)dx$，并由此计算 $\int_0^{\pi} \frac{x\sin x}{1 + \cos^2 x}dx$.

6. 设 $f(x)$ 在 $[0,\pi]$ 上具有二阶连续导数，并且 $\int_0^{\pi}[f(x) + f''(x)]\sin x dx = 5, f(\pi) = 2$，求 $f(0)$.

B

1. 计算下列定积分.

(1) $\int_0^1 e^{-\sqrt{x}} dx$;

(2) $\int_{\frac{1}{e}}^e |\ln x| dx$;

(3) $\int_1^2 \frac{1}{x^3} e^{\frac{1}{x}} dx$;

(4) $\int_1^e \sin(\ln x)dx$;

(5) $\int_{-1}^1 (x + \sqrt{1 - x^2})^2 dx$;

(6) $\int_1^4 \frac{1}{x(1 + \sqrt{x})} dx$;

(7) $\int_0^{\frac{\pi}{4}} \frac{x}{1 + \cos 2x} dx$.

2. 已知 $f(2) = \frac{1}{2}, f'(2) = 0, \int_0^2 f(x)dx = 1$，求 $\int_0^1 x^2 f''(2x)dx$.

3. 设函数 $f(x)$ 连续，证明 $\int_0^a x^3 f(x^2)dx = \frac{1}{2}\int_0^{a^2} xf(x)dx, a > 0$.

4. 证明 $f(x) = \int_x^{x + \frac{\pi}{2}} |\sin t| dt$ 为周期函数，并求它的最大值和最小值.

5. 设函数 $f(x)$ 是区间 $[0,1]$ 上的连续函数，试用分部积分法证明：
$$\int_0^1 [\int_x^1 f(u)du]dx = \int_0^1 uf(u)du.$$

5.4 反常积分

在定积分的概念中,所考虑的积分区间$[a,b]$是有限的,同时被积函数$f(x)$在$[a,b]$上是有界的. 但在许多实际问题中,例如求大气压力,求第二宇宙速度等,往往需要考虑无穷区间上的有界函数或有限区间上的无界函数甚至于无穷区间上的无界函数的积分. 本节就是考虑这样的情形,统称为反常积分.

5.4.1 无穷限反常积分

定义 1 设函数$f(x)$在区间$[a,+\infty)$上连续,b是大于a的任意实数,如果极限

$$\lim_{b\to+\infty}\int_a^b f(x)dx$$

存在,则称这个极限值为函数$f(x)$在无穷区间$[a,+\infty)$上的反常积分,记作$\int_a^{+\infty}f(x)dx$,即

$$\int_a^{+\infty}f(x)dx=\lim_{b\to+\infty}\int_a^b f(x)dx.$$

这时也称反常积分$\int_a^{+\infty}f(x)dx$收敛,否则则称反常积分$\int_a^{+\infty}f(x)dx$不收敛或发散.

类似地有

$$\int_{-\infty}^b f(x)dx=\lim_{a\to-\infty}\int_a^b f(x)dx,$$

$$\int_{-\infty}^{+\infty}f(x)dx=\int_0^{+\infty}f(x)dx+\int_{-\infty}^0 f(x)dx.$$

注意:上面最后一个式子只有右边两个反常积分都独立收敛时,左边反常积分才称为收敛.

例 1 计算反常积分 $\int_0^{+\infty}\dfrac{dx}{1+x^2}$, $\int_{-\infty}^0\dfrac{dx}{1+x^2}$, $\int_{-\infty}^{+\infty}\dfrac{dx}{1+x^2}$.

解 由定义

$$\int_0^{+\infty}\frac{dx}{1+x^2}=\lim_{b\to+\infty}\int_0^b\frac{dx}{1+x^2}=\lim_{b\to+\infty}(\arctan b-\arctan 0)=\frac{\pi}{2},$$

$$\int_{-\infty}^0\frac{dx}{1+x^2}=\lim_{a\to-\infty}\int_a^0\frac{dx}{1+x^2}=\lim_{a\to-\infty}(\arctan 0-\arctan a)=\frac{\pi}{2},$$

于是

$$\int_{-\infty}^{+\infty}\frac{dx}{1+x^2}=\int_{-\infty}^0\frac{dx}{1+x^2}+\int_0^{+\infty}\frac{dx}{1+x^2}=\pi.$$

(你能解释这三个反常积分的几何意义吗?)

当函数 $f(x)$ 在 $[a,+\infty)$ 上连续,且有原函数 $F(x)$ 时,$f(x)$ 在无穷区间 $[a,+\infty)$ 上的反常积分的计算公式可以简写为

$$\int_a^{+\infty} f(x)\mathrm{d}x = F(x)\Big|_a^{+\infty} = F(+\infty) - F(a),$$

其中 $F(+\infty)$ 表示极限 $\lim\limits_{x\to+\infty} F(x)$. 这是牛顿—莱布尼茨公式的推广. 其他情况也可类似处理.

例 2 计算反常积分 $\int_1^{+\infty} x\mathrm{e}^{-x}\mathrm{d}x$.

解 这里 $f(x) = x\mathrm{e}^{-x}$,故求得原函数 $F(x) = -x\mathrm{e}^{-x} - \mathrm{e}^{-x}$,于是,

$$\int_1^{+\infty} x\mathrm{e}^{-x}\mathrm{d}x = [-x\mathrm{e}^{-x} - \mathrm{e}^{-x}]\Big|_1^{+\infty} = 2\mathrm{e}^{-1}.$$

注意:其中用到未定式的极限 $\lim\limits_{x\to+\infty} x\mathrm{e}^{-x} = 0$.

例 3 讨论反常积分 $\int_1^{+\infty} \dfrac{\mathrm{d}x}{x^p}$ 的敛散性.

解 当 $p = 1$ 时,$\int_1^{+\infty} \dfrac{\mathrm{d}x}{x^p} = \ln x\Big|_1^{+\infty} = +\infty$;

当 $p \neq 1$ 时,$\int_1^{+\infty} \dfrac{\mathrm{d}x}{x^p} = \dfrac{1}{1-p} x^{1-p}\Big|_1^{+\infty} = \begin{cases} +\infty, & p < 1 \\ \dfrac{1}{p-1}, & p > 1 \end{cases}.$

故 $p \leqslant 1$ 时,积分发散;$p > 1$ 时,积分收敛于 $\dfrac{1}{p-1}$.

这是一个重要的结论,希望大家记住,并请从几何意义上给出解释.

5.4.2 无界函数的反常积分

另一类反常积分是无界函数的积分问题.

定义 2 设函数 $f(x)$ 在点 a 的右邻域内无界,且在任何一个小区间 $[a+\varepsilon, b]$ 上可积,其中 $\varepsilon > 0$,若

$$\lim_{\varepsilon\to 0^+} \int_{a+\varepsilon}^b f(x)\mathrm{d}x$$

存在,则称此极限为函数 $f(x)$ 在 $(a,b]$ 内的反常积分,仍记作

$$\int_a^b f(x)\mathrm{d}x = \lim_{\varepsilon\to 0^+} \int_{a+\varepsilon}^b f(x)\mathrm{d}x,$$

并称反常积分 $\int_a^b f(x)\mathrm{d}x$ 存在或收敛.

注意:一般来说,函数 $f(x)$ 在 $x = a$ 附近可以是无界的,此时称点 $x = a$ 为 $f(x)$ 的瑕点或奇点. 类似可以有

$$\int_a^b f(x)\mathrm{d}x = \lim_{\varepsilon \to 0^+} \int_a^{b-\varepsilon} f(x)\mathrm{d}x.$$

设函数 $f(x)$ 在 $c(a < c < b)$ 的某邻域内无界,则

$$\int_a^b f(x)\mathrm{d}x = \int_a^c f(x)\mathrm{d}x + \int_c^b f(x)\mathrm{d}x.$$

对于上式,只有右边两个反常积分都独立收敛时,左边反常积分才称为收敛.

例 4 判断反常积分 $\int_1^2 \dfrac{\mathrm{d}x}{x\ln x}$ 的敛散性.

解 这里 $x = 1$ 为被积函数 $\dfrac{1}{x\ln x}$ 的瑕点,由牛顿—莱布尼茨公式有

$$\int_1^2 \frac{\mathrm{d}x}{x\ln x} = [\ln(\ln x)]\Big|_1^2 = \infty,$$

故原反常积分发散.

例 5 计算反常积分 $\int_0^1 \dfrac{\mathrm{d}x}{\sqrt{1-x}}$.

解 这里 $x = 1$ 为被积函数 $\dfrac{1}{\sqrt{1-x}}$ 的瑕点,由牛顿—莱布尼茨公式有

$$\int_0^1 \frac{\mathrm{d}x}{\sqrt{1-x}} = (-2\sqrt{1-x})\Big|_0^1 = 2.$$

例 6 讨论反常积分 $\int_0^1 \dfrac{\mathrm{d}x}{x^p}$ 的敛散性.

解 当 $p = 1$ 时,$\int_0^1 \dfrac{\mathrm{d}x}{x^p} = \ln x \Big|_0^1 = +\infty$,

当 $p \neq 1$ 时,$\int_0^1 \dfrac{\mathrm{d}x}{x^p} = \dfrac{1}{1-p}x^{1-p}\Big|_0^1 = \begin{cases} +\infty, & p > 1 \\ \dfrac{1}{1-p}, & p < 1 \end{cases}$.

故 $p \geq 1$ 时,积分发散;$p < 1$ 时,积分收敛于 $\dfrac{1}{1-p}$.

习题 5-4

A

判断下列反常积分的敛散性,若收敛,求其值.

1. $\int_1^{+\infty} \dfrac{1}{x^2}\mathrm{d}x$.

2. $\int_{-\infty}^{-1} \dfrac{1}{x^3}\mathrm{d}x$.

3. $\int_1^{+\infty} \dfrac{1}{2\sqrt{x}} dx$.

4. $\int_0^{+\infty} e^{-3x} dx$.

5. $\int_{-\infty}^{0} e^x dx$.

6. $\int_0^{+\infty} xe^{-x^2} dx$.

7. $\int_0^a \dfrac{dx}{\sqrt{a^2-x^2}}$.

8. $\int_e^{+\infty} \dfrac{\ln x}{x} dx$.

9. $\int_0^1 \dfrac{x dx}{\sqrt{1-x^2}}$.

10. $\int_1^2 \dfrac{x dx}{\sqrt{x-1}}$.

B

判断下列反常积分的敛散性,若收敛,求其值.

1. $\int_0^{+\infty} e^{-\sqrt{x}} dx$.

2. $\int_{-\infty}^{+\infty} \dfrac{1}{x^2+x+1} dx$.

3. $\int_1^2 \ln\sqrt{\dfrac{\pi}{2-x}} dx$.

4. $\int_{\frac{\pi}{2}}^{\frac{3\pi}{2}} \dfrac{\sin x dx}{\sqrt{1-\cos 2x}}$.

5. $\int_0^1 \dfrac{\arcsin\sqrt{x} dx}{\sqrt{x(1-x)}}$.

6. $\int_0^1 \dfrac{\ln x}{(2-x)^2} dx$.

5.5 反常积分的审敛法 Γ函数

判定一个反常积分的收敛性是一个重要的问题. 当被积函数的原函数求不出来或计算较复杂时,利用定义来判断它的收敛性就不合适了.因此需要其他判断反常积分的收敛性的方法.

5.5.1 无穷限反常积分的审敛法

我们只就积分区间$[a,+\infty)$的情况加以讨论,但所得的结果不难类推到其他情况.

设函数$f(x)$在$[a,+\infty)$上非负连续,当$x \geq a$时,定义函数$F(x) = \int_a^x f(t) dt$,由于$F'(x) = f(x) \geq 0$,所以$F(x)$是单调增加函数.利用单调有界函数必有极限的准则,极限$\lim\limits_{x \to +\infty} F(x)$存在的充分必要条件是$F(x)$在$[a,+\infty)$上有界,即有:

定理1 设函数$f(x)$在$[a,+\infty)$上非负连续,则反常积分$\int_a^{+\infty} f(x) dx$收敛的充分必要条件是函数$F(x) = \int_a^x f(t) dt$在$[a,+\infty)$上有界.

由此再进一步,得

定理 2(比较审敛法 1) 设函数 $f(x),g(x)$ 在 $[a,+\infty)$ 上连续,且 $0 \leqslant f(x) \leqslant g(x)(a \leqslant x < +\infty)$,

(1) 若积分 $\int_a^{+\infty} g(x)dx$ 收敛,则 $\int_a^{+\infty} f(x)dx$ 收敛;

(2) 若积分 $\int_a^{+\infty} f(x)dx$ 发散,则 $\int_a^{+\infty} g(x)dx$ 发散.

证 (1) 设 $a < b < +\infty$,若 $\int_a^{+\infty} g(x)dx$ 收敛,则 $\int_a^b g(x)dx$ 在 $[a,+\infty)$ 上有上界,又由 $0 \leqslant f(x) \leqslant g(x)$,有 $\int_a^b f(x)dx \leqslant \int_a^b g(x)dx$,即 $\int_a^b f(x)dx$ 在 $[a,+\infty)$ 上有上界,从而 $\int_a^{+\infty} f(x)dx$ 收敛.

(2) 用反证法.假设 $\int_a^{+\infty} g(x)dx$ 收敛,由(1)知 $\int_a^{+\infty} f(x)dx$ 收敛,这与(2)的条件矛盾.由此证得(2).

注意到反常积分 $\int_a^{+\infty} \frac{dx}{x^p}(a>0)$ 当 $p>1$ 时收敛,当 $p \leqslant 1$ 时发散.在定理 2 中,取比较函数 $g(x) = \frac{C}{x^p}$(常数 $C>0$),则有

推论 1 设函数 $f(x)$ 在 $[a,+\infty)(a>0)$ 上非负连续,如果存在常数 $M>0$ 及 $p>1$,使得

$$0 \leqslant f(x) \leqslant \frac{M}{x^p}(a \leqslant x < +\infty),$$

则 $\int_a^{+\infty} f(x)dx$ 收敛;如果存在常数 $N>0$,使得

$$f(x) \geqslant \frac{N}{x} \quad (a \leqslant x < +\infty),$$

则 $\int_a^{+\infty} f(x)dx$ 发散.

推论 1 也可以改写成极限形式,判断更为方便,证明略.

推论 2 设函数 $f(x)$ 在 $[a,+\infty)(a>0)$ 上非负连续,则

(1) 当 $\lim\limits_{x \to +\infty} x^p f(x)(p>1)$ 存在时, $\int_a^{+\infty} f(x)dx$ 收敛;

(2) 当 $\lim\limits_{x \to +\infty} xf(x) > 0$ 或等于无穷大时, $\int_a^{+\infty} f(x)dx$ 发散.

例 1 判别反常积分 $\int_1^{+\infty} \frac{dx}{\sqrt[3]{x^4+1}}$ 的收敛性.

解 因为 $f(x) = \dfrac{1}{\sqrt[3]{x^4+1}}$ 在 $[1, +\infty)$ 上非负连续,且 $\dfrac{1}{\sqrt[3]{x^4+1}} \leqslant \dfrac{1}{x^{\frac{4}{3}}}$,这里 $p = \dfrac{4}{3} > 1$,故由推论 1 知,反常积分 $\displaystyle\int_1^{+\infty} \dfrac{\mathrm{d}x}{\sqrt[3]{x^4+1}}$ 收敛.

例 2 判别反常积分 $\displaystyle\int_1^{+\infty} \dfrac{\mathrm{d}x}{x\sqrt{1+x^2}}$ 的收敛性.

解 因为 $f(x) = \dfrac{1}{x\sqrt{1+x^2}}$ 在 $[1, +\infty)$ 上非负连续,且 $\displaystyle\lim_{x \to +\infty} x^2 \cdot \dfrac{1}{x\sqrt{1+x^2}} = 1$,这里 $p = 2 > 1$,故由推论 2 知,反常积分 $\displaystyle\int_1^{+\infty} \dfrac{\mathrm{d}x}{x\sqrt{1+x^2}}$ 收敛.

例 3 判别反常积分 $\displaystyle\int_0^{+\infty} \mathrm{e}^{-x} x^8 \mathrm{d}x$ 的收敛性.

解 因为 $f(x) = \mathrm{e}^{-x} x^8$ 在 $(0, +\infty)$ 上非负连续,且 $\displaystyle\lim_{x \to +\infty} x^2 \cdot \mathrm{e}^{-x} x^8 = 0$,这里 $p = 2 > 1$,故由推论 2 知,反常积分 $\displaystyle\int_0^{+\infty} \mathrm{e}^{-x} x^8 \mathrm{d}x$ 收敛.

例 4 判别反常积分 $\displaystyle\int_1^{+\infty} \dfrac{1+\mathrm{e}^{-x}}{x} \mathrm{d}x$ 的收敛性.

解 因为当 $x \geqslant 1$ 时,$\dfrac{1+\mathrm{e}^{-x}}{x} > \dfrac{1}{x}$,故由推论 1 知,反常积分 $\displaystyle\int_1^{+\infty} \dfrac{1+\mathrm{e}^{-x}}{x} \mathrm{d}x$ 发散.

例 5 判别反常积分 $\displaystyle\int_1^{+\infty} \dfrac{\arctan x}{x} \mathrm{d}x$ 的收敛性.

解 因为 $\displaystyle\lim_{x \to +\infty} x \cdot \dfrac{\arctan x}{x} = \dfrac{\pi}{2}$,故由推论 2 知,反常积分 $\displaystyle\int_1^{+\infty} \dfrac{\arctan x}{x} \mathrm{d}x$ 发散.

上述判定方法都是在当 x 充分大时,函数 $f(x) \geqslant 0$ 的条件下才能使用的. 对于 $f(x) \leqslant 0$ 的情形,可化为 $-f(x)$ 来讨论. 对于一般的函数 $f(x)$,就不能直接判断了,但可以对 $\displaystyle\int_a^{+\infty} |f(x)| \mathrm{d}x$ 运用上述方法来判定,从而确定 $\displaystyle\int_a^{+\infty} f(x) \mathrm{d}x$ 的收敛性.

定义 1 设函数 $f(x)$ 在 $[a, +\infty)$ 上连续,如果反常积分 $\displaystyle\int_a^{+\infty} |f(x)| \mathrm{d}x$ 收敛,则称 $\displaystyle\int_a^{+\infty} f(x) \mathrm{d}x$ 为绝对收敛.

定理 3 绝对收敛的反常积分 $\displaystyle\int_a^{+\infty} f(x) \mathrm{d}x$ 必定收敛.(证略)

例 6 判别反常积分 $\displaystyle\int_1^{+\infty} \dfrac{\sin x^3}{x^2} \mathrm{d}x$ 的收敛性.

解 因为 $\left| \dfrac{\sin x^3}{x^2} \right| \leqslant \dfrac{1}{x^2}$,而 $\displaystyle\int_1^{+\infty} \dfrac{1}{x^2} \mathrm{d}x$ 收敛,故 $\displaystyle\int_1^{+\infty} \left| \dfrac{\sin x^3}{x^2} \right| \mathrm{d}x$ 收敛,即

$\int_1^{+\infty} \frac{\sin x^3}{x^2} dx$ 绝对收敛.

5.5.2 无界函数反常积分的审敛法

类似无穷区间上反常积分的审敛法,无界函数的反常积分也有以下审敛法(证明方法类似).对区间$[a,b)$,b是瑕点;对区间$(a,b]$,a是瑕点.

定理4(比较审敛法2) 设函数$f(x),g(x)$在$(a,b]$上连续,且当x充分靠近点a时,$0 \leqslant f(x) \leqslant g(x)$,

(1) 若积分$\int_a^b g(x)dx$收敛,则$\int_a^b f(x)dx$收敛;

(2) 若积分$\int_a^b f(x)dx$发散,则$\int_a^b g(x)dx$发散.

在定理4的应用中,经常取比较函数$g(x) = \frac{c}{(x-a)^p}$(常数$c > 0$).

定理5 设函数$f(x)$在$(a,b]$上连续,且$f(x) \geqslant 0$,$\lim\limits_{x \to a^+} f(x) = +\infty$,如果存在常数$0 < q < 1$,使得$\lim\limits_{x \to a^+}(x-a)^q f(x)$存在,则反常积分$\int_a^b f(x)dx$收敛;如果存在常数$q \geqslant 1$,使得$\lim\limits_{x \to a^+}(x-a)^q f(x) = d > 0$或$\lim\limits_{x \to a^+}(x-a)^q f(x) = +\infty$,则反常积分$\int_a^b f(x)dx$发散.

例7 判别反常积分$\int_1^2 \frac{1}{\ln x}dx$的收敛性.

解 这里$x = 1$为瑕点,但$\lim\limits_{x \to 1^+}(x-1)\frac{1}{\ln x} = \lim\limits_{x \to 1^+}\frac{1}{\frac{1}{x}} = 1 > 0$,由定理5知所给反常积分发散.

例8 判别反常积分$\int_0^{\frac{\pi}{2}} \frac{1-\cos x}{x^m}dx$的收敛性.

解 这里$x = 0$为瑕点,且当$x \to 0$时,$\frac{1-\cos x}{x^m} \sim \frac{\frac{1}{2}x^2}{x^m} = \frac{1}{2x^{m-2}}$,所以当$m - 2 < 1$,即$m < 3$时,所给反常积分收敛;当$m - 2 \geqslant 1$,即$m \geqslant 3$时,所给反常积分发散.

5.5.3 Γ函数

1. Γ函数的定义

先来讨论反常积分$\int_0^{+\infty} x^{s-1}e^{-x}dx$的收敛性.注意到

$$\int_0^{+\infty} x^{s-1}e^{-x}dx = \int_0^1 x^{s-1}e^{-x}dx + \int_1^{+\infty} x^{s-1}e^{-x}dx = I_1 + I_2,$$

其中,当 $s-1<0$,即 $s<1$ 时,$x=0$ 是瑕点,I_1 是无界函数反常积分,且 $x^{s-1}e^{-x} < \dfrac{1}{x^{1-s}}$,故当 $1-s<1$,即 $s>0$ 时,$\int_0^1 \dfrac{1}{x^{1-s}}dx$ 收敛,从而由定理 4 知 I_1 收敛. 对于无穷限反常积分 I_2,由于 $\lim\limits_{x \to +\infty} x^2 \cdot (x^{s-1}e^{-x}) = \lim\limits_{x \to +\infty} \dfrac{x^{s+1}}{e^x} = 0$,故由定理 2 的推论知 I_2 收敛.

上述反常积分是工程技术上很有用的积分,当 $s>0$ 时,我们把它记作 $\Gamma(s)$(参数 s 的函数),称为 Γ(Gamma) 函数,是一种常用的特殊函数,即

$$\Gamma(s) = \int_0^{+\infty} x^{s-1}e^{-x}dx \quad (s>0).$$

2. Γ 函数的性质

(1) 递推公式:

$$\Gamma(s+1) = s\Gamma(s) \quad (s>0).$$

利用分部积分法可以证明上式成立. 容易算出 $\Gamma(1) = \int_0^{+\infty} e^{-x}dx = 1$. 由递推公式可得 $\Gamma(n+1) = n!$ (n 为正整数).

(2) 当 $s \to 0^+$ 时,$\Gamma(s) \to +\infty$.

(3) 余元公式:

$$\Gamma(s)\Gamma(1-s) = \dfrac{\pi}{\sin \pi s} \quad (0<s<1).$$

利用余元公式可得 $\Gamma\left(\dfrac{1}{2}\right) = \sqrt{\pi} = 2\int_0^{+\infty} e^{-u^2}du$,称为泊松积分,它在概率论与数理统计中有重要的意义.

习题 5-5

A

1. 判断下列反常积分的敛散性.

(1) $\int_1^{+\infty} \dfrac{x^3}{x^5+3x^2+1}dx$;

(2) $\int_0^{+\infty} \sin \dfrac{1}{x^3+1}dx$;

(3) $\int_1^{+\infty} \dfrac{\sin x}{\sqrt{x^3}}dx$;

(4) $\int_1^3 \dfrac{1}{(\ln x)^3}dx$;

(5) $\int_0^\pi \dfrac{\sin x}{x^{3/2}} \mathrm{d}x$;   (6) $\int_0^1 \dfrac{\ln x}{\sqrt{x}} \mathrm{d}x$.

2. 已知 $\int_0^{+\infty} \dfrac{\sin x}{x} \mathrm{d}x = \dfrac{\pi}{2}$, 求 $\int_0^{+\infty} \dfrac{\sin^2 x}{x^2} \mathrm{d}x$.

3. 证明 Γ 函数的下列表示形式.

(1) $\Gamma(s) = 2\int_0^{+\infty} t^{2s-1} \mathrm{e}^{-t^2} \mathrm{d}t$ $(s > 0)$;

(2) $\Gamma(s) = \int_0^1 \left(\ln \dfrac{1}{t}\right)^{s-1} \mathrm{d}t$ $(s > 0)$.

4. 证明 $\Gamma\left(\dfrac{2n+1}{2}\right) = \dfrac{1 \cdot 3 \cdot 5 \cdot \cdots \cdot (2n-1)\sqrt{\pi}}{2^n}$, 其中 n 为自然数.

B

1. 判断下列反常积分的敛散性(注意上下限均要考虑).

(1) $\int_0^1 \dfrac{1}{\sqrt{x}\ln x} \mathrm{d}x$;   (2) $\int_0^{+\infty} \dfrac{x^{a-1}}{1+x} \mathrm{d}x$.

2. 计算下列反常积分的值(其中 n 为正整数).

(1) $\int_0^1 (\ln x)^n \mathrm{d}x$;   (2) $\int_0^1 \dfrac{x^n}{\sqrt{1-x}} \mathrm{d}x$.

3. 证明勒让德公式:

$$\sqrt{\pi}\,\Gamma(2n) = 2^{2n-1}\Gamma(n)\Gamma\left(n + \dfrac{1}{2}\right).$$

(提示:可先证明(1) $2 \cdot 4 \cdot 6 \cdot \cdots \cdot 2n = 2^n \Gamma(n+1)$; (2) $1 \cdot 3 \cdot 5 \cdot \cdots \cdot (2n-1) = \dfrac{\Gamma(2n)}{2^{n-1}\Gamma(n)}$.)

复习题 5

1. 设 $\int_0^x f(t)\mathrm{d}t = \dfrac{1}{2}[f(x) - 1]$, 求可导函数 $f(x)$.

2. 已知 $f(x) = \dfrac{2\int_0^x \sin t\,\mathrm{d}t}{x^2}$, 求 $\lim\limits_{x \to 0} f(x)$.

3. 设 $f(x)$ 为 $[a,b]$ 上的正值连续函数, 证明函数 $g(x) = \int_a^x (x-t)f(t)\mathrm{d}t$ 的导数在 $[a,b]$ 上递增.

4. 计算下列定积分.

(1) $\int_0^\pi \dfrac{\sin x}{1+\cos^2 x} \mathrm{d}x$;   (2) $\int_0^{\frac{\pi}{2}} \dfrac{x + \sin x}{1 + \cos x} \mathrm{d}x$;

(3) $\int_0^1 x\sqrt{\dfrac{1-x}{1+x}}\,dx$;   (4) $\int_{\frac{1}{2}}^2 \dfrac{|\ln x|}{1+x}\,dx$.

5. 设函数 $f(x),g(x)$ 在 $[a,b]$ 上连续，证明积分形式的柯西—施瓦茨不等式：
$$\left[\int_a^b f(x)g(x)\,dx\right]^2 \leqslant \int_a^b f^2(x)\,dx \cdot \int_a^b g^2(x)\,dx.$$

6. 设函数 $f(x)$ 在 $[a,b]$ 上连续，且 $f(x)>0$，由上题结论证明：
$$\int_a^b f(x)\,dx \cdot \int_a^b \dfrac{1}{f(x)}\,dx \geqslant (b-a)^2.$$

7. 证明：奇函数的所有原函数都为偶函数，而偶函数的原函数中有且仅有一个奇函数。

8. 设 $p>0$，证明 $\dfrac{p}{p+1} < \int_0^1 \dfrac{1}{1+x^p}\,dx < 1$.

9. 设函数 $f(x)$ 在 $[0,1]$ 上连续，在 $(0,1)$ 内可导，且 $3\int_{\frac{2}{3}}^1 f(x)\,dx = f(0)$，证明在 $(0,1)$ 内至少存在一点 ξ，使得 $f'(\xi)=0$.

10. 设函数 $f(x)$ 在 $[0,1]$ 上可导，且 $f(1) = 2\int_0^{\frac{1}{2}} xf(x)\,dx$，证明在 $(0,1)$ 内至少存在一点 ξ，使得 $f'(\xi) = -\dfrac{f(\xi)}{\xi}$.

11. 设函数 $f(x)$ 在 $[0,a]$ 上有一阶连续导数，证明：
$$|f(0)| \leqslant \dfrac{1}{a}\int_0^a \left[|f(x)| + a|f'(x)|\right]\,dx.$$

12. 设函数 $f(x)$ 在 $[0,1]$ 上连续，$f(0)=f(1)=0,f(x)\neq 0 (0<x<1)$，证明 $\int_0^1 \left|\dfrac{f''(x)}{f(x)}\right|\,dx \geqslant 4$.

13. 设函数 $f(x),g(x)$ 在 $[a,b]$ 上连续，证明至少存在一个 $\xi\in(a,b)$，使
$$f(\xi)\int_\xi^b g(x)\,dx = g(\xi)\int_a^\xi f(x)\,dx.$$

14. 设函数 $f(x)$ 连续，证明 $\int_1^a f\left(x^2+\dfrac{a^2}{x^2}\right)\dfrac{dx}{x} = \int_1^a f\left(x+\dfrac{a^2}{x}\right)\dfrac{dx}{x}$.

15. 设函数 $f(x)$ 在 $[a,b]$ 上连续且单调增加，证明在 (a,b) 内存在点 ξ，使曲线 $y=f(x)$ 与两直线 $y=f(\xi),x=a$ 所围平面图形面积 S_1 是曲线 $y=f(x)$ 与两直线 $y=f(\xi),x=b$ 所围图形面积 S_2 的三倍。

16. 设 xOy 平面上有正方形 $D=\{(x,y)|0\leqslant x\leqslant 1,0\leqslant y\leqslant 1\}$ 及直线 $l:x+y=t (t\geqslant 0)$，若 $S(t)$ 表示正方形 D 位于直线 l 左下方部分的面积，试求 $F(x)=\int_0^x S(t)\,dt (x\geqslant 0)$.

17. 设函数 $f(x)$ 在 $[a,b]$ 上连续，且 $f(x)>0$，证明在 (a,b) 内至少存在一点 ξ，使得
$$\int_a^\xi f(x)\,dx = \int_\xi^b f(x)\,dx = \dfrac{1}{2}\int_a^b f(x)\,dx.$$

18. 证明 $\int_0^{+\infty} x^n e^{-x^2}\,dx = \dfrac{n-1}{2}\int_0^{+\infty} x^{n-2}e^{-x^2}\,dx (n>1)$，并由此证明
$$\int_0^{+\infty} x^{2n+1}e^{-x^2}\,dx = \dfrac{1}{2}\Gamma(n+1).$$

19. 计算下列反常积分.

(1) $\int_0^{\frac{\pi}{2}} \ln\sin x \, dx$;

(2) $\int_0^{+\infty} \frac{1}{(1+x^2)(1+x^k)} dx \quad (k \geq 0)$.

20. 已知 $\lim\limits_{x \to +\infty} \left(\dfrac{x+c}{x-c}\right)^x = \int_{-\infty}^c x e^{2x} dx$,求 c.

第6章 定积分的应用

定积分是求某种总量的数学模型,本章将应用定积分来解决几何、物理方面的一些实际问题.通过学习,不仅要掌握计算某些实际问题的公式,更重要的还在于深刻领会用定积分解决实际问题的基本思想和方法——元素法,不断提高数学的应用能力.

6.1 定积分的元素法

定积分应用的所有问题,一般可以按"分割近似、求和、取极限"等几个步骤来把所求量表示为定积分的形式.为更好地说明这种方法,我们先来回顾上一章中讨论过的求曲边梯形面积的问题.

假设一曲边梯形由连续曲线 $y = f(x)(f(x) \geqslant 0)$, x 轴与两条直线 $x = a$, $x = b(a < b)$ 所围成,试求其面积 A.

(1) 分割近似.用任意一组分点把区间 $[a,b]$ 分成长度为 $\Delta x_i (i=1,2,\cdots,n)$ 的 n 个小区间,相应地把曲边梯形分成 n 个小曲边梯形,记第 i 个小曲边梯形的面积为 ΔA_i,则

$$\Delta A_i \approx f(\xi_i)\Delta x_i \quad (x_{i-1} \leqslant \xi_i \leqslant x_i).$$

(2) 求和.得面积 A 的近似值:

$$A = \sum_{i=1}^{n} \Delta A_i \approx \sum_{i=1}^{n} f(\xi_i)\Delta x_i;$$

(3) 取极限.得面积 A 的精确值:

$$A = \lim_{\lambda \to 0} \sum_{i=1}^{n} \Delta A_i = \int_{a}^{b} f(x) \mathrm{d}x.$$

其中 $\lambda = \max\{\Delta x_1, \Delta x_2, \cdots, \Delta x_n\}$.

从上述过程可见,当把区间 $[a,b]$ 分割成 n 个小区间时,所求面积 A(总量)也被相应地分割成 n 个小曲边梯形(部分量),而所求总量等于各部分量之和(即 $A = \sum \Delta A_i$),这一性质称为所求总量对于区间 $[a,b]$ 具有可加性.此外,以 $f(\xi_i)\Delta x_i$

近似代替部分量 ΔA_i 时,其误差是一个比 Δx_i 更高阶的无穷小,这两点保证了求和、取极限后得到所求总量的精确值.

对上述分析过程,在实用中可略去下标,改写如下:

(1) **由分割写出微元** 设想把区间 $[a,b]$ 任意分割,任取其中一个小区间并记作 $[x,x+\mathrm{d}x]$(区间微元),用 ΔA 表示 $[x,x+\mathrm{d}x]$ 上小曲边梯形的面积,取 $[x,x+\mathrm{d}x]$ 的左端点 x 为 ξ,以点 x 处的函数值 $f(x)$ 为高、$\mathrm{d}x$ 为底的小矩形的面积 $f(x)\mathrm{d}x$(面积微元) 作为 ΔA 的近似值,即

$$\Delta A \approx f(x)\mathrm{d}x.$$

当 $\mathrm{d}x \to 0$ 时,可写成

$$\mathrm{d}A = f(x)\mathrm{d}x.$$

(2) **由微元写出积分** 根据 $\mathrm{d}A = f(x)\mathrm{d}x$,两边积分,即得所求曲边梯形的面积:

$$A = \int_a^b f(x)\mathrm{d}x.$$

以上这种方法称为**定积分元素法**,也称**微元法**.此方法也可以推广到其他实际应用上去.

6.2 定积分在几何学上的应用

6.2.1 平面图形的面积

1. 直角坐标情形(边界曲线的方程为直角坐标方程的情形)

如图 6-1 所示,我们已经知道,由连续曲线 $y = f(x)(f(x) \geqslant 0)$,$x$ 轴与两条直线 $x = a, x = b(a < b)$ 所围成的曲边梯形的面积为

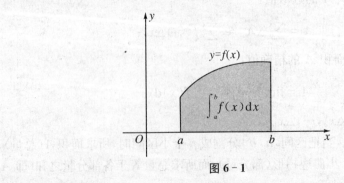

图 6-1

$$A = \int_a^b f(x)\mathrm{d}x.$$

如图 6-2 所示,对于在区间 $[a,b]$ 上函数的符号发生改变的情况,由曲线 $y = f(x)$,直线 $x = a, x = b(a < b)$ 及 x 轴所围成的图形的面积为

$$A = \int_a^b |f(x)| \mathrm{d}x.$$

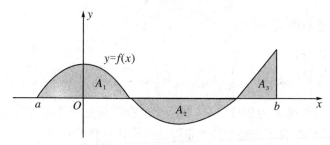

图 6-2

如果将平面图形看作是由上下两条曲线 $y = f_上(x)$ 与 $y = f_下(x)$ 及左右两条直线 $x = a, x = b(a < b)$ 所围成,则面积元素为 $(f_上(x) - f_下(x))\mathrm{d}x$,于是平面图形的面积为

$$A = \int_a^b [f_上(x) - f_下(x)]\mathrm{d}x.$$

注意:(1) 从几何意义也容易看出 $A = \int_a^b f_上(x)\mathrm{d}x - \int_a^b f_下(x)\mathrm{d}x$;

(2) 一般情况下,面积 $A = \int_a^b |f_2(x) - f_1(x)| \mathrm{d}x$;

(3) 类似地,由左右两条曲线 $x = \varphi_左(y)$ 与 $x = \varphi_右(y)$ 及上下两条直线 $y = c, y = d(c < d)$ 所围成的平面图形的面积为

$$A = \int_c^d [\varphi_右(y) - \varphi_左(y)]\mathrm{d}y.$$

例 1 计算由抛物线 $y + 1 = x^2$ 与直线 $y = 1 + x$ 所围成的图形的面积.

解 (1) 画出图形如图 6-3 所示,并由方程组 $\begin{cases} y + 1 = x^2 \\ y = 1 + x \end{cases}$ 解得曲线交点为 $(-1, 0), (2, 3)$.

(2) 选 x 为积分变量,则 x 的变化范围也即图形在 x 轴上的投影区间为 $[-1, 2]$.

(3) 确定上下曲线 $f_上(x) = 1 + x, f_下(x) = x^2 - 1$.

(4) 计算积分:

$$A = \int_{-1}^2 [(1 + x) - (x^2 - 1)]\mathrm{d}x = \frac{9}{2}.$$

例2 计算由 $y^2 = 2x$ 和 $y = x - 4$ 所围成的图形的面积.

解 (1) 画出图形如图 6-4 所示,并由方程组 $\begin{cases} y^2 = 2x \\ y = x - 4 \end{cases}$ 解得曲线交点为 $(2, -2), (8, 4)$.

(2) 选 y 为积分变量,则 y 的变化范围也即图形在 y 轴上的投影区间为 $[-2, 4]$.

(3) 确定左右曲线:$\varphi_{左}(y) = \dfrac{1}{2} y^2, \varphi_{右}(y) = y + 4$.

(4) 计算积分:
$$A = \int_{-2}^{4} \left(y + 4 - \frac{1}{2} y^2 \right) dy = \left[\frac{1}{2} y^2 + 4y - \frac{1}{6} y^3 \right] \Big|_{-2}^{4} = 18.$$

注 本例如果选 x 为积分变量,则计算过程将会复杂许多. 因此,在实际应用中,应根据具体情况合理选择积分变量以达到简化计算的目的.

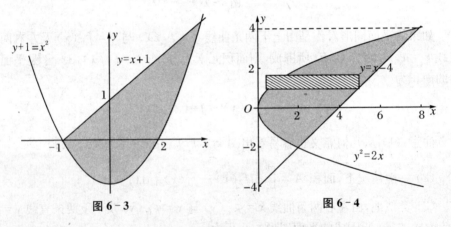

图 6-3　　　　　图 6-4

例3 求椭圆 $\dfrac{x^2}{a^2} + \dfrac{y^2}{b^2} = 1$ 所围成的图形的面积.

解 如图 6-5 所示,整个椭圆的面积是椭圆在第一象限部分的四倍,椭圆的第一象限部分在 x 轴上的投影区间为 $[0, a]$. 因为面积元素为 $y dx$,所以
$$A = 4 \int_0^a y dx.$$

为方便计算,利用椭圆的参数方程:$x = a \cos t, y = b \sin t$,于是
$$A = 4 \int_0^a y dx = 4 \int_{\frac{\pi}{2}}^0 b \sin t\, d(a \cos t) = -4ab \int_{\frac{\pi}{2}}^0 \sin^2 t\, dt$$
$$= 2ab \int_0^{\frac{\pi}{2}} (1 - \cos 2t) dt = 2ab \cdot \frac{\pi}{2} = ab\pi.$$

当 $a = b$ 时,椭圆变成圆,即半径为 a 的圆的面积 $A = \pi a^2$.

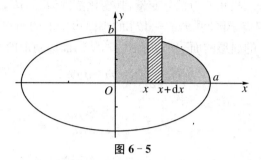

图 6-5

例 4 求由摆线 $x = a(t-\sin t), y = a(1-\cos t)(0 \leqslant t \leqslant 2\pi)$ 的一拱与 x 轴所围成的图形(见图 6-6)的面积.

解 $A = \int_0^{2\pi a} y \mathrm{d}x = \int_0^{2\pi} a(1-\cos t)[a(t-\sin t)]' \mathrm{d}t = \int_0^{2\pi} a^2(1-\cos t)^2 \mathrm{d}t$

$= a^2 \left(\dfrac{3}{2}t - 2\sin t + \dfrac{1}{4}\sin 2t \right) \Big|_0^{2\pi} = 3\pi a^2.$

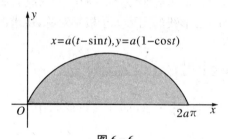

图 6-6

2. 极坐标情形(边界曲线的方程为极坐标方程的情形)

如图 6-7 所示,现在要求由曲线 $\rho = \varphi(\theta)$ 及射线 $\theta = \alpha, \theta = \beta$ 围成的图形(称为曲边扇形)的面积.

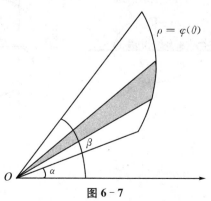

图 6-7

根据元素法,选取极角 θ 为积分变量,其变化范围为 $[\alpha,\beta]$,任取其一个区间元素 $[\theta,\theta+\mathrm{d}\theta]$,则相应于区间 $[\theta,\theta+\mathrm{d}\theta]$ 的小曲边扇形的面积可以用半径为 $\rho = \varphi(\theta)$、中心角为 $\mathrm{d}\theta$ 的扇形的面积来近似代替,从而曲边扇形的面积元素为

$$\mathrm{d}A = \frac{1}{2}[\varphi(\theta)]^2 \mathrm{d}\theta,$$

曲边扇形的面积为

$$A = \int_\alpha^\beta \frac{1}{2}[\varphi(\theta)]^2 \mathrm{d}\theta.$$

例 5 计算双纽线 $\rho^2 = a^2\cos2\theta$ 所围成的图形的面积.

解 因 $\rho^2 \geqslant 0$,故 θ 的变化范围是 $\left[-\frac{\pi}{4}, \frac{\pi}{4}\right]$,$\left[\frac{3\pi}{4}, \frac{5\pi}{4}\right]$,如图 6-8 所示,图形关于极点和极轴均对称,只需计算在 $\left[0, \frac{\pi}{4}\right]$ 上的图形的面积,再乘以 4 即可,故

$$A = 4\int_0^{\frac{\pi}{4}} \frac{1}{2}(a^2\cos2\theta)\mathrm{d}\theta = a^2.$$

例 6 计算心形线 $\rho = a(1+\cos\theta)(a>0)$ 所围成的图形的面积.

解 如图 6-9 所示,心形线的图形关于极轴对称,所求图形面积是 $[0,\pi]$ 上图形面积的 2 倍,故

$$\begin{aligned}
A &= 2\int_0^\pi \frac{1}{2}[a(1+\cos\theta)]^2\mathrm{d}\theta \\
&= a^2\int_0^\pi \left(\frac{3}{2} + 2\cos\theta + \frac{1}{2}\cos2\theta\right)\mathrm{d}\theta \\
&= a^2\left[\frac{3}{2}\theta + 2\sin\theta + \frac{1}{4}\sin2\theta\right]\Big|_0^\pi = \frac{3}{2}a^2\pi.
\end{aligned}$$

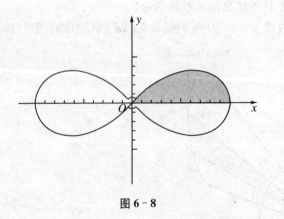

图 6-8

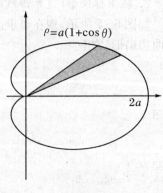

图 6-9

6.2.2 体积

1. 旋转体的体积

由一个平面图形绕这平面内一条直线旋转一周而成的立体称为旋转体. 这条直线叫做旋转轴.

常见的旋转体:圆柱,圆锥,圆台,球体.

我们主要考虑以 x 轴和 y 轴为旋转轴的旋转体. 设旋转体是由连续曲线 $y=f(x)$,直线 $x=a$、$x=b$ 及 x 轴所围成的曲边梯形绕 x 轴旋转一周而成的(见图 6-10),现在我们来求旋转体的体积 V.

设过区间 $[a,b]$ 内点 x 且垂直于 x 轴的平面左侧的旋转体的体积为 $V(x)$,当平面左右平移 dx 后,体积的增量近似为 $\Delta V = \pi (f(x))^2 dx$,于是体积元素为 $dV = \pi (f(x))^2 dx$,所以旋转体的体积为

$$V = \int_a^b \pi [f(x)]^2 dx.$$

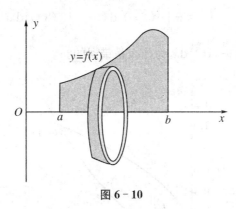

图 6-10

注:(1) $a < b$;

(2) 旋转体由平面图形旋转而来,一般要画出平面图;

(3) 类似可得绕 y 轴旋转情形的公式.

例7 求高为 h、底半径为 r 的正圆锥体的体积.

解 如图 6-11 所示,此圆锥体可看作是由直线 $y = \frac{r}{h}x, y=0, x=h$ 所围成的一个直角三角形绕 x 轴旋转而成.

直角三角形斜边的方程为 $y = \frac{r}{h}x$,所求圆锥体的体积为

$$V = \int_0^h \pi \left(\frac{r}{h}x\right)^2 dx = \frac{\pi r^2}{h^2} \left[\frac{1}{3}x^3\right]\bigg|_0^h = \frac{1}{3}\pi h r^2.$$

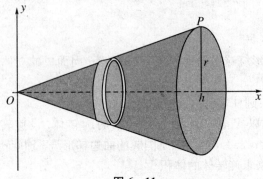

图 6-11

例 8 计算由曲线 $y=x^2$ 及 $y=\sqrt{x}$ 所围成的平面图形绕 x 轴旋转而成的旋转体的体积.

解 画图找交点(见图 6-12). 取积分变量 x, 变化区间 $[0,1]$, 有

$$V = V_1 - V_2 = \pi\int_0^1 (\sqrt{x})^2 dx - \pi\int_0^1 (x^2)^2 dx = \frac{3}{10}\pi.$$

问:$V = \pi\int_0^1 (\sqrt{x} - x^2)^2 dx$ 为什么是错误的?

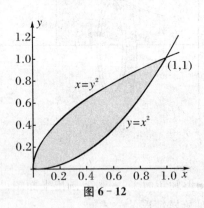

图 6-12

例 9 计算圆盘 $(x-2)^2 + y^2 \leqslant 1$ 绕 y 轴旋转而成的立体的体积.

解 $V = V_1 - V_2 = \pi\int_{-1}^1 (2+\sqrt{1-y^2})^2 dy - \pi\int_{-1}^1 (2-\sqrt{1-y^2})^2 dy = 4\pi^2.$

注:也可利用本节习题 15 中的公式 $V = 2\pi\int_a^b xf(x)dx$, $V = 2V_1 = 4\pi\int_1^3 x\sqrt{1-(x-2)^2}\,dx = 4\pi^2$ 求解.

例 10 计算由摆线 $x = a(t - \sin t), y = a(1 - \cos t)$ 的一拱,直线 $y = 0$ 所围

成的图形分别绕 x 轴、y 轴旋转而成的旋转体的体积.

解 所给图形绕 x 轴旋转而成的旋转体的体积为

$$V_x = \int_0^{2\pi a} \pi y^2 \mathrm{d}x = \pi \int_0^{2\pi} a^2(1-\cos t)^2 \cdot a(1-\cos t)\mathrm{d}t$$

$$= \pi a^3 \int_0^{2\pi} (1 - 3\cos t + 3\cos^2 t - \cos^3 t)\mathrm{d}t = 5\pi^2 a^3.$$

所给图形绕 y 轴旋转而成的旋转体的体积是两个旋转体体积的差. 设曲线左半边为 $x = x_1(y)$,右半边为 $x = x_2(y)$. 则

$$V_y = \int_0^{2a} \pi x_2^2(y)\mathrm{d}y - \int_0^{2a} \pi x_1^2(y)\mathrm{d}y$$

$$= \pi \int_{2\pi}^{\pi} a^2(t-\sin t)^2 \cdot a\sin t \mathrm{d}t - \pi \int_0^{\pi} a^2(t-\sin t)^2 \cdot a\sin t \mathrm{d}t$$

$$= -\pi a^3 \int_0^{2\pi} (t-\sin t)^2 \sin t \mathrm{d}t = 6\pi^3 a^3.$$

2. 平行截面面积为已知的立体的体积

参见图 6-13,设立体在 x 轴的投影区间为 $[a,b]$,过点 x 且垂直于 x 轴的平面与立体相截,截面面积为 $A(x)$,则体积元素为 $A(x)\mathrm{d}x$,立体的体积为

$$V = \int_a^b A(x)\mathrm{d}x.$$

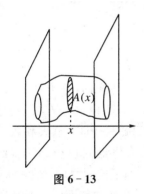

图 6-13

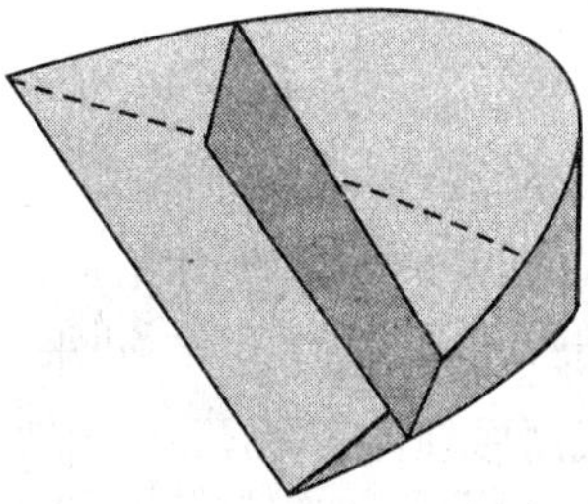

图 6-14

例 11 以椭圆 $\dfrac{x^2}{a^2} + \dfrac{y^2}{b^2} = 1 (0 < b < a)$ 为底的直柱体被一个通过其底的短轴并与底面交成角 α 的平面所截(见图 6-14),计算截得部分的体积.

解 过 x 轴上任一点 $x \in [0,a]$,作垂直于 x 轴的平面截立体,截口为以 $2y$ 为长,$x\tan\alpha$ 为高的长方形,于是截面面积为

$$A(x) = 2xy\tan\alpha = \frac{2b}{a}x\sqrt{a^2 - x^2}\tan\alpha.$$

所求的立体体积为

$$V = \frac{2b}{a}\tan\alpha \int_0^a x\sqrt{a^2-x^2}\,dx = \frac{2}{3}a^2 b\tan\alpha.$$

例 12 求以半径为 R 的圆为底、平行且等于底圆直径的线段为顶、高为 h 的正劈锥体的体积.

解 如图 6-15 所示,取底圆所在的平面为 xOy 平面,圆心为原点,并使 x 轴与正劈锥的顶平行. 底圆的方程为 $x^2+y^2=R^2$. 过 x 轴上的点 $x(-R\leqslant x\leqslant R)$ 作垂直于 x 轴的平面,截正劈锥体得等腰三角形,截面的面积为

$$A(x) = h\cdot y = h\sqrt{R^2-x^2}.$$

于是所求正劈锥体的体积为

$$V = \int_{-R}^{R} h\sqrt{R^2-x^2}\,dx = 2R^2 h\int_0^{\frac{\pi}{2}}\cos^2\theta\,d\theta = \frac{1}{2}\pi R^2 h.$$

即正劈锥体的体积等于同底同高的圆柱体体积的一半.

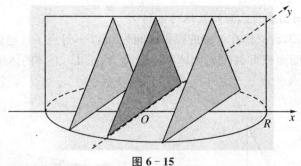

图 6-15

上面计算平行截面面积为已知的立体体积和旋转体体积时,在方法上有一个共同点,即所取的体积微元都是垂直于某根轴的扁柱体,所以这一方法一般称为"平面薄片法",有时也称为"卡瓦列利(B. Cavalieri,1598～1647,意大利数学家)平行截面原理". 实际上,我国数学家祖暅(生卒年代约为公元 5 世纪末至 6 世纪初,祖冲之(429～500)之子)比卡瓦列利早一千多年就得到了这一原理,他称"夫叠积成基,缘幂势既同,则积不容异",就是说两个立体若同高处的截面面积是相同的,则它们的体积必然相等,所以也应称为"祖暅原理". 计算体积时,除了"平面薄片法"外,"圆柱薄壳法"也是常用的方法(参见本节习题 15).

6.2.3 平面曲线的弧长

如图 6-16 所示,设 A,B 是曲线弧上的两个端点,在弧 AB 上任取分点 $A = M_0, M_1, M_2, \cdots, M_{i-1}, M_i, \cdots, M_{n-1}, M_n = B$,并依次连接相邻的分点得一内接折线. 当分点的数目无限增加且每个小段 $M_{i-1}M_i$ 都缩向一点时,如果此折线的长

$\sum_{i=1}^{n} |M_{i-1}M_i|$ 的极限存在,则称此极限为曲线弧 AB 的弧长,并称此曲线弧 AB 是可求长的.

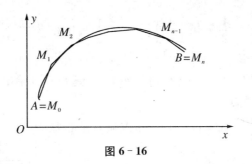

图 6 - 16

满足什么条件的曲线弧就是可求长的呢？我们不加证明地给出如下结论：

定理 光滑曲线弧是可求长的.

1. 直角坐标情形

设曲线弧由直角坐标方程 $y = f(x)(a \leqslant x \leqslant b)$ 给出,其中 $f(x)$ 在区间 $[a,b]$ 上具有一阶连续导数. 现在来计算这个曲线弧的长度.

取横坐标 x 为积分变量,它的变化区间为 $[a,b]$. 曲线 $y = f(x)$ 上相应于 $[a,b]$ 上任一小区间 $[x, x+dx]$ 的一段弧的长度,可以用该曲线在点 $(x, f(x))$ 处的切线上相应的一小段的长度来近似代替. 而切线上相应小段的长度为 $\sqrt{(dx)^2 + (dy)^2} = \sqrt{1 + y'^2} dx$,从而得弧长元素（即弧微分）

$$ds = \sqrt{1 + y'^2} dx.$$

以 $\sqrt{1 + y'^2} dx$ 为被积表达式,在闭区间 $[a,b]$ 上作定积分,便得所求的弧长为

$$s = \int_a^b \sqrt{1 + y'^2} dx.$$

在曲率一节中,我们已经知道弧微分的表达式为 $ds = \sqrt{1 + y'^2} dx$,这也就是弧长元素.

例 13 计算曲线 $y = \frac{2}{3} x^{\frac{3}{2}}$ 上相应于 x 从 a 到 b 的一段弧的长度.

解 $y' = x^{\frac{1}{2}}$,从而弧长元素 $ds = \sqrt{1 + y'^2} dx = \sqrt{1+x} dx$. 因此,所求弧长为

$$s = \int_a^b \sqrt{1+x} dx = \left[\frac{2}{3}(1+x)^{\frac{3}{2}}\right]\Big|_a^b = \frac{2}{3}\left[(1+b)^{\frac{3}{2}} - (1+a)^{\frac{3}{2}}\right].$$

例 14 求曲线 $y = \ln(1 - x^2)$ 上相应于 $0 \leqslant x \leqslant \frac{1}{2}$ 的一段弧的长度.

解 因为 $y' = \dfrac{-2x}{1-x^2}, \sqrt{1+y'^2} = \dfrac{1+x^2}{1-x^2}$，所以

$$s = \int_0^{\frac{1}{2}} \frac{1+x^2}{1-x^2} dx = \int_0^{\frac{1}{2}} \left(-1 + \frac{1}{1+x} + \frac{1}{1-x}\right) dx$$

$$= -\frac{1}{2} + \ln\left|\frac{1+x}{1-x}\right|\Big|_0^{\frac{1}{2}} = -\frac{1}{2} + \ln 3.$$

2. 参数方程情形

设曲线弧由参数方程 $x = \varphi(t), y = \psi(t)(\alpha \leqslant t \leqslant \beta)$ 给出，其中 $\varphi(t), \psi(t)$ 在 $[\alpha, \beta]$ 上具有连续导数．

因为 $\dfrac{dy}{dx} = \dfrac{\psi'(t)}{\varphi'(t)}, dx = \varphi'(t) dt$，所以弧长元素为

$$ds = \sqrt{1 + \frac{\psi'^2(t)}{\varphi'^2(t)}}\, \varphi'(t) dt = \sqrt{\varphi'^2(t) + \psi'^2(t)}\, dt.$$

所求弧长为

$$s = \int_\alpha^\beta \sqrt{\varphi'^2(t) + \psi'^2(t)}\, dt.$$

例15 计算摆线 $x = a(\theta - \sin\theta), y = a(1 - \cos\theta)$ 的一拱 $(0 \leqslant \theta \leqslant 2\pi)$ 的长度．

解 弧长元素为

$$ds = \sqrt{a^2(1-\cos\theta)^2 + a^2\sin^2\theta}\, d\theta = a\sqrt{2(1-\cos\theta)}\, d\theta = 2a\sin\frac{\theta}{2} d\theta.$$

所求弧长为

$$s = \int_0^{2\pi} 2a\sin\frac{\theta}{2} d\theta = 2a\left[-2\cos\frac{\theta}{2}\right]\Big|_0^{2\pi} = 8a.$$

3. 极坐标情形

设曲线弧由极坐标方程 $\rho = \rho(\theta)(\alpha \leqslant \theta \leqslant \beta)$ 给出，其中 $\rho(\theta)$ 在 $[\alpha, \beta]$ 上具有连续导数．由直角坐标与极坐标的关系可得

$$x = \rho(\theta)\cos\theta, y = \rho(\theta)\sin\theta \quad (\alpha \leqslant \theta \leqslant \beta).$$

于是得弧长元素为

$$ds = \sqrt{x'^2(\theta) + y'^2(\theta)}\, d\theta = \sqrt{\rho^2(\theta) + \rho'^2(\theta)}\, d\theta.$$

从而所求弧长为

$$s = \int_\alpha^\beta \sqrt{\rho^2(\theta) + \rho'^2(\theta)}\, d\theta.$$

例16 求心形线 $\rho = a(1 + \cos\theta)(a > 0)$ 的周长．

解 弧长元素为

$$ds = \sqrt{[a(1+\cos\theta)]^2 + (-a\sin\theta)^2}\, d\theta = a\sqrt{2 + 2\cos\theta}\, d\theta = 2a\left|\cos\frac{\theta}{2}\right| d\theta.$$

于是所求弧长为

$$s = 2\int_0^\pi 2a\cos\frac{\theta}{2}\mathrm{d}\theta = 8a\left[\sin\frac{\theta}{2}\right]\Big|_0^\pi = 8a.$$

习题 6-2

A

1. 求曲线 $x = y^2$ 与直线 $y = x$ 所围平面图形的面积.

2. 求曲线 $y = x^2, x + y = 2$ 所围平面图形的面积.

3. 求曲线 $y = \ln x, y = 0$ 及 $x = \dfrac{1}{e}, x = e$ 所围平面图形的面积.

4. 求曲线 $y = e^x, y = e^{-x}$ 及 $x = 1$ 所围平面图形的面积.

5. 求由曲线 $y = \dfrac{1}{x}$ 及直线 $y = x, y = 2$ 所围成平面图形的面积.

6. 求由曲线 $y = \sin x, y = \cos x$ 及直线 $x = 0, x = \dfrac{\pi}{2}$ 所围成平面图形的面积.

7. 计算抛物线 $y = -x^2 + 4x - 3$ 及其在点 $(0, -3)$ 和 $(3, 0)$ 处的切线所围成图形的面积.

8. 计算阿基米德螺线 $\rho = a\theta (a > 0)$ 上相应于 θ 从 0 变到 2π 的一段弧与极轴所围成的图形的面积.

9. 求心形线 $\rho = 3(1 - \sin\theta)$ 所围图形的面积.

10. 求 $\rho = 3\cos\theta$ 及 $\rho = 1 + \cos\theta$ 所围成图形的公共部分的面积.

11. 求 $\rho = \sqrt{2}\sin\theta$ 及 $\rho^2 = \cos 2\theta$ 所围成图形的公共部分的面积.

12. 求由曲线 $y = \sin x (0 \leqslant x \leqslant \pi)$ 与 x 轴所围成的平面图形绕 x 轴旋转而成的旋转体的体积.

13. 求由曲线 $y^2 = 4ax(a > 0)$ 与 $x = x_0 > 0$ 所围成的平面图形绕 x 轴旋转而成的旋转体的体积.

14. 对摆线 $x = a(t - \sin t), y = a(1 - \cos t)$ 的一拱与横轴所围成的平面图形,分别求:
(1) 该图形的面积;
(2) 该图形绕直线 $y = 2a$ 旋转所成旋转体的体积.

15. 证明曲边梯形 $0 \leqslant a \leqslant x \leqslant b, 0 \leqslant y \leqslant f(x)$ 绕 y 轴旋转而成的旋转体的体积 $V = 2\pi\int_a^b xf(x)\mathrm{d}x$,其中 $y = f(x)$ 为连续函数.

16. 求由正弦曲线 $y = \sin x (0 \leqslant x \leqslant \pi)$ 与 x 轴所围成的平面图形绕 y 轴旋转而成的旋转体的体积.

17. 求由曲线 $y = \dfrac{3}{x}$ 与 $y = 4 - x$ 所围成的平面图形分别绕 x 轴和 y 轴旋转而成的旋转体

18. 求曲线 $y = \ln x$ 上介于 $\sqrt{3} \leqslant x \leqslant \sqrt{8}$ 的一段弧的长度.

19. 计算曲线 $y = \dfrac{1}{3}\sqrt{x}(3-x)$ 上相应于 $1 \leqslant x \leqslant 3$ 的一段弧长.

20. 求曲线 $y = \ln\cos x$ 上介于 $0 \leqslant x \leqslant \dfrac{\pi}{6}$ 的一段弧的长度.

21. 求曲线 $\rho = a(1-\cos\theta)$ 的全长.

22. 计算分摆线 $x = a(\theta - \sin\theta), y = a(1-\cos\theta)$ 的一拱 $(0 \leqslant \theta \leqslant 2\pi)$ 的长为 $1:3$ 的点的坐标.

B

1. 求由曲线 $y = \ln x$ 与直线 $y = \ln a, y = \ln b(b > a > 0), x = 0$ 所围平面图形的面积.

2. 计算曲线 $y^2 = 2px$ 及其在点 $\left(\dfrac{p}{2}, p\right)$ 处的法线所围成的图形的面积.

3. 在抛物线 $y = -x^2 + 1$ 上找一点 $P(x_1, y_1)$,要求该点不在 y 轴上,过该点作抛物线的切线,使此切线与抛物线及两个坐标轴所围成的平面图形的面积最小.

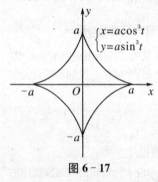

图 6-17

4. 如图 6-17 所示,已知星形线方程 $\begin{cases} x = a\cos^3 t \\ y = a\sin^3 t \end{cases}$,分别计算:
   (1) 它的弧长;
   (2) 它所围的面积;
   (3) 它绕 x 轴旋转一周而生成的立体的体积.

5. 求由圆柱面 $x^2 + y^2 = a^2, x^2 + z^2 = a^2$ 所围立体的体积.

6. 过点 $P(1,0)$ 作抛物线 $y = \sqrt{x-2}$ 的切线,求该切线与抛物线 $y = \sqrt{x-2}$ 及 x 轴所围平面图形绕 x 轴旋转而成的旋转体体积.

7. 试证曲线 $y = \sin x (0 \leqslant x \leqslant 2\pi)$ 的弧长等于椭圆 $x^2 + 2y^2 = 2$ 的周长.

8. 设函数 $f(x)$ 在 $[a,b]$ 上连续可导,且 $f(x) \geqslant 0$,证明:曲线段 $y = f(x), x \in [a,b]$ 绕 x 轴旋转一周而成的旋转体的侧面积(也称为旋转曲面的面积) $A = 2\pi \int_a^b f(x) \sqrt{1 + [f'(x)]^2} \, dx$. 由此公式计算星形线 $x^{\frac{2}{3}} + y^{\frac{2}{3}} = a^{\frac{2}{3}}$ 绕 x 轴旋转一周而成的旋转体的侧面积.

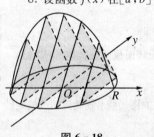

图 6-18

9. 如图 6-18 所示,计算底面是半径为 R 的圆,而垂直于底面上一条固定直径的所有截面都是等边三角形的立体的体积.

10. 设 D 是位于曲线 $y = \sqrt{x} a^{-\frac{x}{2a}} (a > 1, 0 \leqslant x < +\infty)$ 下方、x 轴上方的无界区域.

(1) 求区域 D 绕 x 轴旋转一周所成旋转体的体积 $V(a)$;

(2) 当 a 为何值时, $V(a)$ 最小？并求此最小值.

6.3 定积分在物理学上的应用

6.3.1 变力沿直线所做的功

根据中学物理知识,一个与物体位移方向一致而大小为 F 的常力,将物体移动了距离 s 时所做的功为 $W = F \cdot s$.

如果物体在运动过程中受到变力的作用,则可以利用定积分元素法来计算物体受变力沿直线所做的功.

一般地,假设 $F(x)$ 是 $[a,b]$ 上的连续函数,则物体在变力 $F(x)$ 的作用下从 $x = a$ 移动到 $x = b$ 时所做的功为

$$W = \int_a^b F(x) \mathrm{d}x.$$

这里功元素 $F(x)\mathrm{d}x$ 表示物体在从点 x 移动到点 $x + \mathrm{d}x$ 时受到"常力"$F(x)$ 的作用而做的功.

例 1 设 40 牛的力使弹簧从自然长度 10 厘米拉长成 15 厘米,问需要做多大的功才能克服弹性恢复力,将伸长的弹簧从 15 厘米再拉长 3 厘米?

解 根据胡克定律,有 $F(x) = kx$,当弹簧从 10 厘米拉长到 15 厘米时,其伸长量为 5 厘米,即 0.05 米,于是 $40 = F(0.05) = 0.05k$,故 $k = 800, F(x) = 800x$,弹簧从 15 厘米再拉长 3 厘米所需做的功为

$$W = \int_{0.05}^{0.08} 800x \mathrm{d}x = 1.56 (焦).$$

例 2 如图 6-19 所示,电量为 $+q$ 的点电荷位于 r 轴的坐标原点 O 处,它所产生的电场力使 r 轴上的一个单位正电荷从 $r = a$ 处移动到 $r = b (a < b)$ 处,求电场力对单位正电荷所做的功.

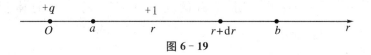

图 6-19

提示 由物理学知识可知,在电量为 $+q$ 的点电荷所产生的电场中,距离点电荷 r 处的单位正电荷所受到的电场力的大小为 $F = k \dfrac{q}{r^2} (k$ 是常数$)$.

解 在 r 轴上,当单位正电荷从 r 移动到 $r + \mathrm{d}r$ 时,电场力对它所做的功近似

为 $k\dfrac{q}{r^2}dr$,即功元素为 $dW = k\dfrac{q}{r^2}dr$. 于是所求的功为

$$W = \int_a^b \dfrac{kq}{r^2}dr = kq\left[-\dfrac{1}{r}\right]\Big|_a^b = kq\left(\dfrac{1}{a} - \dfrac{1}{b}\right).$$

例3 在底面积为 S 的圆柱形容器中盛有一定量的气体. 在等温条件下,由于气体的膨胀,把容器中的一个活塞(面积为 S)从点 a 处推移到点 b 处. 计算在移动过程中,气体压力所做的功.

解 取坐标系如图 6-20 所示,活塞的位置可以用坐标 x 来表示. 由物理学知识可知,一定量的气体在等温条件下,压强 p 与体积 V 的乘积是常数 k,即 $pV = k$ 或 $p = \dfrac{k}{V}$. 在点 x 处,因为 $V = xS$,所以作用在活塞上的力为 $F = p \cdot S = \dfrac{k}{xS} \cdot S = \dfrac{k}{x}$.

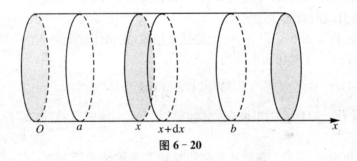

图 6-20

当活塞从 x 移动到 $x + dx$ 时,变力所做的功近似为 $\dfrac{k}{x}dx$,即功元素为 $dW = \dfrac{k}{x}dx$. 于是所求的功为

$$W = \int_a^b \dfrac{k}{x}dx = k[\ln x]\Big|_a^b = k\ln\dfrac{b}{a}.$$

例4 一锥形水池,池口直径 20 m,深 15 m,池中盛满水,求将全部池水抽到池外所做的功.

解 建立坐标系,以 x 为积分变量,变化区间为 $[0,15]$,从中任意取一子区间,考虑将深度为 $[x, x + dx]$ 的一层水 ΔV 抽到池口处所做的功 ΔW,当 dx 很小时,抽出 ΔV 中的每一体积的水所做的功为 $x\Delta V$,而 ΔV 的体积约等于 $\pi\left[\dfrac{10}{15}(x-15)\right]^2 dx$,故功元素为

$$dW = x\pi\left[\dfrac{10}{15}(x - 15)\right]^2 dx,$$

所求的功为

$$W = \int_0^{15} x\pi\left[\dfrac{10}{15}(x - 15)\right]^2 dx = 1875\pi(\text{kgf} \cdot \text{m}) = 57697.5(\text{kJ}).$$

6.3.2 水压力

从物理学知识可知,水深为 h 处的压强为 $p = \rho g h$,这里 ρ 是水的密度.如果有一面积为 A 的平板水平地放置在水深 h 处,那么平板一侧所受的水压力为 $P = p \cdot A$.

如果这个平板铅直放置在水中,那么,由于水深不同的点处压强 p 不相等,所以平板所受水的压力就不能用上述方法计算.

例 5 如图 6-21 所示,一个横放着的圆柱形水桶,桶内盛有半桶水.设桶的底半径为 R,水的密度为 ρ,计算桶的一个端面上所受的压力.

解 桶的一个端面是圆片,与水接触的是下半圆.取坐标系如图 6-22 所示.

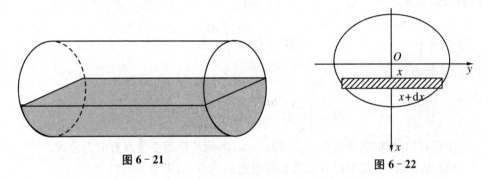

图 6-21   图 6-22

在水深 x 处于圆片上取一窄条,其宽为 dx,得压力元素为
$$dP = 2\rho g x \sqrt{R^2 - x^2}\, dx.$$
所求压力为
$$P = \int_0^R 2\rho g x \sqrt{R^2 - x^2}\, dx = -\rho g \int_0^R (R^2 - x^2)^{\frac{1}{2}}\, d(R^2 - x^2)$$
$$= -\rho g \left[\frac{2}{3}(R^2 - x^2)^{\frac{3}{2}}\right]_0^R = \frac{2\rho g}{3} R^3.$$

6.3.3 引力

根据牛顿万有引力定律,两个质量分别为 m 和 M,距离为 r 的质点之间的引力是
$$F = G \frac{mM}{r^2},$$
其中 G 为引力常数.引力的方向沿两质点连线方向.

如果要计算一根细棒对一个质点的引力,由于细棒上各点与该质点的距离是变化的,且各点对该质点的引力的方向可能也是变化的,就不能用上述公式来计算.

例 6 如图 6-23 所示,在长为 l、质量为 M 的均匀细棒 AB 的延长线上有一质量为 m 的质点 C(靠近 A 点处),已知 $CA = a$,求细棒对质点的引力.

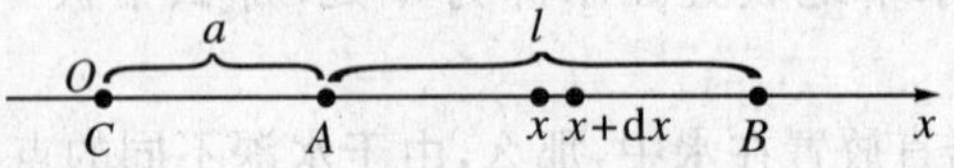

图 6-23

解 取原点为 C,A 点的坐标为 a,B 点的坐标为 $a+l$,在 $[a, a+l]$ 上取长为 $\mathrm{d}x$ 的小区间 $[x, x+\mathrm{d}x]$,相应小段细棒看作质点,质量为 $\dfrac{M}{l}\mathrm{d}x$,与质点 C 的距离为 x,引力微元为

$$\mathrm{d}F = G\dfrac{m\dfrac{M}{l}\mathrm{d}x}{x^2},$$

于是,总的引力为

$$F = \int_a^{a+l} G\dfrac{m\dfrac{M}{l}}{x^2}\mathrm{d}x = \dfrac{GmM}{a(a+l)}.$$

注意:(1) 若将细棒缩为一点,即 $l = 0$,本例结论即变成万有引力公式.

(2) 请比较:若将细棒看成质心在中点的质点,结果会如何?

(3) 如果质点 C 也换成一根与已知细棒平行的细棒,情况又会如何?(见习题 B 第 5 题)

例 7 设有一长度为 l、线密度为 ρ 的均匀细直棒,在其中垂线上距棒 a 单位处有一质量为 m 的质点 M. 试计算该棒对质点 M 的引力.

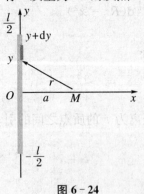

图 6-24

解 取坐标系如图 6-24 所示,使棒位于 y 轴上,质点 M 位于 x 轴上,棒的中点为原点 O.

由对称性知,引力在垂直方向上的分量为零,所以只需求引力在水平方向的分量.

取 y 为积分变量,它的变化区间为 $\left[-\dfrac{l}{2}, \dfrac{l}{2}\right]$. 在 $\left[-\dfrac{l}{2}, \dfrac{l}{2}\right]$ 上的 y 点取长为 $\mathrm{d}y$ 的一小段,其质量为 $\rho\mathrm{d}y$,与 M 相距 $r = \sqrt{a^2+y^2}$. 于是在水平方向上,引力元素为

$$\mathrm{d}F_x = G\dfrac{m\rho\mathrm{d}y}{a^2+y^2}\cdot\dfrac{-a}{\sqrt{a^2+y^2}} = -G\dfrac{am\rho\mathrm{d}y}{(a^2+y^2)^{3/2}}.$$

引力在水平方向的分量为

$$F_x = -\int_{-\frac{l}{2}}^{\frac{l}{2}} G \frac{am\rho \mathrm{d}y}{(a^2+y^2)^{3/2}} = -\frac{2Gm\rho l}{a} \cdot \frac{1}{\sqrt{4a^2+l^2}}.$$

习题 6-3

A

1. 已知 9.8 牛顿的力能使弹簧伸长 1 厘米，求把弹簧拉长 10 厘米所做的功.

2. 60 牛顿的力使一根弹簧从 10 厘米拉伸到 15 厘米，问需要做多少功才能使它从 15 厘米拉伸到 20 厘米？

3. 一直线形细杆，长为 l，一端位于数轴的原点，线密度为 $\rho(x) = x^2$，求细杆的质量.

4. 一个半径为 5 米、高 10 米的圆柱形水桶装满水，求将水全部吸出所做的功.

5. 闸门为矩形，宽 L，高 H，垂直置于水中，它的上沿与水面相齐，求水对闸门的压力.

6. 一个三角形闸门垂直立于水中，底边与水面相齐，底边长为 a，底边上的高为 h，求闸门一侧所受的压力.

7. 设有一长度为 l、线密度为 ρ 的均匀细直棒，在其一端垂直距离 a 单位处有一质量为 m 的质点 M. 试计算该棒对质点 M 的引力.

B

1. 将质量为 m 的物体从地面垂直发射到高度为 h 的太空，记地球半径为 R，重力加速度为 g，试求克服地球引力所做的功. 如果物体要飞离地球引力范围（即 $h \to +\infty$），物体的初速度 v_0 应为多少？

2. 已盛满了水的半球形蓄水池，其半径为 10 米，计算抽完池中的水所做的功.

3. 用铁锤把钉子钉入木板，设木板对钉子的阻力与钉子进入木板的深度成正比，铁锤在第一次锤击时将铁钉击入 1 厘米，若每次锤击所做的功相等，问第二次锤击时又将铁钉击入多少？第 n 次锤击时又将铁钉击入多少？

4. 一个三角形闸门垂直立于水中，顶在上，底在下，顶离水面 3 米，底边长为 8 米，底边上的高为 6 米，求闸门一侧所受的压力.

5. 设有长度为 l、线密度为 1 的两根均匀细直棒处在一条直线上，相距为 a，试计算它们之间的引力.

复习题 6

1. 设平面图形 D 由抛物线 $y = 1 - x^2$ 和 x 轴围成,试求:
   (1) D 的面积;
   (2) D 绕 x 轴旋转所得旋转体的体积;
   (3) D 绕 y 轴旋转所得旋转体的体积;
   (4) 抛物线 $y = 1 - x^2$ 在 x 轴上方的曲线段的弧长.

2. 过坐标原点作曲线 $y = \ln x$ 的切线,该切线与曲线 $y = \ln x$ 及 x 轴围成平面图形 D.
   (1) 求 D 的面积;
   (2) 求 D 绕直线 $x = e$ 旋转一周所得旋转体的体积.

3. 求曲线 $y = \ln x$ 在区间 $(2,6)$ 内的一条切线,使其与直线 $x = 2, x = 6$ 及曲线 $y = \ln x$ 所围图形的面积最小.

4. 设平面图形 A 由 $x^2 + y^2 \leqslant 2x$ 与 $y \geqslant x$ 所确定,求图形 A 绕直线 $x = 2$ 旋转一周所得的旋转体的体积.

5. 设 $f(x)$ 在 $[0,1]$ 上连续可导,在 $(0,1)$ 内大于 0,并且 $xf'(x) = f(x) + \frac{3a}{2}x^2$,又曲线 $y = f(x)$ 与 $x = 1, y = 0$ 所围图形 S 的面积为 2,求 $f(x)$.并问 a 为何值时,图形 S 绕 x 轴旋转一周所得旋转体的体积最小?

6. 设曲线 $y = f(x)$ 在任一点处的切线斜率与该点纵坐标成正比,若此曲线在 $(0,1)$ 点的切线斜率为 2,求此切线与该曲线和直线 $x = 1$ 所围图形的面积及此图形绕 y 轴旋转一周所得旋转体的体积.

7. 用积分方法证明图 6-25 中球缺的体积为 $V = \pi H^2 \left(R - \frac{H}{3} \right)$.

8. 求由曲线 $y = \frac{1}{2}x^2$ 与 $x^2 + y^2 = 8$ 所围成的图形的面积(两部分都要计算,见图 6-26).

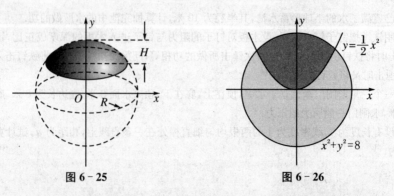

图 6-25　　　　　图 6-26

9. 一圆台形水池,深 H,上、下口半径分别为 R 和 r,如果将其中盛满的水全部抽尽,需要做多少功?

10. 有一等腰梯形闸门,它的两条底边长为 10 米和 6 米,高为 20 米,垂直地放置于水中,较长的底边与水平面相齐,计算闸门的一侧所受的水压力.

11. 洒水车上的水箱是一个横放的椭圆柱体,尺寸如图 6-27 所示.当水箱装满水时,计算水箱的一个端面所受的压力.

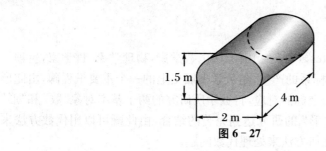

图 6-27

12. 半径为 r、密度为 1 的球沉入水中,问把球从水中取出需做多少功?

第7章 向量代数与空间解析几何

笛卡儿(Rene Descartes,1596~1650,法国数学家,物理学家,哲学家,生理学家,解析几何的创始人)坐标系的产生,是数学发展史上的一个重要里程碑,由此形成的解析几何学,通过点和坐标的对应,将数学所研究的两个基本对象"数"和"形"联系统一起来,使"数"和"形"的研究达到完美的结合,由此既可以用代数方法来研究几何问题,也可以用几何方法来处理代数问题.

正如平面解析几何的知识对学习一元函数微积分是非常必要的一样,空间解析几何的知识对后面我们将要学习的多元函数微积分也是不可或缺的.希望在学习中注意比较相同点与不同点.

本章首先建立空间直角坐标系,并引入在科学和工程技术上有着广泛应用的向量,然后以向量为工具研究平面和空间直线以及常见的二次曲面等.

7.1 空间直角坐标系

7.1.1 空间直角坐标系

为研究空间图形问题需要借助向量代数这一有力的研究工具,为此首先需要建立空间直角坐标系.

过空间一定点 O,作三条两两互相垂直的坐标轴,它们都是以 O 为原点,并规定具有相同的长度单位,这三条轴分别称为 x 轴(横轴)、y 轴(纵轴)和 z 轴(竖轴),统称为坐标轴.通常规定三条坐标轴符合右手法则:右手握住 z 轴,右手四指指向 x 轴的正向,当四指向手内侧旋转 $\frac{\pi}{2}$ 并指向 y 轴的正向时,大拇指的指向就是 z 轴的正向,如图7-1所示.这样的三条坐标轴就构成了一个空间直角坐标系,点 O 称为原点.

每两条坐标轴所确定的平面称为坐标面,共有三个坐标面,分别称为 xOy、yOz、zOx 坐标面.这三个互相垂直的坐标面将空间分成八个部分,每个部分称为一个卦限,含有三个正半轴的那个卦限称为第 I 卦限,其他第 II、III、IV 卦限在 xOy 面的上方,按逆时针方向确定.第 V 至第 VIII 卦限在 xOy 面的下方,也按逆时针方向确定,其中第 V 卦限在第 I 卦限的下方,其余类推,如图 7-2 所示.

设 M 为空间中的一点,过点 M 作三个平面分别垂直于 x 轴、y 轴和 z 轴,它们与坐标轴的交点依次记为 P,Q,R,如图 7-3 所示,这三个交点在各坐标轴上的坐标依次为 x,y,z,这样就建立了空间中点 M 和有序数组 x,y,z 之间的一一对应关系,这个有序数组称为点 M 的坐标,记为 $M(x,y,z)$,称 x,y,z 分别为点 M 的横坐标、纵坐标和竖坐标.

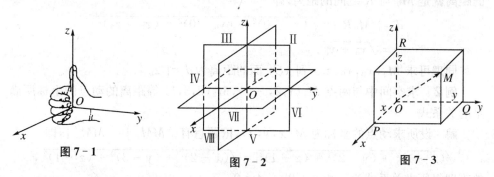

图 7-1　　　　图 7-2　　　　图 7-3

显然,原点 O 的坐标为 $(0,0,0)$,坐标轴上的点至少有两个坐标为 0,坐标平面上的点至少有一个坐标为 0.各卦限内点的坐标也都各有其特征,如第 I 卦限(若不包括坐标轴的话)中的点的坐标均大于零等.

7.1.2　空间两点间的距离

设 $M_1(x_1,y_1,z_1), M_2(x_2,y_2,z_2)$ 为空间两点,过点 M_1,M_2 各作三个分别垂直于三条坐标轴的平面,这六个平面围成一个以 M_1,M_2 为对角线的长方体,如图 7-4 所示,则 M_1 与 M_2 的距离,由勾股定理可知为

$$d=|M_1M_2|=\sqrt{|M_1N|^2+|NM_2|^2}=\sqrt{|M_1P|^2+|PN|^2+|NM_2|^2}.$$

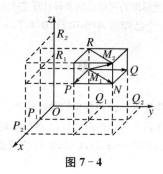

图 7-4

因为 $|M_1P|=|P_1P_2|=|x_2-x_1|$, $|PN|=|Q_1Q_2|=|y_2-y_1|$, $|NM_2|=|R_1R_2|=|z_2-z_1|$,所以

$$d = |M_1M_2| = \sqrt{(x_2-x_1)^2 + (y_2-y_1)^2 + (z_2-z_1)^2}.$$

特别地,点 $M(x,y,z)$ 与坐标原点 $O(0,0,0)$ 之间的距离为 $d = |OM| = \sqrt{x^2 + y^2 + z^2}$.

例1 求点 $M_0(x_0, y_0, z_0)$ 到 z 轴的距离.

解 过点 M_0 作 z 轴的垂线,垂足为 R,则 R 的坐标为 $(0,0,z_0)$,则 M_0 到 z 轴的距离就是 M_0 与 R 之间的距离,即

$$\begin{aligned} d = |M_0R| &= \sqrt{(x_0-0)^2 + (y_0-0)^2 + (z_0-z_0)^2} \\ &= \sqrt{x_0^2 + y_0^2}. \end{aligned}$$

同理可求 $M_0(x_0, y_0, z_0)$ 到 xOy 面的距离为 $d = |z_0|$.

例2 求空间中与两点 $M_1(1,2,-1), M_2(2,3,1)$ 等距离的动点的坐标所满足的关系式.

解 设所求动点的坐标为 $M(x,y,z)$,依题意有 $|MM_1| = |MM_2|$,即

$$\sqrt{(x-1)^2 + (y-2)^2 + (z+1)^2} = \sqrt{(x-2)^2 + (y-3)^2 + (z-1)^2},$$

整理即得所求关系式为 $x + y + 2z - 4 = 0$.

习题 7-1

A

1. 在空间直角坐标系中,指出下列各点在哪个卦限.
$A(1,-2,2)$; $B(1,2,-3)$; $C(1,-2,-3)$; $D(-2,-1,3)$.

2. 求点 (a,b,c) 关于(1) 各坐标面的对称点的坐标;(2) 各坐标轴的对称点的坐标.

3. 在 xOy 坐标面上,求与三个已知点 $A(5,6,2), B(4,7,-2), C(3,5,3)$ 等距离的点.

B

1. 过 $M_0(x_0, y_0, z_0)$ 分别作各坐标面和各坐标轴的垂线,写出各垂足的坐标.

2. 求点 $(3,-4,-5)$ 到(1) 各坐标面的距离;(2) 各坐标轴的距离.

3. 试证明以三点 $A(1,3,2), B(9,-2,5), C(3,0,8)$ 为顶点的三角形是等腰直角三角形.

7.2 向量代数

7.2.1 向量的概念

在科学和技术的研究中,常遇到一些量,其中有些量只需用数值就足以表示其特征或者说用一个数就可以完全确定,如面积、质量、功、时间、温度等,这类量称为**数量**(或**纯量**),也称为**标量**.

然而在客观世界中,还有许多量是不能只用一个数值来完全刻画其全部特征的,如位移、力、速度、加速度、力矩及电场强度等.这类量既有大小,又有方向,称为**向量**,也称为**矢量**.

在数学上,从几何角度常常用有向线段来表示向量,有向线段的长度表示向量的大小,有向线段的方向表示向量的方向.以 M_1 为起点、以 M_2 为终点的有向线段表示的向量记为 $\overrightarrow{M_1M_2}$(图7-5).向量也可以用单个黑体字母如 $\boldsymbol{a},\boldsymbol{b},\boldsymbol{r},\boldsymbol{F}$ 等表示,在手写时分别写成 $\vec{a},\vec{b},\vec{r},\vec{F}$ 等.

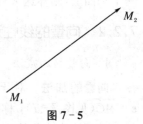

图 7-5

向量的大小称为**向量的模**.在几何上,向量的模就是有向线段的长度,记作 $|\overrightarrow{M_1M_2}|$,$|\vec{a}|$ 等.模长等于1的向量称为单位向量.模长等于零的向量称为零向量.零向量是惟一方向不确定的向量,以 $\vec{0}$ 或黑体 $\boldsymbol{0}$ 表示.

在数学上,通常我们只研究与起点无关的向量,这种向量称为**自由向量**,即只考虑向量的大小和方向,在空间中,自由向量具有平行移动而不改变其大小和方向的性质.但在有些实际问题中,如在求力矩时,不仅要考虑作用的力向量的大小和方向,而且还要考虑其作用点(即起点).

对于自由向量来说,如果向量 $\boldsymbol{a}$ 和向量 $\boldsymbol{b}$ 的大小相同且方向一致,则称向量 $\boldsymbol{a}$ 和向量 $\boldsymbol{b}$ 相等,记为 $\boldsymbol{a}=\boldsymbol{b}$.如在图7-6中,向量 $\overrightarrow{CD}$ 可经由向量 $\overrightarrow{AB}$ 平行移动得到,即 $\overrightarrow{AB}$ 与 $\overrightarrow{CD}$ 方向一致,且 $|\overrightarrow{AB}|=|\overrightarrow{CD}|$,故 $\overrightarrow{AB}=\overrightarrow{CD}$ 或 $\boldsymbol{a}=\boldsymbol{b}$.

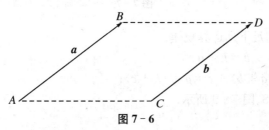

图 7-6

如果向量 a 和向量 b 大小相同且方向相反,则称向量 a 和向量 b 互为负向量,记为 $a = -b$ 或 $b = -a$,而零向量的负向量仍是零向量.

由于我们只研究自由向量,故可将其起点都平移到同一点处.若公共起点为坐标系的原点 O,则向量 $\overrightarrow{OM}$ 与终点位置 M 建立了一一对应关系,此时称向量 $\overrightarrow{OM}$ 为点 M(关于原点 O)的**向径**或**径向量**,也称为点 M 的**位置向量**,用 r 或 r_M 表示,即 $r_M = \overrightarrow{OM}$.

对于给定向量 a 和 b,取 $\overrightarrow{OA} = a, \overrightarrow{OB} = b$,若三点 O, A, B 在一条直线上,则称向量 a 与 b **平行**,记为 $a \parallel b$,也称 a 与 b **共线**.易知公共起点可换成其他任意点,而这并不影响两个平行的向量仍是平行的.由于零向量的起点与终点重合,故零向量与任何向量都平行.

类似有向量**共面**的概念.设有 $k(k \geqslant 3)$ 个向量,若公共起点与 k 个终点在同一个平面上,则称这 k 个向量共面.

7.2.2 向量的线性运算

1. 向量的加减法

向量的加法 对于向量 a 和 b,任取一点 A,作 $\overrightarrow{AB} = a$,再作 $\overrightarrow{BC} = b$,记 $c = \overrightarrow{AC}$(见图 7-7),称向量 c 为向量 a 与 b 的**和向量**,记作 $c = a + b$,并称向量之间的这种运算为向量的**加法**运算,这种作出两向量之和的方法为向量加法的**三角形法则**.

当 a 和 b 不平行时,三角形法则等价于下面的**平行四边形法则**:

任取一点 A,作 $\overrightarrow{AB} = a, \overrightarrow{AD} = b$,显然以 AB, AD 为邻边的平行四边形的对角线向量 $\overrightarrow{AC}$ 即为 a 与 b 的和向量(见图 7-8).

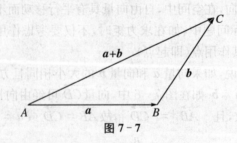

图 7-7

向量的加法满足下列运算规律:
(1) 交换律:$a + b = b + a$;
(2) 结合律:$(a + b) + c = a + (b + c)$;
分别如图 7-8、图 7-9 所示.

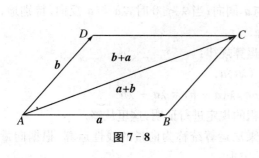
图 7-8

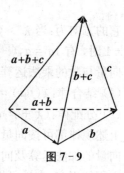
图 7-9

(3) $a + 0 = a$;

(4) $a + (-a) = 0$.

由于两向量的加法运算满足交换律与结合律,故 n 个向量 $a_1, a_2, \cdots, a_n (n \geqslant 3)$ 相加可写成 $a_1 + a_2 + \cdots + a_n = (a_1 + a_2 + \cdots + a_{n-1}) + a_n$,且两向量相加的三角形法则可推广到有限个向量相加的情形:用前一个向量的终点作为后一个向量的起点,作出这 n 个向量(与次序无关),则由第一个向量的起点与最后一个向量的终点所确定的向量即为这 n 个向量的和向量.

向量的减法 减法是加法的逆运算,若向量 b 加向量 c 等于向量 a,即 $a = b + c$,则称向量 c 为 a 减去 b 后的差向量,记为 $c = a - b$.

还可以用负向量来定义向量的减法运算,a 与 b 的差向量 $a - b$ 可定义为 a 与 b 的负向量 $-b$ 的和向量,即

$$a - b = a + (-b).$$

相应地,向量减法的三角形法则可由加法的三角形法则得到:

先作 $\overrightarrow{AB} = a, \overrightarrow{AC} = b$,再作 $\overrightarrow{BD} = -b$,则 $\overrightarrow{AD} = a + (-b) = a - b$,从而 $\overrightarrow{CB} = a - b$,即平移使 a 与 b 具有公共的起点 A,则从 b 的终点到 a 的终点的向量即为 a 与 b 的差向量 $a - b$,如图 7-10 所示.

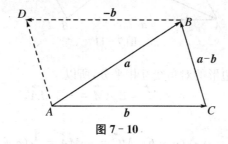
图 7-10

2. 向量与数的乘法

向量 a 与实数 λ 的乘积记为 λa,规定 λa 是一个向量,它的模为

$$|\lambda a|=|\lambda||a|.$$

它的方向为:当 $\lambda>0$ 时,λa 与 a 同向;当 $\lambda<0$ 时,λa 与 a 反向.特别地,当 $\lambda=\pm 1$ 时,有 $1a=a,(-1)a=-a$.

向量与数的乘法运算满足下列运算规律:

(1) 结合律:$\lambda(\mu a)=\mu(\lambda a)=(\lambda\mu)a$;

(2) 分配律:$(\lambda+\mu)a=\lambda a+\mu a,\lambda(a+b)=\lambda a+\lambda b$.

上述规律都可按向量与数的乘积的规定进行证明,这里从略.

向量的加法运算及向量与数的乘法运算统称为向量的线性运算.根据向量与数的乘积的规定,直接可推出如下的定理:

定理 1 两非零向量 a 与 b 平行的充分必要条件是存在实数 λ,使 $b=\lambda a$.

前面已经提出,模为 1 的向量称为单位向量,设 a^0(或 e_a)表示与非零向量 a 同方向的单位向量,称为 a 的单位化向量,则利用向量与数的乘法可知:

$$a^0=\frac{1}{|a|}a$$

或记为

$$a^0=\frac{a}{|a|}.$$

上式可写成 $a=|a|a^0$,即 a 可表示为一个数与一个单位向量的乘积,其几何特征可解释为:$|a|$ 表示向量 a 的大小,a^0 表示 a 的方向.

例 1 在平行四边形 $ABCD$ 中(见图 7-11),设 $\overrightarrow{AB}=a,\overrightarrow{AD}=b$.试用 a 和 b 表示向量 $\overrightarrow{MA},\overrightarrow{MB},\overrightarrow{MC},\overrightarrow{MD}$,其中 M 是平行四边形对角线的交点.

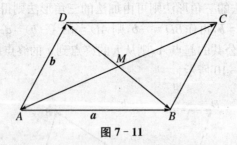

图 7-11

解 由于平行四边形的对角线互相平分,所以
$$a+b=\overrightarrow{AC}=2\overrightarrow{AM}=-2\overrightarrow{MA},$$
于是
$$\overrightarrow{MA}=-\frac{1}{2}(a+b),\overrightarrow{MC}=-\overrightarrow{MA}=\frac{1}{2}(a+b).$$
因为
$$-a+b=\overrightarrow{BD}=2\overrightarrow{MD},$$

所以
$$\vec{MD} = \frac{1}{2}(b-a), \vec{MB} = -\vec{MD} = \frac{1}{2}(a-b).$$

例2 用向量方法证明三角形两边中点的连线平行于第三边,且其长度等于第三边长度的一半.

证 如图7-12所示,设 D,E 分别为 $\triangle ABC$ 的边 AB,AC 的中点,则因
$$\vec{DE} = \vec{DA} + \vec{AE}, \vec{DA} = \frac{1}{2}\vec{BA}, \vec{AE} = \frac{1}{2}\vec{AC},$$
故
$$\vec{DE} = \frac{1}{2}(\vec{BA} + \vec{AC}) = \frac{1}{2}\vec{BC}.$$
即知
$$\vec{DE} \mathbin{/\mkern-5mu/} \vec{BC}, 且 DE = \frac{1}{2}BC.$$

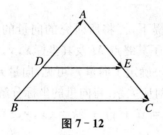

图 7-12

7.2.3 向量的坐标

前面所讲的向量及向量的线性运算都是从几何特征上来描述的,但仅从几何角度来进行讨论是不方便深入研究的.这里将以坐标系为工具,引进向量的坐标表示法,使得我们能用代数的方法来研究向量及其运算.

1. 向量沿坐标轴的分解

设 r 是空间直角坐标系中任一向量,将向量 r 的起点平移到坐标原点 O,其终点 M 的坐标为 (x,y,z),则有 $r = \vec{OM}$.

用 i,j,k 分别表示 x 轴、y 轴和 z 轴正方向的单位向量,并称 i,j,k 为空间直角坐标系 $O-xyz$ 的基本单位向量. 过终点 M 作三个分别垂直于坐标轴的平面,并分别交 x 轴、y 轴、z 轴于点 P,Q,R,如图 7-13 所示,有
$$\vec{OP} = xi, \vec{OQ} = yj, \vec{OR} = zk,$$
则
$$\vec{OM} = \vec{OP} + \vec{PN} + \vec{NM} = \vec{OP} + \vec{OQ} + \vec{OR},$$

即
$$r = xi + yj + zk.$$

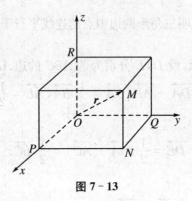

图 7-13

上式称为向量 r 的坐标分解式，xi, yj, zk 称为向量 r 沿三个坐标轴方向的分向量.

显然，在自由向量的前提下，当将所研究的向量的起点统一移至坐标原点 O 时，给定向量 r，就惟一确定了其终点 M 及其坐标 x, y, z；反之，给定向量 r 的终点 M 及其坐标 x, y, z，也就惟一确定了向量 r，可见，向量 r 通过其终点 M 与三个有序数 x, y, z 之间建立了一一对应关系. 将向量的坐标分解式简记为
$$r = xi + yj + zk = (x, y, z),$$
即
$$r = (x, y, z).$$

称上式为向量 r 的坐标表达式，x, y, z 称为向量 r 的坐标（或向量 r 的坐标分量）.

上述定义表明，一个起点在坐标原点 O 的向量 r 与其终点 M 有相同的坐标，记号 (x, y, z) 既表示点 M，又表示向量 $\overrightarrow{OM}$.

特别有
$$i = (1, 0, 0), j = (0, 1, 0), k = (0, 0, 1).$$

2. 利用坐标作向量的线性运算

利用向量的坐标，可方便地进行向量的线性运算.

设 $a = (a_x, a_y, a_z), b = (b_x, b_y, b_z)$，即 $a = a_x i + a_y j + a_z k, b = b_x i + b_y j + b_z k$，根据向量加法及数与向量乘积的运算规律，有
$$a + b = (a_x i + a_y j + a_z k) + (b_x i + b_y j + b_z k)$$
$$= (a_x + b_x)i + (a_y + b_y)j + (a_z + b_z)k = (a_x + b_x, a_y + b_y, a_z + b_z),$$
$$a - b = (a_x i + a_y j + a_z k) - (b_x i + b_y j + b_z k)$$

$$= (a_x - b_x)\boldsymbol{i} + (a_y - b_y)\boldsymbol{j} + (a_z - b_z)\boldsymbol{k} = (a_x - b_x, a_y - b_y, a_z - b_z),$$
$$\lambda\boldsymbol{a} = \lambda(a_x\boldsymbol{i} + a_y\boldsymbol{j} + a_z\boldsymbol{k}) = (\lambda a_x)\boldsymbol{i} + (\lambda a_y)\boldsymbol{j} + (\lambda a_z)\boldsymbol{k}$$
$$= (\lambda a_x, \lambda a_y, \lambda a_z) \quad (\lambda\text{ 为实数}).$$

由此可见,向量的线性运算,可归结为向量对应坐标的线性运算.

由定理 1,两非零向量 $\boldsymbol{a}$ 与 $\boldsymbol{b}$ 平行即 $\boldsymbol{b} = \lambda\boldsymbol{a}$,坐标表示式为
$$(b_x, b_y, b_z) = (\lambda a_x, \lambda a_y, \lambda a_z),$$

由向量的坐标表达式的惟一性可得 $b_x = \lambda a_x, b_y = \lambda a_y, b_z = \lambda a_z$,即相当于向量 $\boldsymbol{b}$ 与 $\boldsymbol{a}$ 对应的坐标成比例: $\dfrac{b_x}{a_x} = \dfrac{b_y}{a_y} = \dfrac{b_z}{a_z}.$

特别地,当 $\lambda = 1$ 时,得 $\boldsymbol{a}$ 与 $\boldsymbol{b}$ 相等的充要条件是
$$a_x = b_x, a_y = b_y, a_z = b_z.$$

例 3 已知两点 $M_1(x_1, y_1, z_1)$ 和 $M_2(x_2, y_2, z_2)$,求向量 $\overrightarrow{M_1M_2}$ 的坐标表达式.

解 由于点 M_1 和点 M_2 的位置向量分别为
$$\overrightarrow{OM_1} = (x_1, y_1, z_1), \overrightarrow{OM_2} = (x_2, y_2, z_2),$$
故
$$\overrightarrow{M_1M_2} = \overrightarrow{OM_2} - \overrightarrow{OM_1} = (x_2, y_2, z_2) - (x_1, y_1, z_1)$$
$$= (x_2 - x_1, y_2 - y_1, z_2 - z_1).$$

例 4(定比分点公式) 给定两点 $A(a_1, a_2, a_3), B(b_1, b_2, b_3)$ 以及实数 $\lambda \neq -1$,在直线 AB 上求点 $M(x, y, z)$,使 $\overrightarrow{AM} = \lambda\overrightarrow{MB}$.

解 由上例,
$$\overrightarrow{AM} = (x - a_1, y - a_2, z - a_3), \overrightarrow{MB} = (b_1 - x, b_2 - y, b_3 - z),$$
故 $\overrightarrow{AM} = \lambda\overrightarrow{MB}$ 按坐标分量写出即为
$$x - a_1 = \lambda(b_1 - x), y - a_2 = \lambda(b_2 - y), z - a_3 = \lambda(b_3 - z).$$
可见点 M 的坐标为
$$\left(\dfrac{a_1 + \lambda b_1}{1 + \lambda}, \dfrac{a_2 + \lambda b_2}{1 + \lambda}, \dfrac{a_3 + \lambda b_3}{1 + \lambda}\right).$$

特别地,当 $\lambda = 1$ 时,可得线段 AB 的中点坐标为
$$\left(\dfrac{a_1 + b_1}{2}, \dfrac{a_2 + b_2}{2}, \dfrac{a_3 + b_3}{2}\right).$$

3. 向量的模与方向余弦

设向量 $\boldsymbol{r} = x\boldsymbol{i} + y\boldsymbol{j} + z\boldsymbol{k}$,作 $\overrightarrow{OM} = \boldsymbol{r}$,如图 7-14 所示,则向量 $\boldsymbol{r}$ 的模为
$$|\boldsymbol{r}| = |\overrightarrow{OM}| = \sqrt{x^2 + y^2 + z^2}.$$

两向量的夹角 设 $\boldsymbol{a}, \boldsymbol{b}$ 为非零向量,任取空间一点 O 为公共起点,作 $\overrightarrow{OA} = \boldsymbol{a}$,

$\overrightarrow{OB}=b$，规定不超过 π 的角 $\angle AOB$ 为向量 a 与 b 的夹角（图 7-15），记作 $(a\widehat{\,}b)$ 或 $(b\widehat{\,}a)$．特别地，当夹角为 0 或 π 时，a，b 同向或反向，即 $a \parallel b$；当夹角为 $\dfrac{\pi}{2}$ 时，称 a 与 b 为垂直或正交，记为 $a \perp b$．

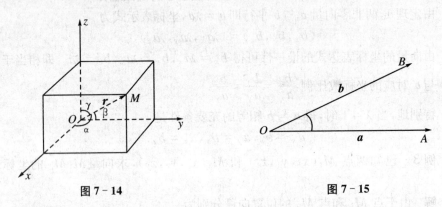

图 7-14　　　　　　图 7-15

如果向量 a、b 中有一个是零向量，规定其夹角可以在 0 至 π 之间任意取值．类似规定向量与数轴的夹角为该向量与任一同该数轴正向一致的非零向量间的夹角．

若非零向量 r 与 x 轴，y 轴，z 轴的夹角分别为 α, β, γ，则称 α, β, γ 为向量 r 的方向角，称 $\cos\alpha, \cos\beta, \cos\gamma$ 为向量 r 的方向余弦．

从图 7-14 可得
$$x=|r|\cos\alpha, \quad y=|r|\cos\beta, \quad z=|r|\cos\gamma.$$

从而
$$\cos\alpha = \frac{x}{|r|} = \frac{x}{\sqrt{x^2+y^2+z^2}},$$
$$\cos\beta = \frac{y}{|r|} = \frac{y}{\sqrt{x^2+y^2+z^2}},$$
$$\cos\gamma = \frac{z}{|r|} = \frac{z}{\sqrt{x^2+y^2+z^2}}.$$

并由此可得
$$\cos^2\alpha + \cos^2\beta + \cos^2\gamma = 1$$

及单位向量
$$(r)^0 = \frac{1}{|r|}r = \frac{1}{|r|}(x,y,z) = \left(\frac{x}{|r|}, \frac{y}{|r|}, \frac{z}{|r|}\right),$$
即
$$(r)^0 = (\cos\alpha, \cos\beta, \cos\gamma) = \cos\alpha\, i + \cos\beta\, j + \cos\gamma\, k.$$

例 5　已知 $M_1(3,1,0)$ 和 $M_2(-1,1,3)$，求向量 $\overrightarrow{M_1M_2}$ 的模、方向余弦及其单

位向量.

解 因 $\overrightarrow{M_1M_2}=(-4,0,3)$,故其模 $|\overrightarrow{M_1M_2}|=\sqrt{(-4)^2+0^2+3^2}=5$,方向余弦 $\cos\alpha=-\dfrac{4}{5},\cos\beta=0,\cos\gamma=\dfrac{3}{5}$,单位向量 $(\overrightarrow{M_1M_2})^0=\left(-\dfrac{4}{5},0,\dfrac{3}{5}\right)$.

例6 设点 M 位于第一卦限,向量 $\overrightarrow{OM}$ 与 y 轴、z 轴的夹角依次为 $\dfrac{\pi}{4}$ 和 $\dfrac{\pi}{3}$,且 $|\overrightarrow{OM}|=6$,求点 M 的坐标.

解 将 $\beta=\dfrac{\pi}{4},\gamma=\dfrac{\pi}{3}$ 代入式 $\cos^2\alpha+\cos^2\beta+\cos^2\gamma=1$ 中,得

$$\cos^2\alpha=1-\left(\dfrac{\sqrt{2}}{2}\right)^2-\left(\dfrac{1}{2}\right)^2=\dfrac{1}{4}.$$

又因点 M 在第一卦限,知 $\cos\alpha>0$,故 $\cos\alpha=\dfrac{1}{2}$.于是

$$\overrightarrow{OM}=6\left(\dfrac{1}{2},\dfrac{\sqrt{2}}{2},\dfrac{1}{2}\right)=(3,3\sqrt{2},3)$$

即点 M 的坐标为 $(3,3\sqrt{2},3)$.

4. 向量在轴上的投影

先引入向量在非零向量上的投影的概念.

对于任意给定的两个向量 a 和 b,其中 $b\neq \mathbf{0}$,称 $|a|\cos(a\wedge b)$ 为向量 a 在非零向量 b 上的投影,记为 $Prj_b a$ 或 $(a)_b$,即 $(a)_b=Prj_b a=|a|\cos(a\wedge b)$.

取坐标原点 O 为向量 a 和 b 的公共起点,作 $\overrightarrow{OA}=a,\overrightarrow{OB}=b$,若以 $\overrightarrow{OB}$ 作为坐标轴正向,则 $Prj_b a$ 正好表示了点 A 在该轴上投影点 C 的坐标(见图 7-16).

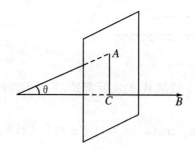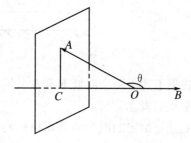

图 7-16

若 $a\neq \mathbf{0}$,则当 $\theta=(a\wedge b)<\dfrac{\pi}{2}$ 时,投影 $Prj_b a=|a|\cos\theta>0$;

当 $\theta=(a\wedge b)>\dfrac{\pi}{2}$ 时,投影 $Prj_b a=|a|\cos\theta<0$;

当 $\theta = (a\hat{\ }b) = \dfrac{\pi}{2}$ 时,投影 $Prj_b a = |a|\cos\theta = 0$.

若 $a = 0$,则按定义知,投影 $Prj_b a = |a|\cos\theta = 0$.

根据定义,将非零向量 b 换成任一与 b 同向的非零向量 b_1,由于夹角不变,即 $(a\hat{\ }b) = (a\hat{\ }b_1)$,则投影也不变,即 a 在 b 上的投影等于 a 在 b_1 上的投影.由此可将向量在非零向量上的投影推广到向量在坐标轴上的投影.规定任意向量 a 在与坐标轴 u 同向的任一非零向量上的投影为向量 a 在该坐标轴上的投影,即

$$Prj_u a = |a|\cos\varphi \quad (其中\varphi 为向量 a 与 u 轴的夹角).$$

按此定义,向量 $a = (a_x, a_y, a_z)$ 在直角坐标系 $O-xyz$ 中的坐标 a_x, a_y, a_z 分别就是向量 a 在 x 轴、y 轴、z 轴上的投影,即有

$$a_x = Prj_x a, \; a_y = Prj_y a, \; a_z = Prj_z a.$$

由此可知,向量的投影具有与坐标相同的性质:

性质 1 $(a+b)_u = (a)_u + (b)_u$ （即 $Prj_u(a+b) = Prj_u a + Prj_u b$）;

性质 2 $(\lambda a)_u = \lambda(a)_u$ （即 $Prj_u(\lambda a) = \lambda Prj_u a$）.

7.2.4 向量的数量积、向量积与混合积

1. 两向量的数量积

设一物体在常力 F 作用下沿直线作位移 S,由物理学知识可知,力 F 所做的功为 $W = |F||S|\cos\theta$,其中 θ 为 F 与 S 的夹角.如图 7-17 所示.

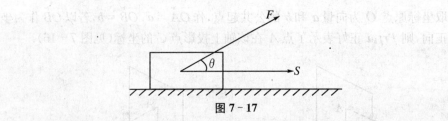

图 7-17

根据上述由两个向量 F 和 S 共同确定一个数量 W 的实际背景,下面引进向量的数量积的概念.

对任意给定的两个向量 a 和 b,称 $|a||b|\cos(a\hat{\ }b)$ 为向量 a 和 b 的数量积,记作 $a \cdot b$,即

$$a \cdot b = |a||b|\cos(a\hat{\ }b).$$

由这个定义,上述问题中力 F 所做的功就是 F 与 S 的数量积,即

$$W = F \cdot S.$$

由投影的定义,可以得到数量积的另一种表达式:

$$a \cdot b = |a|[|b|\cos(a\hat{\ }b)] = |a| Prj_a b \quad (a \neq 0)$$

或
$$a \cdot b = |b|[|a|\cos(a\wedge b)] = |b| \, Prj_b a \quad (b \neq 0).$$
即两向量的数量积是一个向量的模与另外一个向量在此向量上的投影的乘积.

两个向量的数量积是一个数量,利用其定义及上述关于投影的关系式,可得向量的数量积满足以下运算规律:

(1) 交换律:$a \cdot b = b \cdot a$;

(2) 分配律:$(a+b) \cdot c = a \cdot c + b \cdot c$;

(3) 与数乘的结合律:$(\lambda a) \cdot b = a \cdot (\lambda b) = \lambda(a \cdot b), (\lambda a) \cdot (\mu b) = \lambda\mu(a \cdot b)$ ($\lambda、\mu$ 为常数).

这里仅给出分配律 $(a+b) \cdot c = a \cdot c + b \cdot c$ 的证明.

证 当 $c = 0$ 时,公式(2) 显然成立.

当 $c \neq 0$ 时,有
$$(a+b) \cdot c = |c| \, Prj_c(a+b) = |c| (Prj_c a + Prj_c b)$$
$$= |c| \, Prj_c a + |c| \, Prj_c b = a \cdot c + b \cdot c.$$

即公式(2) 成立.综上可知结论为真.

利用向量的数量积可判断两个向量是否正交(垂直),即有下面的定理:

定理 2 两向量 a 和 b 正交的充要条件为 $a \cdot b = 0$.

例 7 用向量方法证明三角形的余弦定理.

证明 设在 $\triangle ABC$ 中,$\angle BCA = \theta$(见图 7-18),$|BC| = |a|$,$|CA| = |b|$,$|AB| = |c|$,要证 $c^2 = a^2 + b^2 - 2ab\cos\theta$.

记 $\overrightarrow{CB} = a, \overrightarrow{CA} = b, \overrightarrow{AB} = c$,则有 $c = a - b$,从而有
$$|c|^2 = c \cdot c = (a-b) \cdot (a-b)$$
$$= a \cdot a + b \cdot b - 2a \cdot b = |a|^2 + |b|^2 - 2|a||b|\cos(a\wedge b),$$
即证得
$$c^2 = a^2 + b^2 - 2ab\cos\theta.$$

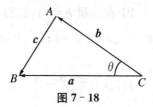

图 7-18

下面我们来推导两向量的数量积的坐标表示.

设 $a = (a_x, a_y, a_z), b = (b_x, b_y, b_z)$,由数量积的定义和运算性质及基本单位向量的数量积关系式:

$$i \cdot j = j \cdot k = k \cdot i = 0, i \cdot i = j \cdot j = k \cdot k = 1,$$

得
$$\begin{aligned}a \cdot b &= (a_x i + a_y j + a_z k) \cdot (b_x i + b_y j + b_z k)\\ &= a_x b_x i \cdot i + a_x b_y i \cdot j + a_x b_z i \cdot k + a_y b_x j \cdot i + a_y b_y j \cdot j +\\ & \quad a_y b_z j \cdot k + a_z b_x k \cdot i + a_z b_y k \cdot j + a_z b_z k \cdot k\\ &= a_x b_x + a_y b_y + a_z b_z.\end{aligned}$$

即两向量的数量积等于它们对应坐标的乘积之和.

由于 $a \cdot b = |a||b|\cos(a\char94 b)$,故当 a、b 均为非零向量时,有
$$\cos\theta = \frac{a \cdot b}{|a||b|} \quad (\text{其中 } \theta = (a\char94 b)),$$

故可得 a 与 b 夹角的余弦的坐标表示式为
$$\cos\theta = \frac{a_x b_x + a_y b_y + a_z b_z}{\sqrt{a_x^2 + a_y^2 + a_z^2}\sqrt{b_x^2 + b_y^2 + b_z^2}}.$$

例 8 已知三点 $M(1,2,-1), A(2,1,1)$ 和 $B(3,3,0)$,求 $\angle AMB$.

解 从 M 到 A 的向量记为 a,从 M 到 B 的向量记为 b,则 $\angle AMB$ 就是向量 a 与 b 的夹角.
$$a = (1,-1,2), b = (2,1,1),$$

因为
$$a \cdot b = 1 \times 2 + (-1) \times 1 + 2 \times 1 = 3,$$
$$|a| = \sqrt{1^2 + (-1)^2 + 2^2} = \sqrt{6},$$
$$|b| = \sqrt{2^2 + 1^2 + 1^2} = \sqrt{6}.$$

所以
$$\cos\angle AMB = \frac{a \cdot b}{|a||b|} = \frac{3}{\sqrt{6} \cdot \sqrt{6}} = \frac{1}{2},$$

从而 $\angle AMB = \frac{\pi}{3}$.

例 9 求向量 $a = (2,3,-2)$ 在向量 $b = (1,2,2)$ 上的投影.

解 $a \cdot b = 2 \times 1 + 3 \times 2 + (-2) \times 2 = 4$,且 $|b| = \sqrt{1^2 + 2^2 + 2^2} = 3$,由 $a \cdot b = |b| \mathrm{Prj}_b a$ 得
$$\mathrm{Prj}_b a = \frac{a \cdot b}{|b|} = \frac{4}{3}.$$

2. 两向量的向量积

设 O 为一杠杆 L 的支点,力 F 作用于这杠杆上的 P 点处,F 与 $\overrightarrow{OP}$ 的夹角为 θ(见图 7-19).由力学知识可知,力 F 对支点 O 的力矩是一向量 M,它的模为 $|M| = |\overrightarrow{OP}||F|\sin\theta$,而向量 M 的方向垂直于 $\overrightarrow{OP}$ 与 F 所确定的平面,且 $\overrightarrow{OP}, F, M$ 符合

右手规则,即当右手四指由 $\overrightarrow{OP}$ 内侧转过角度 θ 转向 F 握拳时,大拇指的指向为 M 的指向.

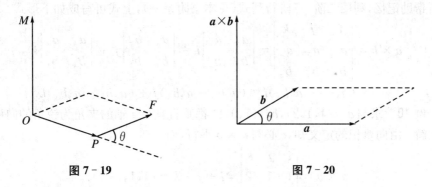

图 7-19　　　　　　　　　　图 7-20

这种由两个已知向量按上面的规则来确定第三个向量的情况,在其他力学和物理学问题中也会遇到,由此引出两个向量的向量积的概念.

设向量 a、b 是两个给定的互不平行的非零向量,规定向量 a 与向量 b 的向量积是一个向量,记作 $a \times b$,其模为

$$|a \times b| = |a||b|\sin\theta \quad (其中 \theta 为 a 与 b 间的夹角);$$

其方向垂直于 a 与 b 所决定的平面(即同时垂直于 a 和 b),并且 a、b、$a \times b$ 的指向符合右手法则(见图 7-20).

若 $a // b$ 或 a、b 中至少有一个零向量,则规定 $a \times b = 0$. 显然有 $a \times a = 0$. 因此,对上面的力矩 M,有 $M = \overrightarrow{OP} \times F$,即力矩 M 等于 $\overrightarrow{OP}$ 与 F 的向量积.

由向量积的定义,可得向量积满足下列运算规律:

(1) 反交换律:$a \times b = -b \times a$;

(2) 分配律:$(a + b) \times c = a \times c + b \times c$;

(3) 关于数乘的结合律:$(\lambda a) \times b = a \times (\lambda b) = \lambda(a \times b)$　(λ 为常数).

这里需要指出,向量积运算关于向量一般不满足结合律,即 $(a \times b) \times c \neq a \times (b \times c)$. 请读者自行给出反例.

下面我们给出向量积的坐标表示.

设 $a = a_x i + a_y j + a_z k, b = b_x i + b_y j + b_z k$,由向量积的定义和运算性质及基本单位向量之间的向量积关系式:

$$i \times j = k, j \times k = i, k \times i = j, j \times i = -k, k \times j = -i,$$
$$i \times k = -j, i \times i = j \times j = k \times k = 0,$$

可得

$$a \times b = (a_x i + a_y j + a_z k) \times (b_x i + b_y j + b_z k)$$
$$= a_x b_x i \times i + a_x b_y i \times j + a_x b_z i \times k + a_y b_x j \times i + a_y b_y j \times j +$$

$$a_yb_z j\times k + a_zb_x k\times i + a_zb_y k\times j + a_zb_z k\times k$$
$$=(a_yb_z-a_zb_y)i+(a_zb_x-a_xb_z)j+(a_xb_y-a_yb_x)k.$$

为了帮助记忆，利用二阶、三阶行列式（见本书附录一），上式可写成如下形式：

$$a\times b=\begin{vmatrix} i & j & k \\ a_x & a_y & a_z \\ b_x & b_y & b_z \end{vmatrix}=\begin{vmatrix} a_y & a_z \\ b_y & b_z \end{vmatrix}i-\begin{vmatrix} a_x & a_z \\ b_x & b_z \end{vmatrix}j+\begin{vmatrix} a_x & a_y \\ b_x & b_y \end{vmatrix}k$$
$$=(a_yb_z-a_zb_y)i-(a_xb_z-a_zb_x)j+(a_xb_y-a_yb_x)k.$$

例 10 求与 $a=(1,1,2)$，$b=(1,0,1)$ 都垂直且与 z 轴的夹角为锐角的向量 c.

解 由向量积的定义知，c 必与 $a\times b$ 平行，而

$$a\times b=\begin{vmatrix} i & j & k \\ 1 & 1 & 2 \\ 1 & 0 & 1 \end{vmatrix}=i+j-k=(1,1,-1).$$

又因 c 与 z 轴夹角为锐角，即 c 的第三个坐标为正，故可得

$$c=\lambda(a\times b)=\lambda(1,1,-1) \quad (\text{其中 } \lambda<0).$$

例 11 已知三角形 $\triangle ABC$ 的顶点分别是 $A(1,2,3)$，$B(3,4,5)$，$C(2,4,7)$，求 $\triangle ABC$ 的面积.

解 根据向量积的定义，可知 $\triangle ABC$ 的面积为

$$S_{\triangle ABC}=\frac{1}{2}|\overrightarrow{AB}||\overrightarrow{AC}|\sin\angle A=\frac{1}{2}|\overrightarrow{AB}\times\overrightarrow{AC}|.$$

由于 $\overrightarrow{AB}=(2,2,2)$，$\overrightarrow{AC}=(1,2,4)$，因此

$$\overrightarrow{AB}\times\overrightarrow{AC}=\begin{vmatrix} i & j & k \\ 2 & 2 & 2 \\ 1 & 2 & 4 \end{vmatrix}=4i-6j+2k.$$

于是

$$S_{\triangle ABC}=\frac{1}{2}|4i-6j+2k|=\frac{1}{2}\sqrt{4^2+(-6)^2+2^2}=\sqrt{14}.$$

3. 向量的混合积

已知三个向量 a,b,c，如果先作前两向量 a 和 b 的向量积 $a\times b$，再作向量 $a\times b$ 与第三个向量 c 的数量积 $(a\times b)\cdot c$，这样得到的数量称为三向量 a,b,c 的混合积，记作 $[a\ b\ c]$.

设 $a=a_x i+a_y j+a_z k$，$b=b_x i+b_y j+b_z k$，$c=c_x i+c_y j+c_z k$. 由前面的向量积和数量积的坐标计算公式可得混合积的坐标计算公式如下：

$$[a\ b\ c]=(a\times b)\cdot c=\begin{vmatrix} i & j & k \\ a_x & a_y & a_z \\ b_x & b_y & b_z \end{vmatrix}\cdot(c_x i+c_y j+c_z k)$$

$$= c_x \begin{vmatrix} a_y & a_z \\ b_y & b_z \end{vmatrix} - c_y \begin{vmatrix} a_x & a_z \\ b_x & b_z \end{vmatrix} + c_z \begin{vmatrix} a_x & a_y \\ b_x & b_y \end{vmatrix}.$$

或

$$[a\,b\,c] = \begin{vmatrix} a_x & a_y & a_z \\ b_x & b_y & b_z \\ c_x & c_y & c_z \end{vmatrix}.$$

混合积的几何意义 考虑以向量 a,b,c 为棱的平行六面体，其底面积 $A = |a \times b|$，其高 h 为向量 c 在向量 $a \times b$ 上的投影的绝对值，即 $h = |Prj_{a \times b} c| = |c||\cos\alpha|$，其中 α 为 $a \times b$ 与 c 的夹角，如图7-21所示。故该平行六面体的体积 $V = Ah = |a \times b||c||\cos\alpha| = |(a \times b) \cdot c| = |[a\,b\,c]|$.

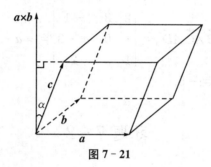

图 7-21

利用混合积的坐标计算公式及附录所列的行列式性质，可得到混合积满足交换混合积中任意两个向量的位置混合积变号及轮换不变性，即

$$[a\,b\,c] = [b\,c\,a] = [c\,a\,b] = -[b\,a\,c] = -[c\,b\,a] = -[a\,c\,b].$$

根据混合积的定义及其几何意义，利用混合积的坐标计算公式，也可以得到三向量 a,b,c 共面的充要条件为

$$[a\,b\,c] = \begin{vmatrix} a_x & a_y & a_z \\ b_x & b_y & b_z \\ c_x & c_y & c_z \end{vmatrix} = 0.$$

例 12 求以点 $A(-1,2,0), B(0,4,-2), C(0,1,4), D(1,5,2)$ 为顶点的四面体的体积.

解 因为四面体 $ABCD$ 的体积 V 等于以 $\overrightarrow{AB}, \overrightarrow{AC}, \overrightarrow{AD}$ 为棱的平行六面体的体积的六分之一，即

$$V = \frac{1}{6} |[\overrightarrow{AB}\,\overrightarrow{AC}\,\overrightarrow{AD}]|,$$

而

$$[\overrightarrow{AB}\ \overrightarrow{AC}\ \overrightarrow{AD}] = \begin{vmatrix} 1 & 2 & -2 \\ 1 & -1 & 4 \\ 2 & 3 & 2 \end{vmatrix} = -12,$$

得

$$V = \frac{1}{6}|-12| = 2.$$

例 13 确定 a 的值,使点 $A(1,1,3), B(3,4,2), C(2,1,a), D(2,3,5)$ 四点共面.

解 A,B,C,D 四点共面,即三向量 $\overrightarrow{AB}, \overrightarrow{AC}, \overrightarrow{AD}$ 共面,其充要条件是

$$[\overrightarrow{AB}\ \overrightarrow{AC}\ \overrightarrow{AD}] = 0,$$

而

$$[\overrightarrow{AB}\ \overrightarrow{AC}\ \overrightarrow{AD}] = \begin{vmatrix} 2 & 3 & -1 \\ 1 & 0 & a-3 \\ 1 & 2 & 2 \end{vmatrix} = -a-5,$$

由 $-a-5=0$,解得 $a=-5$.

习题 7-2

A

1. 设 $u = a - 2b + 3c, v = -a + 2b - c$. 试用 $a、b、c$ 表示 $2u - 3v$.

2. 求平行于向量 $a = (1, -1, -\sqrt{2})$ 的单位向量.

3. 已知两点 $M_1(3, \sqrt{2}-1, 0)$ 和 $M_2(2, -1, 1)$,求向量 $\overrightarrow{M_1 M_2}$ 的模、方向余弦和方向角.

4. 设向量 r 的模是 3,它与轴 u 的夹角是 $\frac{\pi}{6}$,求 r 在轴 u 上的投影.

5. 设 $a = i - 2j + 2k, b = 3i - 4k$,求:

(1) $a \cdot k$; (2) $b \times j$; (3) $(a-b) \cdot (2a+b)$; (4) $(3a-b) \times (a-b)$.

6. 一向量的终点为 $B(1, -2, 6)$,它在 x 轴、y 轴和 z 轴上的投影分别是 2、-3 和 6.求该向量的起点 A 的坐标.

7. 已知四点 $A(0,3,3), B(3,1,-3), C(1,3,2)$ 和 $D(7,5,5)$,求向量 $\overrightarrow{AB}$ 在向量 $\overrightarrow{CD}$ 上的投影.

8. 求 $p、q$ 的值,使三点 $A(1,2,3), B(-2,1,p), C(4,q,-1)$ 共线.

9. 求以向量 $a = (1,2,-2), b = (1,-1,2)$ 为邻边的平行四边形的面积.

10. 求与 $M_1(-1,2,2), M_2(1,2,3), M_3(-1,3,1)$ 三点所在平面垂直的单位向量.

11. 任意给定三个向量 a、b 和 c,证明 $a-b$,$b-c$,$c-a$ 共面.

B

1. 设 a、b、c 为单位向量,且满足 $a+b+c=0$,求 $a \cdot b + b \cdot c + c \cdot a$.
2. 从点 $A(1,-2,3)$ 沿向量 $a=(2,-3,6)$ 的方向取一线段长 $|AB|=28$,求 B 点的坐标.
3. 设 $|a|=\sqrt{3}$,$|b|=1$,a 与 b 的夹角为 $\frac{\pi}{6}$,求向量 $a+b$ 和 $a-b$ 的夹角.
4. 用向量方法证明直径上的圆周角必为直角.
5. 已知 $a=(-1,0,2)$,$b=(1,-2,0)$,$c=(0,2,3)$,验证 $(a \times b) \times c \neq a \times (b \times c)$.
6. 试用向量方法证明(柯西 - 施瓦茨不等式):
$$\sqrt{a_1^2+a_2^2+a_3^2}\sqrt{b_1^2+b_2^2+b_3^2} \geqslant |a_1b_1+a_2b_2+a_3b_3|.$$
其中 a_1、a_2、a_3 及 b_1、b_2、b_3 为任意实数.并指出等号成立的条件.

7. 试证明空间四个点 $A_i=(x_i,y_i,z_i)$,$i=1,2,3,4$ 共面的充分必要条件为
$$\begin{vmatrix} x_1 & y_1 & z_1 & 1 \\ x_2 & y_2 & z_2 & 1 \\ x_3 & y_3 & z_3 & 1 \\ x_4 & y_4 & z_4 & 1 \end{vmatrix}=0.$$

7.3 空间平面及其方程

空间直角坐标系的建立和向量概念的引进,架构了点、向量(向径)与三元有序数组之间的一一对应关系.可以想见,若将空间几何图形视为具有某种特征的动点轨迹,则其上每一点的坐标应满足某一个对应的方程.事实上在 7.1 节例 2 中,我们已经根据动点满足的运动规律,建立了动点的轨迹方程.反之,给定动点坐标 x、y、z 满足的方程,也可得到满足方程的点 (x,y,z) 的全体——几何图形,从而将几何图形与方程有机联系起来.

空间解析几何研究问题的方法,就是将几何与代数融为一体,利用代数方法解决几何问题,并用几何直观来解释一些抽象的代数运算.

本节讨论空间最简单的曲面图形,即平面.

7.3.1 平面方程的概念

1. 平面的点法式方程

过空间一点 M_0 且垂直于一个非零向量的平面是惟一确定的,该非零向量称为平面的法向量,法向量常用 n 表示.下面来建立该平面的方程.

设平面 π 通过的点 M_0 的坐标 (x_0, y_0, z_0) 和其法向量 $\boldsymbol{n} = (A, B, C)$ 为已知,当动点 $M(x, y, z)$ 在平面 π 上运动时,向量 $\overrightarrow{M_0 M}$ 总与 $\boldsymbol{n}$ 垂直(见图 7-22). 用向量的数量积表示这一几何现象,即 $\overrightarrow{M_0 M} \cdot \boldsymbol{n} = 0$. 因为 $\overrightarrow{M_0 M} = (x - x_0, y - y_0, z - z_0)$,$\boldsymbol{n} = (A, B, C)$,所以有

$$A(x - x_0) + B(y - y_0) + C(z - z_0) = 0. \tag{1}$$

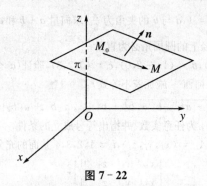

图 7-22

反之,对满足上述方程的任一组实数 x_1、y_1、z_1 所对应的点 $M_1(x_1, y_1, z_1)$,由于 $A(x_1 - x_0) + B(y_1 - y_0) + C(z_1 - z_0) = 0$ 可写为 $\overrightarrow{M_0 M_1} \cdot \boldsymbol{n} = 0$,即 $\overrightarrow{M_0 M_1} \perp \boldsymbol{n}$,故 M_1 必在平面 π 上. 因此,方程(1)就是平面 π 的方程,称为平面 π 的点法式方程.

例 1 求过三点 $M_1(1, -2, 3)$,$M_2(-1, 3, -2)$,$M_3(-1, 1, 2)$ 的平面的方程.

解 先求平面的法向量 $\boldsymbol{n}$. 由于法向量与向量 $\overrightarrow{M_1 M_2}$,$\overrightarrow{M_1 M_3}$ 都垂直,而 $\overrightarrow{M_1 M_2} = (-2, 5, -5)$,$\overrightarrow{M_1 M_3} = (-2, 3, -1)$,故可取它们的向量积为 $\boldsymbol{n}$,即

$$\boldsymbol{n} = \overrightarrow{M_1 M_2} \times \overrightarrow{M_1 M_3} = \begin{vmatrix} \boldsymbol{i} & \boldsymbol{j} & \boldsymbol{k} \\ -2 & 5 & -5 \\ -2 & 3 & -1 \end{vmatrix} = 10\boldsymbol{i} + 8\boldsymbol{j} + 4\boldsymbol{k}.$$

由平面的点法式方程,得所求平面的方程为

$$10(x - 1) + 8(y + 2) + 4(z - 3) = 0,$$

即

$$5x + 4y + 2z - 3 = 0.$$

2. 平面的一般式方程

平面的点法式方程(1)是 x、y、z 的一次方程,由于任一平面都可由其上的一个点及其法向量来确定,故任一平面都可用一个三元一次方程来表示.

反过来,任给一个三元一次方程:

$$Ax + By + Cz + D = 0, \tag{2}$$

任取满足该方程的一组数 x_0, y_0, z_0,即
$$Ax_0 + By_0 + Cz_0 + D = 0, \tag{3}$$
由上述两等式相减,得
$$A(x - x_0) + B(y - y_0) + C(z - z_0) = 0. \tag{4}$$

将方程(4)与平面的点法式方程(1)作比较,可知方程(4)是通过点 (x_0, y_0, z_0) 且以 $\mathbf{n} = (A, B, C)$ 为法向量的平面方程.因为方程(2)与方程(4)同解,所以任意一个三元一次方程的图形总是一个平面.

方程(2)称为平面的一般式方程.

对于方程(2)的一些特殊情形,应该熟悉它们所表示的平面的特点.

当 $D = 0$ 时,方程(2)成为 $Ax + By + Cz = 0$,它表示一个通过原点的平面.反之,若平面通过原点,则 $D = 0$.

当 $A = 0$ 时,方程(2)成为 $By + Cz + D = 0$,其法向量 $\mathbf{n} = (0, B, C)$ 与 x 轴垂直,方程表示一个平行于 x 轴的平面.反之,若平面平行于 x 轴,则 $A = 0$.

同理,当 $B = 0$ 或 $C = 0$ 时,有类似结论.

当 $A = B = 0$ 时,方程(2)成为 $Cz + D = 0$ 或 $z = -\dfrac{D}{C}$,其法向量 $\mathbf{n} = (0, 0, C)$ 同时垂直于 x 轴、y 轴,方程表示一个平行于 xOy 面的平面.反之,若平面平行于 xOy 面,则 $A = B = 0$.

同理,当 $B = C = 0$ 或 $C = A = 0$ 时,有类似结论.

例 2 求平行于 z 轴,且通过点 $M_1(1, -2, 1)$ 和 $M_2(3, 1, -1)$ 的平面的方程.

解 方法 1 设所求平面的法向量为 $\mathbf{n}$,由于法向量与向量 $\overrightarrow{M_1M_2}$ 和 z 轴都垂直,而 $\overrightarrow{M_1M_2} = (2, 3, -2)$,可取法向量 $\mathbf{n}$ 为
$$\mathbf{n} = \overrightarrow{M_1M_2} \times \mathbf{k} = \begin{vmatrix} \mathbf{i} & \mathbf{j} & \mathbf{k} \\ 2 & 3 & -2 \\ 0 & 0 & 1 \end{vmatrix} = 3\mathbf{i} - 2\mathbf{j}.$$
由平面的点法式方程得所求平面的方程为
$$3(x - 1) - 2(y + 2) = 0,$$
即
$$3x - 2y - 7 = 0.$$

方法 2 由于所求平面平行于 z 轴,故设所求平面方程为 $Ax + By + D = 0$. 又因为这个平面通过点 $M_1(1, -2, 1)$ 和 $M_2(3, 1, -1)$,所以有
$$\begin{cases} A - 2B + D = 0 \\ 3A + B + D = 0 \end{cases},$$
解此方程组,得

$$B = -\frac{2}{3}A, D = -\frac{7}{3}A.$$

代入所设方程,得
$$Ax - \frac{2}{3}Ay - \frac{7}{3}A = 0,$$

因 $A \neq 0$,故所求平面的方程为
$$3x - 2y - 7 = 0.$$

例 3 设一平面与 x 轴、y 轴、z 轴的交点分别为 $P(a,0,0)$,$Q(0,b,0)$, $R(0,0,c)$,其中 $a \neq 0, b \neq 0, c \neq 0$,如图 7-23 所示,求这个平面的方程.

解 设所求平面的方程为 $Ax + By + Cz + D = 0$,因为点 $P(a,0,0)$, $Q(0,b,0)$,$R(0,0,c)$ 都在这平面上,所以点 P,Q,R 的坐标都满足所设方程,即有
$$\begin{cases} aA + D = 0 \\ bB + D = 0, \\ cC + D = 0 \end{cases}$$

由此得
$$A = -\frac{D}{a}, B = -\frac{D}{b}, C = -\frac{D}{c}.$$

以此代入所设方程,并除以 $D(D \neq 0)$,即得所求平面的方程为
$$\frac{x}{a} + \frac{y}{b} + \frac{z}{c} = 1. \tag{5}$$

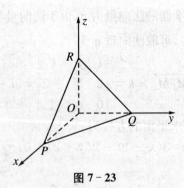

图 7-23

方程(5)称为平面的**截距式方程**,其中 a、b、c 分别称为平面在 x 轴、y 轴、z 轴上的截距.截距可以为正,也可以为负.

7.3.2 两平面的夹角

两平面的法向量的夹角 θ(通常指锐角)称为两平面的夹角(见图 7-24),因一

般都规定两平面的夹角在 $\left[0, \frac{\pi}{2}\right]$ 区间内,故当两平面的法向量夹角 θ 大于 $\frac{\pi}{2}$ 时,取其补角 $\pi - \theta$ 来表示两平面的夹角. 若给定两平面的方程为

$$\pi_1: A_1 x + B_1 y + C_1 z + D_1 = 0,$$
$$\pi_2: A_2 x + B_2 y + C_2 z + D_2 = 0,$$

由于它们的法向量分别为 $\boldsymbol{n}_1 = (A_1, B_1, C_1), \boldsymbol{n}_2 = (A_2, B_2, C_2)$,故它们之间的夹角可用下式来确定:

$$\cos\theta = \frac{|\boldsymbol{n}_1 \cdot \boldsymbol{n}_2|}{|\boldsymbol{n}_1| \cdot |\boldsymbol{n}_2|} = \frac{|A_1 A_2 + B_1 B_2 + C_1 C_2|}{\sqrt{A_1^2 + B_1^2 + C_1^2} \cdot \sqrt{A_2^2 + B_2^2 + C_2^2}}. \tag{6}$$

由两向量垂直、平行的充分必要条件可得下列结论:

两个平面互相垂直的充要条件为

$$A_1 A_2 + B_1 B_2 + C_1 C_2 = 0;$$

两个平面互相平行的充要条件为

$$\frac{A_1}{A_2} = \frac{B_1}{B_2} = \frac{C_1}{C_2} \left(\neq \frac{D_1}{D_2}\right),$$

特别地,若 $\frac{A_1}{A_2} = \frac{B_1}{B_2} = \frac{C_1}{C_2} = \frac{D_1}{D_2}$,则这两个平面相重合.

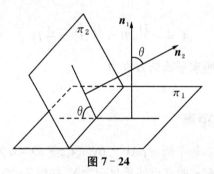

图 7 - 24

例 4 求平面 $x + y + 2 = 0$ 和 $x + 2y - 2z = 0$ 之间的夹角.

解 由公式(6)有

$$\cos\theta = \frac{|1 \times 1 + 1 \times 2 + 0 \times (-2)|}{\sqrt{1^2 + 1^2 + 0^2} \cdot \sqrt{1^2 + 2^2 + (-2)^2}} = \frac{\sqrt{2}}{2},$$

因此所求夹角为 $\theta = \frac{\pi}{4}$.

例 5 求通过两点 $M_1(-1, 3, -2), M_2(1, 2, -1)$ 且与平面 $\pi_1: x - 2y + z - 1 = 0$ 垂直的平面 π 的方程.

解 **方法 1** 利用平面的点法式方程.

设所求平面 π 的法向量为 $\boldsymbol{n}$，$\overrightarrow{M_1M_2} = (2, -1, 1)$，而 π_1 的法向量为 $\boldsymbol{n}_1 = (1, -2, 1)$，则 $\boldsymbol{n} \perp \overrightarrow{M_1M_2}$ 且 $\boldsymbol{n} \perp \boldsymbol{n}_1$. 故可取法向量 $\boldsymbol{n}$ 为

$$\boldsymbol{n} = \overrightarrow{M_1M_2} \times \boldsymbol{n}_1 = \begin{vmatrix} \boldsymbol{i} & \boldsymbol{j} & \boldsymbol{k} \\ 2 & -1 & 1 \\ 1 & -2 & 1 \end{vmatrix} = \boldsymbol{i} - \boldsymbol{j} - 3\boldsymbol{k},$$

从而所求平面 π 的方程为

$$1 \cdot (x+1) + (-1) \cdot (y-3) + (-3) \cdot (z+2) = 0,$$

即

$$x - y - 3z - 2 = 0.$$

方法 2 利用平面的一般式方程(待定系数法).

设所求平面 π 的方程为

$$Ax + By + Cz + D = 0.$$

依题意，得

$$\pi \perp \pi_1 : A - 2B + C = 0,$$
$$M_1 \in \pi : -A + 3B - 2C + D = 0,$$
$$M_2 \in \pi : A + 2B - C + D = 0.$$

由以上三式可解得

$$A = -\frac{D}{2}, B = \frac{D}{2}, C = \frac{3}{2}D.$$

代入平面 π 的方程，得所求平面的方程为

$$x - y - 3z - 2 = 0.$$

7.3.3 点到平面的距离

设点 $P_0(x_0, y_0, z_0)$ 是平面 $\pi: Ax + By + Cz + D = 0$ 外的一点，过点 P_0 作平面 π 的垂线，垂线与平面 π 的交点即垂足记为 N，如图 7-25 所示. 在平面 π 上任取一点 $P_1(x_1, y_1, z_1)$，则 P_0 到平面 π 的距离 d 为

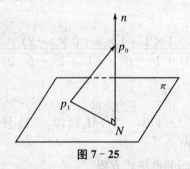

图 7-25

$$d = |\operatorname{Prj}_n \overrightarrow{P_1 P_0}|.$$

而 $n = (A, B, C)$, $\overrightarrow{P_1 P_0} = (x_0 - x_1, y_0 - y_1, z_0 - z_1)$, 又 P_1 在平面 π 上, 则有

$$Ax_1 + By_1 + Cz_1 + D = 0,$$

所以

$$d = |\operatorname{Prj}_n \overrightarrow{P_1 P_0}| = \frac{|n \cdot \overrightarrow{P_1 P_0}|}{|n|} = \frac{|A(x_0 - x_1) + B(y_0 - y_1) + C(z_0 - z_1)|}{\sqrt{A^2 + B^2 + C^2}}$$

$$= \frac{|Ax_0 + By_0 + Cz_0 + D|}{\sqrt{A^2 + B^2 + C^2}}. \tag{7}$$

习题 7-3

A

1. 求过点 $(1, -2, 0)$ 且与平面 $3x - y + 2z + 1 = 0$ 平行的平面方程.
2. 求过三点 $(3, 0, 2), (-4, 3, 1), (-2, 5, 3)$ 的平面方程.
3. 一平面过点 $(1, 0, -2)$ 和点 $(-2, 3, 1)$ 且平行于向量 $(1, 3, 1)$, 试求这个平面的方程.
4. 将平面的一般式方程 $2x - 3y + 6z + 6 = 0$ 化为截距式方程.
5. 求点 $(1, 2, -2)$ 到平面 $x + 2y + 2z - 2 = 0$ 的距离.
6. 指出下列平面的特征(与坐标轴或坐标平面平行或垂直的关系), 并画出其草图:
(1) $2x - 3 = 0$; (2) $x + 2z = 5$; (3) $4y - z - 6 = 0$; (4) $2x = 3y$.
7. 求平面 $x + y - 2z = 1$ 与平面 $2x - y - z = 3$ 之间的夹角.
8. 分别求出满足给定条件的平面方程.
(1) 平行于 yOz 坐标面, 且过点 $(6, -3, 5)$;
(2) 过 z 轴且垂直于平面 $3x - 2y + 4z + 7 = 0$;
(3) 垂直于 xOz 坐标面, 且过点 $(3, -2, 0)$ 和 $(5, 0, 3)$.

B

1. 求三平面 $x + y - z - 2 = 0, x - y + z = 0, x - y - z + 4 = 0$ 的交点.
2. 求平面 $2x + y - 2z + 1 = 0$ 与各坐标面夹角的余弦.
3. 一平面过点 $(1, -1, 2)$ 且同时垂直于平面 $x - 2y + 3z + 1 = 0$ 和平面 $2x + y - z + 3 = 0$, 求该平面的方程.
4. 试在 x 轴上求一点 P, 使它到两平面 $2x + y - 2z - 1 = 0$ 和 $x + 2y - 2z - 2 = 0$ 的距离

相等.

5. 试求两平行平面 $Ax + By + Cz + D_1 = 0$ 和 $Ax + By + Cz + D_2 = 0$ 的距离.

6. 试在 xOy 坐标平面上求一点 M,使它到三个平面 $x + y + 2z + 4 = 0$,$x - y - 2z - 2 = 0$,$x + y - 2z + 2 = 0$ 的距离相等.

7.4 空间直线及其方程

本节继续以向量代数为工具,研究空间直角坐标系中最简单的曲线,即直线.

7.4.1 空间直线方程的概念

1. 空间直线的点向式方程

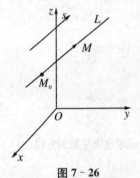

图 7-26

过空间一点 M_0 且平行于一个非零向量的直线是惟一确定的,该非零向量称为直线的方向向量,方向向量常用 s 表示.下面来建立直线的方程.

设直线 L 所经过的点 M_0 的坐标 (x_0, y_0, z_0) 和其方向向量 $s = (m, n, p)$ 为已知,$M(x, y, z)$ 为 L 上的任意一点,则 M 在直线 L 上的充要条件是向量 $\overrightarrow{M_0M}$ 与 s 平行,如图 7-26 所示.

由两向量平行的充要条件,得

$$\frac{x - x_0}{m} = \frac{y - y_0}{n} = \frac{z - z_0}{p}. \tag{1}$$

方程(1)称为直线 L 的点向式方程,也称为标准式方程或对称式方程.方向向量 s 的坐标 m、n、p 称为直线 L 的三个方向数.

2. 空间直线的参数方程

由直线的点向式方程(1)可得直线参数方程.令 $\dfrac{x - x_0}{m} = \dfrac{y - y_0}{n} = \dfrac{z - z_0}{p} = t$,则有

$$\begin{cases} x = x_0 + mt \\ y = y_0 + nt \\ z = z_0 + pt \end{cases}. \tag{2}$$

方程组(2)称为直线 L 的参数方程.

3. 空间直线的一般式方程

空间直线可以看作是两个相交平面的交线,从而直线的方程可用两个相交平面的方程的联列方程组

$$\begin{cases} A_1 x + B_1 y + C_1 z + D_1 = 0 \\ A_2 x + B_2 y + C_2 z + D_2 = 0 \end{cases} \tag{3}$$

来表示,这里两个平面相交的充要条件是两个法向量 $n_1 = (A_1, B_1, C_1)$ 与 $n_2 = (A_2, B_2, C_2)$ 不平行.

方程组(3)称为直线的一般式方程.

例 1 求点 $P_0(3, 2, -5)$ 到平面 $x + 2y - 2z + 1 = 0$ 的垂线的方程,并求点 P_0 在该平面上的垂足 N 的坐标及点 P_0 到该平面的距离.

解 过 P_0 且垂直于给定平面的直线即垂线的方向向量就是给定平面的法向量 $(1, 2, -2)$,由方程(2)可得垂线方程的参数方程为

$$\begin{cases} x = 3 + t \\ y = 2 + 2t \\ z = -5 - 2t \end{cases}.$$

把它代入所给平面方程,得

$$(3 + t) + 2(2 + 2t) - 2(-5 - 2t) + 1 = 0.$$

解方程,得垂足 N 对应的参数值为 $t = -2$. 从而求得 N 的坐标为

$$(3 + 2t, 2 + 2t, -5 - 2t)|_{t=-2} = (1, -2, -1),$$

且

$$d = |\overrightarrow{P_0 N}| = \sqrt{(1-3)^2 + (-2-2)^2 + (-1+5)^2} = 6.$$

或直接由上节公式(7),也可得

$$d = \frac{|1 \times 3 + 2 \times 2 - 2 \times (-5) + 1|}{\sqrt{1^2 + 2^2 + (-2)^2}} = 6.$$

例 2 将直线的一般式方程 $\begin{cases} x - y + 2z + 1 = 0 \\ x - 2y + z - 1 = 0 \end{cases}$ 化为点向式方程.

解 先求直线的方向向量:

$$s = n_1 \times n_2 = \begin{vmatrix} i & j & k \\ 1 & -1 & 2 \\ 1 & -2 & 1 \end{vmatrix} = 3i + j - k.$$

因为第三个方向数不等于零,所以可以令 $z_0 = 0$,代入方程组即可解得 $x_0 = -3$, $y_0 = -2$,于是直线经过点 $M_0(-3, -2, 0)$,从而该直线的点向式方程为

$$\frac{x+3}{3} = \frac{y+2}{1} = \frac{z}{-1}.$$

7.4.2 两直线之间的夹角

空间两条直线的方向向量之间的夹角(通常指锐角)称为这两条直线的夹角.
设直线 L_1 和 L_2 的方向向量分别为 $s_1 = (m_1, n_1, p_1)$ 和 $s_2 = (m_2, n_2, p_2)$. 与

上节两平面的夹角的定义相比较可得,只需将上节公式(6)的两平面的法向量 n_1、n_2 分别换成这里两直线的方向向量 s_1、s_2,即可得 L_1 和 L_2 的夹角 φ 由

$$\cos\varphi = \frac{|s_1 \cdot s_2|}{|s_1||s_2|} = \frac{|m_1 m_2 + n_1 n_2 + p_1 p_2|}{\sqrt{m_1^2 + n_1^2 + p_1^2} \cdot \sqrt{m_2^2 + n_2^2 + p_2^2}} \tag{4}$$

来确定.

由两向量垂直、平行的充分必要条件可得下列结论:

两直线 L_1、L_2 互相垂直的充要条件为

$$m_1 m_2 + n_1 n_2 + p_1 p_2 = 0;$$

两直线 L_1、L_2 互相平行的充分必要条件为

$$\frac{m_1}{m_2} = \frac{n_1}{n_2} = \frac{p_1}{p_2}.$$

例 3 求直线 $L_1: \dfrac{x-1}{-1} = \dfrac{y}{0} = \dfrac{z+2}{1}$ 和 $L_2: \begin{cases} x - y - 3 = 0 \\ 2y + z + 1 = 0 \end{cases}$ 的夹角.

解 L_1 的方向向量为 $s_1 = (-1, 0, 1)$,L_2 的方向向量为 $s_2 = \begin{vmatrix} i & j & k \\ 1 & -1 & 0 \\ 0 & 2 & 1 \end{vmatrix} = -i - j + 2k$. 设直线 L_1 和 L_2 的夹角为 φ,那么由公式(4)有

$$\cos\varphi = \frac{|(-1) \times (-1) + 0 \times (-1) + 1 \times 2|}{\sqrt{(-1)^2 + 0^2 + 1^2} \cdot \sqrt{(-1)^2 + (-1)^2 + 2^2}} = \frac{\sqrt{3}}{2},$$

所以 $\varphi = \dfrac{\pi}{6}$.

7.4.3 直线与平面的夹角

直线与其在平面上的投影直线间的夹角 $\varphi\left(0 \leqslant \varphi \leqslant \dfrac{\pi}{2}\right)$ 称为直线与平面的夹角(如图 7 - 27 所示). 当直线与平面垂直时,$\varphi = \dfrac{\pi}{2}$.

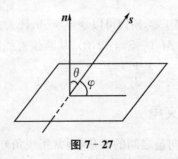

图 7 - 27

设直线的方向向量 $s=(m,n,p)$,平面的法向量为 $n=(A,B,C)$,s 与 n 的夹角为 θ,则 $\varphi=\left|\dfrac{\pi}{2}-\theta\right|$,于是

$$\sin\varphi=|\cos\theta|=\dfrac{|\boldsymbol{n}\cdot\boldsymbol{s}|}{|\boldsymbol{n}||\boldsymbol{s}|}=\dfrac{|Am+Bn+Cp|}{\sqrt{A^2+B^2+C^2}\cdot\sqrt{m^2+n^2+p^2}}. \tag{5}$$

根据上式可确定直线与平面的夹角 φ.

因为直线与平面垂直相当于 $s\;/\!/\;n$,所以直线与平面垂直的充分必要条件为

$$\dfrac{A}{m}=\dfrac{B}{n}=\dfrac{C}{p}. \tag{6}$$

又因为直线与平面平行或直线在平面上相当于 $s\perp n$,所以直线与平面平行或直线在平面上的充分必要条件为

$$Am+Bn+Cp=0. \tag{7}$$

例 4 确定 λ,使直线 $L:\dfrac{x+1}{1}=\dfrac{y-2}{2}=\dfrac{z+3}{-2}$ 与平面 $\pi:x-y+\lambda z+1=0$ 的夹角为 $\dfrac{\pi}{4}$.

解 L 的方向向量 $s=(1,2,-2)$,平面 π 的法向量 $n=(1,-1,\lambda)$,由公式(5)得

$$\dfrac{|1\times 1-1\times 2+\lambda\times(-2)|}{\sqrt{1^2+(-1)^2+\lambda^2}\cdot\sqrt{1^2+2^2+(-2)^2}}=\sin\dfrac{\pi}{4},$$

即

$$\sqrt{2}\,|2\lambda+1|=3\sqrt{2+\lambda^2}.$$

解得 $\lambda=4$.

有时用过某直线的平面束讨论问题比较方便,下面来介绍平面束的概念.

给定直线:

$$L:\begin{cases}A_1x+B_1y+C_1z+D_1=0\\ A_2x+B_2y+C_2z+D_2=0\end{cases},$$

其中系数 A_1、B_1、C_1 与 A_2、B_2、C_2 不成比例,称过直线 L 的所有平面的全体为过直线 L 的平面束.

由于过直线 L 的平面束中任意一个平面,其方程可用构成直线 L 的两个平面方程的线性组合形式

$$\lambda_1(A_1x+B_1y+C_1z+D_1)+\lambda_2(A_2x+B_2y+C_2z+D_2)=0 \tag{8}$$

来表示,故方程(8)就称为过 L 的平面束方程,其中 λ_1、λ_2 不全为零.

但在实际应用中,一般只关心两个常数 λ_1 与 λ_2 的比值,如果对平面 $A_2x+B_2y+C_2z+D_2=0$ 另加考虑,则仅缺少该平面的过直线 L 的平面束方程

可表示为
$$(A_1x + B_1y + C_1z + D_1) + \lambda(A_2x + B_2y + C_2z + D_2) = 0. \quad (9)$$

例 5 求直线 $L_0: \begin{cases} x + 2y - 3z - 1 = 0 \\ x - y + z + 3 = 0 \end{cases}$ 在平面 $\pi_0: 2x + 3y - 4z + 2 = 0$ 上的投影直线的方程.

解 先求过直线 L_0 且垂直于平面 π_0 的平面(即直线 L_0 在平面 π_0 上的投影平面)方程. 平面 π_0 的法向量 $\boldsymbol{n}_0 = (2, 3, -4)$,平面 $x - y + z + 3 = 0$ 的法向量 $\boldsymbol{n} = (1, -1, 1)$,因 $\boldsymbol{n} \cdot \boldsymbol{n}_0 = -5 \neq 0$,故平面 $x - y + z + 3 = 0$ 与平面 π_0 不互相垂直,于是可设投影平面方程为
$$(x + 2y - 3z - 1) + \lambda(x - y + z + 3) = 0,$$
即
$$(1 + \lambda)x + (2 - \lambda)y + (-3 + \lambda)z + (-1 + 3\lambda) = 0, \quad (10)$$
其中 λ 为待定常数. 该平面与平面 π_0 垂直的条件是
$$(1 + \lambda) \cdot 2 + (2 - \lambda) \cdot 3 + (-3 + \lambda) \cdot (-4) = 0,$$
解方程,得 $\lambda = 4$. 代入方程(10),得投影平面方程为
$$5x - 2y + z + 11 = 0.$$
所以投影直线方程为
$$\begin{cases} 5x - 2y + z + 11 = 0 \\ 2x + 3y - 4z + 2 = 0 \end{cases}.$$

习题 7-4

A

1. 求过两点 $M_1(1, -2, 3)$ 和 $M_2(2, 0, 1)$ 的直线方程.
2. 求过点 $(3, -1, 2)$ 且与平面 $4x - 2y - 5z + 1 = 0$ 垂直的直线方程.
3. 将下列直线方程的一般式化成标准式.

   (1) $\begin{cases} x - 3y + 2z + 6 = 0 \\ 4x + 2y - z - 4 = 0 \end{cases}$;   (2) $\begin{cases} x = 3y - 2 \\ y = 2z - 8 \end{cases}$.

4. 求直线 $\begin{cases} 2x + 3y + 2z - 1 = 0 \\ 2x + 2y + z - 1 = 0 \end{cases}$ 与直线 $\begin{cases} 3x + 2y + 6z - 24 = 0 \\ 3x - y - 9 = 0 \end{cases}$ 的夹角的余弦.

5. 求过点 $(-3, 4, -6)$ 且与平面 $x - z = 1$ 及 $x - y + z + 1 = 0$ 同时平行的直线方程.

6. 求过点 $(3, 1, -5)$ 且与直线 $x = \dfrac{y}{2} = z$ 及 $\dfrac{x-1}{1} = \dfrac{y+2}{0} = \dfrac{z+1}{-2}$ 同时垂直的直线方程.

7. 求过点$(-1,3,-2)$且通过直线$\dfrac{x}{2} = \dfrac{y-2}{-3} = \dfrac{z-3}{1}$的平面方程.

8. 求直线$\begin{cases} x - y - z = 0 \\ 3x - y + z = 0 \end{cases}$与平面$x - y - z + 3 = 0$的夹角.

9. 求点$(4,-3,8)$在平面$2x - 5y + 7z - 1 = 0$上的投影.

10. 求直线$\begin{cases} 3x + 4y + 2z = 0 \\ 2x - y - 3z + 1 = 0 \end{cases}$在平面$2x - y + z + 3 = 0$上的投影直线的方程.

B

1. 求过点$(2,2,-3)$且与直线$\dfrac{x-2}{3} = \dfrac{y-3}{2} = \dfrac{z+1}{-1}$相交且垂直的直线方程.

2. 求过点$(1,-2,2)$且与两直线$\begin{cases} 2x - y + z + 1 = 0 \\ 3x - 2y + 2z = 0 \end{cases}$和$\dfrac{x+1}{1} = \dfrac{y-2}{-2} = \dfrac{z-1}{-3}$平行的平面方程.

3. 求m值,使两条直线$\dfrac{x+1}{m} = \dfrac{y-2}{-3} = \dfrac{z-1}{4}$和$\dfrac{x-3}{1} = \dfrac{y-3}{2} = \dfrac{z-7}{1}$相交.

4. 设平面过点$(-3,1,2)$且与直线$\dfrac{x-2}{-4} = \dfrac{y-6}{1} = \dfrac{z+1}{3}$平行,又与平面$x - y - 2z + 3 = 0$垂直,求该平面方程.

5. 设M_0是直线L外一点,M是直线L上任意一点,且直线的方向向量为s,试证M_0到直线L的距离为$d = \dfrac{|\overrightarrow{M_0M} \times s|}{|s|}$.

7.5 空间曲面及其方程

前面讨论了最简单的曲面(即平面)及其方程,本节我们继续讨论一般的空间曲面及其方程.

7.5.1 曲面方程的概念

在7.3节中,我们已经知道,在空间直角坐标系中,三元一次方程
$$Ax + By + Cz + D = 0$$
与平面图形是一一对应的.

一般地,若一个三元方程
$$F(x,y,z) = 0 \tag{1}$$
与曲面Σ(图7-28)有下述关系:

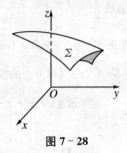

图 7-28

(1) 曲面 Σ 上任一点的坐标都满足方程(1);

(2) 以方程(1) 的任一组解为坐标的点都在曲面 Σ 上.

则称方程(1) 是曲面 Σ 的方程,而曲面 Σ 称为方程(1) 的图形.

如同在平面解析几何中将平面曲线看作是动点的轨迹一样,在空间解析几何中,可将曲面看作是按某种规则运动的点的轨迹,而对应的曲面方程正是这种规则的代数描述.

例 1 建立以 $M_0(x_0, y_0, z_0)$ 为中心、以 R 为半径的球面的方程.

解 将该球面看作是到定点 M_0 的距离为常数 R 的动点 $M(x, y, z)$ 的轨迹,则动点 M 必满足

$$|\overrightarrow{M_0 M}| = R.$$

其坐标形式为

$$\sqrt{(x - x_0)^2 + (y - y_0)^2 + (z - z_0)^2} = R.$$

所以所求平面的方程为

$$(x - x_0)^2 + (y - y_0)^2 + (z - z_0)^2 = R^2. \tag{2}$$

特别地,当球心在坐标原点时,球面方程为

$$x^2 + y^2 + z^2 = R^2.$$

一般地,若任何一个三元方程(1) 可改写成方程(2) 的形式,那么它的图形就是一个球面.

例 2 方程 $x^2 + y^2 + z^2 + 2x - 4y + 1 = 0$ 表示怎样的曲面?

解 通过配方,所给方程可改写成

$$(x + 1)^2 + (y - 2)^2 + z^2 = 2^2,$$

所以所给方程表示以 $(-1, 2, 0)$ 为中心、以 2 为半径的球面.

7.5.2 旋转曲面

由一条平面曲线绕与该曲线同在一平面上的一条定直线旋转一周所形成的曲面称为**旋转曲面**.定直线称为该旋转曲面的旋转轴,而给定的平面曲线在旋转过程

中的任一位置都称为该旋转曲面的母线.为了方便讨论,一般我们总是取坐标轴为旋转轴,而取母线为坐标面上的平面曲线.

设在 yOz 坐标面上给定的曲线 C 的方程为 $f(y,z)=0$,下面来推导该曲线绕 z 轴旋转一周形成的旋转曲面 Σ(见图 7-29)的方程.

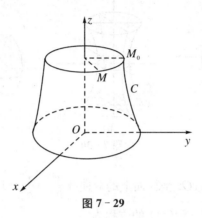

图 7-29

在曲面上任取一点 $M(x,y,z)$,则 M 必是曲线 C 上某点 $M_0(0,y_0,z_0)$ 绕 z 轴旋转得到,由此可见点 M 和 M_0 在同一水平面上,且 M 和 M_0 到 z 轴的距离相等,用坐标关系式描述即为

$$z=z_0,\sqrt{x^2+y^2}=|y_0| \quad (\text{即 } y_0=\pm\sqrt{x^2+y^2}).$$

由于点 $M_0(0,y_0,z_0)$ 在曲线 C 上,故 $f(y_0,z_0)=0$.从而点 M 的坐标必满足

$$f(\pm\sqrt{x^2+y^2},z)=0. \tag{3}$$

方程(3)就是所求的旋转曲面 Σ 的方程.

由此可知,在曲线 C 的方程 $f(y,z)=0$ 中保持 z 不变,将 y 换成 $\pm\sqrt{x^2+y^2}$,即得曲线 C 绕 z 轴旋转所成的旋转曲面的方程.

同理,曲线 C 绕 y 轴旋转所成的旋转曲面方程为

$$f(y,\pm\sqrt{x^2+z^2})=0. \tag{4}$$

例 3 求 yOz 坐标面上的椭圆

$$\frac{y^2}{b^2}+\frac{z^2}{c^2}=1$$

绕 z 轴旋转一周所形成的**旋转椭球面**(见图 7-30(a))的方程.

解 由方程(3)可得所求的方程为

$$\frac{x^2+y^2}{b^2}+\frac{z^2}{c^2}=1.$$

类似地,yOz 坐标面上的双曲线 $\dfrac{y^2}{b^2}-\dfrac{z^2}{c^2}=1$ 绕 z 轴旋转一周所形成的**旋转单叶**

双曲面(见图 7-30(b)) 的方程为

$$\frac{x^2+y^2}{b^2}-\frac{z^2}{c^2}=1.$$

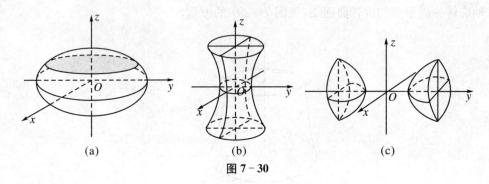

图 7-30

由方程(4)可得,由 yOz 坐标面上的双曲线 $\frac{y^2}{b^2}-\frac{z^2}{c^2}=1$ 绕 y 轴旋转一周所形成的**旋转双叶双曲面**(图 7-30(c)) 的方程为

$$\frac{y^2}{b^2}-\frac{x^2+z^2}{c^2}=1.$$

最后,作为旋转曲面的一个例子,我们来介绍一个重要的旋转曲面——**圆锥面**.
直线 L 绕另一条与 L 相交的直线旋转一周所得到的旋转曲面称为圆锥面.两直线的交点称为该圆锥面的顶点,两直线的夹角 $\alpha\left(0<\alpha<\frac{\pi}{2}\right)$ 叫做圆锥面的半顶角.

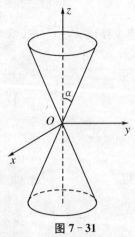

图 7-31

为方便讨论,我们取坐标原点 O 为顶点、旋转轴为 z 轴来推导圆锥面的方程.

由于圆锥面与 yOz 坐标面在第一象限相交于经过原点 O 的一条直线,该直线可视为圆锥面的母线,设其方程为 $z=ky(k>0)$ (见图 7-31),其中 $k=\cot\alpha$,则该母线的方程即为

$$z=y\cot\alpha. \qquad (5)$$

由于旋转轴为 z 轴,故由方程(3)及(5)可得该圆锥面的方程为

$$z=\pm\sqrt{x^2+y^2}\cot\alpha,$$

即

$$z^2=k^2(x^2+y^2). \qquad (6)$$

7.5.3 柱面

平行于定直线并沿定曲线 C 移动的直线 L 所形成的曲面称为**柱面**. 定曲线 C 称为柱面的准线,动直线 L 称为柱面的母线.

为方便起见,我们只讨论准线在坐标面上而母线平行于坐标轴的柱面.

如图 7-32 所示的柱面,其母线平行于 z 轴,其准线是 xOy 坐标面上的曲线
$$C: f(x,y) = 0.$$

现在来推导该柱面 Σ 的方程. 在柱面 Σ 上任取一点 $M(x,y,z)$,设柱面 Σ 上过点 M 的母线与准线 C 的交点为 $M_0(x_0,y_0,z_0)$,则必有
$$x_0 = x, y_0 = y, z_0 = 0.$$

又因点 M_0 在准线上,故必有 $f(x_0,y_0) = 0$,可知点 M 的坐标满足方程
$$f(x,y) = 0, \tag{7}$$

方程(7) 就是所求的柱面方程.

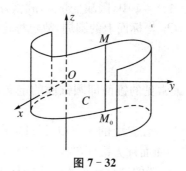

图 7-32

一般地,对于只含变量 x、y 而不含变量 z 的曲面方程,当点 (x_0,y_0,z_0) 在曲面上时,则对任意实数 z,点 (x_0,y_0,z) 必在该曲面上,即过点 (x_0,y_0,z_0) 且平行于 z 轴的直线都在该曲面上,即不含变量 z 的方程(7) 表示一个母线平行于 z 轴的柱面. 特别地,当 $z_0 = 0$ 时,点 $(x_0,y_0,0)$ 必在柱面的准线 C 上.

必须引起注意的是,同样一个方程 $f(x,y) = 0$,在平面直角坐标系中表示一条曲线,而在空间直角坐标系中却表示一个母线平行于 z 轴的柱面.

同理,方程 $g(x,z) = 0$ 表示母线平行于 y 轴的柱面;方程 $h(y,z) = 0$ 表示母线平行于 x 轴的柱面.

在空间曲面方程 $F(x,y,z) = 0$ 中,不论缺少一个或两个变量,都表示柱面;若缺两个变量,则表示一个特殊柱面,即平面. 但逆命题并不成立,即柱面(或平面) 的方程未必缺一个或两个变量. 如方程 $x - y + 2z = 1$ 表示一个平面,同时可以看作一个柱面.

常见柱面的名称一般可根据准线的名称来确定,如在空间直角坐标系(后面不

再特别提出该前提)中,方程 $\dfrac{x^2}{a^2}+\dfrac{y^2}{b^2}=1$,$\dfrac{x^2}{a^2}-\dfrac{y^2}{b^2}=1$ 和 $x^2=2py$ 分别表示母线平行于 z 轴的椭圆柱面、双曲柱面和抛物柱面. 图 7-33 分别给出了它们的图形.

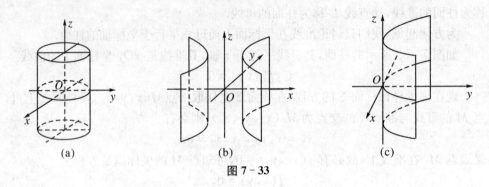

图 7-33

例 4 方程 $x^2+(y-1)^2=1$ 表示怎样的一个曲面?

解 在方程 $x^2+(y-1)^2=1$ 中,因缺变量 z,故该方程表示一个柱面,其母线平行于 z 轴. 因其准线为 xOy 坐标面上的圆周,故也称这类柱面为圆柱面.

7.5.4 锥 面

前面我们已经给出了最常见的锥面即圆锥面的定义,类似可给出一般锥面的定义如下:

给定一条空间曲线 Γ 和不在 Γ 上的一点 O,经过定点 O 与定曲线 Γ 上的动点 M 的动直线移动时所形成的曲面称为锥面(见图 7-34),称点 O 为锥面的顶点,称曲线 Γ 为锥面的准线,任一位置的动直线称为锥面的母线.

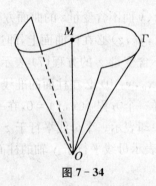

图 7-34

例 5 试求以坐标原点 O 为顶点,以平面 $z=c\,(c\ne 0)$ 上的椭圆 Γ:
$$\begin{cases}\dfrac{x^2}{a^2}+\dfrac{y^2}{b^2}=1\\ z=c\end{cases}$$
为准线的锥面 Σ 的方程.

解 设 $M(x,y,z)$ 为所求锥面上任一异于坐标原点的一点，过 M 的母线交准线 Γ 于点 $M_0(x_0,y_0,z_0)$，如图 7-35 所示，由于 O、M、M_0 三点共线，故必存在 λ 使 $\overrightarrow{OM_0} = \lambda \overrightarrow{OM}$，即

$$x_0 = \lambda x, y_0 = \lambda y, z_0 = \lambda z.$$

代入准线 Γ 的方程得 $\dfrac{(\lambda x)^2}{a^2} + \dfrac{(\lambda y)^2}{b^2} = 1$ 及 $\lambda z = c$，消去参数 λ，即得所求锥面 Σ 的方程为

$$\frac{\left(\dfrac{cx}{z}\right)^2}{a^2} + \frac{\left(\dfrac{cy}{z}\right)^2}{b^2} = 1,$$

即

$$\frac{x^2}{a^2} + \frac{y^2}{b^2} = \frac{z^2}{c^2}.$$

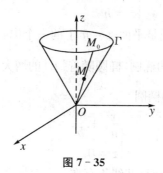

图 7-35

由于准线为椭圆，故称上述锥面方程为椭圆锥面方程．特别地，当 $a=b$ 时，即为前面所讨论过的圆锥面方程．

7.5.5 二次曲面

我们已经知道平面方程是一个关于 x、y、z 的三元一次代数方程，所以"平面"可称为一次曲面，而将关于 x、y、z 的三元二次代数方程

$$Ax^2 + By^2 + Cz^2 + 2axy + 2byz + 2czx + 2px + 2qy + 2rz + D = 0$$

的图形（若存在的话）称为二次曲面．如前面讨论过的球面、圆锥面等都是二次曲面．通过适当选取空间直角坐标系，可得二次曲面的标准方程．这里我们只讨论最简单的二次曲面及其方程的标准形式．下面我们将用截痕法来研究给定的二次方程所表示的二次曲面的形状，即用一系列平行于坐标面的平面去截割二次曲面，通过综合所得截线（即交线）的变化来了解曲面的概貌．

1. 椭球面

由方程
$$\frac{x^2}{a^2}+\frac{y^2}{b^2}+\frac{z^2}{c^2}=1 \quad (a>0,b>0,c>0)$$
所确定的曲面称为椭球面，这里正数 a、b 和 c 称为椭球面的半轴.

从方程可见，当点 (x,y,z) 在椭球面上时，则点 $(\pm x,\pm y,\pm z)$ 同时都在椭球面上，所以椭球面关于三个坐标面、三条坐标轴及坐标原点都对称. 容易看出，椭球面是一个有界曲面，在六个平面 $x=\pm a$，$y=\pm b$，$z=\pm c$ 所围成的长方体内，并与各坐标轴有三对交点 $(\pm a,0,0)$，$(0,\pm b,0)$，$(0,0,\pm c)$，称之为椭球面的顶点，如图 7-30(a) 所示.

用平行于 xOy 坐标面的平面 $z=h$ 去截椭球面，所得截线的方程为
$$\begin{cases}\dfrac{x^2}{a^2}+\dfrac{y^2}{b^2}=1-\dfrac{h^2}{c^2}.\\ z=h\end{cases}$$

当 $|h|<c$ 时，该截线是平面 $z=h$ 上的一个中心在 $(0,0,h)$ 且半轴分别为 $a\sqrt{1-\dfrac{h^2}{c^2}}$ 和 $b\sqrt{1-\dfrac{h^2}{c^2}}$ 的椭圆，椭圆随着 $|h|$ 的增大逐渐缩小. 特别地，当 $h=0$ 时，截线为 xOy 坐标面上的椭圆
$$\begin{cases}\dfrac{x^2}{a^2}+\dfrac{y^2}{b^2}=1,\\ z=0\end{cases}$$
此时椭圆最大；当 $|h|>c$ 时，截线不存在.

椭球面的三个半轴中若有两个半轴相等，例如 $a=b\neq c$，椭球面成为例3讨论过的旋转椭球面；若三个半轴都相等，即 $a=b=c$，椭球面即成为一个以坐标原点为中心，以 a 为半径的球面.

2. 双曲面

(1) 单叶双曲面

由方程
$$\frac{x^2}{a^2}+\frac{y^2}{b^2}-\frac{z^2}{c^2}=1 \quad (a>0,b>0,c>0)$$
所确定的曲面称为单叶双曲面.

从方程可见，单叶双曲面是关于各坐标面、各坐标轴及坐标原点对称的曲面.

用平行于 xOy 坐标面的平面 $z=h$ 去截单叶双曲面，所得截线的方程为
$$\begin{cases}\dfrac{x^2}{a^2}+\dfrac{y^2}{b^2}=1+\dfrac{h^2}{c^2},\\ z=h\end{cases}$$

这是在 $z=h$ 平面上随 $|h|$ 的增大而逐渐增大的椭圆.特别地,当 $h=0$ 时,截线为 xOy 坐标面上最小的椭圆.因 h 可取任意值,故单叶双曲面是一个无界曲面.

单叶双曲面与坐标面 xOz、坐标面 yOz 的截线都是双曲线,分别是

$$\begin{cases} \dfrac{x^2}{a^2} - \dfrac{z^2}{c^2} = 1 \\ y = 0 \end{cases} \text{和} \begin{cases} \dfrac{y^2}{b^2} - \dfrac{z^2}{c^2} = 1 \\ x = 0 \end{cases}.$$

由于单叶双曲面与平面 $z=h$ 的截线是椭圆,其顶点坐标 $\left(\pm a\sqrt{1+\dfrac{h^2}{c^2}}, 0, h\right)$ 和 $\left(0, \pm b\sqrt{1+\dfrac{h^2}{c^2}}, h\right)$ 分别满足上述两条双曲线方程,所以单叶双曲面的图形可看作是顶点在上述两条双曲线上的椭圆上下平行移动所形成的结果(见图 7-30(b)).

特别地,当 $a=b$ 时,单叶双曲面就是前面在 7.5 节中所讨论过的旋转单叶双曲面.

(2) 双叶双曲面

由方程

$$\dfrac{x^2}{a^2} - \dfrac{y^2}{b^2} + \dfrac{z^2}{c^2} = -1 \quad (a>0, b>0, c>0)$$

所确定的曲面称为双叶双曲面.

从方程可见,双叶双曲面是关于各坐标面、各坐标轴及坐标原点对称的曲面,并且是一个无界曲面.

若将方程改写为

$$\dfrac{x^2}{a^2} + \dfrac{z^2}{c^2} = \dfrac{y^2}{b^2} - 1,$$

可知双叶双曲面只有当 $|y| \geqslant b$ 时才有图形,而当 $|y| < b$ 时没有图形.

用平行于 xOz 坐标面的平面 $y=h(|h|>b)$ 去截双叶双曲面,所得截线为

$$\begin{cases} \dfrac{x^2}{a^2} + \dfrac{z^2}{c^2} = \dfrac{h^2}{b^2} - 1 \\ y = h \end{cases},$$

这是平面 $y=h$ 上的椭圆.特别当 $|h|=b$ 时,交线仅为两点 $(0, \pm b, 0)$.

双叶双曲面与 xOy 坐标面、yOz 坐标面的截线都是双曲线,分别是

$$\begin{cases} \dfrac{x^2}{a^2} - \dfrac{y^2}{b^2} = -1 \\ z = 0 \end{cases} \text{和} \begin{cases} \dfrac{z^2}{c^2} - \dfrac{y^2}{b^2} = -1 \\ x = 0 \end{cases}.$$

类似单叶双曲面的讨论结果,双叶双曲面的图形可看作是顶点在上述两条双曲线上的椭圆左右平行移动所形成的结果(见图 7-30(c)).

特别地,当 $a=c$ 时,双叶双曲面就是前面在 7.5 节中所讨论过的旋转双叶双

曲面.

3. 抛物面

(1) 椭圆抛物面

由方程
$$\frac{x^2}{a^2} + \frac{y^2}{b^2} = 2pz \quad (a>0, b>0, p \neq 0)$$
所确定的曲面称为椭圆抛物面.

从方程可见,椭圆抛物面关于 xOz 坐标面、yOz 坐标面及 z 轴对称,并且是一个无界曲面.

为了讨论方便起见,不妨设 $p>0$,此时 $z \geq 0$,表明椭圆抛物面位于 xOy 坐标面以上的半个空间.

用平行于 xOy 坐标面的平面 $z = h (h > 0)$ 去截椭圆抛物面,所得截线为
$$\begin{cases} \dfrac{x^2}{a^2} + \dfrac{y^2}{b^2} = 2ph, \\ z = h \end{cases}$$

这是平面 $z = h$ 上的椭圆.而当 $h = 0$ 时,得到椭圆抛物面的顶点 $(0,0,0)$.

椭圆抛物面与 xOz 坐标面、yOz 坐标面的截线都是顶点在坐标原点、开口向上的抛物线,分别是
$$\begin{cases} \dfrac{x^2}{a^2} = 2pz \\ y = 0 \end{cases} \quad 和 \quad \begin{cases} \dfrac{y^2}{b^2} = 2pz \\ x = 0 \end{cases}.$$

由于椭圆的顶点均在上述两条抛物线上,故椭圆抛物面的图形可看作是顶点在上述两条抛物线上的椭圆上下平行移动所形成的结果(见图 7-36).

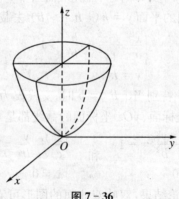

图 7-36

特别地,当 $a = b$ 时,椭圆抛物面可视为上述两条抛物线中的任一条绕 z 轴旋

转而成,此时椭圆抛物面称为旋转抛物面或圆抛物面.

(2) 双曲抛物面

由方程

$$\frac{x^2}{a^2} - \frac{y^2}{b^2} = 2pz \quad (a>0, b>0, p \neq 0)$$

所确定的曲面称为双曲抛物面.

显然双曲抛物面关于 xOz 坐标面、yOz 坐标面和 z 轴对称,并且是一个无界曲面.

为了讨论方便,不妨设 $p>0$.用平行于 yOz 坐标面的平面 $x=h$ 及平行于 xOz 坐标面的平面 $y=h$ 去截双曲抛物面,所得截线都是抛物线,分别为

$$\begin{cases} y^2 = -2pb^2 \left(z - \frac{h^2}{2pa^2}\right) \\ x = h \end{cases} \quad 和 \quad \begin{cases} x^2 = a^2 \left(2pz + \frac{h^2}{b^2}\right) \\ y = h \end{cases}.$$

用平行于 xOy 坐标面的平面 $z=h$ 去截双曲抛物面,所得截线为

$$\begin{cases} \dfrac{x^2}{a^2} - \dfrac{y^2}{b^2} = 2ph \\ z = h \end{cases}.$$

当 $h>0$ 或 $h<0$ 时,截线是在 $z=h$ 平面上开口朝平行于 x 轴或 y 轴方向的双曲线;当 $h=0$ 时,截线是 xOy 坐标面上的两相交直线.

双曲抛物面又称马鞍面,如图 7-37 所示.

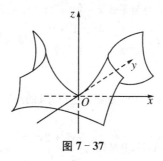

图 7-37

习题 7-5

A

1. 已知两点 $A(1,-3,1), B(5,1,3)$,试写出以 AB 为直径的球面方程.

2. 求与 z 轴和 xOy 坐标面等距离的点的轨迹方程.

3. 求下列旋转曲面方程.

(1) xOy 坐标面上的直线 $y = 2$ 绕 x 轴旋转一周;

(2) yOz 坐标面上的直线 $z = 2y$ 绕 z 轴旋转一周;

(3) xOy 坐标面上的双曲线 $x^2 - y^2 = 1$ 绕 y 轴旋转一周;

(4) xOz 坐标面上的抛物线 $z^2 = 1 + x$ 绕 x 轴旋转一周.

4. 求到坐标原点 O 的距离是到点 $(3, 0, -6)$ 的距离的一半的点的轨迹方程,并指出它表示怎样的图形.

5. 试求以 x 轴为旋转轴,以坐标原点 O 为顶点,半顶角为 $\dfrac{\pi}{6}$ 的圆锥面方程.

6. 试作出下列各柱面的草图.

(1) $\dfrac{x^2}{4} - \dfrac{y^2}{9} = 1$;   (2) $z = 1 - x^2$;

(3) $x^2 + y^2 = ax$;   (4) $2y - z = 0$.

7. 说明下列旋转曲面是怎样形成的,并作出草图.

(1) $x^2 + 4y^2 + z^2 = 4$;   (2) $x^2 - \dfrac{y^2}{4} + z^2 = -1$;

(3) $x^2 + y^2 = (z-1)^2$;   (4) $x^2 + y^2 = 1 - z$.

B

1. 试求以 $(5, -5, 7)$ 为中心且与平面 $x - 2y + 3z + 6 = 0$ 相切的球面方程.

2. 设一柱面的准线方程为 $\begin{cases} x + y - 2z + 1 = 0 \\ x - y + z - 1 = 0 \end{cases}$,其母线平行于直线 $\dfrac{x+1}{1} = \dfrac{y-3}{-2} = \dfrac{z+2}{-1}$,试求该柱面方程.

3. 试求到两点 $(1, 0, 0)$ 和 $(-1, 0, 0)$ 的距离之和为 4 的点的轨迹方程,并指出它表示怎样的图形.

4. 已知一锥面的顶点为 $(0, 1, 1)$,其准线为 $\begin{cases} x^2 + 2y^2 = 1 \\ z = 0 \end{cases}$,试建立该锥面的方程.

7.6 空间曲线及其方程

7.6.1 空间曲线的一般方程

空间曲线可以看作是两个空间曲面的交线. 设 $F(x, y, z) = 0$ 和 $G(x, y, z) = 0$ 分别是两个曲面 Σ_1 和 Σ_2 的方程,它们的交线为 C(见图 7-38). 因为曲线 C 上的

任何点的坐标应同时满足这两个方程,所以应满足方程组

$$C: \begin{cases} F(x,y,z) = 0 \\ G(x,y,z) = 0 \end{cases}. \tag{1}$$

称方程组(1)为空间曲线的一般方程.

例 1 试画出曲线 $C: \begin{cases} z = \sqrt{4^2 - x^2 - y^2} \\ x + y = 0 \end{cases}$ 的图形.

解 方程组中第一个方程表示球心在坐标原点 O、半径为 2 的上半球面,第二个方程表示一个平面,方程组就表示上述半球面与平面的交线.作出图形如图 7-39 所示.

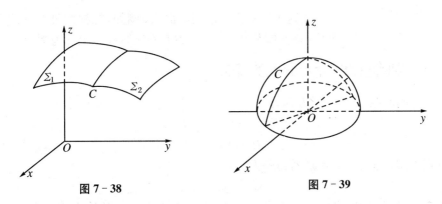

图 7-38   图 7-39

7.6.2 空间曲线的参数方程

空间曲线 C 的方程除了一般方程形式之外,也可以用参数形式表示,只要将曲线 C 上动点的坐标 x、y、z 表示为参数 t 的函数:

$$\begin{cases} x = x(t) \\ y = y(t), \\ z = z(t) \end{cases} \tag{2}$$

当给定 $t = t_1$ 时,就得到 C 上的一个点 (x_1, y_1, z_1);随着 t 的变动便可得曲线 C 上的全部点.称方程组(2)为空间曲线的参数方程.

例 2 如果空间一点 M 在圆柱面 $x^2 + y^2 = a^2$ 上以角速度 ω 绕 z 轴旋转,同时又以线速度 v 沿平行于 z 轴的正方向上升(ω、v 都是常数),那么点 M 构成的图形叫做螺旋线.试建立其参数方程.

解 取时间 t 为参数.设当 $t = 0$ 时,动点位于 x 轴上的一点 $A(a, 0, 0)$ 处.经过时间 t,动点由 A 运动到 $M(x, y, z)$(见图 7-40).记 M 在 xOy 面上的投影为 M',M' 的坐标为 $(x, y, 0)$.由于动点在圆柱面上以角速度 ω 绕 z 轴旋转,所以经过时间

t,$\angle AOM' = \omega t$. 从而

$$x = |OM'|\cos\angle AOM' = a\cos\omega t,$$
$$y = |OM'|\sin\angle AOM' = a\sin\omega t,$$

由于动点同时以线速度 v 沿平行于 z 轴的正方向上升,所以 $z = MM' = vt$. 因此螺旋线的参数方程为

$$\begin{cases} x = a\cos\omega t \\ y = a\sin\omega t \\ z = vt \end{cases} \text{或} \begin{cases} x = a\cos\theta \\ y = a\sin\theta \\ z = b\theta \end{cases}.$$

其中 $\theta = \omega t, b = \dfrac{v}{\omega}, t、\theta$ 为参数.

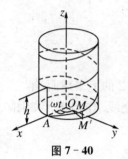

图 7-40

螺旋线是实际中常用的曲线. 例如,螺栓的外缘曲线(即螺纹)就是螺旋线. 而 $h = 2\pi b$ 在工程技术上称为螺距.

7.6.3 空间曲线在坐标面上的投影

设空间曲线 C 的一般方程为

$$\begin{cases} F(x,y,z) = 0 \\ G(x,y,z) = 0 \end{cases}, \tag{3}$$

由方程组(3)消去变量 z 后所得的方程记为

$$H(x,y) = 0. \tag{4}$$

由于方程组(3)的解必定满足方程(4),所以空间曲线 C 上的所有点都在由方程(4)所表示的曲面上.

由上节知识可知,方程(4)所表示的曲面是一个以空间曲线 C 为准线、母线平行于 z 轴的柱面,该柱面称为空间曲线 C 关于 xOy 面的投影柱面,投影柱面与 xOy 面的交线 C_{xy} 称为空间曲线 C 在 xOy 面上的投影曲线,简称投影(见图 7-41).

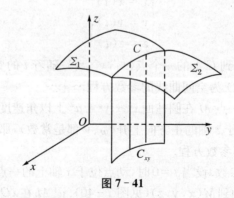

图 7-41

易见,空间曲线 C 在 xOy 面上的投影曲线 C_{xy} 的方程为

$$C_{xy}:\begin{cases}H(x,y)=0\\z=0\end{cases}. \tag{5}$$

空间曲线 C 在其他两个坐标面上的投影曲线也可用类似的方法求得.

注 在方程组(3)中,若存在一个垂直于某坐标面的柱面的方程(如方程中缺少一个或两个变量),则由以上讨论可见,该柱面方程就是空间曲线 C 关于该坐标面的投影柱面方程.

例 3 求曲线

$$C:\begin{cases}x^2+y^2+z^2=2\\z=1\end{cases} \tag{6}$$

在坐标面上的投影方程(见图 7-42).

解 由方程组(6)消去变量 z 后,得曲线 C 关于 xOy 面的投影柱面方程为 $x^2+y^2=1$. 所以曲线 C 在 xOy 面上的投影曲线方程为

$$C_{xy}:\begin{cases}x^2+y^2=1\\z=0\end{cases}.$$

即投影 C_{xy} 为 xOy 坐标面上的圆周.

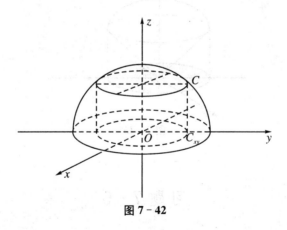

图 7-42

由于方程组(6)中第二个曲面方程 $z=1$ 所表示的平面垂直于 yOz 坐标面,所以 $z=1$ 即为曲线 C 在 yOz 坐标面上的投影柱面. 从而得到曲线 C 在 yOz 坐标面上的投影方程为

$$C_{yz}:\begin{cases}z=1\\x=0\end{cases}\quad(-1\leqslant y\leqslant 1).$$

同理可得曲线 C 在 xOz 坐标面上的投影方程为

$$C_{xz}: \begin{cases} z = 1 \\ y = 0 \end{cases} (-1 \leqslant x \leqslant 1).$$

易见投影 C_{yz} 及 C_{xz} 均为在相应坐标面内的直线段.

例 4 求由上半球面 $z = \sqrt{4 - x^2 - y^2}$ 和锥面 $z = \sqrt{x^2 + y^2}$ 所围成立体在 xOy 面上的投影.

解 由方程 $z = \sqrt{4 - x^2 - y^2}$ 和 $z = \sqrt{x^2 + y^2}$ 消去 z,得到 $x^2 + y^2 = 2$.

这是一个母线平行于 z 轴的圆柱面(见图 7-43),即上半球面与锥面的交线 C 关于 xOy 面的投影柱面,因此交线 C 在 xOy 面上的投影曲线为

$$\begin{cases} x^2 + y^2 = 2 \\ z = 0 \end{cases}.$$

于是所求立体在 xOy 面上的投影,就是该圆在 xOy 面上所围的部分,即

$$\begin{cases} x^2 + y^2 \leqslant 2 \\ z = 0 \end{cases}.$$

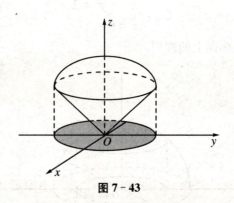

图 7-43

习题 7-6

A

1. 画出下列曲线的图形.

(1) $\begin{cases} x = 1 \\ z = 2 \end{cases}$; (2) $\begin{cases} z = 1 - \sqrt{x^2 + y^2} \\ x - y = 0 \end{cases}$; (3) $\begin{cases} x^2 + y^2 = a^2 \\ x^2 + z^2 = a^2 \end{cases}$.

2. 将下列曲线的一般方程化为参数方程.

(1) $\begin{cases} x^2 + y^2 + 2z^2 = 8 \\ x + y = 0 \end{cases}$; (2) $\begin{cases} (x+2)^2 + \dfrac{(y-1)^2}{4} = 1 \\ z = 0 \end{cases}$.

3. 求曲线 $\begin{cases} z = \sqrt{x^2 + y^2} \\ z = 6 - x^2 - y^2 \end{cases}$ 在 xOy 坐标面上的投影曲线的方程.

4. 求上半球面 $z = \sqrt{2 - x^2 - y^2}$ 与旋转抛物面 $z = x^2 + y^2$ 所围成的立体在 xOy 坐标面上的投影区域.

B

1. 分别求母线平行于 x 轴及 z 轴而且通过曲线 $\begin{cases} 2x^2 + y^2 + z^2 = 4 \\ x^2 - y^2 + z^2 = 0 \end{cases}$ 的柱面方程.

2. 求螺旋线 $\begin{cases} x = a\cos\theta \\ y = a\sin\theta \\ z = b\theta \end{cases}$ 在三个坐标面上的投影曲线的直角坐标方程.

3. 求两个椭圆抛物面 $z = x^2 + 2y^2$ 与 $z = 6 - 2x^2 - y^2$ 所围成的立体在 xOy 坐标面上的投影区域.

4. 试举例说明如何求形如 $\begin{cases} F(x, y) = 0 \\ G(y, z) = 0 \end{cases}$ 的曲线关于各坐标面的投影柱面方程.

复 习 题 7

1. 在 y 轴上求与点 $(2, -3, 3)$ 和点 $(-3, 7, 2)$ 等距离的点.

2. 设 E、F 分别是空间四边形 $ABCD$ 的边 AB 和 CD 的中点,试用向量方法证明:$\overrightarrow{EF} = \dfrac{1}{2}(\overrightarrow{AD} + \overrightarrow{BC})$.

3. 已知 $|a| = 3, |b| = 4, (a)_b = 1.5$,求 $(b)_a$.

4. 设向量 a、b、c 满足关系式 $a + b + c = \mathbf{0}$.
(1) 试证明 $a \times b = b \times c = c \times a$;
(2) 若 $|a| = 3, |b| = 4, |c| = 5$,求 $a \times b + 2b \times c + 3c \times a$.

5. 已知 $a \times b = (1, -2, 3)$,求 $(2a - 3b) \times (4a - 5b)$.

6. 试用 $|a|$、$|b|$ 和 $|a - b|$ 表示 $|a + b|$.

7. 在 xOz 坐标面内求单位向量 a,使它与向量 $b = (1, 2, -1)$ 垂直.

8. 设 $|a| = 2, |b| = 1, a$ 与 b 的夹角为 $\dfrac{\pi}{3}$,求向量 $a + b$ 与 $a - b$ 的夹角.

9. 求到 yOz 坐标面的距离与到点 $(2, -1, 1)$ 的距离相等的点的轨迹方程.

10. 求通过点 $(-1,2,1)$ 且在坐标轴 x、y、z 上的截距之比为 $1:2:3$ 的平面的方程.

11. 求通过点 $(1,0,0)$ 和点 $(0,0,-1)$ 且与 xOy 坐标面成 $\frac{\pi}{3}$ 角的平面的方程.

12. 求过两条平行直线 $\frac{x-1}{1} = \frac{y}{-2} = \frac{z+1}{3}$ 和 $\frac{x-2}{1} = \frac{y+1}{-2} = \frac{z-1}{3}$ 的平面的方程.

13. 设一平面垂直于平面 $y = 0$,并通过点 $(-1,2,2)$ 到直线 $\begin{cases} x - y + 3 = 0 \\ 2y + 3z + 1 = 0 \end{cases}$ 的垂线,求该平面的方程.

14. 求过点 $(-1,0,3)$,与平面 $3x - y + 2z + 1 = 0$ 平行,又与直线 $\frac{x+1}{2} = \frac{y+3}{3} = \frac{z-2}{-1}$ 相交的直线的方程.

15. 求直线 $\frac{x-2}{1} = \frac{y-1}{1} = \frac{z+3}{-3}$ 在平面 $4x - y - 2z + 1 = 0$ 上的投影直线方程.

16. 求曲线 $\begin{cases} x^2 + y^2 + z^2 = 1 \\ x^2 + y^2 + (z-1)^2 = 1 \end{cases}$ 在 xOy 坐标面上的投影曲线方程.

17. 求锥面 $z = \sqrt{x^2 + y^2}$ 与抛物柱面 $z^2 = 2x$ 所围成的立体在 xOy 坐标面上的投影.

18. 画出下列各组曲面(或平面)所围成立体的图形.

(1) $x = 0, y = 0, z = 0, x = 1, y = 2, 2x + 3y + 4z = 12$;

(2) $z = x^2 + y^2, z = 2 - \sqrt{x^2 + y^2}$;

(3) $z = 1 - x^2 - y^2, x = 0, y = 0, z = 0, x + y = 1$;

(4) $z = 0, z = 3, x^2 + y^2 = 1, y = x, y = \sqrt{3}x$,在第一卦限内.

习题解答与提示

习题 1-1

A

1. (1) $x \in [-2,2]$ 且 $x \neq \pm 1$; (2) $x \in [-2,2]$;
   (3) $\left[0, \dfrac{1}{2}\right) \cup \left(\dfrac{1}{2}, \infty\right)$; (4) $x \in \left(2k\pi - \dfrac{\pi}{2}, 2k\pi + \dfrac{\pi}{2}\right), k \in \mathbf{Z}$;
   (5) $x < 0, x \notin \mathbf{Z}$; (6) $[-3,-2] \cup [3,4]$.

2. (1) 不同;   (2) 同;
   (3) 同;   (4) 不同.

3. $\varphi\left(\dfrac{\pi}{6}\right) = \dfrac{1}{2}, \varphi\left(\dfrac{\pi}{4}\right) = \dfrac{\sqrt{2}}{2}, \varphi\left(-\dfrac{\pi}{4}\right) = \dfrac{\sqrt{2}}{2}, \varphi(-2) = 0.$

4. 当 $a \neq 0, \pm\sqrt{2}$ 时, $b = \dfrac{2}{a}$; 当 $a = 0, \pm\sqrt{2}$ 时无解.

5. $f(x) = \dfrac{x}{x+1}$.

6. $f[f(x)] = \dfrac{x}{\sqrt{1+2x^2}}$.

7. (1) 奇函数;   (2) 奇函数;   (3) 偶函数;
   (4) 非奇非偶; (5) 非奇非偶; (6) 偶函数.

8. $\rho = 2R\sin\theta$.

9. $x^2 + y^2 = 9$.

10. $\rho = 4\cos\theta$.

11. $(x-x_0)^2 + (y-y_0)^2 = R^2$,
    $\rho^2 - 2x_0\rho\cos\theta - 2y_0\rho\sin\theta + x_0^2 + y_0^2 - R^2 = 0.$

B

1. (1) $f(x) = \dfrac{a^x - a^{-x}}{2}$;   (2) $y = \begin{cases} \sqrt{x+4}, & -4 \leqslant x \leqslant 0 \\ -\sqrt{x}, & 0 \leqslant x \leqslant 4 \end{cases}$.

2. (1) π;   (2) π;   (3) 24π;   (4) 2π.

3. (1) 无界;   (2) 有界;   (3) 有界;   (4) 有界.

习题 1-2

A

1. (1) 0;   (2) 2;   (3) 0;   (4) 1;   (5) 1;   (6) 没有极限;   (7) 没有极限. (8) 没有极限;   (9) 2.

2. (1) $\dfrac{3}{2}$;   (2) $\dfrac{1}{3}$;   (3) 2;   (4) $\dfrac{1}{1-x}$.

3. 略.

B

1. (1) 2;   (2) $\dfrac{1}{2}$.

2. 略.

3. 略.

习题 1-3

A

1. (1) 1; 0; 不存在; 不存在.

    (2) ① $a > 1$ 时, 1; a^2; 0; $+\infty$; 不存在.

② $0 < a < 1$ 时,$1;a^2;+\infty;0;$不存在.

(3) $0;1;$不存在$;1;1;1$.

3. $\delta = 0.0002.$(提示:因 $x \to 2$,不妨设 $1 < x < 3$).

B

1. 略.
2. $a = 1$.
3. $X \geqslant \sqrt{397}$.
4. $\lim\limits_{x \to 0^-} f(x) = 1$

习题 1-4

A

1. (1) $+\infty;-\infty;\infty;$
   (2) $-\infty;0;+\infty;$
   (3) $+\infty;0;$不存在$;1;1;1.$

2. (1) $+\infty;-\infty;$ (2) -2 或 $\infty;0;$
   (3) $\infty;0^+;$ (4) $1;0^+$ 或 $+\infty;$
   (5) $0;-1^+$ 或 $+\infty;$ (6) $\infty;1.$

3. (1) $2 + \dfrac{15}{x^2-5};$ (2) $0 + \dfrac{\sin x}{x};$
   (3) $\dfrac{2}{3} + \dfrac{-7}{9x+6};$ (4) $\dfrac{1}{2} + \dfrac{1}{2x^3};$
   (5) $0 + \dfrac{\cos\frac{\pi x}{2}}{x}.$

B

1. (1) $3;$ (2) $0;$ (3) $0;$
   (4) $0.$
2. 提示:当 $x = (k\pi)^{-1}, k \in \mathbf{N}$ 时,$y = 0$.

269

习题 1-5

A

1. 不正确.
2. (1) $\dfrac{2}{3}$;　　(2) $2\sqrt{2}$;　　(3) ∞;
   (4) 0;　　(5) 6;　　(6) $\dfrac{1}{4}$;
   (7) $8\sqrt{3}$;　　(8) 0;　　(9) $\dfrac{2}{3}$.
3. (1) 0;　　(2) $+\infty$;　　(3) 0;　　(4) 0;
   (5) 0;　　(6) 0;　　(7) 1.
4. (1) $\dfrac{1}{2\sqrt{a}}$;　　(2) nx^{n-1};　　(3) $\dfrac{1}{2}$;　　(4) $\dfrac{1}{2}$.

B

1. $\dfrac{1}{1-x}$.
2. $p=-5, q=0; q\neq 0$ 时, p 为任意数.
3. $\alpha=1, \beta=-1$.

习题 1-6

A

1. (1) $\dfrac{3}{5}$;　　(2) $\dfrac{1}{2}$;　　(3) $-\dfrac{1}{6}$;　　(4) 0;
   (5) 2;　　(6) 1;　　(7) 1;　　(8) $\cos x$;
   (9) $\sqrt{2}$;　　(10) $\dfrac{1}{2}$.
2. (1) e^{-1};　　(2) e^{-2};　　(3) 1;　　(4) e^3;

(5) e^{-2};   (6) e^{-2};   (7) $e^{\frac{1}{k}}$.

B

1. (1) e;   (2) e^{-2};   (3) $\dfrac{\pi}{6}$.

2. (1) $\begin{cases} 0, m > n \\ 1, m = n \\ \infty, m < n \end{cases}$;   (2) $\dfrac{1}{4}$;

  (3) 2;   (4) $-\dfrac{2}{5}$.

习题 1-7

A

1. 略.
2. $a = k$ 为等价无穷小.
3. (1) $\dfrac{2}{3}$;   (2) $\dfrac{1}{3}$;   (3) $\dfrac{a}{b}$;   (4) $\dfrac{1}{2}$;
  (5) $\dfrac{3}{4}$;   (6) 1;   (7) a;   (8) $\dfrac{2}{3}$.
4. $a = -1, b = 2$.

B

1. 略.
2. $n = 3$.
3. (1) 不正确;   (2) 正确.
4. $a = 2$.
5. $a = 4, b = -4$.
6. $a = -4, b = -2$.

习题 1-8

A

1. (1) $x=0$ 是可去型；

   (2) $x=1$,可去间断点；$x=2$,第二类间断点；

   (3) $x=0$ 为跳跃型；

   (4) $x=0, x=k\pi+\dfrac{\pi}{2}$ 为可去间断点；$x=k\pi(k\neq 0)$ 为第二类间断点；

   (5) $x=-3$,第二类无穷间断点；$x=1$ 第一类可去间断点；$x=0$,第二振荡间断点；

   (6) $x=0$,第二类无穷间断点；$x=1$,第一类跳跃间断点.

2. (1) $x=1$ 跳跃型； (2) $x=0$ 连续；

   (3) $x=0$ 连续；$x=1$ 跳跃型；

   (4) $x=1$ 连续；$x=2$ 跳跃型.

3. (1) $a=-3, b=4$； (2) $a=1, b=1$.

B

1. 0.

2. $x=0$ 是 $f(x)$ 的第二类无穷型间断点；$x=1, x=2$ 是可去间断点.

3. $f(x)=\begin{cases} x, & |x|<1 \\ 0, & |x|=1 \\ -x, & |x|>1 \end{cases}$；$x=1$ 和 $x=-1$ 为第一类间断点.

4. $a=0, b=1$.

习题 1-9

A

1. (1) $\dfrac{\ln 2 + 1}{\sqrt[3]{5}}$； (2) 2； (3) 1； (4) 0； (5) 1； (6) $\dfrac{1}{x}$.

2. $\ln 3$.

4. (1) e^{-1}; (2) 1.

B

1. (1) $e^{\frac{3}{5}}$; (2) $\frac{1}{2}$.

复习题 1

1. (1) $+\infty, 1$; (2) 0; (3) $\frac{3}{2}\ln 2$;
   (4) 1; (5) 0; (6) -1.
2. (1) B; (2) D; (3) A; (4) C.
3. (1) 0; (2) e^{β}; (3) $\alpha - \beta$; (4) 0;
   (5) 0; (6) ∞; (7) -1; (8) $\frac{1}{2}$;
   (9) 1; (10) 1.
4. $a = 4, b = 10$.
5. $\frac{1}{2}$.
6. $a = 4$.
7~9. 略.
10. $x = 0$ 为跳跃间断点；$x = \frac{1}{2}$ 为无穷间断点.
11. $a = \frac{1}{\sqrt{2}}$；$\lim\limits_{x \to 0} f(x) = -1$.
12. 略.

习题 2-1

A

1. (1) 1.23; 0.1203; 0.012003; -0.1197; -0.01197.
   (2) 12.3; 12.03; 12.003; 11.97; 11.997; 12.
   (3) 12; $6x$.

3. (1) $-\dfrac{1}{x^2}$; (2) $\dfrac{1}{4}x^{-\frac{3}{4}}$; (3) $-\dfrac{2}{x^3}$;

(4) $-\dfrac{1}{2}x^{-\frac{3}{2}}$; (5) $-\dfrac{2}{3}x^{-\frac{5}{3}}$; (6) $\dfrac{1}{6}x^{-\frac{5}{6}}$.

4. 12 m/s.

5. $y - \dfrac{1}{2} = -\dfrac{\sqrt{3}}{2}\left(x - \dfrac{\pi}{3}\right)$; $y - \dfrac{1}{2} = \dfrac{2}{\sqrt{3}}\left(x - \dfrac{\pi}{3}\right)$.

7. $(2,4)$.

B

1. (1) $-f'(x_0)$; (2) $2f'(x_0)$;
   (3) $f'(0)$; (4) $f'(x_0)$.

2. $a = 2, b = -1$.

3. 连续但不可导.

习题 2-2

A

1. (1) $6x + \dfrac{4}{x^3}$; (2) $\dfrac{3}{(5-x)^2} + \dfrac{2}{5}x$;

(3) $\dfrac{x^2}{(\cos x + x\sin x)^2}$; (4) $a^x \ln a + e^x$;

(5) $\sec x(2\sec x + \tan x)$; (6) $2 - \dfrac{1}{3\sqrt[3]{x^2}} + 2\cos x$.

2. (1) $x(2\cos x - x\sin x)$; (2) $e^x(x^2 + 5x + 4)$;

(3) $3(\sin 3x - \sin x \cos^2 x)$; (4) $\tan x + x\sec^2 x + \csc x \cot x$;

(5) $e^{2x}\sin^2 x$; (6) $\dfrac{1 - \ln x}{x^2}$;

(7) $\sec^2 t + 2\cos t$; (8) $2\cos x + \cos x \csc^2 x - x\sin x$.

3. (1) $-\dfrac{1}{x^2}\left(\dfrac{2\cos x}{x} + \sin x\right)$; (2) $\dfrac{-2}{(1+x)^2}$;

(3) $\dfrac{2(1+x^2)}{(1-x^2)^2}$; (4) $\dfrac{2x - x^4 \ln 4}{4^x}$;

(5) $e^{\sin x}\cos x$;

(6) $-\dfrac{2\csc x[(1+x^2)\cot x + 2x]}{(1+x^2)^2}$;

(7) $-\dfrac{2\sqrt{x}(1+\sqrt{x})\csc^2 x + \cot x}{2\sqrt{x}(1+\sqrt{x})^2}$; (8) $\dfrac{x+\sin x}{1+\cos x}$;

(9) $-\tan x$; (10) $-\dfrac{1+2x}{(1+x+x^2)^2}$.

4. (1) $\dfrac{17}{2}$; (2) $\dfrac{1}{2}, 0$;

(3) $\dfrac{\sqrt{2}}{4}\left(1+\dfrac{\pi}{2}\right)$; (4) $-\dfrac{\sqrt{2}}{4}+1+\dfrac{\pi}{2}$.

5. (1) $-20(1-2x)^9$; (2) $2e^{2x}$;

(3) $A\omega\cos(\omega t + \varphi)$; (4) $-x\sin x$;

(5) $2x\sec^2(1+x^2)$; (6) $\dfrac{2}{4x+3}$;

(7) $\dfrac{1}{x}$; (8) $(\ln 2)2^x\cos(2^x)$;

(9) $(\ln 2)2^{\sin x}\cos(x)$; (10) $3\tan 3x$;

(11) $e^x\sqrt{1-e^{2x}} - \dfrac{e^{3x}}{\sqrt{1-e^{2x}}}$; (12) $\dfrac{2x+1}{(x^2+x+1)\ln a}$.

6. (1) $3\sin(4-3x)$; (2) $-6xe^{-3x^2}$;

(3) $-2\csc^2 x \cot x$; (4) $\sin 2x$;

(5) $-\dfrac{2}{x(1+\ln x)^2}$; (6) $2x\sec^2(x^2)$;

(7) $\dfrac{1}{x(\ln x)\ln(\ln x)}$; (8) $\dfrac{2x\cos 2x - \sin 2x}{x^2}$;

(9) $\dfrac{1}{\sqrt{a^2+x^2}}$; (10) $\dfrac{1+\sqrt{\ln x}}{2x\sqrt{\ln x}}$.

7. (1) $\dfrac{e^x}{1+e^{2x}}$; (2) $-\dfrac{3}{2}x^{-\frac{5}{2}} + 2x^{-3}$;

(3) $-6x\tan(10+3x^2)$; (4) $-\dfrac{1}{2}e^{-\frac{x}{2}}(\cos 3x + 6\sin 3x)$;

(5) $\dfrac{|x|}{x^2\sqrt{x^2-1}}$; (6) $\csc x$;

(7) $\dfrac{2\arcsin\dfrac{x}{2}}{\sqrt{4-x^2}}$; (8) $\sin x \ln\tan x$;

(9) $n\sin^{n-1}x\cos(n+1)x$; (10) $-\dfrac{1}{1+x^2}$.

8. (1) $\dfrac{e^{\sqrt{x}}}{2\sqrt{(1-e^{2\sqrt{x}})x}}$; (2) $\ln x \cos x + \cos x - x\ln x \sin x$;

(3) $-6x\sin(\sin^3 x^2)\sin^2 x^2 \cos x^2$; (4) $\dfrac{e^{\arctan\sqrt{x}}}{2\sqrt{x}(1+x)}$;

(5) $\dfrac{2x}{1+(1-x^2)^2}$; (6) $\dfrac{\cos x}{2\sqrt{\sin x - \sin^2 x}}$;

(7) $\dfrac{\sqrt{x^2-a^2}}{x}$;

(8) $\arccos x$;

(9) $\sec x$;

(10) $\sec^2\dfrac{x}{2}\tan\dfrac{x}{2}-\csc^2\dfrac{x}{2}\cot\dfrac{x}{2}$;

(11) $3x^2+\dfrac{1}{3}x^{-\frac{2}{3}}+3^x\ln 3-\dfrac{1}{x\ln 3}$;

(12) $(\theta+1)e^{\theta}\cot\theta-\theta e^{\theta}\csc^2\theta$;

(13) $-2a\omega\sin 2(2\omega t+\varphi)$;

(14) $\omega e^{-\omega t}[\cos(\omega t+\varphi)-\sin(\omega t+\varphi)]$;

(15) $\dfrac{2^{\frac{x}{\ln x}}(\ln x-1)\ln 2}{\ln^2 x}$;

(16) $\dfrac{1}{\sqrt{x^2\pm a^2}}$;

(17) $\dfrac{2\arcsin x}{\sqrt{1-x^2}}$;

(18) $e^{-\sin^2\frac{1}{x}}\sin\dfrac{2}{x}\cdot\dfrac{1}{x^2}$;

(19) $\dfrac{2x}{(x^2+1)\ln a}$;

(20) $\dfrac{x\cos\sqrt{1+x^2}}{\sqrt{1+x^2}}$.

B

1. (1) $2xf'(x^2)$;
   (2) $f'(e^x)e^x e^{f(x)}+f(e^x)e^{f(x)}f'(x)$;
   (3) $2e^x f(e^x)f'(e^x)$.
2. $a=2, b=-3$.
3. 略.

习题 2-3

A

1. (1) $2\sec^2 x\tan x$;
   (2) $4e^{2x-1}$;
   (3) $-\dfrac{2(1+x^2)}{(1-x^2)^2}$;
   (4) $-\dfrac{x}{(1+x^2)^{\frac{3}{2}}}$;
   (5) $-2\sin x - x\cos x$;
   (6) $-2\cos 2x\cdot\ln x-\dfrac{2\sin 2x}{x}-\dfrac{\cos^2 x}{x^2}$.
2. 略.

B

1. (1) $e^x[x^2+2nx+n(n-1)]$;
   (2) $(-1)^n\dfrac{2n!}{(1+x)^{n+1}}$;

(3) $\dfrac{-(n-1)!}{(1-x)^n}$.

2. $\dfrac{d^2 s}{d t^2} = -A\omega^2 \sin\omega t$.

3. $a = \dfrac{1}{2}, b = c = 1$.

习题 2-4

A

1. (1) $\dfrac{y}{y-x}$; (2) $-\dfrac{x+y^2}{2xy\ln x}$;

   (3) $-\dfrac{e^y}{1+xe^y}$; (4) $-\dfrac{xye^{xy}+y+2x\sin 2x}{x(xe^{xy}+\ln x)}$;

   (5) $1 - \dfrac{1}{\cos^2 x \cos(x-y)}$.

2. (1) $\dfrac{3b}{2a}t$; (2) $\dfrac{\cos\theta - \theta\sin\theta}{1 - \sin\theta - \theta\cos\theta}$.

3. 切线方程为 $4x + 3y - 12a = 0$,法线方程为 $3x - 4y + 6a = 0$.

4. (1) $\dfrac{1}{t^3}$; (2) $\dfrac{4}{9}e^{3t}$;

   (3) $\dfrac{d^2 y}{dx^2} = 0$; (4) $\dfrac{d^2 y}{dx^2} = \dfrac{1}{a}$.

B

1. (1) $\dfrac{\ln\sin y + y\tan x}{\ln\cos x - x\cot y}$;

   (2) $2x^{\ln x} \cdot \dfrac{\ln x}{x}$;

   (3) $(\sin x)^{\cos x}\left[1 + x\left(\dfrac{\cos^2 x}{\sin x} - \sin x \ln\sin x\right)\right]$;

   (4) $\left(\dfrac{x}{1+x}\right)^x \left(\ln\dfrac{x}{1+x} + \dfrac{1}{1+x}\right)$;

   (5) $\dfrac{1}{2}\sqrt{\dfrac{(x-1)(x-2)}{(x-3)(x-4)}}\left(\dfrac{1}{x-1} + \dfrac{1}{x-2} - \dfrac{1}{x-3} - \dfrac{1}{x-4}\right)$;

   (6) $\dfrac{1}{2}\sqrt{x\sin x \sqrt{1-e^x}}\left[\dfrac{1}{x} + \cot x - \dfrac{e^x}{2(1-e^x)}\right]$;

(7) $\dfrac{1}{5}\sqrt[5]{\dfrac{x-5}{\sqrt[5]{x^2+2}}}\left[\dfrac{1}{x-5}-\dfrac{2x}{5(x^2+2)}\right]$.

2. (1) 切线方程为 $2\sqrt{2}+y-2=0$,法线方程为 $\sqrt{2}x-4y-1=0$.

   (2) 切线方程为 $x+2y-4=0$,法线方程为 $2x-y-3=0$.

3. 略.

习题 2-5

A

1. (1) 当 $\Delta x=1$ 时,$\Delta y=18$,$\mathrm{d}y=11$;

   当 $\Delta x=0.1$ 时,$\Delta y=1.161$,$\mathrm{d}y=1.1$.

   (2) $\dfrac{\pi}{36}$.

2. (1) $(\sin 2x+2x\cos 2x)\mathrm{d}x$;   (2) $\dfrac{2\ln(1-x)}{x-1}\mathrm{d}x$;

   (3) $\dfrac{2a^3}{x^4-a^4}\mathrm{d}x$;   (4) $x^{\arcsin x}\left(\dfrac{\arcsin x}{x}+\dfrac{\ln x}{\sqrt{1-x^2}}\right)\mathrm{d}x$;

   (5) $\sin x\,\mathrm{e}^{\sin x\cdot\tan x}(1+\sec^2 x)\mathrm{d}x$;   (6) $\mathrm{e}^{-x}[\sin(3-x)-\cos(3-x)]\mathrm{d}x$;

   (7) $\dfrac{\ln x}{(1-x)^2}\mathrm{d}x$;   (8) $(x^2+1)^{-\frac{3}{2}}\mathrm{d}x$.

B

1. (1) $\dfrac{x+y}{x-y}\mathrm{d}x,\dfrac{x+y}{x-y}$;   (2) $-\dfrac{2x}{1+x^4}\mathrm{d}x,-\dfrac{2x}{1+x^4}$.

2. (1) $2\sqrt{x}+C$;   (2) $\ln(1+x)+C$;

   (3) $\dfrac{1}{3}\tan 3x+C$;   (4) $\ln^2|x|+C$.

3. 2.0052.

复习题 2

(1) D;   (2) B.

2. (1) $2\sqrt{1+x^2}\,dx$; (2) $\dfrac{(-1)^n n!}{6}\left[\dfrac{1}{(x-4)^{n+1}} - \dfrac{1}{(x+2)^{n+1}}\right]$;

(3) $2af'(ax^2+b) + 4a^2x^2 f''(ax^2+b)$;

(4) 94.

3. (1) $-2e^{-2x}\sec^2(e^{-2x}+1)$; (2) $\dfrac{3-2x}{(x^2-3x+6)^2}$;

(3) $\sec x$; (4) $-e^{\sqrt{\frac{1-x}{1+x}}} \cdot \sqrt{\dfrac{1+x}{1-x}} \cdot \dfrac{1}{(1+x)^2}$;

(5) $\dfrac{6}{x\ln x \cdot \ln(\ln^3 x)}$; (6) $\dfrac{\arcsin x}{(1-x^2)^{\frac{3}{2}}}$;

(7) $\dfrac{1}{4}\sqrt{x\sin x \sqrt{1-e^{3x}}}\left(\dfrac{2}{x} + 2\cot x - \dfrac{3e^{3x}}{1-e^{3x}}\right)$;

(8) $\dfrac{9x\sqrt{x}+8x}{4\sqrt{1+\sqrt{x}}}$.

4. $\dfrac{1-2e}{e^2}$.

5. (1) $f''(x^3)\cdot 9x^4 + f'(x^3)\cdot 6x$; (2) $\dfrac{f''(x+y)}{[1-f'(x+y)]^3}$.

6. (1) $\dfrac{2n!}{(1-x)^{n+1}}$; (2) $-2^n \cos\left(2x + \dfrac{n\pi}{2}\right)$.

7. 略.

8. 切线方程: $y+1 = \dfrac{x}{e}$; 法线方程: $y+1 = -ex$.

9. 在 $x=1$ 处连续但不可导.

10. $A(x,y) = \dfrac{y^x \ln y + 2x\cos x^2 - y^x \cdot \dfrac{y}{x}}{x^y \ln x - y^x \dfrac{y}{x}}$.

11. $a=-1, b=2$.

12. $v_0 = -\dfrac{1}{2}$(m/s), $a_0 = \dfrac{5}{8}$(m/s²).

习题 3-1

A

1. $\xi = \dfrac{3}{4}\pi \in (0, 3\pi)$.

2. $\xi = \sqrt{\dfrac{4-\pi}{\pi}} \in (0,1)$.

3. $\xi = \arcsin\left(\dfrac{8}{\pi^2 - 4\pi + 8} - 1\right)$.

4. (1) $\xi = \dfrac{\pi}{2}$;   (2) $\xi = \pm\dfrac{\sqrt{\pi^2 - 4}}{\pi}$;   (3) $\xi = x_0 + \dfrac{1}{2}h$.

5. 方程 $f'(x) = 0$ 有三个根，分别在区间 $(1,2), (2,3), (3,4)$ 内.

7. $f(x) = a_0 x^n + a_1 x^{n-1} + \cdots + a_{n-1} x$.

9. $f(x) = x^n \quad (n > 1)$.

10. $f(x) = \ln x$.

B

1. $f(x) = x + p + q\cos x$.
2. (1) $\varphi(x) = f(x) - x$;   (2) $F(x) = e^{-\lambda x}[f(x) - x] = e^{-\lambda x}\varphi(x)$.
3. $F(x) = f(x) - x$.
4. $\varphi(x) = (x^2 - 1)\ln x - (x - 1)^2$.

习题 3-2

A

1. (1) $\dfrac{m}{n} a^{m-n}$;   (2) 1;   (3) -2;

   (4) $-\dfrac{3}{5}$;   (5) $-\dfrac{1}{8}$;   (6) $-\dfrac{1}{6}$;

   (7) 1;   (8) 1;   (9) 1;

   (10) k;   (11) 1;   (12) $\dfrac{1}{2}$;

   (13) 1;   (14) 1;   (15) 1;

   (16) e^{-1};   (17) 0;   (18) $e^{-\frac{1}{6}}$.

B

1. $f''(x_0)$.

2. $a = g'(0)$.

习题 3-3

A

1. $x^4 - 5x^3 + x^2 - 3x + 4 = -56 + 21(x-4) + 37(x-4)^2 + 11(x-4)^3 + (x-4)^4$.

2. $\sqrt{x} = 2 + \frac{1}{4}(x-4) - \frac{1}{64}(x-4)^2 + \frac{1}{512}(x-4)^3 - \frac{5(x-4)^4}{144[4+\theta(x-4)]^{\frac{7}{2}}}, \theta \in (0,1)$.

3. $\sqrt{e} \approx 1 + \frac{1}{2} + \frac{1}{2} \cdot \frac{1}{4} + \frac{1}{6} \cdot \frac{1}{8} \approx 1.646$.

4. (1) $e^{-\frac{x^2}{2}} = 1 - \frac{1}{2}x^2 + \frac{1}{8}x^4 + o(x^4), \cos x = 1 - \frac{1}{2}x^2 + \frac{1}{24}x^4 + o(x^4)$,

   $\cos x - e^{-\frac{x^2}{2}} = -\frac{1}{12}x^4 + o(x^4), \lim\limits_{x \to 0} \frac{\cos x - e^{-\frac{x^2}{2}}}{x^4} = -\frac{1}{12}$;

   (2) 令 $x = \frac{1}{t}, \ln(1+t) = t - \frac{1}{2}t^2 + o(t^2), \frac{1}{t} - \frac{1}{t^2}\ln(1+t) = \frac{1}{2} + \frac{o(t^2)}{t^2}$,

   $\lim\limits_{x \to \infty}\left[x - x^2\ln\left(1+\frac{1}{x}\right)\right] = \lim\limits_{t \to 0}\left[\frac{1}{t} - \frac{1}{t^2}\ln(1+t)\right] = \frac{1}{2}$.

B

1. (1) $f(x) = f(c) + f'(c)(x-c) + \frac{f''(\xi)}{2!}(x-c)^2, \xi = c + \theta(x-c), \theta \in (0,1)$.

习题 3-4

A

1. $(-\infty, +\infty)$ 上 $f(x)$ 都是单调减少的.
2. (1) 单调增区间：$(-\infty, -1], [3, +\infty)$, 单调减区间：$[-1, 3]$;

   (2) 单调增区间：$\left[\frac{1}{2}, 1\right]$, 单调减区间：$(-\infty, 0), \left(0, \frac{1}{2}\right], [1, +\infty)$;

   (3) 单调增区间：$(-\infty, +\infty)$;

(4) 单调减区间：$\left(-\infty, \frac{1}{2}\right]$，单调增区间：$\left[\frac{1}{2}, +\infty\right)$；

(5) 单调减区间：$\left(0, \frac{1}{2}\right]$，单调增区间：$\left[\frac{1}{2}, +\infty\right)$；

(6) 单调减区间：$\left[0, \frac{\pi}{3}\right]$，$\left[\frac{5}{3}\pi, 2\pi\right]$，单调增区间：$\left[\frac{\pi}{3}, \frac{5}{3}\pi\right]$；

(7) 单调增区间：$[0, n]$，单调减区间：$[n, +\infty)$；

(8) 单调增区间：$\left(-\infty, \frac{2a}{3}\right]$，$[a, +\infty)$，单调减区间：$\left[\frac{2a}{3}, a\right]$.

5. (1) 当 $0 < a < \frac{1}{e}$ 时，方程有两个实根，它们分别包含在 $\left(0, \frac{1}{a}\right)$ 及 $\left[\frac{1}{a}, +\infty\right)$ 内；

(2) 当 $a = \frac{1}{e}$ 时，方程只有一个实根，即 $x = \frac{1}{a} = e$；

(3) 当 $a > \frac{1}{e}$ 时，方程没有实根.

6. (1) 在 $(-\infty, +\infty)$ 内，曲线始终是凸的.

(2) 在 $(0, +\infty)$ 内，曲线始终是凹的.

7. (1) 函数的图形处处是凹的.

(2) 在 $\left(-\infty, \frac{1}{2}\right]$ 内是凹的，在 $\left[\frac{1}{2}, +\infty\right)$ 内是凸的，$\left(\frac{1}{2}, e^{\arctan\frac{1}{2}}\right)$ 是拐点.

8. $(1, 4)$ 及 $(1, -4)$ 为拐点.

9. $(-1, -1)$，$\left(2-\sqrt{3}, \frac{1-\sqrt{3}}{4(2-\sqrt{3})}\right)$，$\left(2+\sqrt{3}, \frac{1+\sqrt{3}}{4(2-\sqrt{3})}\right)$ 三个拐点.

10. $a = -\frac{3}{2}, b = \frac{9}{2}$.

B

1. $f(x_0) = x_0 - \frac{\pi}{2}\sin x_0$. 当 $k < y_0$ 或 $k \geqslant 0$ 时，原方程在 $\left(0, \frac{\pi}{2}\right)$ 内没有根；当 $k = y_0$ 时，有惟一根 x_0；

当 $y_0 < k < 0$ 时，原方程在 $(0, x_0)$ 和 $\left(x_0, \frac{\pi}{2}\right)$ 内恰有两个不同的根.

习题 3-5

A

1. (1) $y(-1) = 17$ 是极大值，$y(3) = -47$ 是极小值.

(2) 极大值 $y\left(\dfrac{12}{5}\right) = \sqrt{\dfrac{41}{20}}$;

(3) $y\left(\dfrac{\pi}{4} + 2k\pi\right) = \dfrac{\sqrt{2}}{2} e^{\left(\frac{\pi}{4} + 2k\pi\right)}$ 是极大值, $y\left(\dfrac{5\pi}{4} + 2k\pi\right) = -\dfrac{\sqrt{2}}{2} e^{\left(\frac{5\pi}{4} + 2k\pi\right)}$ 是极小值, $k \in \mathbf{Z}$;

(4) 极大值 $y\left(\dfrac{a}{2}\right) = \dfrac{a^4}{16}$, 极小值 $y(0) = 0, y(a) = 0$;

(5) 极大值 $y(e^2) = \dfrac{4}{e^2}$, 极小值 $y(1) = 0$;

(6) 极大值 $y(0) = a^{\frac{4}{3}}$, 极小值 $y(\pm a) = 0$;

(7) 极大值 $y(k\pi) = 10$, 极小值 $y\left(k\pi + \dfrac{\pi}{2}\right) = 5$;

(8) 极大值 $y(k\pi) = (-1)^k + \dfrac{1}{2}$, 极小值 $y\left(\dfrac{2\pi}{3} + 2k\pi\right) = -\dfrac{3}{4}, y\left(\dfrac{4\pi}{3} + 2k\pi\right) = -\dfrac{3}{4}$.

2. 当 $a = 2$ 时, $f(x)$ 在 $x = \dfrac{\pi}{3}$ 处具有极大值, 且 $f\left(\dfrac{\pi}{3}\right) = \sqrt{3}$.

3. (1) 最大值 $y(\pm 2) = 13$, 最小值 $y(\pm 1) = 4$;

(2) 最大值为 $y(4) = 8$, 最小值为 $y(0) = 0$;

(3) 最大值为 $y(0) = \dfrac{\pi}{4}$, 最小值为 $y(1) = 0$.

4. $f(x) = x^2 (4 - x)^3$, 其中 $0 < x < 4$, 当 $x = \dfrac{8}{5}, y = \dfrac{12}{5}$ 时 $x^2 y^3$ 为最大.

5. 当 $x = \dfrac{a}{\sqrt{2}}, y = \dfrac{b}{\sqrt{2}}$ 时内接矩形面积最大.

6. 中心角为 $\alpha = \dfrac{2}{3}\sqrt{6}\pi$ 时圆锥的体积最大, 为 $V = \dfrac{2\sqrt{3}}{27}\pi R^3$.

7. $t = 16.3(h)$.

8. $x_B = \dfrac{1}{3}\ln 2 - 1$ 和 $x_C = \dfrac{1}{2} + \dfrac{1}{3}\ln 2$.

习题 3-6

1. (1) 渐近线为 $x = 2, x = -3, y = 1$;

(2) 渐近线为 $x = 0, y = x$;

(3) 渐近线为 $x = -\dfrac{1}{e}, y = x + \dfrac{1}{e}$;

(4) 渐近线为 $y = 2x \pm \dfrac{\pi}{2}$.

2. (1) 定义域: $(-\infty, +\infty)$, 单调减区间: $(-\infty, -2]$, 单调增区间: $[-2, +\infty)$, 极小值:

$y(-2) = -\frac{17}{5}$,凹区间:$(-\infty, -1]$,$[1, +\infty)$,凸区间:$[-1,1]$,拐点:$(1,2)$,$\left(-1, -\frac{6}{5}\right)$;

(2) 定义域:$(-\infty,1)$,$(1, +\infty)$,单调减区间:$(-\infty,0]$,$(1, +\infty)$,单调增区间:$[0,1)$,极小值:$y(0) = 0$,凹区间:$\left[-\frac{1}{2}, 1\right)$,$(1, +\infty)$,凸区间:$\left(-\infty, -\frac{1}{2}\right]$,拐点:$\left(-\frac{1}{2}, \frac{2}{9}\right)$,渐近线:$x = 1, y = 2$;

(3) 定义域:$(0, +\infty)$,单调增区间:$(0, +\infty)$,凸区间:$(0, e^{\frac{3}{2}})$,凹区间:$(e^{\frac{3}{2}}, +\infty)$,拐点:$(e^{\frac{3}{2}}, e^{\frac{3}{2}} + \frac{3}{4}e^{-\frac{3}{2}})$,渐近线:$y = x$;

(4) 定义域:$(-\infty, -1)$,$(-1, +\infty)$,单调减区间:$(-\infty, -2)$,单调增区间:$(-2, -1)$,$(-1, +\infty)$,极小值:$y(-2) = 4$,下凸区间:$(-\infty, -1)$,$(0, +\infty)$,上凸区间:$(-1, 0)$,拐点:$(0,0)$,渐近线:$x = -1, y = x - 1, y = -x + 1$.

习题 3-7

1. 曲率 $K = \dfrac{|y''|}{(1+y'^2)^{3/2}}\Big|_{x=\frac{\pi}{2}} = 1$,曲率半径 $R = 1$.

2. 曲率 $K = \dfrac{|y''|}{(1+y'^2)^{3/2}}\Big|_{x=0} = 1$,曲率半径 $R = 1$.

3. 曲率 $K = \dfrac{|\varphi'(t)\psi''(t) - \varphi''(t)\psi'(t)|}{[\varphi'(t)^2 + \psi'(t)^2]^{3/2}} = \left|\dfrac{2}{3a}\csc 2t\right|$.

4. 点 $\left(\dfrac{1}{\sqrt{2}}, -\dfrac{1}{2}\ln 2\right)$ 处曲率半径最小,为 $R = \dfrac{3}{2}\sqrt{3}$.

5. $D = 125$ 单位长.

6. $R = 5000, F = \dfrac{mv^2}{R} = \dfrac{70 \times 200^2}{5000} = 560(\text{N}), F' = 560 + 70 \times 9.8 = 1246(\text{N})$.

复习题 3

1~8. C,C,C,D,B,D,D,B.

9. 当 $0 \notin [a,b]$ 时,$f(x)$ 满足拉格朗日定理的条件,且 $\xi = \sqrt{ab}$ 或 $\xi = -\sqrt{ab}$;当 $0 \in [a,b]$ 时,$f(x)$ 不满足拉格朗日定理的条件.

19. (1) 1;   (2) 1;   (3) $-\dfrac{e}{2}$;   (4) 0.

24. (1) 极大值 $y(1) = \dfrac{\pi}{4} - \dfrac{1}{2}\ln 2$;

(2) 极大值 $y(k\pi) = 10$, 极小值 $y\left(k\pi + \dfrac{\pi}{2}\right) = 5$;

(3) 极大值 $y(1) = 1$, 极小值 $y(-1) = -1$;

(4) 极大值 $y(-1) = e^{-2}, y(1) = 1$, 极小值 $y(0) = 0$.

26. $\sqrt[3]{3}$.

27. $g(n) = \left(\dfrac{n}{n+1}\right)^{n+1}$, $\lim\limits_{n\to\infty} g(n) = e^{-1}$.

29. $y = \dfrac{\pi}{2}x - 1(x \to +\infty), y = \dfrac{\pi}{2}x + 1(x \to -\infty)$.

习题 4-1

A

1. C.

2. $x\ln x - x$ 是 $\ln x$ 的一个原函数, $-3 + x^4$ 是 $4x^3$ 的一个原函数, $5 - \dfrac{1}{x}$ 是 $\dfrac{1}{x^2}$ 的一个原函数, $\sqrt{1+x^2}$ 是 $\dfrac{x}{\sqrt{1+x^2}}$ 的一个原函数, $\ln(1+x^2)$ 是 $\dfrac{2x}{1+x^2}$ 的一个原函数.

3. (1) $-\dfrac{1}{2x^2} + C$; (2) $\dfrac{2}{7}x^3\sqrt{x} + C$;

(3) $-\dfrac{3}{\sqrt[3]{x}} + C$; (4) $\dfrac{2}{7}x^{\frac{7}{2}} - 5 \cdot \dfrac{2}{3}x^{\frac{3}{2}} + C$;

(5) $3\arcsin x - \ln|x| + C$; (6) $\sec x + \csc x + C$;

(7) $\tan x - 4\cot x - 9x + C$; (8) $\dfrac{1}{2}(t - \sin t) + C$;

(9) $\sqrt{\dfrac{2h}{g}} + C$.

4. $y = \dfrac{1}{\ln 2}(2^x - 1)$.

5. $dF(\sin x) = \dfrac{dF(\sin x)}{d\sin x}d\sin x = \dfrac{\ln\sin x}{\sin x}\cos x\, dx$.

B

1. $-\sin x + c_1 x + c_2 (c_1, c_2$ 为任意常数).

2. (1) $2\sqrt{x} + C$; (2) $\dfrac{(\pi e)^x}{\ln(\pi e)} - \dfrac{1}{2}\ln|x| + C$;

(3) $-\cot x + \csc x + C$; (4) $-4\cot x + C$;

(5) $\begin{cases} e^x + C & x \leqslant 0 \\ -e^{-x} + 2 + C & x > 0 \end{cases}$; (6) $\begin{cases} \dfrac{x^3}{3} - \dfrac{2}{3} + C, & x < -1 \\ x + C & -1 \leqslant x < 1 \\ \dfrac{x^3}{3} + \dfrac{2}{3} + C, & x \geqslant 1 \end{cases}$

3. $y = x + \cos x - \dfrac{\pi}{2}$.

习题 4-2

A

1. $-\dfrac{1}{2}\cos 2x + C$. 2. $-\dfrac{1}{2}\sin(1 - 2x) + C$.

3. $\dfrac{1}{2}\ln|3 + 2x| + C$. 4. $\dfrac{1}{4}(3 - 2x)^{-2} + C$.

5. $-e^{1-\frac{x^2}{2}} + C$. 6. $-\sqrt{1 - x^2} + C$.

7. $-\dfrac{1}{3}e^{-x^3} + C$. 8. $\dfrac{2}{5}(\ln x)^{\frac{5}{2}} + C$.

9. $-\dfrac{1}{3}(1 - x^2)^{\frac{3}{2}} + C$. 10. $\dfrac{1}{4}\sin^4 x + C$.

11. $\ln|\sin x| + C$. 12. $\dfrac{1}{3}\ln|x^3 + 1| + C$.

13. $\ln(x^2 - 3x + 5) + C$. 14. $-\dfrac{1}{\arcsin x} + C$.

15. $2\sqrt{\tan x} + C$. 16. $\dfrac{1}{2}(\arctan x)^2 + C$.

17. $\dfrac{1}{2}\cos x - \dfrac{1}{10}\cos 5x + C$. 18. $\dfrac{1}{4}\sin 2x + \dfrac{1}{16}\sin 8x + C$.

19. $\dfrac{x}{a^2\sqrt{a^2 - x^2}} + C$. 20. $-\dfrac{(4 - x^2)^{\frac{3}{2}}}{12x^3} + C$.

21. $\dfrac{x}{\sqrt{x^2 + 1}} + C$. 22. $\sqrt{x^2 - 4} - 2\arccos\dfrac{2}{|x|} + C$.

23. $\dfrac{1}{2}\arctan f^2(x) + C$. 24. $\dfrac{1}{2}\left[\dfrac{f(x)}{f'(x)}\right]^2 + C$.

B

1. $\frac{2}{3}(1+\ln x)^{\frac{3}{2}} - 2\sqrt{1+\ln x} + C.$

2. $x - 2\ln(1 + \sqrt{1+e^x}) + C.$

3. $(\arctan\sqrt{x})^2 + C.$

4. $(\arcsin\sqrt{x})^2 + C.$

5. $-\frac{1}{x\ln x} + C.$

6. $\frac{1}{\sqrt{2}}\arctan\frac{x^2-1}{\sqrt{2}x} + C.$

7. $2\arcsin\sqrt{x} + C.$

8. $\frac{9}{8}\arcsin\frac{2x-1}{3} + \frac{2x-1}{4}\sqrt{2+x-x^2} + C.$

9. $-\frac{1}{2\sin^2 x} + \frac{\cos x}{2\sin^2 x} + \frac{1}{2}\ln|\csc x - \cot x| + C.$

10. $\frac{1}{2\ln\frac{5}{3}}\ln\left|\frac{5^x - 3^x}{5^x + 3^x}\right| + C.$

11. $-\frac{1}{97}(x-1)^{-97} - \frac{1}{49}(x-1)^{-98} - \frac{1}{99}(x-1)^{-99} + C.$

12. $\frac{1}{4}\ln|x| - \frac{1}{24}\ln(x^6 + 4) + C.$

13. $\arctan\left(\frac{x}{\sqrt{x^2+1}}\right) + C.$

14. $x - (1 + e^{-x})\ln(1 + e^x) + C.$

习题 4-3

A

1. (1) $u = x^m, v = -\frac{1}{\alpha}\cos\alpha x$;   (2) $u = \arcsin x, v = x$;

   (3) $u = \ln x, v = \frac{1}{3}x^3$;   (4) $u = x, v = -e^{-x}$.

2. (1) $x\arccos x - \sqrt{1-x^2} + C$;   (2) $x\arctan x - \frac{1}{2}\ln(1+x^2) + C$;

   (3) $-\frac{2}{17}e^{-2x}\left(\cos\frac{x}{2} + 4\sin\frac{x}{2}\right) + C$;   (4) $2x\sin\frac{x}{2} + 4\cos\frac{x}{2} + C$;

   (5) $x(\ln x)^2 - 2x\ln x + 2x + C$;   (6) $-xe^{-x} - e^{-x} + C$;

   (7) $(\ln\ln x - 1)\ln x + C$;   (8) $x\ln(x + \sqrt{1+x^2}) - \sqrt{1+x^2} + C$;

(9) $2e^{\sqrt{x}}(\sqrt{x} - 1) + C$; (10) $-e^{-x}\ln(e^x + 1) - \ln(e^{-x} + 1) + C$.

3. $\cos x - \dfrac{2\sin x}{x} + C$.

4. $\left(1 - \dfrac{2}{x}\right)e^x + C$.

B

1. (1) $x - \dfrac{\arctan e^x}{e^x} - \dfrac{1}{2}\ln(1 + e^{2x}) + C$;

(2) $x(\arcsin x)^2 + 2\sqrt{1 - x^2}\arcsin x - 2x + C$;

(3) $x - \dfrac{1 - x^2}{2}\ln\dfrac{1 + x}{1 - x} + C$;

(4) $-\dfrac{\arcsin x}{x} - \ln\left|\dfrac{1 + \sqrt{1 - x^2}}{x}\right| + C$;

(5) $-\dfrac{(1 - x)e^{\arctan x}}{2\sqrt{1 + x^2}} + C$;

(6) $\dfrac{x - 2}{x + 2}e^x + C$;

(7) $e^{2x}\tan x + C$;

(8) $\dfrac{1}{2}xe^x(\sin x - \cos x) + \dfrac{1}{2}e^x\cos x + C$;

(9) $(2 - 3x - x^2)\cos x + (2x + 3)\sin x + C$;

(10) $-\dfrac{\sqrt{1 - x^2}}{x}\arcsin x + \ln|x| + \dfrac{1}{2}(\arcsin x)^2 + C$.

2. $I_n = -x^n\cos x + nx^{n-1}\sin x - n(n - 1)I_{n-2}$,
$I_5 = -\cos x(x^5 - 20x^3 + 120x) + \sin x(5x^4 - 60x^2 + 120) + C$.

习题 4-4

A

1. $\ln|x - 1| - \ln|x| + C$.

2. $-5\ln|x - 2| + 6\ln|x - 3| + C$.

3. $\ln|x| - \ln|x - 1| - \dfrac{1}{x - 1} + C$.

4. $\dfrac{2}{5}\ln|1 + 2x| - \dfrac{1}{5}\ln(1 + x^2) + \dfrac{1}{5}\arctan x + C$.

5. $x + \frac{1}{3}\ln|x-1| - \frac{4}{3}\ln|x+2| + C$.

6. $\frac{2}{3}\ln|1+2x| - \frac{1}{6}\ln|1-x| - \frac{1}{2}\ln|1+x| + C$.

7. $\frac{1}{4}\tan^2\frac{x}{2} + \tan\frac{x}{2} + \frac{1}{2}\ln|\tan\frac{x}{2}| + C$.

8. $\frac{1}{\sqrt{2}}\arctan\frac{\tan\frac{x}{2}}{\sqrt{2}} + C$.

9. $\frac{1}{2}\cos^2 x - 2\cos x + 3\ln|2+\cos x| + C$.

10. $-\cos x - \frac{2}{\cos x} + \frac{1}{3\cos^3 x} + C$.

11. $x - 4\sqrt{x+1} + 4\ln(\sqrt{x+1}+1) + C$.

12. $2(\sqrt{x+2} - \arctan\sqrt{x+2}) + C$.

13. $6(\sqrt[6]{x} - \arctan\sqrt[6]{x}) + C$.

14. $-2\sqrt{\frac{1+x}{x}} - \ln\frac{\sqrt{1+x}-\sqrt{x}}{\sqrt{1+x}+\sqrt{x}} + C$.

B

1. $7\ln|x-2| - 4\ln|x-1| + C$.

2. $\frac{1}{2}\left(\ln\left|\tan\frac{x}{2}\right| - \cot\frac{x}{2}\right) + C$.

3. $\frac{1}{\sqrt{5}}\arctan\frac{3\tan\frac{x}{2}+1}{\sqrt{5}} + C$.

4. $\frac{3}{5}x^{\frac{5}{6}} - \frac{3}{5}x^{\frac{5}{12}} + \frac{3}{10}\ln|1+x^{\frac{5}{12}}| + C$.

5. $-\frac{3}{4}\sqrt[3]{\left(\frac{x+1}{x-1}\right)^2} + C$.

6. $\frac{1}{4}\ln\left|\frac{x-1}{x+1}\right| - \frac{1}{2}\arctan x + C$.

7. $\frac{1}{2\sqrt{2}}\left(\arctan\frac{x^2-1}{\sqrt{2}x} - \frac{1}{2}\ln\frac{x^2+1-\sqrt{2}x}{x^2+1+\sqrt{2}x}\right) + C$.

8. $\tan\frac{x}{2} + \ln(\tan^2\frac{x}{2} - \tan\frac{x}{2} + 1) + C$.

9. $\ln(e^x + \sqrt{e^{2x}-1}) - 2\arctan\sqrt{\frac{e^x-1}{e^x+1}} + C$.

10. $\frac{1}{2}\ln\frac{(x+\sqrt{x^2+x+1})^4}{|x+\sqrt{x^2+x+1}+1/2|^3} + \frac{3}{4x+4\sqrt{x^2+x+1}+2} + C$.

习题 4-5

1. $\frac{1}{9}\left(\ln|3x+4|+\frac{4}{3x+4}\right)+C.$

2. $\frac{x}{2}\sqrt{4x^2+9}+\frac{9}{4}\ln(2x+\sqrt{4x^2+9})+C.$

3. $\frac{2}{3}\arctan\left(3\tan\frac{x}{2}\right)+C.$

4. $-\frac{1}{4}\sin^3 x\cos x+\frac{3}{4}\left(\frac{x}{2}-\frac{1}{4}\sin 2x\right)+C.$

5. $\frac{2}{405}(27x^2+24x+32)\sqrt{3x-2}+C.$

6. $-\frac{x}{\sqrt{x^2-4}}+\ln|x+\sqrt{x^2-4}|+C.$

7. $\ln(x-2+\sqrt{5-4x+x^2})+C.$

8. $\frac{1}{13}e^{3x}(3\cos 2x+2\sin 2x)+C.$

9. $-\frac{1}{16}\sin 8x+\frac{1}{4}\sin 2x+C.$

10. $-2\sqrt{\frac{1-2x}{2x}}+C.$

复习题 4

1. (1) $\arctan e^x+C.$

   (2) $-\frac{1}{x}\arctan x-\frac{1}{2}(\arctan x)^2+\ln|x|-\frac{1}{2}\ln(1+x^2)+C.$

   (3) $\frac{1}{6}\ln\left|\frac{x^3+1}{x^3-1}\right|+C.$

   (4) $\ln|x-\sin x|+C.$

   (5) $\frac{x\ln x}{\sqrt{1+x^2}}-\ln(x+\sqrt{1+x^2})+C.$

   (6) $\frac{1}{2}\arctan\sin^2 x+C.$

   (7) $\frac{x}{x-\ln x}+C.$

   (8) $-\frac{\sqrt{(1+x^2)^3}}{3x^3}+\frac{\sqrt{1+x^2}}{x}+C.$

(9) $\dfrac{xe^x}{e^x+1} - \ln(e^x+1) + C.$

(10) $2x\sqrt{e^x-1} - 4\sqrt{e^x-1} + 4\arctan\sqrt{e^x-1} + C.$

(11) $\ln\dfrac{\sqrt{1+e^x}-1}{\sqrt{1+e^x}+1} + C.$

(12) $x - \ln(1+e^x) + \dfrac{1}{1+e^x} + C.$

(13) $\dfrac{1}{4}x^2 - \dfrac{1}{4}x\sin 2x - \dfrac{1}{8}\cos 2x + C.$

(14) $\left[\dfrac{1}{2} - \dfrac{1}{5}\sin 2x - \dfrac{1}{10}\cos 2x\right]e^x + C.$

(15) $\dfrac{1+x}{2\sqrt{1+x^2}} e^{\arctan x} + C.$

(16) $\dfrac{e^x}{1+x} + C.$

(17) $\dfrac{1}{3a^4} \cdot \dfrac{x^3}{\sqrt{(a^2-x^2)^3}} + \dfrac{1}{a^4}\dfrac{x}{\sqrt{a^2-x^2}} + C.$

(18) $\dfrac{1}{3}\tan^3 x - \tan x + x + C.$

(19) $x\tan x - \ln|\sec x| + C.$

(20) $-e^{-x}\arcsin e^x + \dfrac{1}{2}\ln\left|\dfrac{\sqrt{1-e^{2x}}-1}{\sqrt{1-e^{2x}}+1}\right| + C.$

(21) $\dfrac{1}{2}\sec x\tan x - \dfrac{1}{2}\ln|\sec x+\tan x| + C.$

(22) $e^{2x}\tan x + C.$

(23) $\sqrt{2}\ln\left|\csc\dfrac{x}{2} - \cot\dfrac{x}{2}\right| + C.$

(24) $\arctan x + \dfrac{1}{3}\arctan x^3 + C.$

(25) $x^x + C.$

(26) $-\dfrac{1}{3}\sqrt{1-x^2}(x^2+2)\arccos x - \dfrac{1}{9}x(x^2+6) + C.$

(27) $\dfrac{1}{4}(\arcsin x)^2 + \dfrac{1}{2}x\sqrt{1-x^2}\arcsin x - \dfrac{1}{4}x^2 + C.$

(28) $\dfrac{1}{3}\ln\left|\tan^3\dfrac{x}{2} + 3\tan\dfrac{x}{2}\right| + C.$

(29) $\dfrac{1}{2}(\sin x - \cos x) - \dfrac{\sqrt{2}}{4}\ln\left|\tan\left(\dfrac{x}{2}+\dfrac{\pi}{8}\right)\right| + C.$

(30) $x\tan\dfrac{x}{2} + C.$

2. $\dfrac{-2\cos x - x\sin x}{x} + C.$

3. $f(x) = \dfrac{1-\cos 4x}{2\sqrt{x-\dfrac{1}{4}\sin 4x+1}}$.

4. $y = x^2 + Cx$.

5. $a + 2b + 3c = 0$.

习题 5-1

A

1. C;A;C;B;D.

3. $\int_0^1 (x-x^2)\,dx, \dfrac{1}{6}$.

4. (1) $S = \int_0^{10} (5t+2)\,dt$;

   (2) $A = \int_0^1 x^2\,dx + \int_1^{\frac{4}{3}} (4-3x)\,dx$;

   (3) $m = \int_0^2 (3+4x)\,dx$.

5. (1) $6 \leqslant \int_1^4 (x^2+1)\,dx \leqslant 51$;

   (2) $\pi \leqslant \int_{\frac{\pi}{4}}^{\frac{5}{4}\pi} (1+\sin^2 x)\,dx \leqslant 2\pi$;

   (3) $\dfrac{2}{5} \leqslant \int_1^2 \dfrac{x}{1+x^2}\,dx \leqslant \dfrac{1}{2}$;

   (4) $0 \leqslant \int_0^{-2} xe^x\,dx \leqslant 2e^{-1}$.

7. (1) $\int_0^1 \sqrt{x}\,dx$ 大;   (2) $\int_1^2 x\,dx$ 大;

   (3) $\int_1^2 \ln x\,dx$ 大;   (4) $\int_0^{\frac{\pi}{2}} x\,dx$ 大.

B

1. (1) $\int_0^1 \dfrac{1}{(1+x)^2}\,dx$;   (2) $\int_0^{\frac{\pi}{2}} \cos x\,dx$.

2. (1) $v_0 T + \dfrac{1}{2}gT^2$;   (2) $e - 1$.

3. 6.

4. 0.

习题 5-2

A

1. (1) A;   (2) B;   (3) D;   (4) C;   (5) B;   (6) D.

2. $y'(0) = 0, y'\left(\dfrac{\pi}{4}\right) = \dfrac{\sqrt{2}}{2}$.

3. $f'(0) = \dfrac{1}{3}$.

4. (1) $2x\sqrt{1+x^4}$;   (2) $\dfrac{3x^2}{\sqrt{1+x^{12}}} - \dfrac{2x}{\sqrt{1+x^8}}$;

   (3) $\cos(\pi\sin^2 x)(\sin x - \cos x)$;   (4) $\dfrac{2\sin x^2}{x} - \dfrac{\sin\sqrt{x}}{2x}$.

5. $f''(1) = -2$.

6. $\dfrac{\mathrm{d}y}{\mathrm{d}x} = \dfrac{\cos x}{\sin x - 1}$.

7. $\dfrac{\mathrm{d}y}{\mathrm{d}x} = \dfrac{\mathrm{e}^{y^2}\cos x^2}{2y}$ $(y \neq 0)$.

8. $\dfrac{\mathrm{d}y}{\mathrm{d}x} = \dfrac{\cos t}{\sin t} = \cot t$.

9. $\dfrac{\mathrm{d}^2 y}{\mathrm{d}x^2} = -\dfrac{1}{2t^2 \ln t}$.

10. (1) 1;   (2) $\dfrac{1}{2}$;   (3) 1;   (4) 2.

11. (1) $2\dfrac{5}{8}$;   (2) $45\dfrac{1}{6}$;   (3) $\dfrac{\pi}{3a}$;

    (4) $\dfrac{\pi}{3}$;   (5) $1 + \dfrac{\pi}{4}$;   (6) $1 - \dfrac{\pi}{4}$;

    (7) $\dfrac{\pi}{2}$;   (8) 5;

    (9) $\begin{cases} \dfrac{1}{3} - \dfrac{\alpha}{2}, & \alpha < 0 \\ \dfrac{\alpha^3}{3} - \dfrac{\alpha}{2} + \dfrac{1}{3}, & 0 \leqslant \alpha \leqslant 1 \\ \dfrac{\alpha}{2} - \dfrac{1}{3}, & \alpha > 1 \end{cases}$;

    (10) $2\sqrt{2} - 1$;

(11) $\int_0^x f(t)dt = \begin{cases} -1, & x < -1 \\ x, & |x| \leqslant 1 \\ 1, & x > 1 \end{cases}$.

13. $F(x) = \begin{cases} -x-1, & -1 \leqslant x \leqslant 0 \\ x-1, & 0 < x \leqslant 1 \end{cases}$.

14. 10 m.

B

1. (1) B;   (2) C.

2. (1) $\dfrac{14}{3}$;   (2) $\dfrac{\pi}{2}$;   (3) $1 + \ln 2$;   (4) $\dfrac{4}{3}$.

3. (1) $\dfrac{1}{2}$;   (2) 1;   (3) $\dfrac{\pi}{6}$;   (4) $\dfrac{1}{p+1}$.

4. $f(x) = x^2 - \dfrac{4}{3}x + \dfrac{2}{3}$.

5. $f(x) = \ln(\sin x + \cos x)$.

习题 5-3

A

1. (1) A;   (2) B;   (3) D.

2. (1) $e^2 - 1$;   (2) 0;   (3) 0;

   (4) $-66\dfrac{6}{7}$;   (5) $5\dfrac{1}{4}$;   (6) $\arctan e - \dfrac{\pi}{4}$;

   (7) $\dfrac{\pi}{4}$;   (8) 16π;   (9) $\dfrac{1}{6}$;

   (10) $\dfrac{16}{3}$;   (11) $\dfrac{\pi}{2}$;   (12) $2 - \dfrac{\pi}{2}$;

   (13) 1;   (14) π;   (15) 4;

   (16) $\dfrac{1}{5}(e^\pi - 2)$;   (17) $2 - 6e^{-2}$;   (18) $4 - 2\sqrt{e}$.

5. $\dfrac{\pi^2}{4}$.

6. $f(0) = 3$.

B

1. (1) $2 - 4e^{-1}$； (2) $2 - 2e^{-1}$； (3) $\frac{1}{2}e^{\frac{1}{2}}$；

    (4) $\frac{1}{2}(e\sin 1 - e\cos 1 + 1)$； (5) 2； (6) $2\ln\frac{4}{3}$；

    (7) $\frac{\pi}{8} - \frac{1}{4}\ln 2$.

2. 0.

4. 最大值 $f\left(\frac{\pi}{4}\right) = \sqrt{2}$，最小值 $f\left(\frac{3\pi}{4}\right) = 2 - \sqrt{2}$.

习题 5-4

A

1. 1.   2. $-\frac{1}{2}$.   3. 发散.   4. $\frac{1}{3}$.   5. 1.

6. $\frac{1}{2}$.   7. $\frac{\pi}{2}$.   8. 发散.   9. 1.   10. $\frac{8}{3}$.

B

1. 2.   2. $\frac{2\sqrt{3}}{3}\pi$.   3. $\frac{1}{2}(\ln\pi + 1)$.   4. 0.

5. $\frac{\pi^2}{4}$.   6. $-\frac{1}{2}\ln 2$.

习题 5-5

A

1. (1) 收敛；(2) 收敛；(3) 收敛；(4) 发散；(5) 收敛；(6) 收敛.

2. $\dfrac{\pi}{2}$.

B

1. (1) 发散;
   (2) 仅当 $0 < \alpha < 1$ 时收敛.
2. (1) $(-1)^n n!$;
   (2) $\dfrac{2^{2n+1}(n!)^2}{(2n+1)!}$.

复习题 5

1. $f(x) = e^{2x}$.
2. 1.
4. (1) $\dfrac{\pi}{2}$;   (2) $\dfrac{\pi}{2}$;   (3) $1 - \dfrac{\pi}{4}$;   (4) $\dfrac{1}{2}(\ln 2)^2$.

16. $F(x) = \begin{cases} \dfrac{1}{6}x^3, & 0 \leqslant x \leqslant 1 \\ -\dfrac{1}{6}x^3 + x^2 - x + \dfrac{1}{3}, & 1 < x \leqslant 2. \\ x - 1, & x > 2 \end{cases}$

19. (1) $-\dfrac{\pi}{2}\ln 2$; (提示: $\int_0^{\frac{\pi}{4}} \ln\sin x\,dx = \int_{\frac{\pi}{4}}^{\frac{\pi}{2}} \ln\cos x\,dx$)

    (2) $\dfrac{\pi}{4}$. (提示: 作倒代换 $x = \dfrac{1}{t}$)

20. $\dfrac{5}{2}$.

习题 6-2

A

1. $\dfrac{1}{6}$.   2. $\dfrac{9}{2}$.
3. $2 - \dfrac{2}{e}$.   4. $e + \dfrac{1}{e} - 2$.

5. $A = \int_1^2 \left(y - \dfrac{1}{y}\right) dy = \dfrac{3}{2} - \ln 2$; $A = \int_{1/2}^1 \left(2 - \dfrac{1}{x}\right) dx + \int_1^2 (2 - x) dx$.

6. $2\sqrt{2} - 2$.　　　　　　　7. $\dfrac{9}{4}$.

8. $\dfrac{4}{3} a^2 \pi^3$.　　　　　　　9. $\dfrac{27}{2}\pi$.

10. $\dfrac{5}{4}\pi$.　　　　　　　11. $\dfrac{\pi}{6} + \dfrac{1 - \sqrt{3}}{2}$.

12. $\dfrac{1}{2}\pi^2$.　　　　　　　13. $2\pi a x_0^2$.

14. (1) $3\pi a^2$;　(2) $7\pi^2 a^3$.　　16. $2\pi^2$.　　　　17. $\dfrac{8}{3}\pi, \dfrac{8}{3}\pi$.

18. $1 + \dfrac{1}{2}\ln\dfrac{3}{2}$.　　　　19. $2\sqrt{3} - \dfrac{4}{3}$.　　　20. $\dfrac{1}{2}\ln 3$.

21. $8a$.　　　　　　　22. $\left(\left(\dfrac{2\pi}{3} - \dfrac{\sqrt{3}}{2}\right)a, \dfrac{3}{2}a\right)$.

B

1. $b - a$.　　　　2. $\dfrac{16}{3}p^2$.　　　　3. $P\left(\dfrac{1}{\sqrt{3}}, \dfrac{2}{3}\right)$ 或 $P\left(-\dfrac{1}{\sqrt{3}}, \dfrac{2}{3}\right)$.

4. (1) $6a$;　(2) $\dfrac{3}{8}\pi a^2$;　(3) $\dfrac{32}{105}\pi a^3$.　　5. $\dfrac{16}{3}a^3$.

6. $V_x = \pi \int_1^3 \dfrac{1}{4}(x-1)^2 dx - \pi \int_2^3 (x-2)^2 dx = \dfrac{\pi}{6}$.　　　8. $\dfrac{12}{5}\pi a^2$.

9. $V = \int_{-R}^{R} \sqrt{3}(R^2 - x^2) dx = \dfrac{4\sqrt{3}}{3} R^3$.

10. (1) $V(a) = \pi \int_0^{+\infty} y^2 dx = \pi \int_0^{+\infty} x a^{-\frac{x}{a}} dx = \dfrac{a^2 \pi}{(\ln a)^2}$.

　　(2) $a = e$ 时取最小值为 $V(e) = \pi e^2$.

习题 6-3

A

1. $4.9 (\text{N} \cdot \text{m})$.　　　　2. $4.5 (\text{J})$.

3. $\dfrac{1}{3} l^3$.　　　　　　　4. $38465 (\text{kJ})$.

5. $\frac{1}{2}\rho g L H^2$.   6. $\frac{1}{6}ah^2$.

7. 取 y 轴通过细直棒，$F_x = -\frac{Gm\rho l}{a\sqrt{a^2+l^2}}, F_y = Gm\rho\left(\frac{1}{a} - \frac{1}{\sqrt{a^2+l^2}}\right)$.

B

1. $mg\frac{Rh}{(R+h)}$. 11.2 (km/s).

2. 76930(kJ).

3. $\sqrt{2}-1$ (cm); $\sqrt{n}-\sqrt{n-1}$ (cm).

4. 1646(kN).

5. $G\ln\frac{(l+a)^2}{a(a+2l)}$.

复习题 6

1. (1) $\frac{4}{3}$;   (2) $\frac{16}{15}\pi$;   (3) $\frac{1}{2}\pi$;   (4) $\sqrt{5}+\frac{1}{2}\ln(2+\sqrt{5})$.

2. (1) $A = \frac{1}{2}e - 1$;   (2) $V = \frac{\pi}{6}(5e^2 - 12e + 3)$.

3. $y = \frac{1}{4}x - 1 + 2\ln 2$.

4. $\frac{\pi^2}{2} - \frac{2}{3}\pi$.

5. $f(x) = \frac{3}{2}ax^2 + (4-a)x, a = -5$.

6. 曲线 $y = e^{2x}$, 切线 $y = 2x+1$, 面积 $\frac{1}{2}(e^2-5)$, 体积 $\frac{\pi}{2}e^2 - \frac{11}{6}\pi$.

8. $A_1 = 2\pi + \frac{4}{3}, A_2 = 6\pi - \frac{4}{3}$.

9. $W = \frac{1}{12}\pi g H^2(R^2 + 2Rr + 3r^2)$.

10. 14373(kN).

11. 17.3(kN);

12. $\frac{4}{3}\pi r^4$.

习题 7-1

A

1. A:Ⅳ;　　B:Ⅴ;　　　C:Ⅷ　　D:Ⅲ.
2. (1) $(a,b,-c),(-a,b,c),(a,-b,c)$;
   (2) $(a,-b,-c),(-a,b,-c),(-a,-b,c)$.
3. $(3,5,0)$.

B

1. xOy 面:$(x_0,y_0,0)$,yOz 面:$(0,y_0,z_0)$,xOz 面:$(x_0,0,z_0)$;
   x 轴:$(x_0,0,0)$,y 轴:$(0,y_0,0)$,z 轴:$(0,0,z_0)$.
2. (1) xOy 面:5,yOz 面:3,xOz 面:4;
   (2) x 轴:$\sqrt{41}$,y 轴:$\sqrt{34}$,z 轴:5.

习题 7-2

A

1. $5\boldsymbol{a}-10\boldsymbol{b}+9\boldsymbol{c}$.
2. $\pm\dfrac{1}{2}(1,-1,-\sqrt{2})$.
3. 模:2;方向余弦:$-\dfrac{1}{2},-\dfrac{\sqrt{2}}{2},\dfrac{1}{2}$;方向角:$\dfrac{2\pi}{3},\dfrac{3\pi}{4},\dfrac{\pi}{3}$.
4. $\dfrac{3\sqrt{3}}{2}$.
5. (1) 2;　(2) $4\boldsymbol{i}+3\boldsymbol{k}$;　(3) -2;　(4) $-16\boldsymbol{i}-20\boldsymbol{j}-12\boldsymbol{k}$.
6. $A(-1,1,0)$.
7. $-\dfrac{4}{7}$.
8. $p=7$;　$q=3$.

9. $\sqrt{29}$.

10. $\pm \frac{1}{3}(1, -2, -2)$.

B

1. $-\frac{3}{2}$.

2. $B(9, -14, 27)$.

3. $\arccos \frac{2}{\sqrt{7}}$.

习题 7-3

A

1. $3x - y + 2z - 5 = 0$.
2. $2x + 3y - 5z + 4 = 0$.
3. $x - y + 2z + 3 = 0$.
4. $\frac{x}{-3} + \frac{y}{2} + \frac{z}{-1} = 1$.
5. $d = \frac{1}{3}$.
7. $\frac{\pi}{3}$.
8. (1) $x - 6 = 0$;
   (2) $2x + 3y = 0$;
   (3) $3x - 2z - 9 = 0$.

B

1. $(1, 3, 2)$.
2. xOy 面:$\frac{2}{3}$; yOz 面:$\frac{2}{3}$; zOx 面:$\frac{1}{3}$.
3. $x - 7y - 5z + 2 = 0$.
4. $(1, 0, 0), (-1, 0, 0)$.

5. $\dfrac{|D_2 - D_1|}{\sqrt{A^2 + B^2 + C^2}}$.

6. $(-1, -2, 0), (0, -3, 0)$.

习题 7-4

A

1. $\dfrac{x-1}{1} = \dfrac{y+2}{2} = \dfrac{z-3}{-2}$.

2. $\dfrac{x-3}{4} = \dfrac{y+1}{-2} = \dfrac{z-2}{-5}$.

3. (1) $\dfrac{x}{-1} = \dfrac{y-2}{9} = \dfrac{z}{14}$;

    (2) $\dfrac{x+2}{6} = \dfrac{y}{2} = \dfrac{z-4}{1}$.

4. $\cos\theta = \dfrac{16}{21}$.

5. $\dfrac{x+3}{1} = \dfrac{y-4}{2} = \dfrac{z+6}{1}$.

6. $\dfrac{x-3}{-4} = \dfrac{y-1}{3} = \dfrac{z+5}{-2}$.

7. $14x + 9y - z - 15 = 0$.

8. $\varphi = 0$.

9. $(2, 2, 1)$.

10. $\begin{cases} x - 6y - 8z + 2 = 0 \\ 2x - y + z + 3 = 0 \end{cases}$.

B

1. $\dfrac{x-2}{0} = \dfrac{y-2}{1} = \dfrac{z+3}{2}$.

2. $x - y + z - 5 = 0$.

3. $m = 2$.

4. $x - 5y + 3z + 2 = 0$.

习题 7-5

A

1. $(x-3)^2 + (y+1)^2 + (z-2)^2 = 9$.
2. $z^2 = x^2 + y^2$.
3. (1) $y^2 + z^2 = 4$; (2) $z^2 = 4(x^2 + y^2)$;
   (3) $x^2 - y^2 + z^2 = 1$; (4) $y^2 + z^2 = 1 + x$.
4. $(x+1)^2 + y^2 + (z-2)^2 = 20$;表示一个以 $(-1,0,2)$ 为中心、半径为 $\sqrt{20}$ 的球面.
5. $x^2 = 3(y^2 + z^2)$.

B

1. $(x-5)^2 + (y+5)^2 + (z-7)^2 = 126$.
2. $x + 3y - 5z + 3 = 0$.
3. $3x^2 + 4y^2 + 4z^2 - 12 = 0$,旋转椭球面.
4. $x^2 + 2y^2 + z^2 - 4yz + 2z - 1 = 0$.

习题 7-6

A

2. (1) $\begin{cases} x = -2\cos t \\ y = 2\cos t \\ z = 2\sin t \end{cases}$ $(0 \leqslant t \leqslant 2\pi)$; (2) $\begin{cases} x = -2 + \cos\theta \\ y = 1 + 2\sin\theta \\ z = 0 \end{cases}$ $(0 \leqslant \theta \leqslant 2\pi)$.

3. $\begin{cases} x^2 + y^2 = 4 \\ z = 0 \end{cases}$.

4. $\begin{cases} x^2 + y^2 \leqslant 1 \\ z = 0 \end{cases}$.

B

1. 母线平行于 x 轴的柱面方程:$3y^2 - z^2 = 4$;
   母线平行于 z 轴的柱面方程:$x^2 + 2y^2 = 4$.

2. $\begin{cases} x^2 + y^2 = a^2 \\ z = 0 \end{cases}$; $\begin{cases} y = a\sin\dfrac{z}{b} \\ x = 0 \end{cases}$; $\begin{cases} x = a\cos\dfrac{z}{b} \\ y = 0 \end{cases}$.

3. $\begin{cases} x^2 + y^2 \leqslant 2 \\ z = 0 \end{cases}$.

复 习 题 7

1. $(0, 2, 0)$.

3. 2.

4. $(2)\ 72$.

5. $(2, -4, 6)$.

6. $\sqrt{2(|\boldsymbol{a}|^2 + |\boldsymbol{b}|^2) - |\boldsymbol{a} - \boldsymbol{b}|^2}$.

7. $\pm\left(\dfrac{\sqrt{2}}{2}, 0, \dfrac{\sqrt{2}}{2}\right)$.

8. $\arccos\dfrac{\sqrt{21}}{7}$.

9. $4(x - 1) = (y + 1)^2 + (z - 1)^2$.

10. $6x + 3y + 2z - 2 = 0$.

11. $x + \sqrt{2}y - z - 1 = 0$ 或 $x - \sqrt{2}y - z - 1 = 0$.

12. $x - y - z - 2 = 0$.

13. $3x - z + 5 = 0$.

14. $\dfrac{x + 1}{1} = \dfrac{y}{3} = \dfrac{z - 3}{0}$.

15. $\begin{cases} x + 2y + z - 1 = 0 \\ 4x - y - 2z + 1 = 0 \end{cases}$.

16. $\begin{cases} x^2 + y^2 = \dfrac{3}{4} \\ z = 0 \end{cases}$.

17. $\begin{cases} x^2 + y^2 \leqslant 2x \\ z = 0 \end{cases}$.

附录1　二阶和三阶行列式简介

一、二阶行列式

用消元法解二元一次方程组

$$\begin{cases} a_{11}x_1 + a_{12}x_2 = b_1 \\ a_{21}x_1 + a_{22}x_2 = b_2 \end{cases}, \tag{1}$$

为消去未知数 x_2，以第一个方程乘以 a_{22} 减去第二个方程乘以 a_{12}，得

$$(a_{11}a_{22} - a_{12}a_{21})x_1 = b_1a_{22} - b_2a_{12}.$$

类似地可消去 x_1，得

$$(a_{11}a_{22} - a_{12}a_{21})x_2 = b_2a_{11} - b_1a_{21}.$$

当 $a_{11}a_{22} - a_{12}a_{21} \neq 0$ 时，求得

$$x_1 = \frac{b_1a_{22} - b_2a_{12}}{a_{11}a_{22} - a_{12}a_{21}},\ x_2 = \frac{b_2a_{11} - b_1a_{21}}{a_{11}a_{22} - a_{12}a_{21}}. \tag{2}$$

为了便于记忆，引入下面的定义.

定义1　由四个数 a_{11}、a_{12}、a_{21}、a_{22} 排成二行二列（横排为行，竖排为列）的数表

$$\begin{matrix} a_{11} & a_{12} \\ a_{21} & a_{22} \end{matrix} \tag{3}$$

所确定的表达式 $a_{11}a_{22} - a_{12}a_{21}$ 称为**二阶行列式**，记为

$$D = \begin{vmatrix} a_{11} & a_{12} \\ a_{21} & a_{22} \end{vmatrix} = a_{11}a_{22} - a_{12}a_{21}. \tag{4}$$

其中数 $a_{ij}(i=1,2;j=1,2)$ 称为行列式 D 的**元素**，第一个下标 i 称为**行标**，第二个下标 j 称为**列标**，数 a_{ij} 表示是位于行列式的第 i 行、第 j 列的元素.

上述二阶行列式的定义，可用**对角线法则**来记忆.

如图1所示，a_{11} 至 a_{22} 的实联线称为**主对角线**，a_{12} 至 a_{21} 的虚联线称为**次对角线**，于是二阶行列式的值等于主对角线上两个元素的乘积减去次对角线上两个元素的乘积，这种计算方法称为二阶行列式的**对角线法则**.

图1

例1 二阶行列式 $D = \begin{vmatrix} 3 & 2 \\ -2 & 5 \end{vmatrix} = 15 - (-4) = 19.$

利用行列式的定义,(2)式中的分子也可写成二阶行列式,即

$$b_1 a_{22} - b_2 a_{12} = \begin{vmatrix} b_1 & a_{12} \\ b_2 & a_{22} \end{vmatrix}, b_2 a_{11} - b_1 a_{21} = \begin{vmatrix} a_{11} & b_1 \\ a_{21} & b_2 \end{vmatrix}.$$

若记

$$D_1 = \begin{vmatrix} b_1 & a_{12} \\ b_2 & a_{22} \end{vmatrix}, D_2 = \begin{vmatrix} a_{11} & b_1 \\ a_{21} & b_2 \end{vmatrix},$$

则(2)可写成

$$x_1 = \frac{D_1}{D} = \frac{\begin{vmatrix} b_1 & a_{12} \\ b_2 & a_{22} \end{vmatrix}}{\begin{vmatrix} a_{11} & a_{12} \\ a_{21} & a_{22} \end{vmatrix}}, x_2 = \frac{D_2}{D} = \frac{\begin{vmatrix} a_{11} & b_1 \\ a_{21} & b_2 \end{vmatrix}}{\begin{vmatrix} a_{11} & a_{12} \\ a_{21} & a_{22} \end{vmatrix}}.$$

这里的分母 D 是方程组(1)中的未知系数排列而成的二阶行列式,D_1 是用常数项 b_1、b_2 替换 D 中 x_1 的相应系数 a_{11}、a_{21} 而得到的二阶行列式,D_2 是用常数项 b_1、b_2 替换 D 中 x_2 的相应系数 a_{12}、a_{22} 而得到的二阶行列式.

例2 求解二元一次方程组

$$\begin{cases} 3x_1 + x_2 = 5 \\ 2x_1 - 4x_2 = -6 \end{cases}.$$

解 由

$$D = \begin{vmatrix} 3 & 1 \\ 2 & -4 \end{vmatrix} = -12 - 2 = -14 \neq 0,$$

$$D_1 = \begin{vmatrix} 5 & 1 \\ -6 & -4 \end{vmatrix} = -20 - (-6) = -14,$$

$$D_2 = \begin{vmatrix} 3 & 5 \\ 2 & -6 \end{vmatrix} = -18 - 10 = -28.$$

得解为

$$x_1 = \frac{D_1}{D} = 1, x_2 = \frac{D_2}{D} = 2.$$

二、三阶行列式

定义2 由 $3^2 = 9$ 个数排成三行三列的数表

$$\begin{matrix} a_{11} & a_{12} & a_{13} \\ a_{21} & a_{22} & a_{23} \\ a_{31} & a_{32} & a_{33} \end{matrix} \tag{5}$$

并记

$$D = \begin{vmatrix} a_{11} & a_{12} & a_{13} \\ a_{21} & a_{22} & a_{23} \\ a_{31} & a_{32} & a_{33} \end{vmatrix}$$
$$= a_{11}a_{22}a_{33} + a_{13}a_{21}a_{32} + a_{12}a_{23}a_{31}$$
$$- a_{13}a_{22}a_{31} - a_{12}a_{21}a_{33} - a_{11}a_{23}a_{32}, \tag{6}$$

则(6)式称为数表(5)所确定的**三阶行列式**.

1. 对角线展开法则

三阶行列式所含的元素及符号可按图 2 进行记忆,即三阶行列式的值等于各实线上三个元素乘积之和减去各虚线上三个元素乘积之和. 这种计算方法称为三阶行列式的**对角线展开法则**.

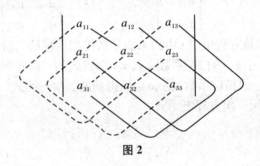

图 2

2. 拉普拉斯展开法则

三阶行列式可利用二阶行列式的组合来表示:

$$D = \begin{vmatrix} a_{11} & a_{12} & a_{13} \\ a_{21} & a_{22} & a_{23} \\ a_{31} & a_{32} & a_{33} \end{vmatrix} = a_{11}\begin{vmatrix} a_{22} & a_{23} \\ a_{32} & a_{33} \end{vmatrix} - a_{12}\begin{vmatrix} a_{21} & a_{23} \\ a_{31} & a_{33} \end{vmatrix} + a_{13}\begin{vmatrix} a_{21} & a_{22} \\ a_{31} & a_{32} \end{vmatrix}. \tag{7}$$

并称(7)式为按第一行展开. 如将(6)式进行重新组合,还可按其他行或列展开,例如按第二列展开为

$$D = \begin{vmatrix} a_{11} & a_{12} & a_{13} \\ a_{21} & a_{22} & a_{23} \\ a_{31} & a_{32} & a_{33} \end{vmatrix} = -a_{12}\begin{vmatrix} a_{21} & a_{23} \\ a_{31} & a_{33} \end{vmatrix} + a_{22}\begin{vmatrix} a_{11} & a_{13} \\ a_{31} & a_{33} \end{vmatrix} - a_{32}\begin{vmatrix} a_{11} & a_{13} \\ a_{21} & a_{23} \end{vmatrix}.$$

其一般规律是:

(1) 按第 i 行展开式为

$$D = \begin{vmatrix} a_{11} & a_{12} & a_{13} \\ a_{21} & a_{22} & a_{23} \\ a_{31} & a_{32} & a_{33} \end{vmatrix} = \sum_{j=1}^{3} (-1)^{i+j} a_{ij} M_{ij} \quad (i = 1,2,3);$$

按第 j 列展开式为

$$D = \begin{vmatrix} a_{11} & a_{12} & a_{13} \\ a_{21} & a_{22} & a_{23} \\ a_{31} & a_{32} & a_{33} \end{vmatrix} = \sum_{i=1}^{3} (-1)^{i+j} a_{ij} M_{ij} \quad (j=1,2,3).$$

其中 M_{ij} 是三阶行列式 D 中删去第 i 行与第 j 列所有元素后剩下的四个元素按它们在三阶行列式 D 中原来的相应位置不变所排成的二阶行列式,称为元素 a_{ij} 的余子式.

例 3 计算三阶行列式 $\begin{vmatrix} 1 & 2 & 3 \\ 0 & 4 & 5 \\ -1 & 0 & 6 \end{vmatrix}$.

解 按第二行展开,有

$$\begin{vmatrix} 1 & 2 & 3 \\ 0 & 4 & 5 \\ -1 & 0 & 6 \end{vmatrix} = 0 \times (-1)^{2+1} \begin{vmatrix} 2 & 3 \\ 0 & 6 \end{vmatrix} + 4 \times (-1)^{2+2} \begin{vmatrix} 1 & 3 \\ -1 & 6 \end{vmatrix}$$

$$+ 5 \times (-1)^{2+3} \begin{vmatrix} 1 & 2 \\ -1 & 0 \end{vmatrix} = 26.$$

三、行列式的主要性质

为了表达方便起见,下面均以三阶行列式表示行列式的这些主要性质.这些性质的证明可利用展开式(6)直接进行验证,这里从略.

性质 1 行、列转置,行列式的值不变,即

$$\begin{vmatrix} a_{11} & a_{12} & a_{13} \\ a_{21} & a_{22} & a_{23} \\ a_{31} & a_{32} & a_{33} \end{vmatrix} = \begin{vmatrix} a_{11} & a_{21} & a_{31} \\ a_{12} & a_{22} & a_{32} \\ a_{13} & a_{23} & a_{33} \end{vmatrix}.$$

性质 2 交换行列式的两行(列),行列式变号.

例如,

$$\begin{vmatrix} a_{21} & a_{22} & a_{23} \\ a_{11} & a_{12} & a_{13} \\ a_{31} & a_{32} & a_{33} \end{vmatrix} = - \begin{vmatrix} a_{11} & a_{12} & a_{13} \\ a_{21} & a_{22} & a_{23} \\ a_{31} & a_{32} & a_{33} \end{vmatrix}, \begin{vmatrix} a_{13} & a_{12} & a_{11} \\ a_{23} & a_{22} & a_{21} \\ a_{33} & a_{32} & a_{31} \end{vmatrix} = - \begin{vmatrix} a_{11} & a_{12} & a_{13} \\ a_{21} & a_{22} & a_{23} \\ a_{31} & a_{32} & a_{33} \end{vmatrix}.$$

推论 1 如果行列式中有两行(列)的对应元素相同,则该行列式的值为零.

性质 3 用数 k 乘以行列式的某一行(列)的所有元素,等于以数 k 乘以此行列式.

例如,

$$\begin{vmatrix} a_{11} & a_{12} & a_{13} \\ ka_{21} & ka_{22} & ka_{23} \\ a_{31} & a_{32} & a_{33} \end{vmatrix} = \begin{vmatrix} a_{11} & a_{12} & ka_{13} \\ a_{21} & a_{22} & ka_{23} \\ a_{31} & a_{32} & ka_{33} \end{vmatrix} = k \begin{vmatrix} a_{11} & a_{12} & a_{13} \\ a_{21} & a_{22} & a_{23} \\ a_{31} & a_{32} & a_{33} \end{vmatrix}.$$

推论 2 如果行列式的某行(列)的所有元素有公因子,则公因子可以提到行列式符号外面.

性质 4 若行列式有两行(列)的对应元素成比例,则行列式的值等于零.

这是因为由推论2,先把行列式的成比例的两行的比例系数提到行列式符号外面后,则行列式的这两行的对应元素相同,由性质2的推论1可知该行列式的值等于零.

性质 5 如果行列式中的某一行(列)的每一个元素都由两个数之和组成,则可分解为两个行列式之和.

例如,

$$\begin{vmatrix} a_{11} & a_{12}+b_{12} & a_{13} \\ a_{21} & a_{22}+b_{22} & a_{23} \\ a_{31} & a_{32}+b_{32} & a_{33} \end{vmatrix} = \begin{vmatrix} a_{11} & a_{12} & a_{13} \\ a_{21} & a_{22} & a_{23} \\ a_{31} & a_{32} & a_{33} \end{vmatrix} + \begin{vmatrix} a_{11} & b_{12} & a_{13} \\ a_{21} & b_{22} & a_{23} \\ a_{31} & b_{32} & a_{33} \end{vmatrix}.$$

性质 6 行列式的某一行(列)的所有元素加上另一行(列)的对应元素的 k 倍,行列式的值不变.

例如,

$$\begin{vmatrix} a_{11} & a_{12} & a_{13} \\ a_{21}+ka_{11} & a_{22}+ka_{12} & a_{23}+ka_{13} \\ a_{31} & a_{32} & a_{33} \end{vmatrix} = \begin{vmatrix} a_{11} & a_{12} & a_{13} \\ a_{21} & a_{22} & a_{23} \\ a_{31} & a_{32} & a_{33} \end{vmatrix}.$$

习　　题

1. 利用二阶行列式求解下列方程组.

   (1) $\begin{cases} 3x+2y=11 \\ 2x-7y=-1 \end{cases};$　　(2) $\begin{cases} 3x-4y=-18 \\ 2x+3y=5 \end{cases}.$

2. 计算下列行列式的值.

   (1) $\begin{vmatrix} 1 & 3 \\ 2 & 4 \end{vmatrix};$　　(2) $\begin{vmatrix} 1 & 2 & 3 \\ 2 & 3 & 1 \\ 3 & 1 & 2 \end{vmatrix};$

   (3) $\begin{vmatrix} 1 & -2 & 5 \\ -2 & -1 & -3 \\ 5 & -3 & 6 \end{vmatrix};$　　(4) $\begin{vmatrix} 1+a & 1 & 1 \\ 1 & 1+b & 1 \\ 1 & 1 & 1+c \end{vmatrix}.$

3. 证明下列等式.

(1) $D = \begin{vmatrix} a_{11} & a_{12} & a_{13} \\ a_{21} & a_{22} & a_{23} \\ a_{31} & a_{32} & a_{33} \end{vmatrix} = -a_{21}\begin{vmatrix} a_{12} & a_{13} \\ a_{32} & a_{33} \end{vmatrix} + a_{22}\begin{vmatrix} a_{11} & a_{13} \\ a_{31} & a_{33} \end{vmatrix} - a_{23}\begin{vmatrix} a_{11} & a_{12} \\ a_{31} & a_{32} \end{vmatrix}$;

(2) $D = \begin{vmatrix} a_{11} & a_{12} & a_{13} \\ a_{21} & a_{22} & a_{23} \\ a_{31} & a_{32} & a_{33} \end{vmatrix} = a_{11}\begin{vmatrix} a_{22} & a_{23} \\ a_{32} & a_{33} \end{vmatrix} - a_{21}\begin{vmatrix} a_{12} & a_{13} \\ a_{32} & a_{33} \end{vmatrix} + a_{31}\begin{vmatrix} a_{12} & a_{13} \\ a_{22} & a_{23} \end{vmatrix}$.

注：上述两个等式分别称为三阶行列式按第二行和按第一列的展开式.

习题答案

1. (1) $x = 3, y = 1$;　(2) $x = -2, y = 3$.
2. (1) -2;　(2) -18;　(3) 46;　(4) $abc + ab + bc + ca$.

附录2 常用积分表

一、含有 $ax+b$ 的积分

1. $\int \dfrac{\mathrm{d}x}{ax+b} = \dfrac{1}{a}\ln|ax+b| + C$

2. $\int (ax+b)^\mu \mathrm{d}x = \dfrac{1}{a(\mu+1)}(ax+b)^{\mu+1} + C \ (\mu \neq -1)$

3. $\int \dfrac{x}{ax+b}\mathrm{d}x = \dfrac{1}{a^2}(ax+b-b\ln|ax+b|) + C$

4. $\int \dfrac{x^2}{ax+b}\mathrm{d}x = \dfrac{1}{a^3}\left[\dfrac{1}{2}(ax+b)^2 - 2b(ax+b) + b^2\ln|ax+b|\right] + C$

5. $\int \dfrac{\mathrm{d}x}{x(ax+b)} = -\dfrac{1}{b}\ln\left|\dfrac{ax+b}{x}\right| + C$

6. $\int \dfrac{\mathrm{d}x}{x^2(ax+b)} = -\dfrac{1}{bx} + \dfrac{a}{b^2}\ln\left|\dfrac{ax+b}{x}\right| + C$

7. $\int \dfrac{x}{(ax+b)^2}\mathrm{d}x = \dfrac{1}{a^2}\left(\ln|ax+b| + \dfrac{b}{ax+b}\right) + C$

8. $\int \dfrac{x^2}{(ax+b)^2}\mathrm{d}x = \dfrac{1}{a^3}\left(ax+b-2b\ln|ax+b| - \dfrac{b^2}{ax+b}\right) + C$

9. $\int \dfrac{\mathrm{d}x}{x(ax+b)^2} = \dfrac{1}{b(ax+b)} - \dfrac{1}{b^2}\ln\left|\dfrac{ax+b}{x}\right| + C$

二、含有 $\sqrt{ax+b}$ 的积分

1. $\int \sqrt{ax+b}\,\mathrm{d}x = \dfrac{2}{3a}\sqrt{(ax+b)^3} + C$

2. $\int x\sqrt{ax+b}\,\mathrm{d}x = \dfrac{2}{15a^2}(3ax-2b)\sqrt{(ax+b)^3} + C$

3. $\int x^2\sqrt{ax+b}\,\mathrm{d}x = \dfrac{2}{105a^3}(15a^2x^2 - 12abx + 8b^2)\sqrt{(ax+b)^3} + C$

4. $\int \dfrac{x}{\sqrt{ax+b}}\mathrm{d}x = \dfrac{2}{3a^2}(ax-2b)\sqrt{ax+b} + C$

5. $\int \dfrac{x^2}{\sqrt{ax+b}} dx = \dfrac{2}{15a^3}(3a^2x^2 - 4abx + 8b^2)\sqrt{ax+b} + C$

6. $\int \dfrac{dx}{x\sqrt{ax+b}} = \begin{cases} \dfrac{1}{\sqrt{b}}\ln\left|\dfrac{\sqrt{ax+b}-\sqrt{b}}{\sqrt{ax+b}+\sqrt{b}}\right| + C & (b>0) \\ \dfrac{2}{\sqrt{-b}}\arctan\sqrt{\dfrac{ax+b}{-b}} + C & (b<0) \end{cases}$

7. $\int \dfrac{dx}{x^2\sqrt{ax+b}} = -\dfrac{\sqrt{ax+b}}{bx} - \dfrac{a}{2b}\int \dfrac{dx}{x\sqrt{ax+b}}$

8. $\int \dfrac{\sqrt{ax+b}}{x} dx = 2\sqrt{ax+b} + b\int \dfrac{dx}{x\sqrt{ax+b}}$

9. $\int \dfrac{\sqrt{ax+b}}{x^2} dx = -\dfrac{\sqrt{ax+b}}{x} + \dfrac{a}{2}\int \dfrac{dx}{x\sqrt{ax+b}}$

三、含有 $x^2 \pm a^2$ 的积分

1. $\int \dfrac{dx}{x^2+a^2} = \dfrac{1}{a}\arctan\dfrac{x}{a} + C$

2. $\int \dfrac{dx}{(x^2+a^2)^n} = \dfrac{x}{2(n-1)a^2(x^2+a^2)^{n-1}} + \dfrac{2n-3}{2(n-1)a^2}\int \dfrac{dx}{(x^2+a^2)^{n-1}}$

3. $\int \dfrac{dx}{x^2-a^2} = \dfrac{1}{2a}\ln\left|\dfrac{x-a}{x+a}\right| + C$

四、含有 $ax^2+b(a>0)$ 的积分

1. $\int \dfrac{dx}{ax^2+b} = \begin{cases} \dfrac{1}{\sqrt{ab}}\arctan\sqrt{\dfrac{a}{b}}x + C & (b>0) \\ \dfrac{1}{2\sqrt{-ab}}\ln\left|\dfrac{\sqrt{a}x-\sqrt{-b}}{\sqrt{a}x+\sqrt{-b}}\right| + C & (b<0) \end{cases}$

2. $\int \dfrac{x}{ax^2+b} dx = \dfrac{1}{2a}\ln|ax^2+b| + C$

3. $\int \dfrac{x^2}{ax^2+b} dx = \dfrac{x}{a} - \dfrac{b}{a}\int \dfrac{dx}{ax^2+b}$

4. $\int \dfrac{dx}{x(ax^2+b)} = \dfrac{1}{2b}\ln\dfrac{x^2}{|ax^2+b|} + C$

5. $\int \dfrac{dx}{x^2(ax^2+b)} = -\dfrac{1}{bx} - \dfrac{a}{b}\int \dfrac{1}{ax^2+b} dx$

6. $\int \dfrac{dx}{x^3(ax^2+b)} = \dfrac{a}{2b^2}\ln\dfrac{|ax^2+b|}{x^2} - \dfrac{1}{2bx^2} + C$

7. $\int \dfrac{\mathrm{d}x}{(ax^2+b)^2} = \dfrac{x}{2b(ax^2+b)} + \dfrac{1}{2b}\int \dfrac{1}{ax^2+b}\mathrm{d}x$

五、含有 $\sqrt{x^2+a^2}\,(a>0)$ 的积分

1. $\int \dfrac{\mathrm{d}x}{\sqrt{x^2+a^2}} = \operatorname{arsh}\dfrac{x}{a} + C_1 = \ln(x+\sqrt{x^2+a^2}) + C$

2. $\int \dfrac{\mathrm{d}x}{\sqrt{(x^2+a^2)^3}} = \dfrac{x}{a^2\sqrt{x^2+a^2}} + C$

3. $\int \dfrac{x}{\sqrt{x^2+a^2}}\mathrm{d}x = \sqrt{x^2+a^2} + C$

4. $\int \dfrac{x}{\sqrt{(x^2+a^2)^3}}\mathrm{d}x = -\dfrac{1}{\sqrt{x^2+a^2}} + C$

5. $\int \dfrac{x^2}{\sqrt{x^2+a^2}}\mathrm{d}x = \dfrac{x}{2}\sqrt{x^2+a^2} - \dfrac{a^2}{2}\ln(x+\sqrt{x^2+a^2}) + C$

6. $\int \dfrac{x^2}{\sqrt{(x^2+a^2)^3}}\mathrm{d}x = -\dfrac{x}{\sqrt{x^2+a^2}} + \ln(x+\sqrt{x^2+a^2}) + C$

7. $\int \dfrac{\mathrm{d}x}{x\sqrt{x^2+a^2}} = \dfrac{1}{a}\ln\dfrac{\sqrt{x^2+a^2}-a}{|x|} + C$

8. $\int \dfrac{\mathrm{d}x}{x^2\sqrt{x^2+a^2}} = -\dfrac{\sqrt{x^2+a^2}}{a^2 x} + C$

9. $\int \sqrt{x^2+a^2}\,\mathrm{d}x = \dfrac{x}{2}\sqrt{x^2+a^2} + \dfrac{a^2}{2}\ln(x+\sqrt{x^2+a^2}) + C$

10. $\int \sqrt{(x^2+a^2)^3}\,\mathrm{d}x = \dfrac{x}{8}(2x^2+5a^2)\sqrt{x^2+a^2} + \dfrac{3a^4}{8}\ln|x+\sqrt{x^2+a^2}| + C$

11. $\int x\sqrt{x^2+a^2}\,\mathrm{d}x = \dfrac{1}{3}\sqrt{(x^2+a^2)^3} + C$

12. $\int x^2\sqrt{x^2+a^2}\,\mathrm{d}x = \dfrac{x}{8}(2x^2+a^2)\sqrt{x^2+a^2} - \dfrac{a^4}{8}\ln(x+\sqrt{x^2+a^2}) + C$

13. $\int \dfrac{\sqrt{x^2+a^2}}{x}\mathrm{d}x = \sqrt{x^2+a^2} + a\ln\dfrac{\sqrt{x^2+a^2}-a}{x} + C$

14. $\int \dfrac{\sqrt{x^2+a^2}}{x^2}\mathrm{d}x = -\dfrac{\sqrt{x^2+a^2}}{x} + \ln(x+\sqrt{x^2+a^2}) + C$

六、含有 $\sqrt{x^2-a^2}\,(a>0)$ 的积分

1. $\int \dfrac{\mathrm{d}x}{\sqrt{x^2-a^2}} = \dfrac{x}{|x|}\operatorname{arch}\dfrac{|x|}{a} + C_1 = \ln|x+\sqrt{x^2-a^2}| + C$

2. $\int \dfrac{\mathrm{d}x}{\sqrt{(x^2-a^2)^3}} = -\dfrac{x}{a^2\sqrt{x^2-a^2}} + C$

3. $\int \dfrac{x}{\sqrt{x^2-a^2}}\mathrm{d}x = \sqrt{x^2-a^2} + C$

4. $\int \dfrac{x}{\sqrt{(x^2-a^2)^3}}\mathrm{d}x = -\dfrac{1}{\sqrt{x^2-a^2}} + C$

5. $\int \dfrac{x^2}{\sqrt{x^2-a^2}}\mathrm{d}x = \dfrac{x}{2}\sqrt{x^2-a^2} + \dfrac{a^2}{2}\ln|x+\sqrt{x^2-a^2}| + C$

6. $\int \dfrac{x^2}{\sqrt{(x^2-a^2)^3}}\mathrm{d}x = -\dfrac{x}{\sqrt{x^2-a^2}} + \ln|x+\sqrt{x^2-a^2}| + C$

7. $\int \dfrac{\mathrm{d}x}{x\sqrt{x^2-a^2}} = \dfrac{1}{a}\arccos\dfrac{a}{|x|} + C$

8. $\int \dfrac{\mathrm{d}x}{x^2\sqrt{x^2-a^2}} = \dfrac{\sqrt{x^2-a^2}}{a^2 x} + C$

9. $\int \sqrt{x^2-a^2}\,\mathrm{d}x = \dfrac{x}{2}\sqrt{x^2-a^2} - \dfrac{a^2}{2}\ln|x+\sqrt{x^2-a^2}| + C$

10. $\int \sqrt{(x^2-a^2)^3}\,\mathrm{d}x = \dfrac{x}{8}(2x^2-5a^2)\sqrt{x^2-a^2} + \dfrac{3a^4}{8}\ln|x+\sqrt{x^2-a^2}| + C$

11. $\int x\sqrt{x^2-a^2}\,\mathrm{d}x = \dfrac{1}{3}\sqrt{(x^2-a^2)^3} + C$

12. $\int x^2\sqrt{x^2-a^2}\,\mathrm{d}x = \dfrac{x}{8}(2x^2-a^2)\sqrt{x^2-a^2} - \dfrac{a^4}{8}\ln|x+\sqrt{x^2-a^2}| + C$

13. $\int \dfrac{\sqrt{x^2-a^2}}{x}\mathrm{d}x = \sqrt{x^2-a^2} - a\arccos\dfrac{a}{|x|} + C$

14. $\int \dfrac{\sqrt{x^2-a^2}}{x^2}\mathrm{d}x = -\dfrac{\sqrt{x^2-a^2}}{x} + \ln(x+\sqrt{x^2-a^2}) + C$

七、含有 $\sqrt{a^2-x^2}\,(a>0)$ 的积分

1. $\int \dfrac{\mathrm{d}x}{\sqrt{a^2-x^2}} = \arcsin\dfrac{x}{a} + C$

2. $\int \dfrac{\mathrm{d}x}{\sqrt{(a^2-x^2)^3}} = \dfrac{x}{a^2\sqrt{a^2-x^2}} + C$

3. $\int \dfrac{x}{\sqrt{a^2-x^2}}\mathrm{d}x = -\sqrt{a^2-x^2} + C$

4. $\int \dfrac{x}{\sqrt{(a^2-x^2)^3}}\mathrm{d}x = \dfrac{1}{\sqrt{a^2-x^2}} + C$

5. $\int \dfrac{x^2}{\sqrt{a^2-x^2}} dx = -\dfrac{x}{2}\sqrt{a^2-x^2} + \dfrac{a^2}{2} \arcsin \dfrac{x}{a} + C$

6. $\int \dfrac{x^2}{\sqrt{(a^2-x^2)^3}} dx = \dfrac{x}{\sqrt{a^2-x^2}} - \arcsin \dfrac{x}{a} + C$

7. $\int \dfrac{dx}{x\sqrt{a^2-x^2}} = \dfrac{1}{a} \ln \dfrac{a-\sqrt{a^2-x^2}}{|x|} + C$

8. $\int \dfrac{dx}{x^2\sqrt{a^2-x^2}} = -\dfrac{\sqrt{a^2-x^2}}{a^2 x} + C$

9. $\int \sqrt{a^2-x^2}\, dx = \dfrac{x}{2}\sqrt{a^2-x^2} + \dfrac{a^2}{2} \arcsin \dfrac{x}{a} + C$

10. $\int \sqrt{(a^2-x^2)^3}\, dx = \dfrac{x}{8}(5a^2-2x^2)\sqrt{a^2-x^2} + \dfrac{3a^4}{8} \arcsin \dfrac{x}{a} + C$

11. $\int x\sqrt{a^2-x^2}\, dx = -\dfrac{1}{3}\sqrt{(a^2-x^2)^3} + C$

12. $\int x^2 \sqrt{a^2-x^2}\, dx = \dfrac{x}{8}(2x^2-a^2)\sqrt{a^2-x^2} + \dfrac{a^4}{8} \arcsin \dfrac{x}{a} + C$

13. $\int \dfrac{\sqrt{a^2-x^2}}{x} dx = \sqrt{a^2-x^2} + a \ln \dfrac{a-\sqrt{a^2-x^2}}{|x|} + C$

14. $\int \dfrac{\sqrt{a^2-x^2}}{x^2} dx = -\dfrac{\sqrt{a^2-x^2}}{x} - \arcsin \dfrac{x}{a} + C$

八、含有 $\sqrt{2ax-x^2}\;(a>0)$ 的积分

1. $\int \dfrac{dx}{\sqrt{2ax-x^2}} = \arcsin \dfrac{x-a}{a} + C$

2. $\int \sqrt{2ax-x^2}\, dx = \dfrac{x-a}{2}\sqrt{2ax-x^2} + \dfrac{a^2}{2} \arcsin \dfrac{x-a}{a} + C$

3. $\int x\sqrt{2ax-x^2}\, dx = \dfrac{(x+a)(2x-3a)}{6}\sqrt{2ax-x^2} + \dfrac{a^3}{2} \arcsin \dfrac{x-a}{a} + C$

4. $\int \dfrac{\sqrt{2ax-x^2}}{x} dx = \sqrt{2ax-x^2} + a \arcsin \dfrac{x-a}{a} + C$

5. $\int \dfrac{x}{\sqrt{2ax-x^2}} dx = -\sqrt{2ax-x^2} + a \arcsin \dfrac{x-a}{a} + C$

6. $\int \dfrac{dx}{x\sqrt{2ax-x^2}} = -\dfrac{1}{a}\sqrt{\dfrac{2a-x}{x}} + C$

7. $\int \dfrac{\sqrt{2ax-x^2}}{x^2} dx = -2\sqrt{\dfrac{2a-x}{x}} - \arcsin \dfrac{x-a}{a} + C$

九、含有三角函数的积分

1. $\int \tan x \, dx = -\ln|\cos x| + C = \ln|\sec x| + C$

2. $\int \cot x \, dx = \ln|\sin x| + C$

3. $\int \sec x \, dx = \ln|\sec x + \tan x| + C$

4. $\int \csc x \, dx = \ln|\csc x - \cot x| + C$

5. $\int \sec x \tan x \, dx = \sec x + C$

6. $\int \csc x \cot x \, dx = -\csc x + C$

7. $\int \sin^2 x \, dx = \dfrac{x}{2} - \dfrac{1}{4}\sin 2x + C$

8. $\int \cos^2 x \, dx = \dfrac{x}{2} + \dfrac{1}{4}\sin 2x + C$

9. $\int \sin^n x \, dx = -\dfrac{1}{n}\sin^{n-1} x \cos x + \dfrac{n-1}{n}\int \sin^{n-2} x \, dx$

10. $\int \cos^n x \, dx = \dfrac{1}{n}\cos^{n-1} x \sin x + \dfrac{n-1}{n}\int \cos^{n-2} x \, dx$

11. $\int \dfrac{1}{\sin^n x} dx = -\dfrac{1}{n-1} \cdot \dfrac{\cos x}{\sin^{n-1} x} + \dfrac{n-2}{n-1}\int \dfrac{1}{\sin^{n-2} x} dx$

12. $\int \dfrac{1}{\cos^n x} dx = \dfrac{1}{n-1} \cdot \dfrac{\sin x}{\cos^{n-1} x} + \dfrac{n-2}{n-1}\int \dfrac{1}{\cos^{n-2} x} dx$

13. $\int \dfrac{dx}{a + b\sin x} = \dfrac{2}{\sqrt{a^2 - b^2}} \arctan \dfrac{a\tan\dfrac{x}{2} + b}{\sqrt{a^2 - b^2}} + C \quad (a^2 > b^2)$

14. $\int \dfrac{dx}{a + b\sin x} = \dfrac{2}{\sqrt{b^2 - a^2}} \ln \left| \dfrac{a\tan\dfrac{x}{2} + b - \sqrt{b^2 - a^2}}{a\tan\dfrac{x}{2} + b + \sqrt{b^2 - a^2}} \right| + C \quad (a^2 < b^2)$

15. $\int \dfrac{dx}{a + b\cos x} = \dfrac{2}{a+b}\sqrt{\dfrac{a+b}{a-b}} \arctan\left(\sqrt{\dfrac{a-b}{a+b}}\tan\dfrac{x}{2}\right) + C \quad (a^2 > b^2)$

16. $\int \dfrac{dx}{a + b\cos x} = \dfrac{2}{a+b}\sqrt{\dfrac{a+b}{b-a}} \ln \left| \dfrac{\tan\dfrac{x}{2} + \sqrt{\dfrac{a+b}{b-a}}}{\tan\dfrac{x}{2} - \sqrt{\dfrac{a+b}{b-a}}} \right| + C \quad (a^2 < b^2)$

17. $\int \sin ax \cos bx\,dx = -\dfrac{1}{2(a+b)}\cos(a+b)x - \dfrac{1}{2(a-b)}\cos(a-b)x + C$

18. $\int \sin ax \sin bx\,dx = -\dfrac{1}{2(a+b)}\sin(a+b)x + \dfrac{1}{2(a-b)}\sin(a-b)x + C$

19. $\int \cos ax \cos bx\,dx = \dfrac{1}{2(a+b)}\sin(a+b)x + \dfrac{1}{2(a-b)}\sin(a-b)x + C$

20. $\int e^{ax}\sin bx\,dx = \dfrac{1}{a^2+b^2}e^{ax}(a\sin bx - b\cos bx) + C$

21. $\int e^{ax}\cos bx\,dx = \dfrac{1}{a^2+b^2}e^{ax}(b\sin bx + a\cos bx) + C$

十、其他不定积分

1. $\int x^n e^{ax}\,dx = \dfrac{1}{a}x^n e^{ax} - \dfrac{n}{a}\int x^{n-1}e^{ax}\,dx$

2. $\int x^n a^x\,dx = \dfrac{1}{\ln a}x^n a^x - \dfrac{n}{\ln a}\int x^{n-1}a^x\,dx$

3. $\int x^n \ln x\,dx = \dfrac{1}{n+1}x^{n+1}\left(\ln x - \dfrac{1}{n+1}\right) + C$

4. $\int x^m (\ln x)^n\,dx = \dfrac{1}{m+1}x^{m+1}(\ln x)^n - \dfrac{n}{m+1}\int x^m (\ln x)^{n-1}\,dx$

5. $\int \operatorname{sh}x\,dx = \operatorname{ch}x + C$

6. $\int \operatorname{ch}x\,dx = \operatorname{sh}x + C$

7. $\int \operatorname{th}x\,dx = \ln\operatorname{ch}x + C$

8. $\int \operatorname{sh}^2 x\,dx = -\dfrac{x}{2} + \dfrac{1}{4}\operatorname{sh}2x + C$

9. $\int \operatorname{ch}^2 x\,dx = \dfrac{x}{2} + \dfrac{1}{4}\operatorname{sh}2x + C$

十一、定积分

1. $\int_{-\pi}^{\pi} \sin nx\,dx = \int_{-\pi}^{\pi} \cos nx\,dx = 0$

2. $\int_{-\pi}^{\pi} \sin nx \cos mx\,dx = 0$

3. $\int_{-\pi}^{\pi} \sin mx \cdot \sin nx\,dx = \begin{cases} 0, & m \neq n \\ \pi, & m = n \end{cases}$

4. $\int_{-\pi}^{\pi} \cos mx \cdot \cos nx \, dx = \begin{cases} 0, & m \neq n \\ \pi, & m = n \end{cases}$

5. $\int_{0}^{\pi} \sin mx \cdot \sin nx \, dx = \int_{0}^{\pi} \cos mx \cdot \cos nx \, dx = \begin{cases} 0, & m \neq n \\ \dfrac{\pi}{2}, & m = n \end{cases}$

6. 对于 $I_n = \int_{0}^{\frac{\pi}{2}} \sin^n x \, dx = \int_{0}^{\frac{\pi}{2}} \cos^n x \, dx$，有递推公式 $I_n = \dfrac{n-1}{n} I_{n-2}$，

$I_1 = 1$，当 n 为大于 1 的正奇数时，$I_n = \dfrac{n-1}{n} \cdot \dfrac{n-3}{n-2} \cdot \cdots \cdot \dfrac{4}{5} \cdot \dfrac{2}{3}$；

$I_0 = \dfrac{\pi}{2}$，当 n 为正偶数时，$I_n = \dfrac{n-1}{n} \cdot \dfrac{n-3}{n-2} \cdot \cdots \cdot \dfrac{3}{4} \cdot \dfrac{1}{2} \cdot \dfrac{\pi}{2}$.

参 考 文 献

[1] 同济大学应用数学系.高等数学[M].4版.北京:高等教育出版社,1993.
[2] 同济大学应用数学系.高等数学[M].5版.北京:高等教育出版社,2002.
[3] 同济大学应用数学系.微积分[M].北京:高等教育出版社,2000.
[4] 华东师范大学数学系.数学分析[M].3版.北京:高等教育出版社,1999.
[5] 朱士信,唐烁,宁荣健.高等数学[M].北京:中国电力出版社,2007.
[6] 西北工业大学高等数学教研室.高等数学专题分类指导[M].上海:同济大学出版社,1999.
[7] 费定晖,周学圣.吉米多维奇数学分析习题集题解[M].3版.济南:山东科学技术出版社,2005.
[8] 殷锡鸣,许树声,李红英,等.高等数学[M].上海:华东理工大学出版社,2003.
[9] 侯云畅.高等数学[M].北京:高等教育出版社,1999.
[10] 陈纪修,於崇华,金路.数学分析[M].北京:高等教育出版社,1999.
[11] 薛志纯,余慎之,袁浩英.高等数学[M].北京:清华大学出版社,2008.
[12] 同济大学应用数学系,武汉科技学院数理系.微积分学习指导书[M].北京:高等教育出版社,2001.
[13] 周泰文.高等数学学习指导与习题解析[M].武汉:华中科技大学出版社,2005.
[14] 吴赣昌.微积分[M].北京:中国人民大学出版社,2007.
[15] 萧树铁.大学数学[M].北京:高等教育出版社,2000.
[16] 马知恩,王绵森.工科数学分析基础[M].北京:高等教育出版社,1999.
[17] 盛祥耀,葛严麟,胡金德,等.高等数学辅导[M].2版.北京:清华大学出版社,1996.
[18] 龚昇,张声雷.微积分[M].合肥:中国科学技术大学出版社,1976.
[19] 李心灿.高等数学应用205例[M].北京:高等教育出版社,1997.
[20] 谢季坚,李启文.大学数学[M].北京:高等教育出版社,2002.
[21] 张顺燕.数学的思想、方法和应用[M].修订版.北京:北京大学出版社,2003.
[22] 上海交通大学应用数学系.高等数学[M].上海:上海交通大学出版社,1987.
[23] Г. М. 菲赫金哥尔茨.微积分学教程[M].北京:高等教育出版社,1957.
[24] ROSS L. FINNEY, MAURICE D WEIR, FRANK R GIORDANO.托马斯微积分[M].10版.影印版.北京:高等教育出版社,2004.
[25] DALE VARBERG,EDWIN J PURCELL,STEVEN E RIGDON.微积分(Calculus)[M].英文版.北京:机械工业出版社,2002.
[26] JAMES STEWART.Calculus[M].15版.影印版.北京:高等教育出版社,2004.